ベテラン講師がつくりました

オールカラー

世界一わかりやすい Excel テキスト

Excel 2019/2016/2013対応版

土岐順子 著

技術評論社

ご注意

ご購入・ご利用の前に必ずお読みください

本書の内容について

本書に記載された内容は、情報の提供のみを目的としています。したがって、本書を用いた運用は、必ずお客様自身の責任と判断によっておこなってください。これらの情報の運用の結果について、技術評論社および著者はいかなる責任も負いません。

本書は、Microsoft Excel 2019/2016/2013に対応しています。

本書記載の情報は、2019年3月現在のものを掲載していますので、ご利用時には、変更されている場合もあります。

以上の注意事項をご承諾いただいた上で、本書をご利用願います。これらの注意事項をお読みいただかずに、お問い合わせいただいても、技術評論社および著者は対処しかねます。あらかじめ、ご承知おきください。

本書の執筆環境

本書の執筆環境は次の通りです。

OS：**Windows 10 Home**

アプリケーション：**Microsoft Office 2019**

なお、次の環境をもとに画面図を掲載しています。

画面解像度：**1024×768ピクセル**

テーマ：**Windows**

サンプルファイルについて

本書の学習に利用できるサンプルファイルは、下記よりダウンロードしてお使いいただけます。

https://gihyo.jp/book/2019/978-4-297-10275-3/support

サンプルファイルのご利用には、Microsoft Excel 2019/2016/2013が必要です。なお、パソコン環境によっては、印刷時の改ページ位置などに違いが出ることがあります。また、バージョンの違いにより、フォントなど一部表示が異なることがあります。

はじめに

Microsoft Excelは、表形式の作業シートに数値を入力して、数式を設定すると、簡単に計算ができるアプリです。表を見やすく編集する機能の他、グラフを作成してデータを視覚的に表したり、表のデータを並べ替えたり、抽出したりして分析する機能を備えています。

本書では、Microsoft Excelの操作を、基礎から段階的に学習することもできますし、巻頭のスキルチェックシートで現在操作できる機能をチェックして、操作できない機能やあやふやな機能から学習を進めることもできます。

まずは、各項の冒頭ページでこれから学習する内容を把握します。本書では業務や学校行事、地域の活動などで使用する書類を教材として使用しているので、どのようなシーンで利用するのかといった具体的なイメージをつかんでから学習を始めるとより身に付きやすいでしょう。

そのうえで、1つずつの機能の解説を読み、実際に操作しながら習得していきます。操作手順は、画面に手順番号を付けて掲載しています。お使いのパソコンの画面と見比べながら、操作を進めましょう。特に重要な用語や操作などは「ここがポイント！」で解説していますので確認してください。また、操作手順で紹介した方法以外や補足説明は「知っておくと便利！」として掲載しています。さらに「ステップアップ！」として応用的な機能も紹介しています。どちらも操作がある場合は実際に操作してみてください。いろいろな方法を覚えることにより、Excelを仕事で使用するときに、よりスピーディーな対応ができるようになります。

操作方法が習得できたかどうかは、章末の練習問題で確認できます。また、各項の見出しの右側に学習日と理解度チェック欄がありますので、ここに記入し、繰り返し解説を読み、実習して、その機能を確実にマスターしてください。

本書を学習することによって、「Excelは面白い！」「仕事の効率がアップした！」そう思っていただければ大変うれしいです。

2019年3月　筆者

目次

このテキストの使い方

テキストは、学習パートと練習問題にわかれています。学習パートでExcelの基本知識や操作をおぼえてから、章末の練習問題にチャレンジしましょう。

学習パートについて

- まずは、Excelの基本的な知識や操作を学習しましょう。
- 学習をはじめる前に、学習内容を確認できるよう「ここでの学習内容」を確認できます。

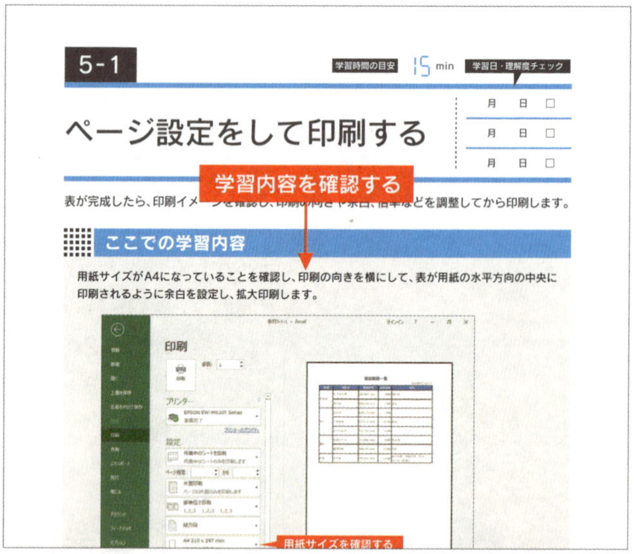

5-1
学習時間の目安 15 min
学習日・理解度チェック
月 日
月 日
月 日
ページ設定をして印刷する
学習内容を確認する
ここでの学習内容
用紙サイズがA4になっていることを確認し、印刷の向きを横にして、表が用紙の水平方向の中央に印刷されるように余白を設定し、拡大印刷します。
印刷
用紙サイズを確認する

- 「やってみよう」のパートでは、実際にサンプルを使いながら操作方法を学ぶことができます。使用するファイル名は、紙面に記載されています。
  なお、サンプルを使用せずに学習するパートもあります。
- また、本文で紹介した操作方法等に関連する情報として、「ここがポイント！」「知っておくと便利！」「ステップアップ！」を掲載しています。

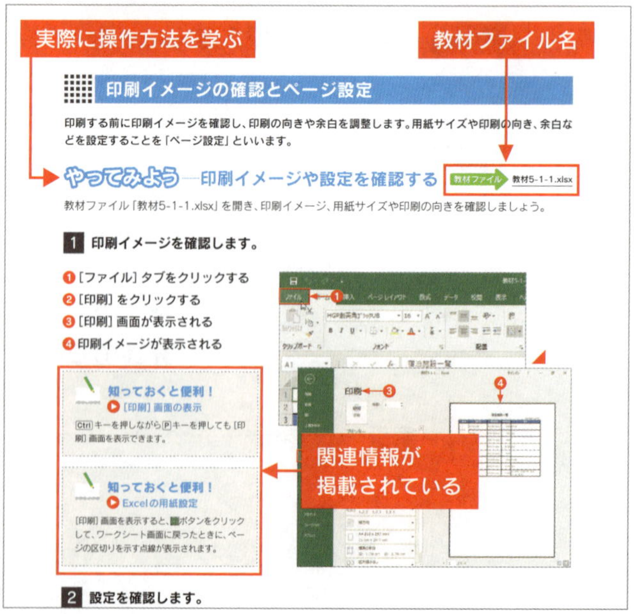

実際に操作方法を学ぶ
教材ファイル名
印刷イメージの確認とページ設定
印刷する前に印刷イメージを確認し、印刷の向きや余白を調整します。用紙サイズや印刷の向き、余白などを設定することを「ページ設定」といいます。
やってみよう―印刷イメージや設定を確認する
教材ファイル 教材5-1-1.xlsx
教材ファイル「教材5-1-1.xlsx」を開き、印刷イメージ、用紙サイズや印刷の向きを確認しましょう。
1 印刷イメージを確認します。
❶［ファイル］タブをクリックする
❷［印刷］をクリックする
❸［印刷］画面が表示される
❹印刷イメージが表示される
知っておくと便利！
［印刷］画面の表示
Ctrlキーを押しながらPキーを押しても［印刷］画面を表示できます。
知っておくと便利！
Excelの用紙設定
関連情報が掲載されている
2 設定を確認します。

練習問題について

- 学習パートで学んだことが身についているか、練習問題にチャレンジして確認しましょう。
練習問題ファイルを使い、与えられた設問を解いてください。
なお、サンプルを使用しない問題もあります。

- 練習問題は、学習パートで学んだことが身についていれば、解答できる内容になっています。正解がわからない場合は、学習パートに戻って復習しましょう。

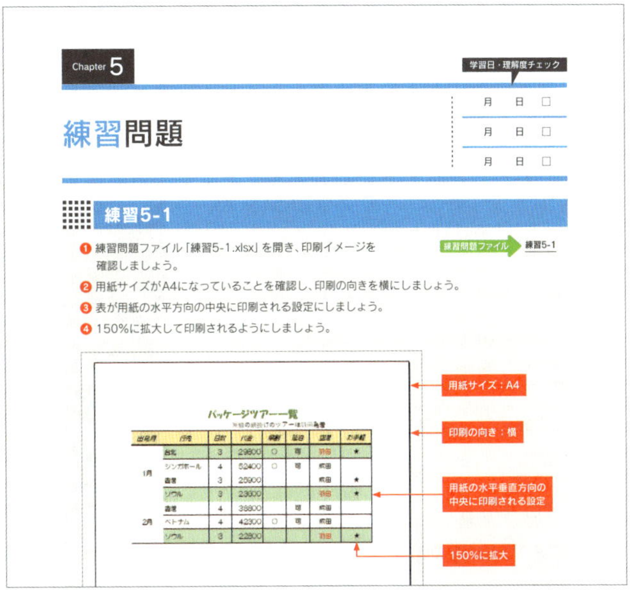
Chapter 5
学習日・理解度チェック
月 日
月 日
月 日
練習問題
練習5-1
❶ 練習問題ファイル「練習5-1.xlsx」を開き、印刷イメージを確認しましょう。 練習問題ファイル 練習5-1
❷ 用紙サイズがA4になっていることを確認し、印刷の向きを横にしましょう。
❸ 表が用紙の水平方向の中央に印刷される設定にしましょう。
❹ 150%に拡大して印刷されるようにしましょう。

画面の大きさとボタンの配置に注意しましょう

Excelに配置されているボタンは、画面の大きさによって、配置のしかたや形状が変化します。
例えば下の図では、画面のサイズが大きくなると、[切り取り]、[コピー]、[書式のコピー/貼り付け]ボタンの名称が表示されるようになることがわかります。
本書では1024×768ピクセルの画面サイズでExcelのウィンドウを掲載しています。

画面サイズが小さいとき

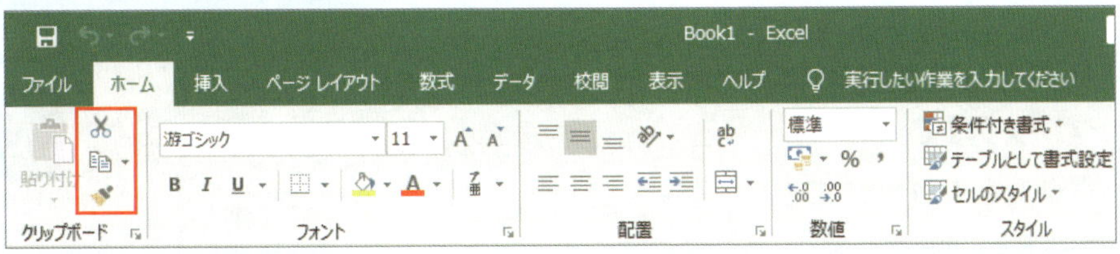

画面サイズが大きいとき

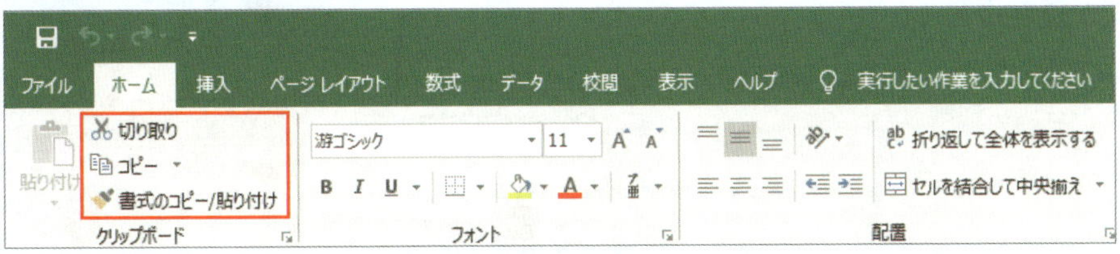

教材ファイルのダウンロード

学習を始める前に、学習用の教材ファイルをダウンロードしておきましょう。
ダウンロードした教材ファイルは［ドキュメント］フォルダーに保存しましょう。

1 Microsoft Edgeを起動します。

❶［スタート］ボタンをクリックする
❷スクロールバーの▼をクリックする
❸「M」の一覧から［Microsoft Edge］をクリックする
❹Microsoft Edgeが起動する
❺［検索またはWebアドレスを入力］欄に以下のURLを入力する
https://gihyo.jp/book/2019/978-4-297-10275-3/support
❻ Enter キーを押す

Internet Explorerなどの他のブラウザでも、同様にダウンロードできます。

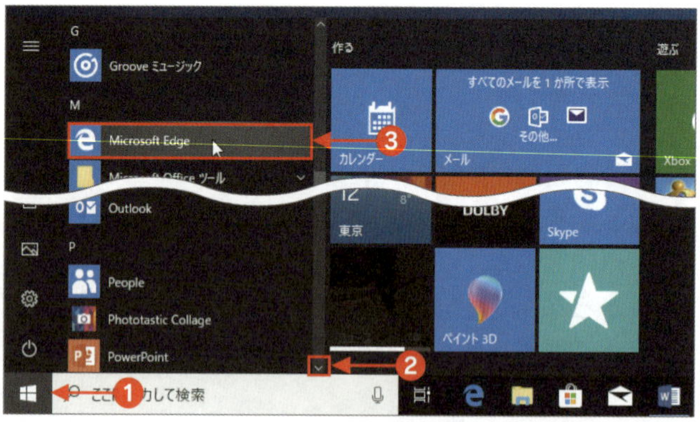

2 教材ファイルをダウンロードします。

❶「世界一わかりやすいExcelテキスト」のサポートページが表示される
❷「ダウンロード」の［Excel_Text.zip］をクリックする
❸［保存］ボタンをクリックする
❹ダウンロードが開始される
❺ダウンロードが終了するとメッセージが表示される
❻［フォルダーを開く］ボタンをクリックする

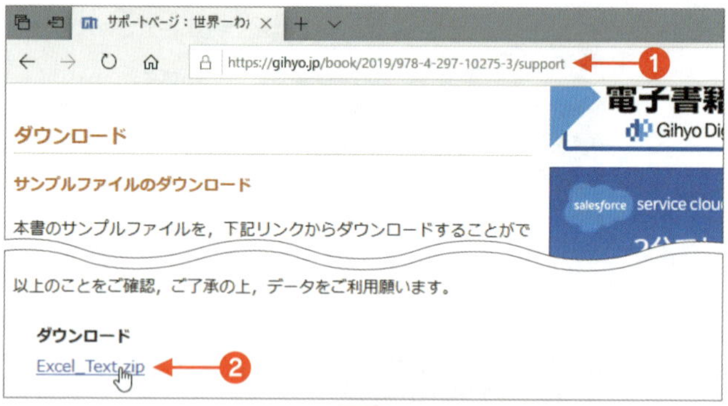

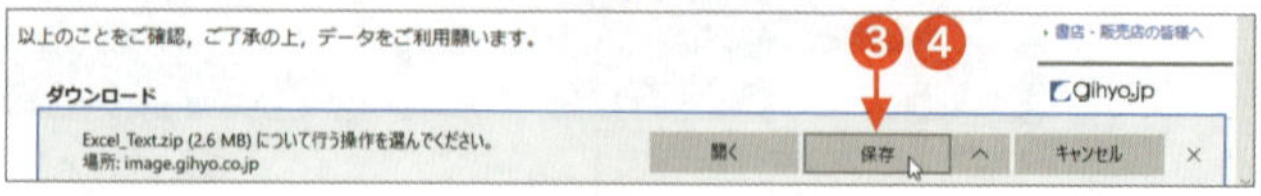

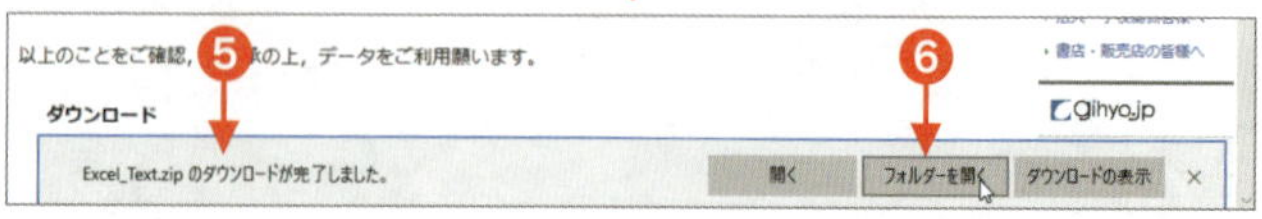

3 圧縮ファイルを展開します。

❶ [ダウンロード] フォルダーが表示される
❷ [Excel_Text] を右クリックする
❸ 表示されたメニューの [すべて展開] をクリックする
❹「圧縮 (ZIP形式) フォルダーの展開」が表示される
❺ [展開] ボタンをクリックする

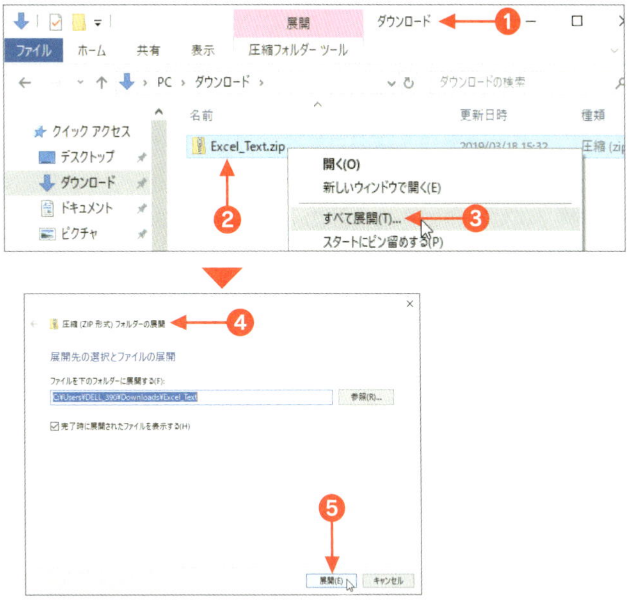

4 教材フォルダーを移動します。

❶ [Excel_Text] フォルダーが表示される
❷ エクスプローラーから [ドキュメント] フォルダーを開く
❸ [Excelテキスト] を [ドキュメント] フォルダーにドラッグ&ドロップする

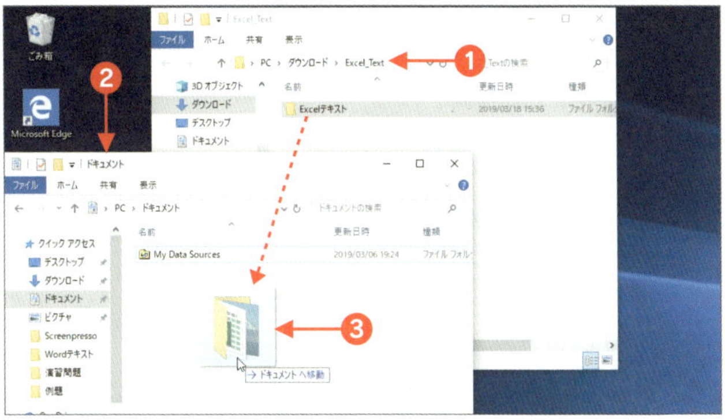

フォルダーの構成について

❶ 教材ファイル：学習パートで使用する「教材ファイル」です。
❷「練習問題」フォルダー：練習問題で使用するファイルが収録されています。
❸「完成例」フォルダー：教材ファイルや練習問題ファイルの完成例を確認する完成例ファイルが収録されています。
❹「保存用」フォルダー：教材ファイルを保存するときに、使用するフォルダーです。

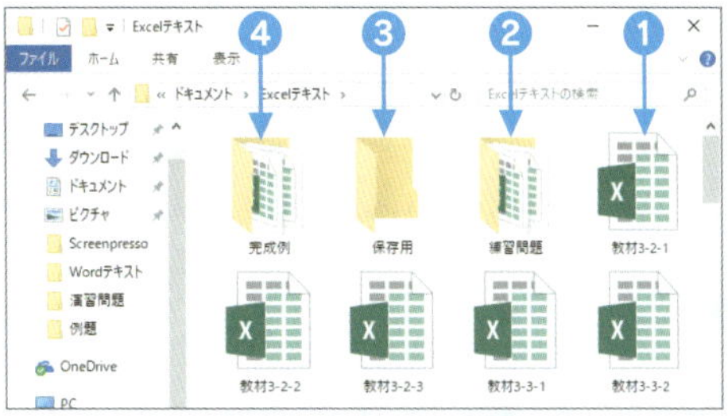

サンプルファイルを開いたときに、初回は [保護ビュー] が表示されます。
[編集を有効にする] ボタンをクリックしてから操作を続けてください。

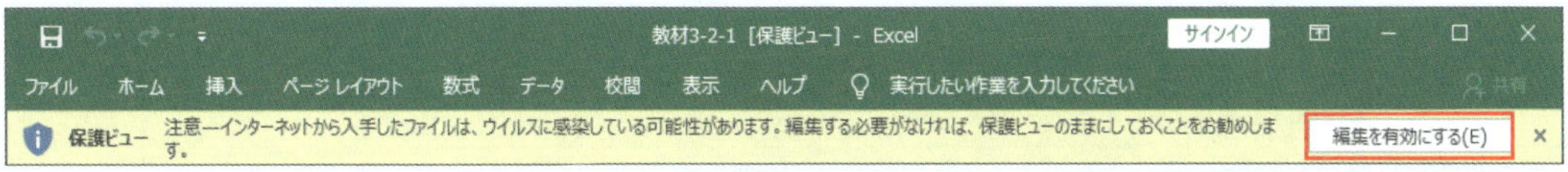

スキルチェックで効率的に学習

本書で学習する機能の一覧です。学習前に操作できる機能の「学習前」欄にチェックを付けましょう。
時間のある方は最初から順にすべての機能を学習しましょう。時間のない方はチェックの付いていない機能の該当項目を学習しましょう。
学習終了後に操作できる機能の「学習後」欄にチェックを付け、できないものは再び学習し、すべての機能を確実にマスターしましょう。

機　能	学習前	学習後	該当項目
● Excel の基礎知識			
Excelの起動と終了ができる			1-2
Excelの画面の名称と構成がわかる			1-3
リボンの使い方がわかる			1-3
画面左上のクイックアクセスツールバーのボタンを使って、操作を元に戻すことができる			1-3
セル、行、列の範囲選択ができる			1-4
● データの入力と編集			
英字、数値、ひらがな、カタカナ、漢字が入力できる			2-1
データを書き換えたり、 部分的に修正したりできる			2-1
リボンのボタンを使用してデータを移動したり、コピーしたりできる			2-2
マウスのドラッグ操作でデータを移動したり、コピーしたりできる			2-2
連続する日付や数値のデータを自動で入力できる			2-3
店舗名や商品名などが自動で入力できるように登録することができる			2-3
● ブックやシートの管理			
ブックを保存したり、開いたりできる			3-1
ワークシート名やシート見出しの色を変更できる			3-2
ワークシートを追加したり、削除したりできる			3-2
ワークシートをコピーしたり、移動したりできる			3-2
枠線の表示/非表示を切り替えられる			3-3
ワークシートの表示倍率を変更できる			3-3
ワークシートの表示モードを切り替えて、1ページ単位で表示できる			3-3
ワークシートの表示モードを切り替えて、改ページ位置や印刷位置を調整できる			3-3
ウィンドウを任意の位置で分割できる			3-4
複数のウィンドウを開いて、並べて表示できる			3-4
ウィンドウの行や列を固定してスクロールしても常に表示することができる			3-4
クイックアクセスツールバーという画面左上の領域に印刷などのボタンを追加できる			3-5
● 表の作成			
文字の書体やサイズ、色を変更できる			4-1
スタイルを適用してセルの書式を一括で変更できる			4-1
データの配置を右揃え、中央揃えに変更できる			4-2
複数のセルを結合したり、セル内の文字列を折り返して表示したりできる			4-2
セルに罫線を引いたり、色を付けることができる			4-3
列や行を挿入したり、削除したりできる			4-4
列の幅や行の高さを変更できる			4-4
セルの書式をコピーして他のセルに適用できる			4-5
セルの書式を解除できる			4-5

機　能	学習前	学習後	該当項目
リストから選択して入力できるように設定することができる			4-6
入力できる文字列の長さを制限することができる			4-6
特定の文字列を別の文字列に一括で変更できる			4-7
条件に合うセルだけに書式を設定することができる			4-8
● ページ設定と印刷			
用紙サイズや印刷の向き、余白を設定できる			5-1
印刷イメージを確認して印刷することができる			5-2
拡大縮小印刷の設定ができる			5-2
大きな表で2ページ以降にも同じ見出しを印刷できる			5-2
● 数式と関数			
数式を入力して、足し算、引き算、掛け算、割り算などの計算ができる			6-1
数式をコピーして他のセルの計算を自動ですることができる			6-1
計算するセルの位置を固定して指定することができる			6-2
数値に「,」(カンマ)や「¥」(円記号)を付けたり、「%」表示にしたりすることができる			6-3
日付の表示形式を「20xx/xx/xx」などに変更できる			6-3
関数を使って合計を求めることができる			6-4
関数を使って平均値を求めることができる			6-4
関数を使って最大値、最小値を求めることができる			6-4
関数を使って数値の入力されているセルの個数を数えられる			6-4
関数を使って～以上の場合は「○」、そうでない場合は「×」を表示できる			6-5
関数を使って四捨五入や切り捨てができる			6-6
関数を使って検索値をもとに表から必要なデータを取り出すことができる			6-7
関数を組み合わせてエラー表示を回避することができる			6-8
● グラフの作成			
縦棒グラフを作成できる			7-1
円グラフを作成できる			7-1
グラフの書式を一括で変更できる			7-2
棒グラフに折れ線グラフを組み合わせられる			7-2
1つのセル内にその行のデータをグラフ化して表示できる			7-3
● 複数ワークシートの管理			
複数のワークシートに同時に書式が設定できる			8-1
複数のワークシートのデータをまとめて集計できる			8-2
● データベースの活用			
並べ替えや抽出するために表をテーブルという形式に変換できる			9-2
データをある基準の昇順や降順で並べ替えることができる			9-3
条件に合うデータを抽出できる			9-4
ピボットテーブルという項目別の集計表を作成し、集計結果を分析できる			9-5
ピボットテーブルの集計結果を視覚的に把握するためにピボットグラフを作成できる			9-6
● コメントと保護			
セルにコメントを挿入できる			10-1
特定のセルしか入力できないようにワークシートを保護することができる			10-2
ブックを保護し、パスワードを入力しないと開けないようにできる			10-3

目的別に学習したい方へ

業務や日常的な活動で使用する主な書類の作成に必要な機能をピックアップしました。最短で作成したい方は該当する章の学習をしてください。

■請求書を作成したい

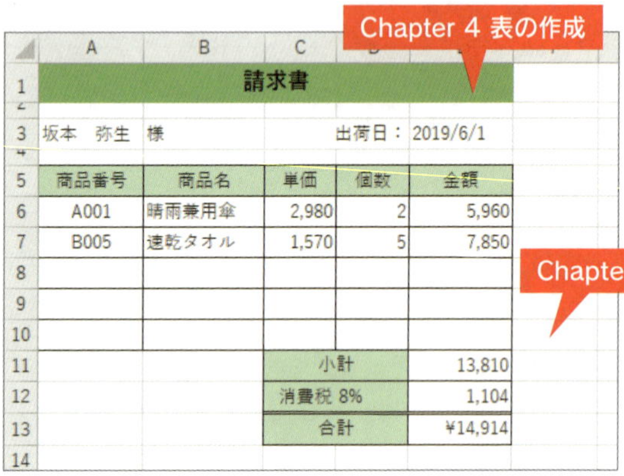

■売上表を集計したい

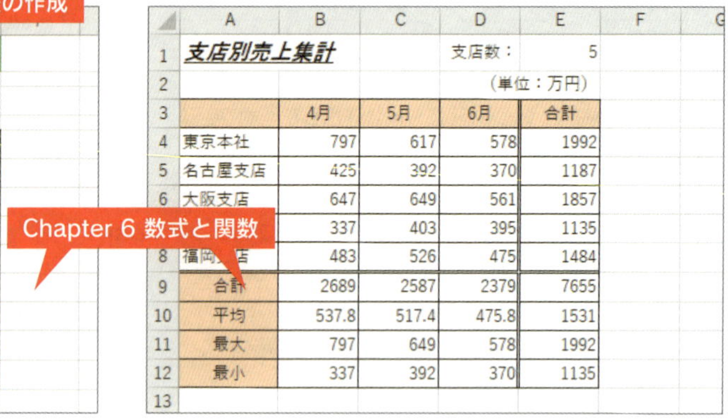

■表のデータをグラフにして分析したい

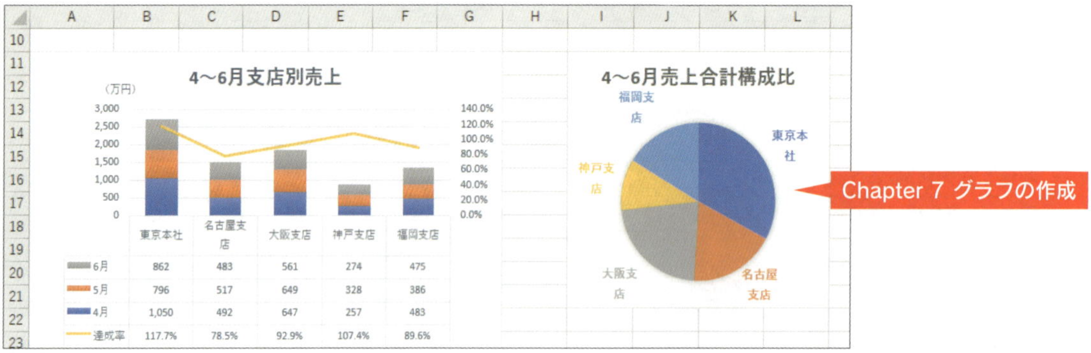

■大きな表のデータを並べ替えたり、必要なデータを抽出して集計したりしたい

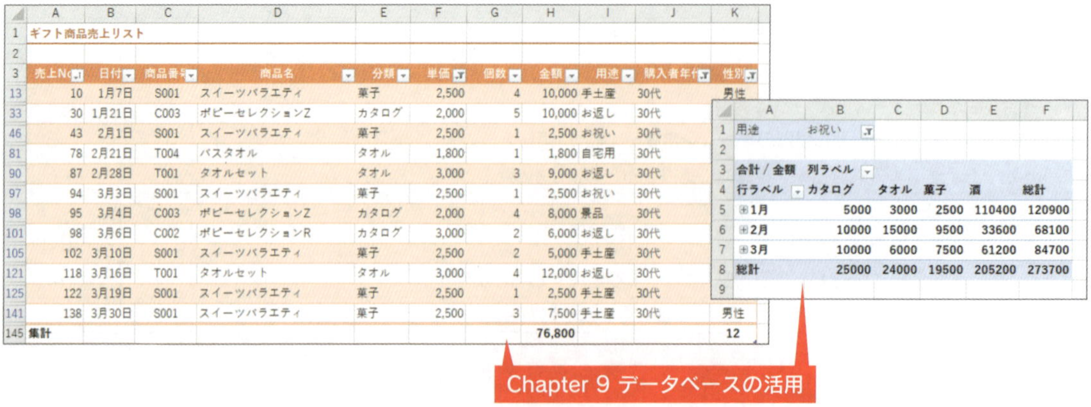

Chapter 1

Excelを始めよう

Excelを始めるにあたり、Excelでできることの概要を把握します。
また、Excelの起動と終了、画面の名称や使い方、範囲選択の方法を学習します。

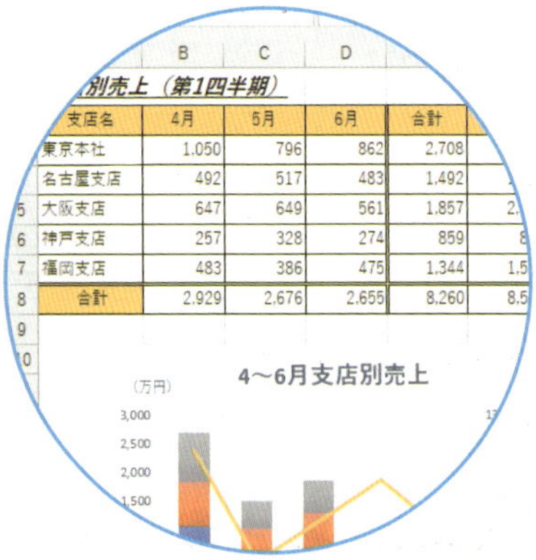

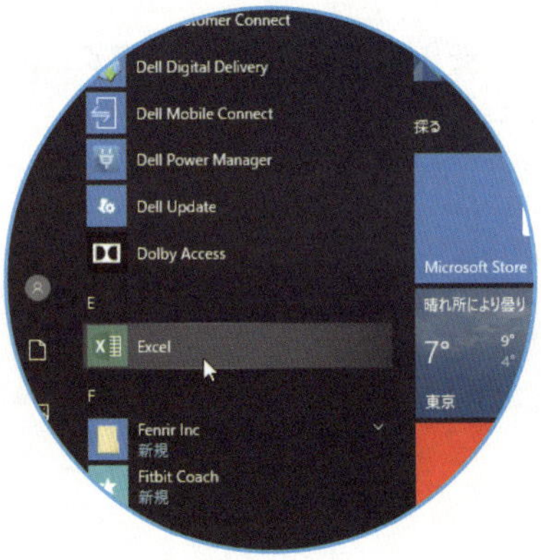

1-1

学習時間の目安 5 min

学習日・理解度チェック

月 日 □
月 日 □
月 日 □

Excelでできること

Excelはマイクロソフト社の表計算アプリです。表を作成して数式を入力すると計算ができます。また、表のデータからグラフを作成したり、集計、分析したりすることもできます。

Excelでできること

Excelの三大機能として、表計算、グラフ作成、データベースがあげられます。

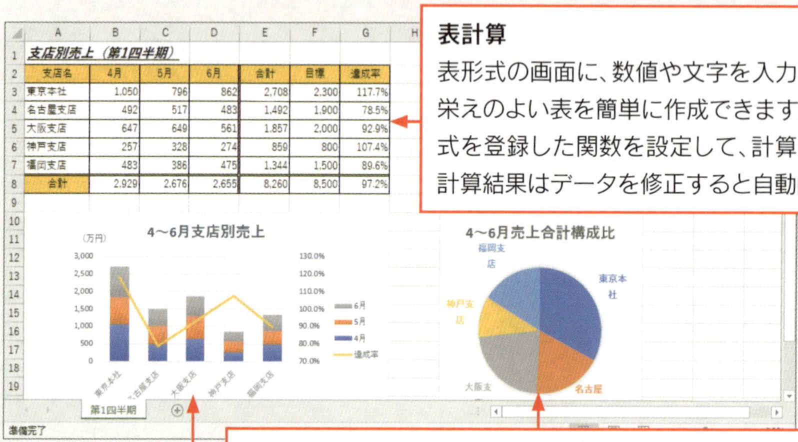
支店別売上（第1四半期）

支店名	4月	5月	6月	合計	目標	達成率
東京本社	1,050	796	862	2,708	2,300	117.7%
名古屋支店	492	517	483	1,492	1,900	78.5%
大阪支店	647	649	561	1,857	2,000	92.9%
神戸支店	257	328	274	859	800	107.4%
福岡支店	483	386	475	1,344	1,500	89.6%
合計	2,929	2,676	2,655	8,260	8,500	97.2%

表計算
表形式の画面に、数値や文字を入力し、書式を設定して見栄えのよい表を簡単に作成できます。四則演算や複雑な数式を登録した関数を設定して、計算することが可能です。計算結果はデータを修正すると自動的に再計算されます。

グラフ作成
表のデータをもとに、いろいろな種類のグラフを作成することができます。表のデータを修正すると、グラフのデータも自動的に更新されます。

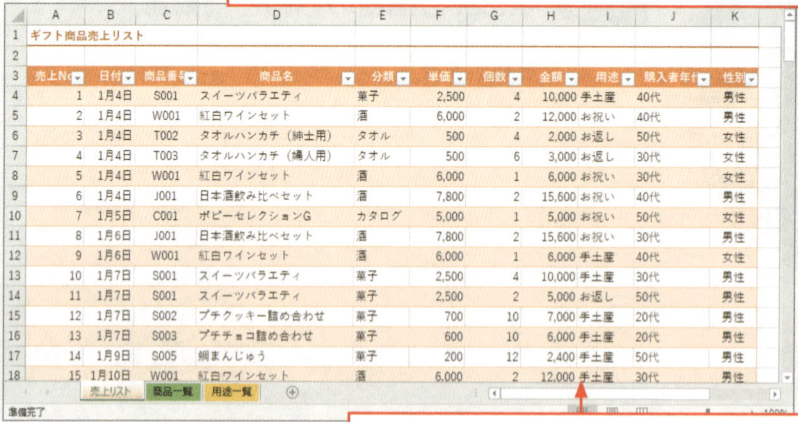
ギフト商品売上リスト

売上No	日付	商品番号	商品名	分類	単価	個数	金額	用途	購入者年代	性別
1	1月4日	S001	スイーツバラエティ	菓子	2,500	4	10,000	手土産	40代	男性
2	1月4日	W001	紅白ワインセット	酒	6,000	2	12,000	お祝い	40代	男性
3	1月4日	T002	タオルハンカチ（紳士用）	タオル	500	4	2,000	お返し	50代	女性
4	1月4日	T003	タオルハンカチ（婦人用）	タオル	500	6	3,000	お返し	30代	女性
5	1月4日	W001	紅白ワインセット	酒	6,000	1	6,000	お祝い	30代	女性
6	1月4日	J001	日本酒飲み比べセット	酒	7,800	2	15,600	お祝い	40代	男性
7	1月5日	C001	ポピーセレクションG	カタログ	5,000	1	5,000	お祝い	50代	女性
8	1月6日	J001	日本酒飲み比べセット	酒	7,800	2	15,600	お祝い	30代	男性
9	1月6日	W001	紅白ワインセット	酒	6,000	1	6,000	手土産	40代	女性
10	1月7日	S001	スイーツバラエティ	菓子	2,500	4	10,000	手土産	30代	男性
11	1月7日	S001	スイーツバラエティ	菓子	2,500	2	5,000	お返し	50代	男性
12	1月7日	S002	プチクッキー詰め合わせ	菓子	700	10	7,000	手土産	20代	男性
13	1月7日	S003	プチチョコ詰め合わせ	菓子	600	10	6,000	手土産	20代	男性
14	1月9日	S005	絹まんじゅう	菓子	200	12	2,400	手土産	50代	男性
15	1月10日	W001	紅白ワインセット	酒	6,000	2	12,000	手土産	30代	男性

データベース
データを整理して入力、管理することにより、検索、並べ替え、抽出、集計などを行うことができます。

1-2

学習時間の目安 10 min　学習日・理解度チェック

月 日 □
月 日 □
月 日 □

Excelを起動・終了する

Excelの起動と終了の方法を学習します。

Excelの起動と終了

Excelの起動と終了にはいくつかの方法がありますが、ここでは［スタート］メニューを使った起動の方法と、［閉じる］ボタンを使った終了の方法を学習します。

やってみよう—Excelを起動する

［スタート］メニューからExcelを起動し、新規ブックを表示します。

1 アプリの一覧を表示します。

❶［スタート］ボタンをクリックする
❷［スタート］メニューにアプリの一覧が表示される

知っておくと便利！
▶ 検索して起動
［スタート］ボタンの右側の［ここに入力して検索］をクリックし、「E」と入力して表示される検索結果の［Excelデスクトップアプリ］をクリックしてもExcelが起動します。

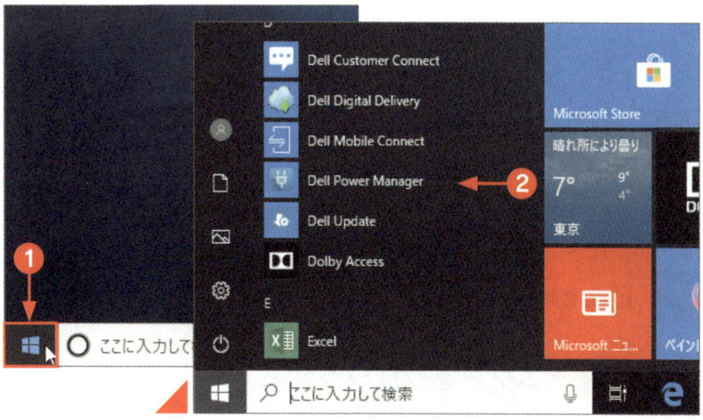

2 Excel 2019を起動します。

❶スクロールバーの▼をクリックする
❷「E」の一覧から［Excel］をクリックする
❸Excel 2019が起動する

3 新規ブックを開きます。

❶［空白のブック］をクリックする

❷新規ブックが開く

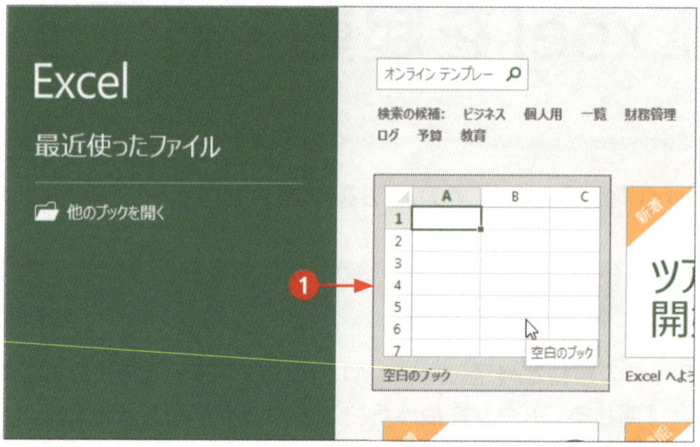

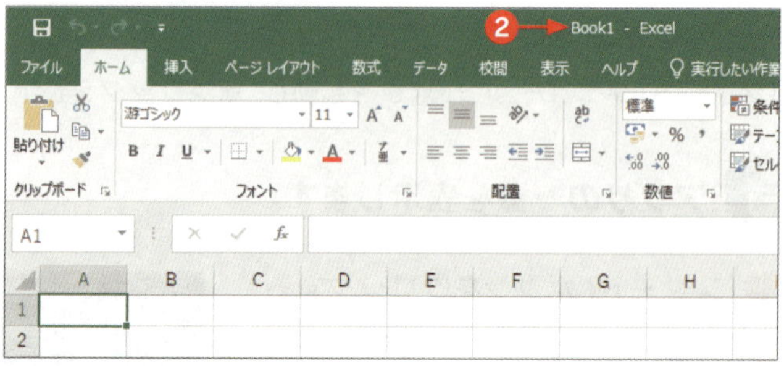

知っておくと便利！

▶ Esc キーから表示

起動時の画面で、Esc キーを押しても空白のブックが表示されます。

Excel2013の場合

Excel 2013を起動するには、スタート画面の⊕ボタンをクリックします。アプリ画面が表示されるので、画面を右方向にスクロールし、［Microsoft Office 2013］の一覧から［Excel 2013］をクリックします。

やってみよう—Excelを終了する

［閉じる］ボタンをクリックしてExcelを終了します。

1 Excelを終了します。

❶［閉じる］ボタンをクリックする

❷Excelが終了する

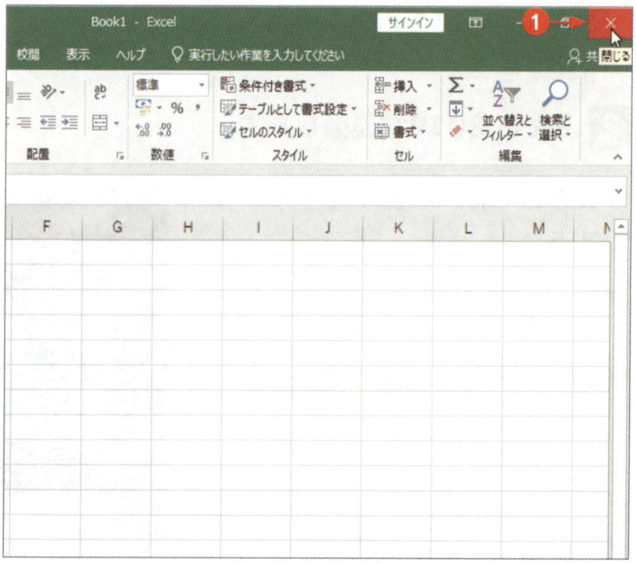

知っておくと便利！

▶ メッセージが表示された場合は

変更が保存されていないブックを閉じようとすると、「'（ブック名）'の変更内容を保存しますか？」というメッセージが表示されます。［保存しない］をクリックすると、変更が保存されずにExcelが終了します。［キャンセル］をクリックすると、Excelの終了操作が取り消され、メッセージが消えます。

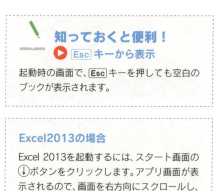

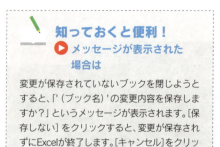

1-3

学習時間の目安 15 min　学習日・理解度チェック

月　日 □
月　日 □
月　日 □

Excelの画面の名称と構成を理解する

Excelの画面の名称と構成を理解しましょう。

Excelの画面の名称

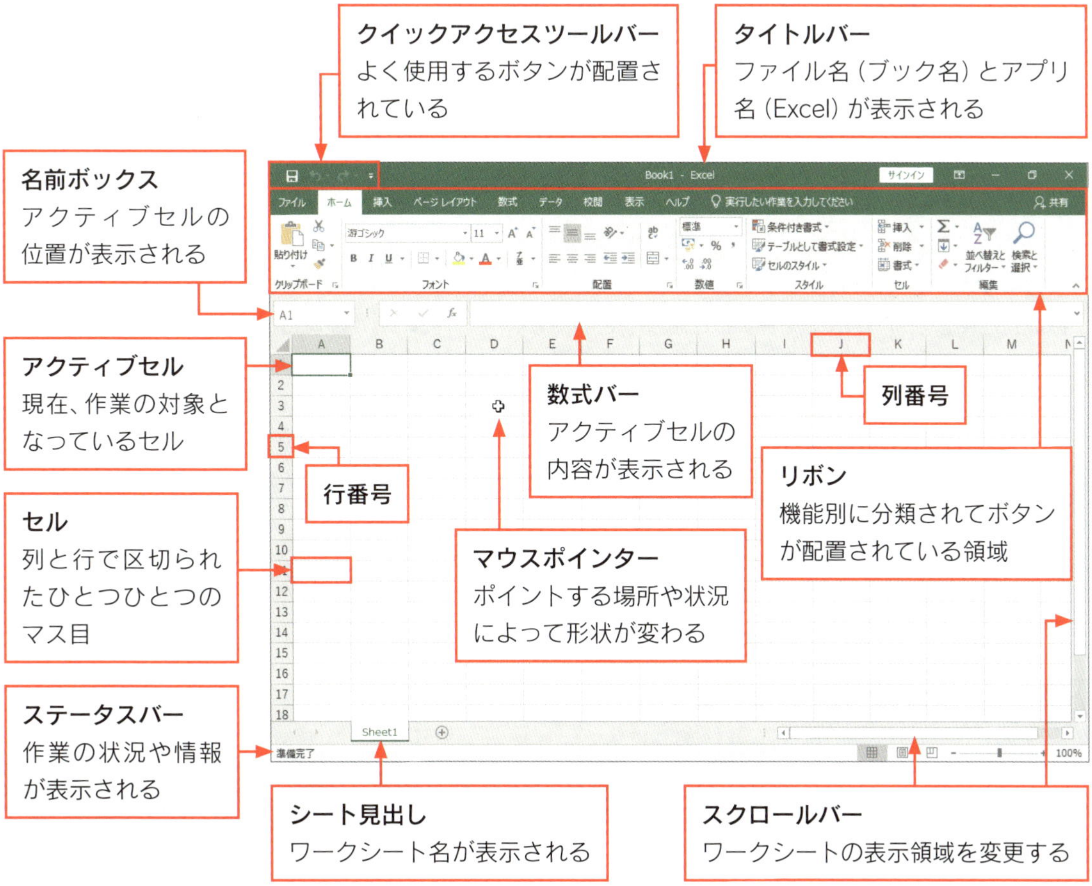

Excelの構成

Excelでは列と行で区切られたマス目を「セル」といいます。新規ブック（空白のブック）を開くとセルで構成された「シート（ワークシート）」が1枚表示されます。シートは任意の枚数に変更できます。シートをまとめたファイルを「ブック」と呼びます。新規ブックには「Book1」などの仮の名前がタイトルバーに表示されます。タイトルバーの名前はブックを保存したときにファイル名に変更されます。

リボンの使い方

リボンのボタンを使うときは、タブをクリックして切り替え、目的のボタンをクリックします。ボタンは機能ごとにグループにまとめられていて、マウスポインターを合わせて少し待つと、ボタン名と機能の説明が表示されます。

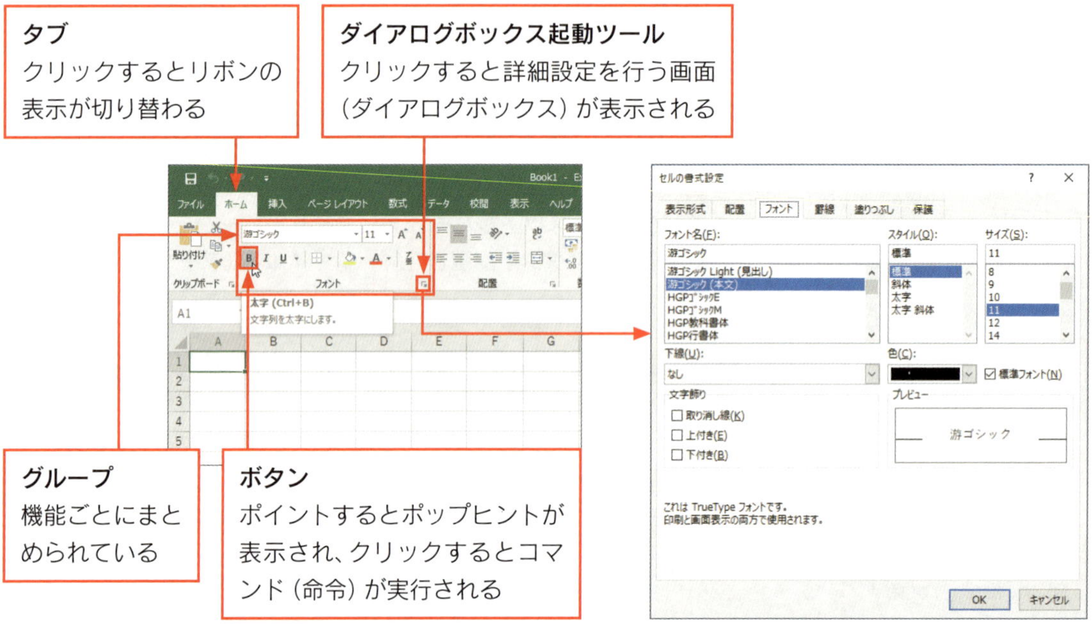

タブ
クリックするとリボンの表示が切り替わる
ダイアログボックス起動ツール
クリックすると詳細設定を行う画面（ダイアログボックス）が表示される
グループ
機能ごとにまとめられている
ボタン
ポイントするとポップヒントが表示され、クリックするとコマンド（命令）が実行される

やってみよう―リボンのボタンを使ってセルに塗りつぶしの色を設定する

［ホーム］タブの［フォント］グループの［塗りつぶしの色］ボタンを使って、セルに任意の塗りつぶしの色を設定します。

1 塗りつぶしの色を設定します。

❶［ホーム］タブの［フォント］グループの［塗りつぶしの色］ボタンの▼をクリックする

❷ 任意の色をクリックする

❸ セルに塗りつぶしの色が付く

知っておくと便利！
▶ 塗りつぶしの色

［塗りつぶしの色］ボタンの左側のアイコンの色は前回設定した色に変更されます。アイコン部分をクリックすると前回と同じ色が付きます。

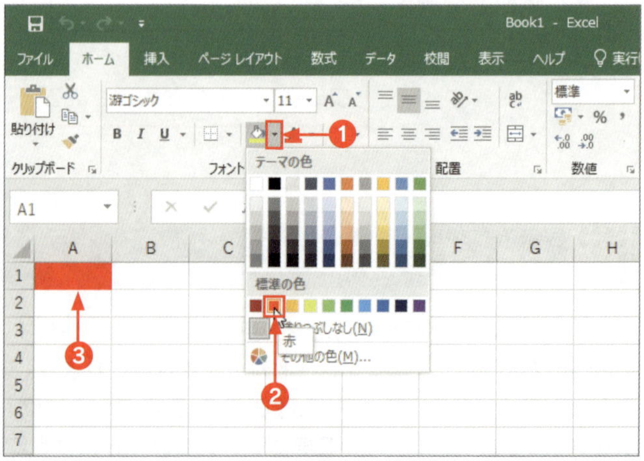

クイックアクセスツールバーの使い方

タイトルバーの左端にあるクイックアクセスツールバーは、リボンの上にあるのでどのリボンのときも常に表示されています。そのため、この中のボタンはいつでも使うことができます。

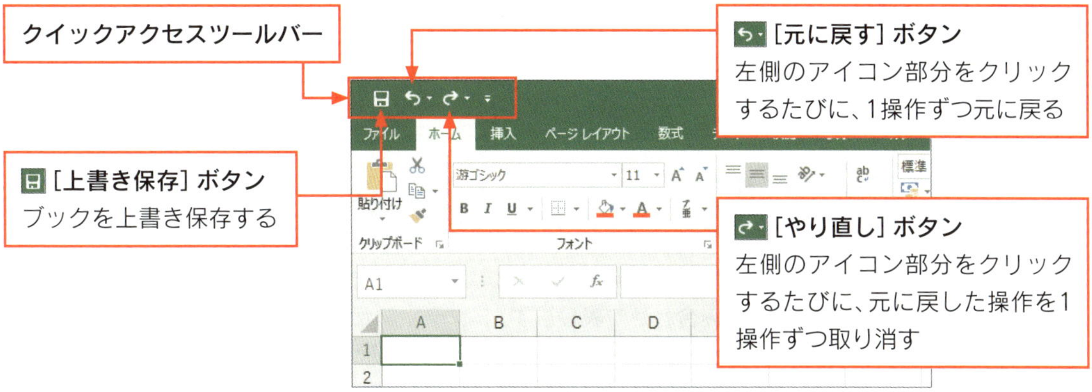

やってみよう—クイックアクセスツールバーのボタンを使って操作を元に戻す

クイックアクセスツールバーの [元に戻す] ボタンを使って、セルの塗りつぶしの色を元に戻します。

1 塗りつぶしの色を元に戻します。

❶ クイックアクセスツールバーの [元に戻す] ボタンをクリックする

❷ セルの塗りつぶしの色がなくなる

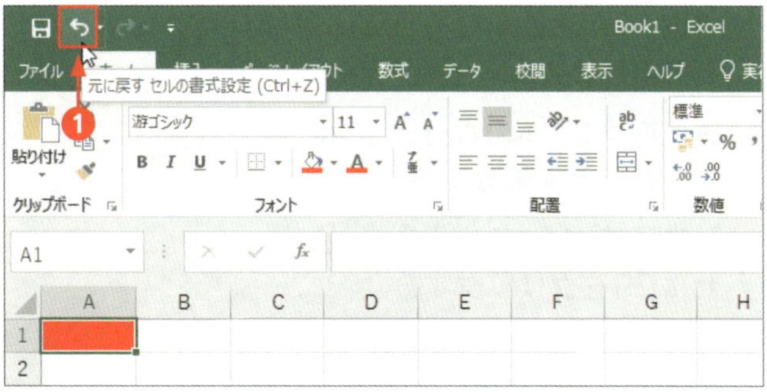

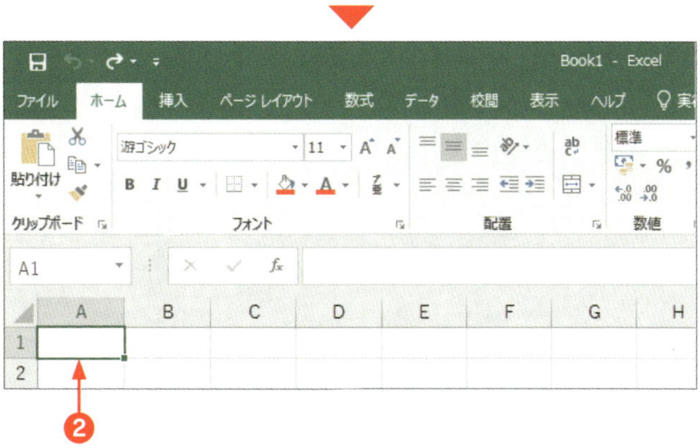

1-4 学習時間の目安 15 min 学習日・理解度チェック

月　日　□
月　日　□
月　日　□

範囲選択をマスターする

データを入力したり、コマンドを実行するには、あらかじめ対象となる範囲を選択しておきます。

アクティブセルの移動

現在、作業の対象となっているセルは太枠で囲まれていて、「アクティブセル」といいます。セルの位置は「A1」のように列番号と行番号の組み合わせで表します。アクティブセルの位置は画面左上の「名前ボックス」に表示されます。アクティブセルを移動するには、マウスでクリックするか、キーボードの矢印キーを使用します。

やってみよう—アクティブセルを移動する

アクティブセルをセルA1からセルC5に移動します。

1 アクティブセルを移動します。

❶セルA1が太枠で囲まれていて、アクティブセルであることを確認する
❷名前ボックスに「A1」と表示されていることを確認する
❸マウスポインターの形が✜で、セルC5をクリックする
❹セルC5が太枠で囲まれてアクティブセルになる
❺名前ボックスに「C5」と表示されていることを確認する

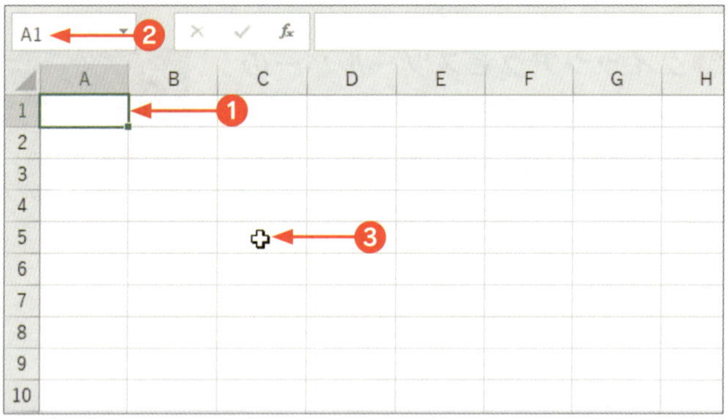

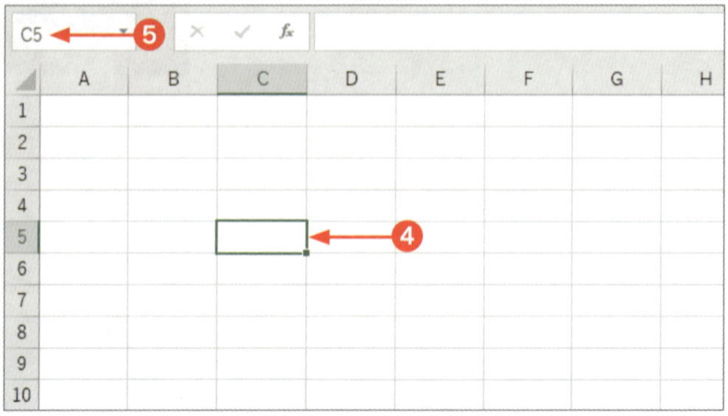

セルの範囲選択

複数のセルに同じ書式を設定するなど、まとめて処理を行う場合は、セルを範囲選択します。連続したセルを範囲選択する場合は、範囲の始点から終点をマウスでドラッグします。離れたセルを範囲選択する場合は1箇所目の範囲を選択後、Ctrl キーを押しながら2箇所目以降の範囲を選択します。

やってみよう―連続したセルを範囲選択する

セルA1 ～ C3を範囲選択します。

1 セルを範囲選択します。

❶始点のセルA1をマウスポインターの形が✥でポイントする
❷終点のセルC3までドラッグする
❸セルA1 ～ C3が太枠で囲まれ、灰色になる

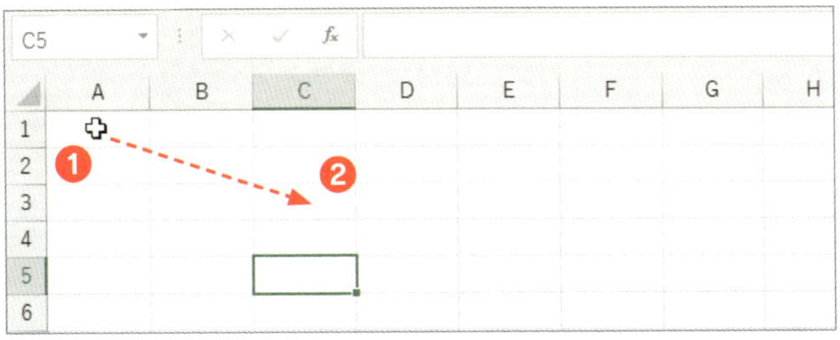

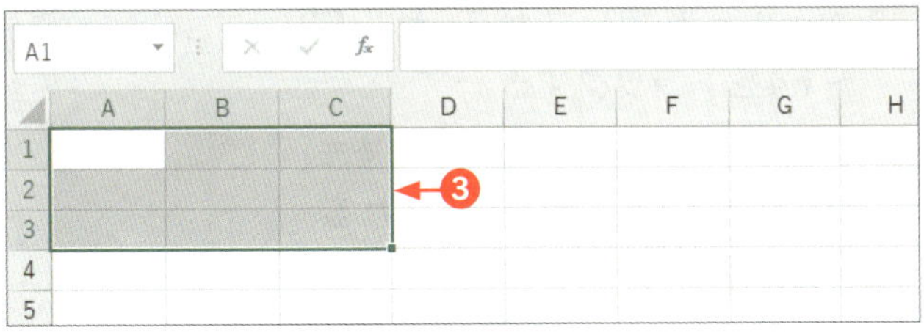

知っておくと便利！
▶選択範囲内のアクティブセル

連続したセルが選択されている場合、選択範囲全体が太枠で囲まれます。アクティブセルはその中の白いセルです。範囲選択を解除しないでアクティブセルを移動するには、Enter キー（下へ移動）または Tab キー（右へ移動）を押します。

やってみよう―範囲選択を解除する

範囲選択を解除します。

1 範囲選択を解除します。

❶任意のセルをマウスポインターの形が✥でクリックする
❷範囲選択が解除され、セルが元の色になる

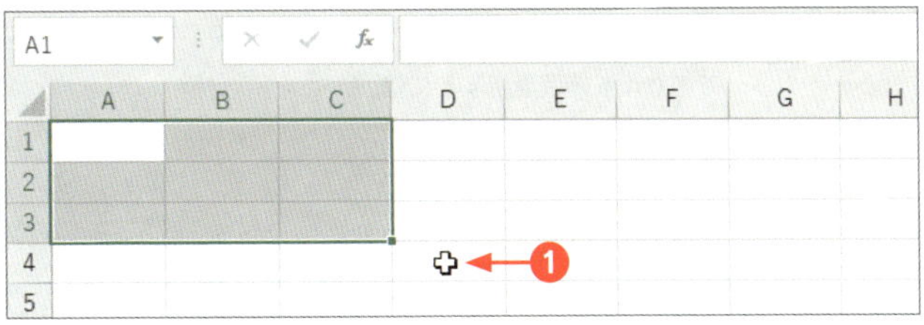

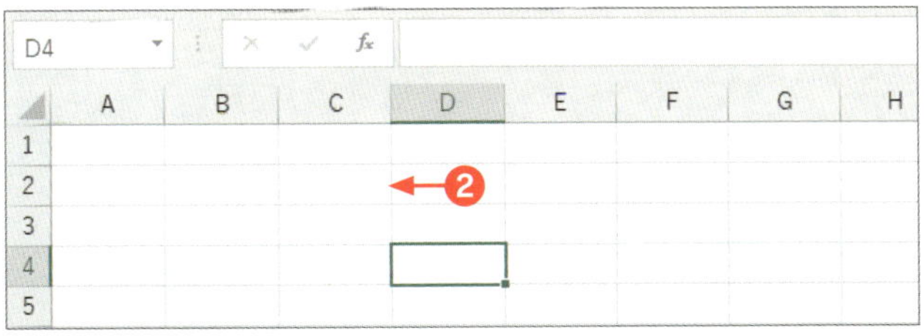

やってみよう―離れたセルを範囲選択する

セルA1～C3とセルE2～F4を範囲選択します。

1 1箇所目を範囲選択します。

❶ セルA1～C3をドラッグする
❷ セルA1～C3が範囲選択される

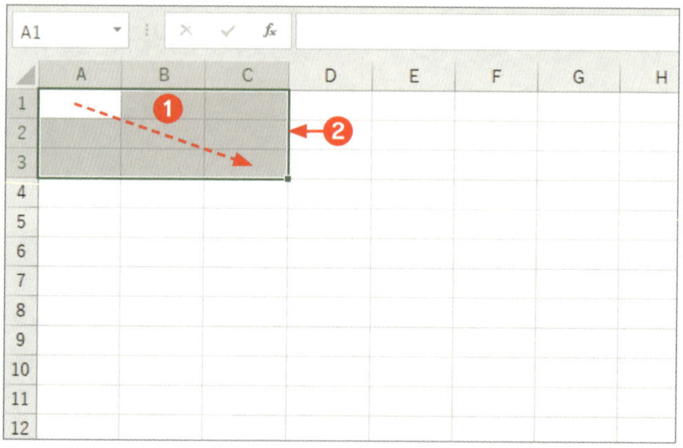

2 2箇所目を範囲選択します。

❶ Ctrl キーを押しながら、セルE2～F4をドラッグする
❷ セルA1～C3を範囲選択したまま、セルE2～F4が範囲選択される
❸ 任意のセルをマウスポインターの形が✜でクリックして、範囲選択を解除する

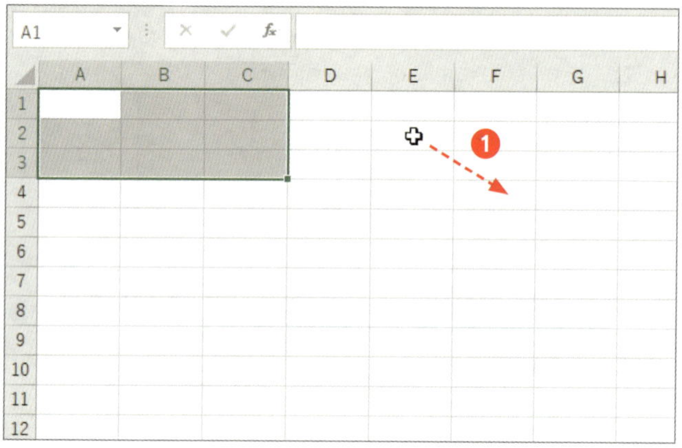

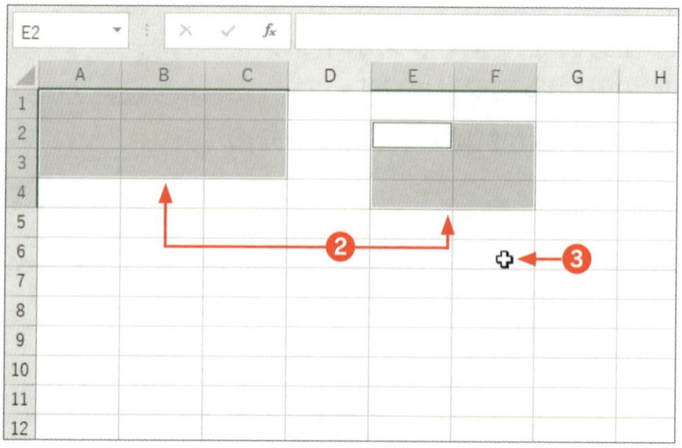

知っておくと便利！
▶ シート全体の範囲選択

シートのすべてのセルを範囲選択するには、A列の左、1行目の上の［全セル選択］ボタンをクリックします。範囲選択を解除するには、任意のセルをクリックします。

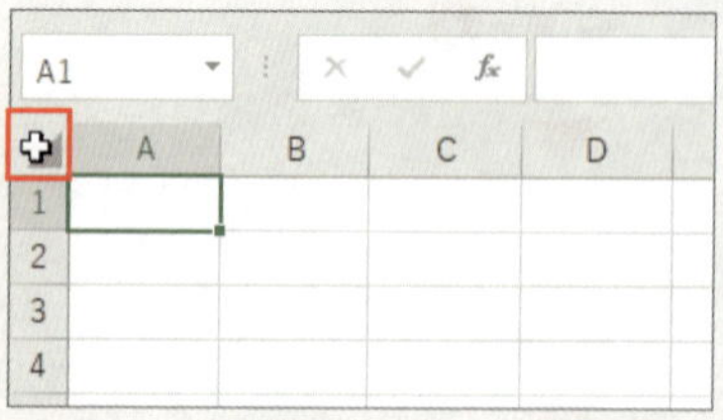

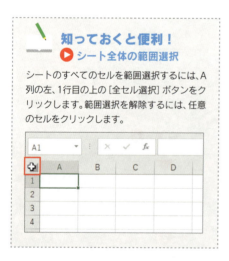

行や列の選択

列や行を選択する場合は、列番号や行番号をクリックまたはドラッグします。

やってみよう—1列を選択する

B列を選択します。

1 B列を選択します。

❶B列の列番号をマウスポインターの形が⬇でクリックする
❷B列のすべてのセルが選択される
❸任意のセルをマウスポインターの形が✚でクリックして、列の選択を解除する

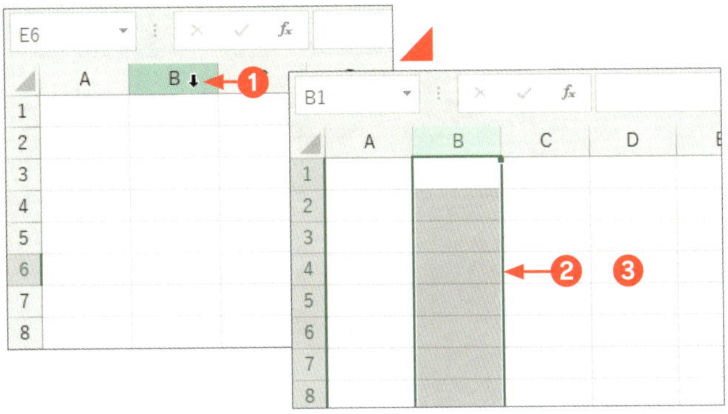

やってみよう—複数列を選択する

A～C列を選択します。

1 A～C列を選択します。

❶始点の列番号Aをマウスポインターの形が⬇でポイントする
❷終点の列番号Cまでドラッグする
❸A～C列が選択される
❹任意のセルをマウスポインターの形が✚でクリックして、列の選択を解除する

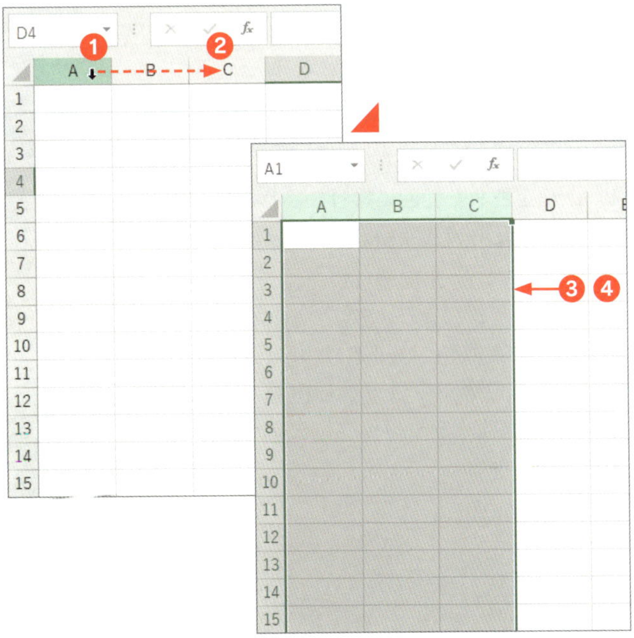

知っておくと便利！
▶ 行の選択
行を選択する場合は、行番号をマウスポインターの形が➡でクリック、複数行の場合はドラッグします。

Chapter 1

学習日・理解度チェック

月　日　□

月　日　□

月　日　□

練習問題

練習1-1

Excelの画面の名称を記入しましょう。

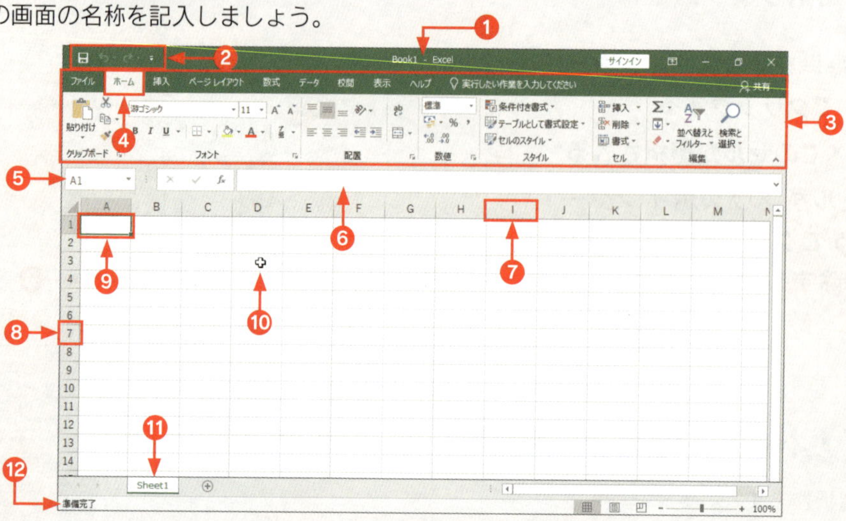

❶	❷	❸
❹	❺	❻
❼	❽	❾
❿	⓫	⓬

練習1-2

❶ 指定された範囲に塗りつぶしの色を設定しましょう。

❷ すべてのセルの塗りつぶしの色を解除しましょう。塗りつぶしの色を解除するには、[塗りつぶし] ボタンの▼をクリックし、[塗りつぶしなし] をクリックします。

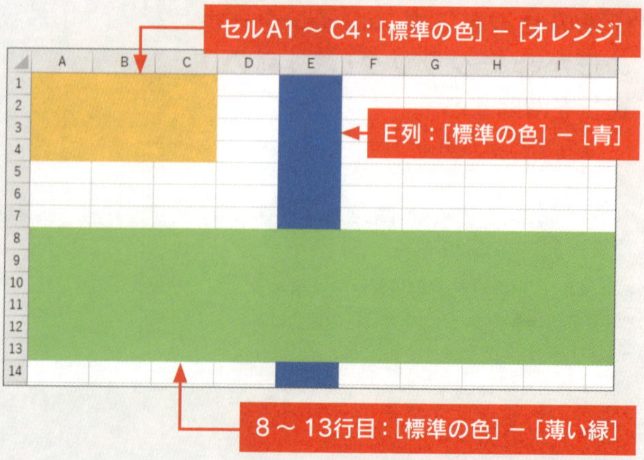

Chapter 2

データの入力と編集

数値や文字の入力と修正方法、データの移動・コピーの方法、連続データを簡単に入力する方法について学習します。

2-1 データを入力・修正する →30ページ

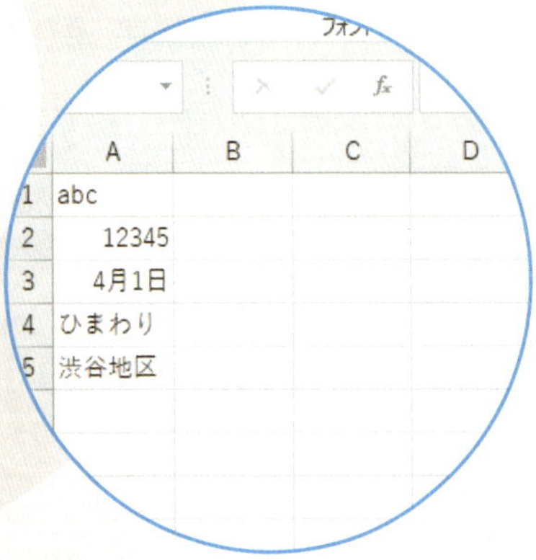

2-2 データを移動・コピーする →37ページ

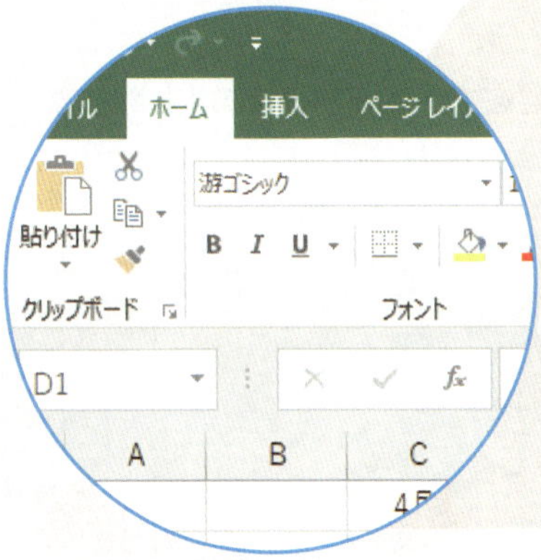

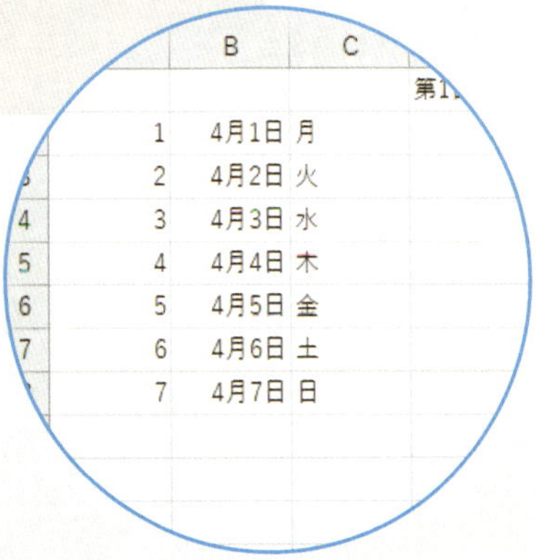

2-3 連続するデータを入力する →43ページ

2-1

学習時間の目安 20 min

学習日・理解度チェック

月　日　□

月　日　□

月　日　□

データを入力・修正する

Excelでは目的のセルを選択して文字や数字などのデータを入力します。データは入力後に修正したり、削除したりすることもできます。

ここでの学習内容

文字を入力する操作を学習します。日本語入力モードがオフの状態で半角の英数字、オンの状態でひらがな、カタカナ、漢字、全角の英字が入力できます。

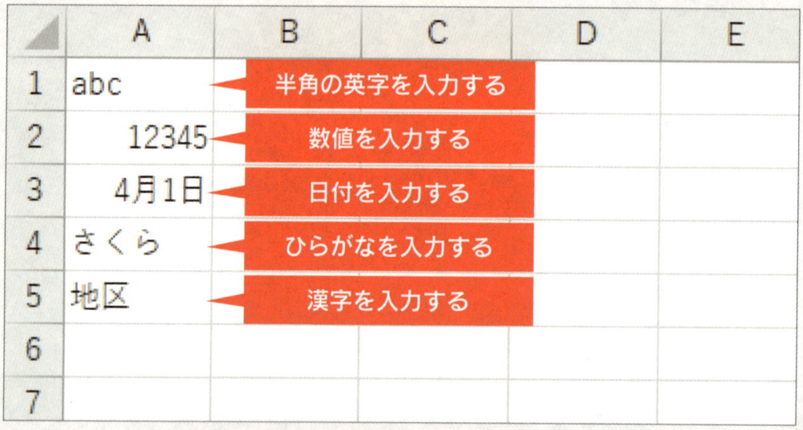

入力したデータは後から修正できます。修正の方法にはセルの内容をすべて書き換える「上書き修正」と一部を書き換える「部分修正」があります。

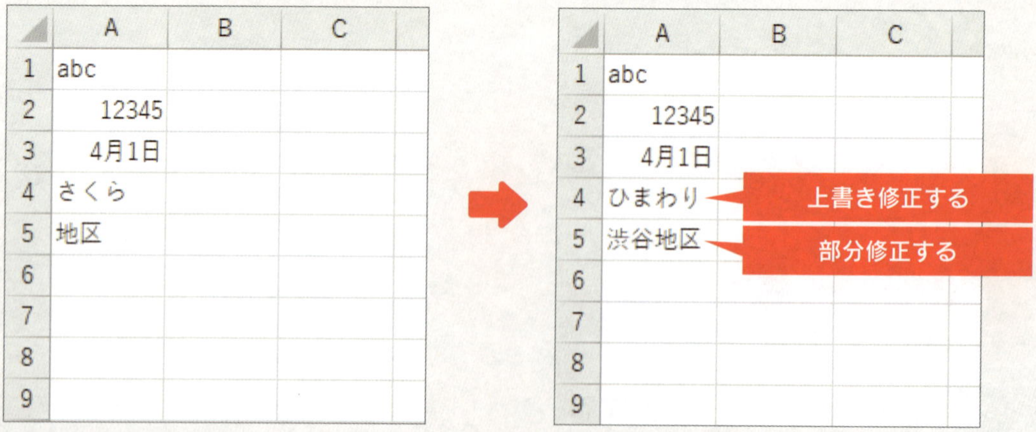

日本語入力モードがオフの状態での入力

Excelの起動時は日本語入力モードがオフの状態になっていて、半角の英数字のみ入力できます。

やってみよう―文字を入力する

セルA1に「abc」と入力してみましょう。

1 文字を入力します。

1. セルA1がアクティブセルになっていることを確認する
2. 「abc」と入力する
3. Enter キーを押す
4. セルの入力が確定し、カーソルが消える
5. アクティブセルが1つ下のセルA2に移動する

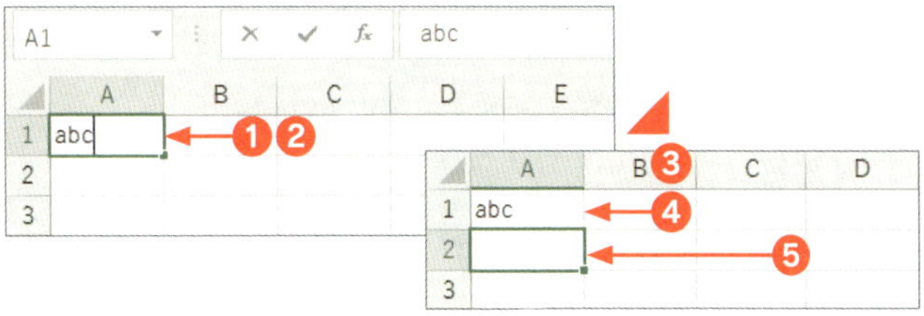

知っておくと便利！
入力の確定

入力の確定は→キーや↓キーなどの矢印キーやTabキーでも行えます。矢印キーの方向にアクティブセルが移動して確定します。Tabキーでは右方向にアクティブセルが移動して確定します。

やってみよう―数値を入力する

セルA2に「12345」と入力してみましょう。

1 数字を入力します。

1. セルA2がアクティブセルになっていることを確認する
2. 「12345」と入力する
3. Enter キーを押す
4. セルの入力が確定し、カーソルが消える
5. アクティブセルが1つ下のセルA3に移動する

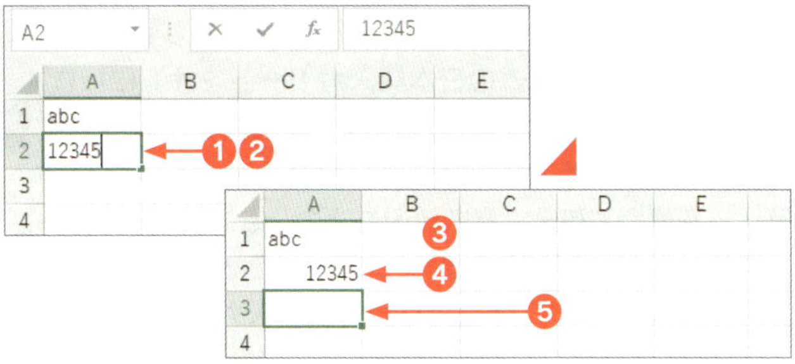

ここがポイント！
データの配置

入力を確定すると、文字データは左詰め、数値データは右詰めで配置されます。数値データは数字の他、日付など計算対象になるデータです。

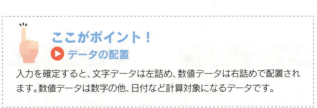

やってみよう―日付を入力する

セルA3に「4月1日」と入力してみましょう。数字を「4/1」や「4-1」のように「/」(スラッシュ)や「-」(ハイフン)で区切って入力すると日付として認識され、「4月1日」という日付の形式で表示されます。

1 日付を入力します。

❶ セルA3がアクティブセルになっていることを確認する
❷「4/1」と入力する
❸ Enter キーを押す
❹ セルの入力が確定し、カーソルが消える
❺ セルA3に「4月1日」と表示される
❻ アクティブセルが1つ下のセルA4に移動する

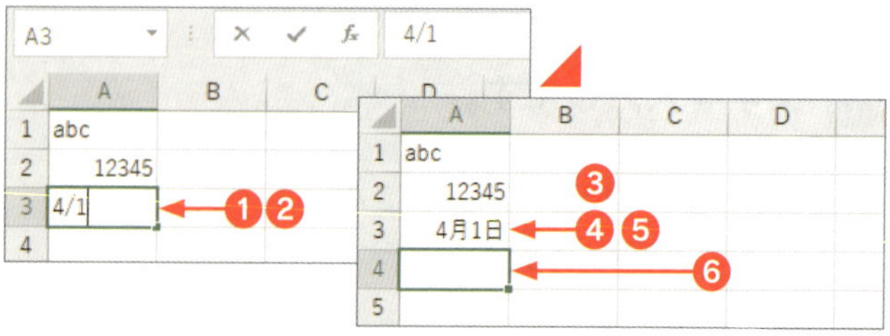

知っておくと便利！
日付の入力

入力した月日は、今年の日付として認識されます(日付の入力されているセルを選択すると、数式バーで年月日が確認できます)。

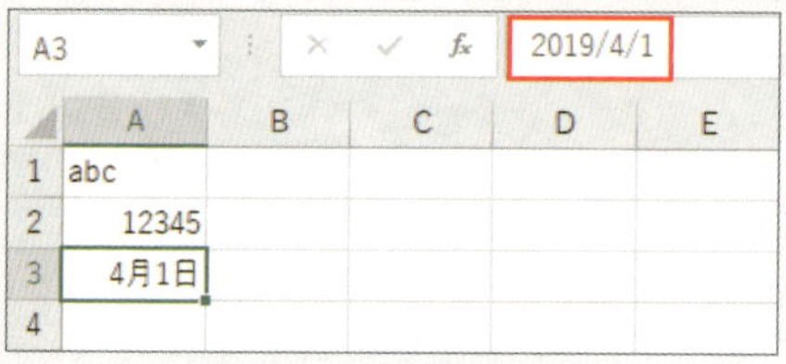

今年以外の日付を入力する場合は「2017/4/1」のように年も「/」や「-」で区切って入力します。

日本語入力モードがオンの状態での入力

ひらがなやカタカナ、漢字などの日本語を入力する際は、Excelで使用している「Microsoft IME」という日本語入力システムの日本語入力モードをオンにします。日本語入力モードをオンにするには、半角/全角キーを押すか、タスクバーの入力モードのボタンAまたはあをクリックします。

日本語を入力する方法には、「ローマ字入力」と「かな入力」があります。ローマ字入力はキーボードの英字キーを使ってローマ字で読みを入力します。例えば「さくら」の場合はSAKURAのキーを押します。かな入力はキーボードのさくらのキーをそのまま押します。日本語入力システムの初期設定はローマ字入力になっています。本書ではローマ字入力を基本に解説します。

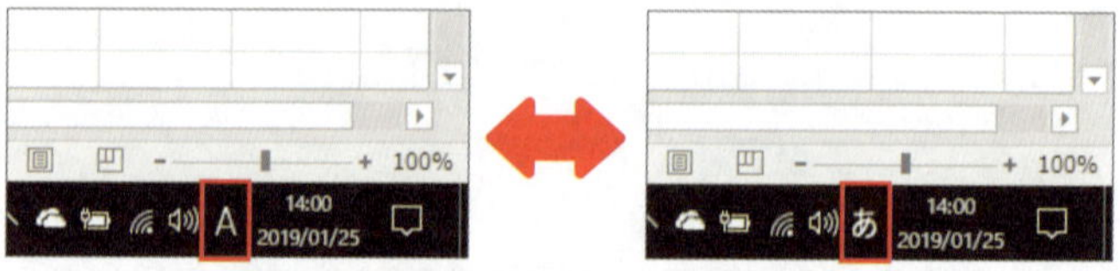

半角/全角 キーで切り替える

知っておくと便利！
IME入力モード切替の通知

IMEの初期設定では、入力モードが切り替わったときに、画面中央に入力モードが大きく表示されます。

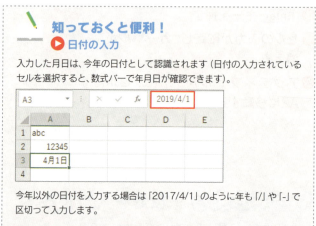

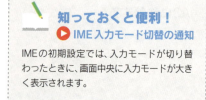

やってみよう—ひらがなを入力する

セルA4に「さくら」と入力してみましょう。

1 日本語入力モードをオンにします。

❶ 半角/全角 キーを押す

❷ タスクバーで日本語入力モードがオンになったことを確認する

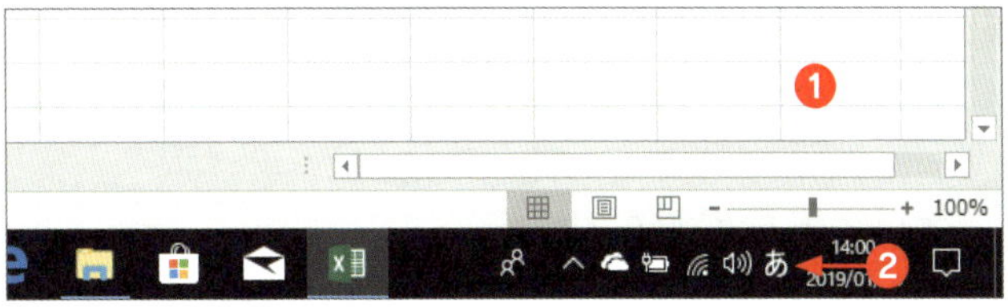

2 文字を入力します。

❶ セルA4がアクティブセルになっていることを確認する

❷「さくら」と入力する

❸ 文字に点線の下線と予測入力候補が表示される

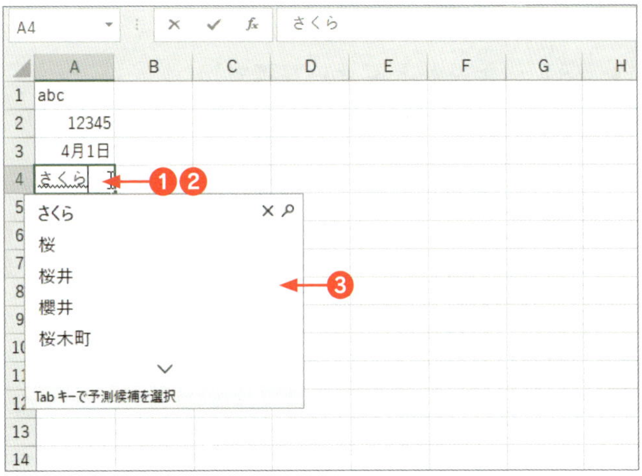

知っておくと便利！

▶ 予測入力機能

文字を入力すると、入力履歴をもとに入力候補の一覧が表示されます。入力するごとに候補が絞られ、クリックすると変換されます。

3 文字を確定します。

❶ Enter キーを押す

❷ 下線が消え、文字が確定する

❸ Enter キーを押す

❹ セルの入力が確定し、カーソルが消える

❺ アクティブセルが1つ下のセルA5に移動する

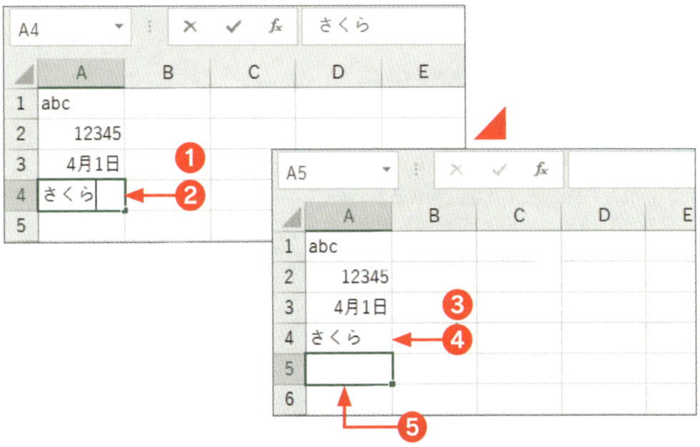

やってみよう―漢字を入力する

セルA5に「地区」と入力してみましょう。

1 漢字の読みを入力します。

❶ 言語バーで日本語入力モードがオンになっていることを確認する
❷ セルA5がアクティブセルになっていることを確認する
❸ 「ちく」と入力する
❹ 文字に点線の下線と予測入力候補が表示される

2 変換します。

❶ [スペース] キーか [変換] キーを押す
❷ 漢字に変換される

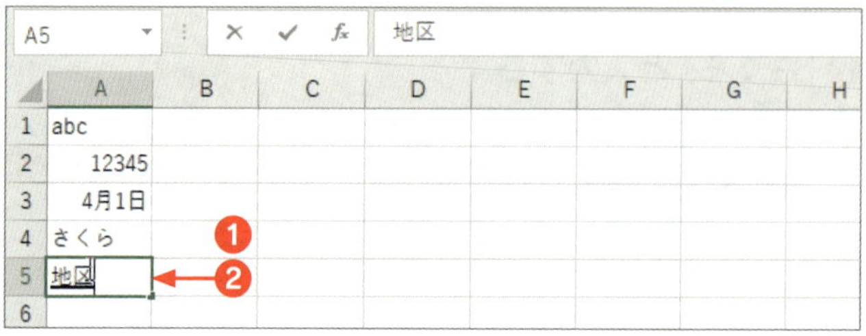

3 文字とセルの入力を確定します。

❶ [Enter] キーを押す
❷ 下線が消え、文字が確定する
❸ [Enter] キーを押してセルの入力を確定する

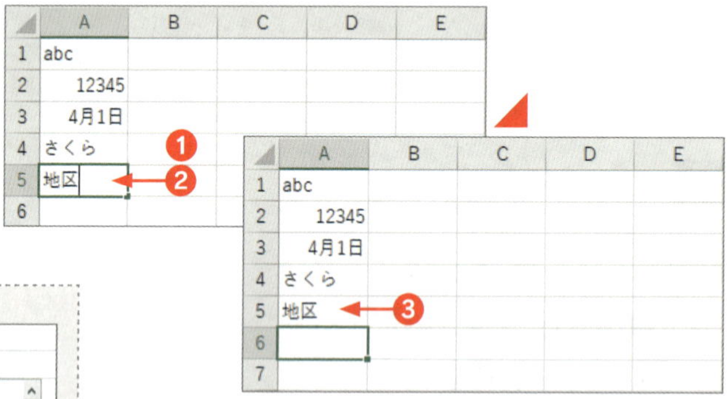

ここがポイント！
▶ 変換候補の選択

目的の漢字に変換されない場合は、[Enter] を押して文字を確定する前に再び [スペース] キーか [変換] キーを押します。変換候補の一覧が表示されるので、[スペース] キーか [変換] キーまたは [↑] キーか [↓] キーで目的の漢字を選択します。

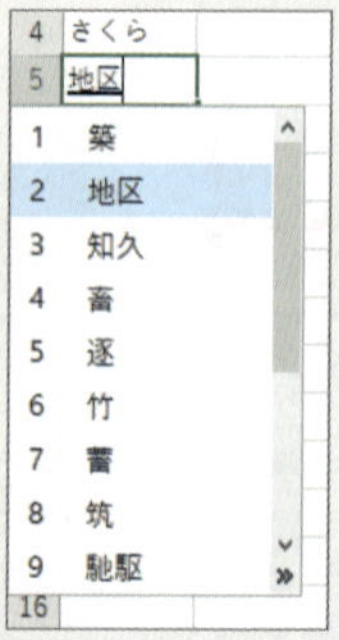

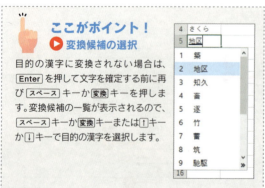

知っておくと便利！
カタカナや英数字の入力

カタカナには、漢字と同様に スペース キーか 変換 キーで変換できます。また、次のファンクションキーを使うと、カタカナ、ひらがな、英数字に直接変換できます。

F6 キー	F7 キー	F8 キー	F9 キー	F10 キー
ひらがな	全角カタカナ	半角カタカナ	全角英数字	半角英数字

なお、F9、F10 キーによる英字への変換はローマ字入力モードのときのみ有効で、キーを押すごとに入力した英字が小文字→大文字→先頭文字のみ大文字に変わります。

データの修正

入力済みのセルを選択して入力すると、元のデータは消えて入力したデータに書き換わります。データの一部を修正する場合は、入力済みのセルにカーソルを表示して編集状態にします。

やってみよう―データを上書きする

セルA4の「さくら」を「ひまわり」に修正しましょう。

1 データを修正するセルを選択します。

❶ セルA4をクリックする

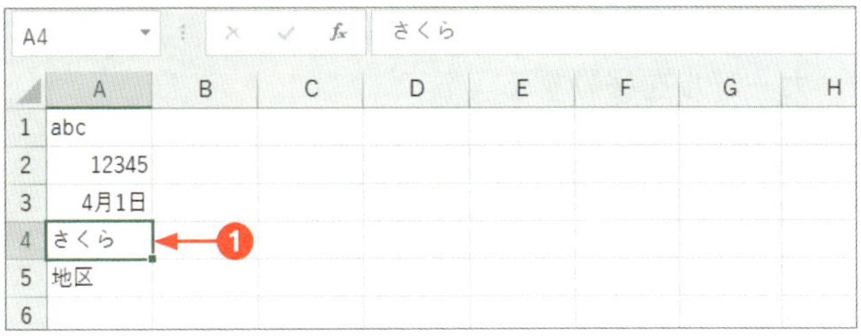

知っておくと便利！
データの削除

データを削除して空白セルにする場合は、セルを選択して Delete キーを押します。

2 データを入力します。

❶「ひまわり」と入力し Enter キーを押してひらがなで確定する
❷ Enter キーを押してセルの入力を確定する
❸「ひまわり」に修正される

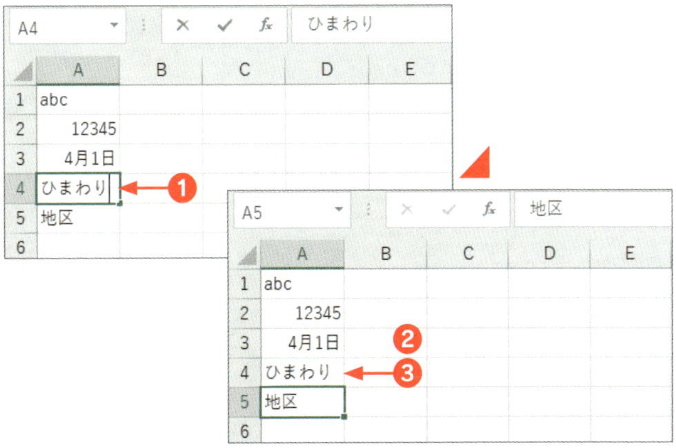

やってみよう—データを部分修正する

セルA5の「地区」の前に「渋谷」と入力し、「渋谷地区」に修正しましょう。

1 データを修正するセルを編集状態にします。

❶セルA5をマウスポインターの形が ✚ の状態でダブルクリックする

❷セル内にカーソルが表示される

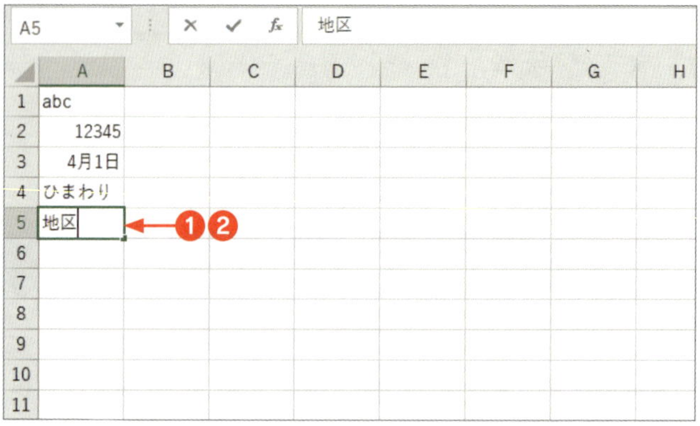

知っておくと便利！
▶ セルを編集状態にする

目的のセルを選択し、F2キーを押すか数式バーをクリックしてもカーソルを表示して編集状態にできます。

2 カーソルを移動し、文字を入力します。

❶矢印キーを使って、文字を入力する位置（ここでは「地区」の前）にカーソルを移動する

❷「しぶや」と入力し、スペースキーか変換キーを押して「渋谷」に変換し、Enterキーを押して確定する

❸Enterキーを押してセルの入力を確定する

❹「渋谷地区」に修正される

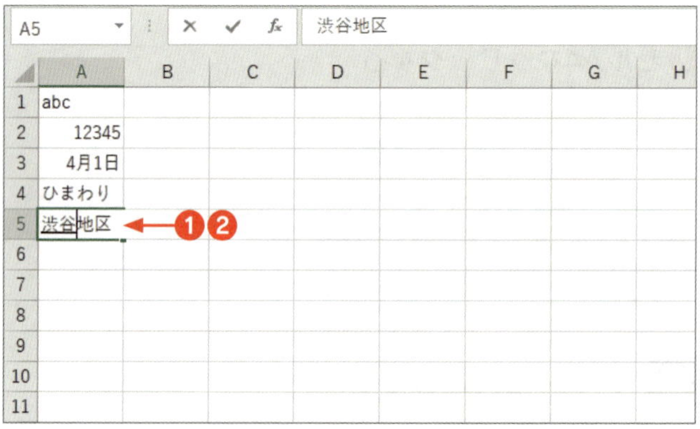

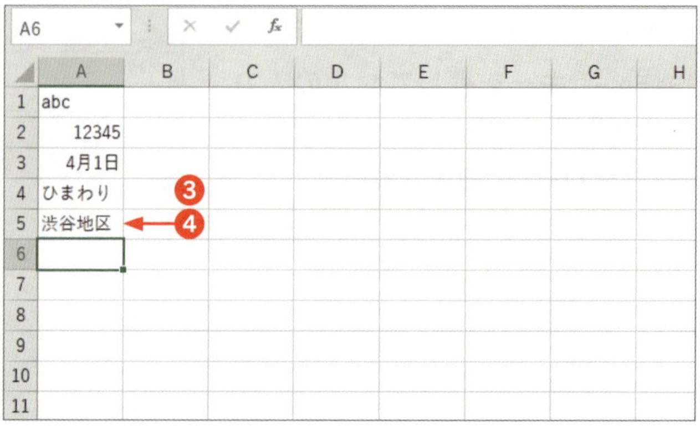

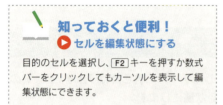

2-2

学習時間の目安 20 min

学習日・理解度チェック

月　日　□

月　日　□

月　日　□

データを移動・コピーする

入力したデータは位置を移動したり、コピーして使用したりして、再び入力する手間を省くことができます。

ここでの学習内容

入力したデータを移動、コピーするために、[切り取り]/[コピー]、[貼り付け]というコマンド(命令)を使用する方法と、マウスのドラッグ操作を使用する方法について学習します。

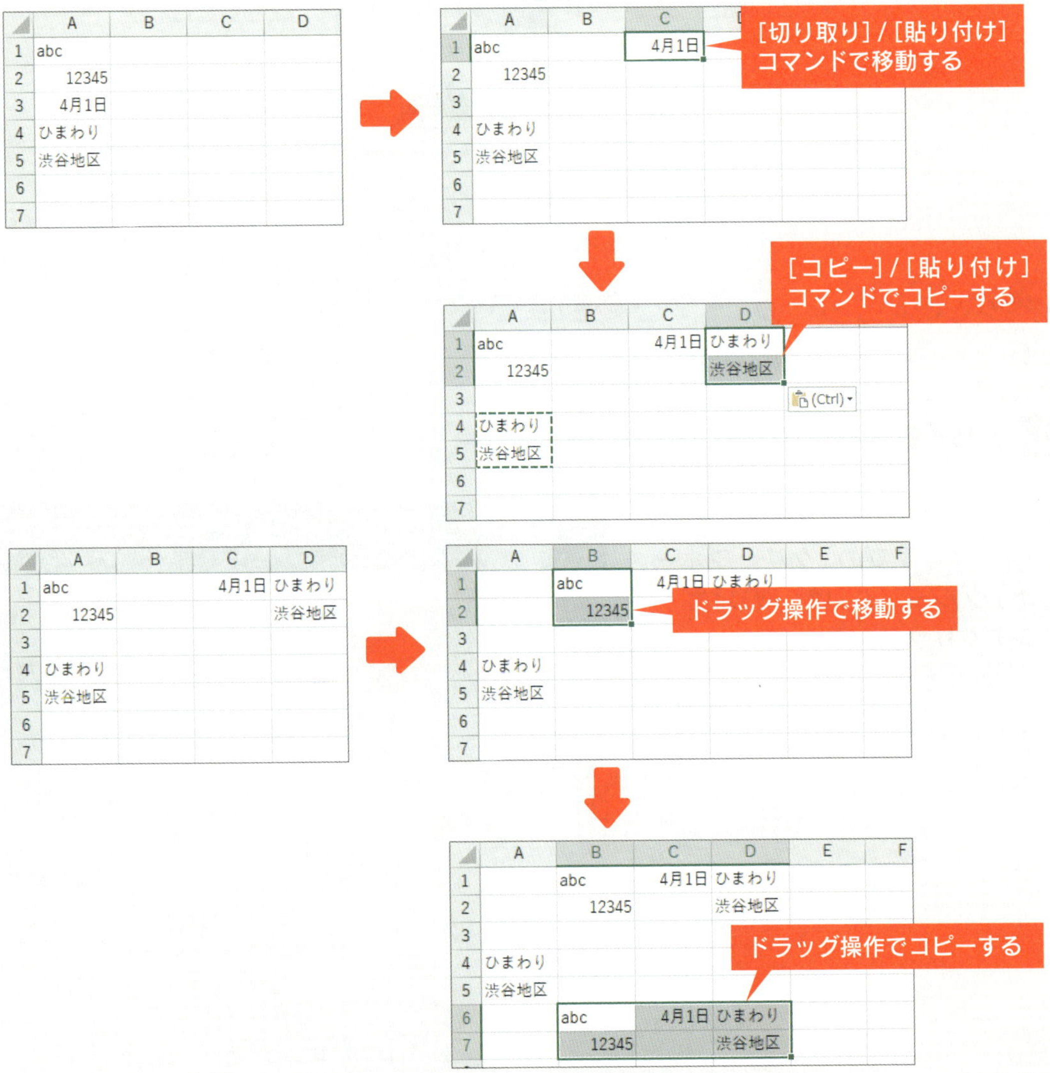

Windowsクリップボードを利用した移動とコピー

［切り取り］/［コピー］、［貼り付け］というコマンドを使用する方法では、Windowsの「クリップボード」という一時保管場所を経由します。この方法では、Excelだけでなく Word など別のアプリケーションにデータ（文字列、図形、画像など）を貼り付けることも可能です。

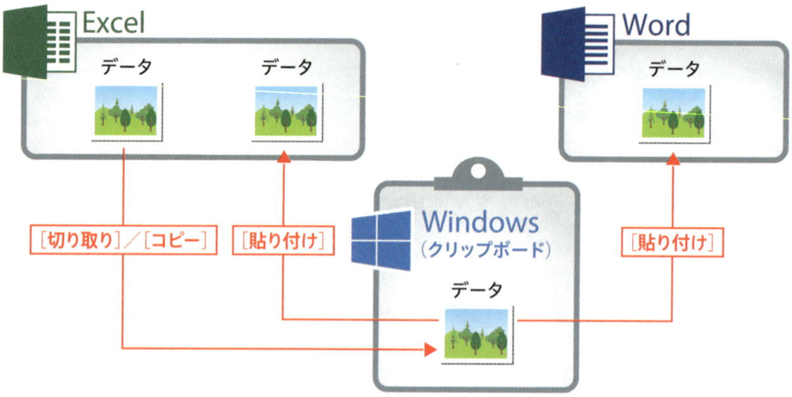

やってみよう—データを移動する

セルA3の「4月1日」をセルC1に移動します。

1 移動するセルを切り取ります。

❶ セルA3をクリックする

❷［ホーム］タブの［クリップボード］グループの［切り取り］ボタンをクリックする

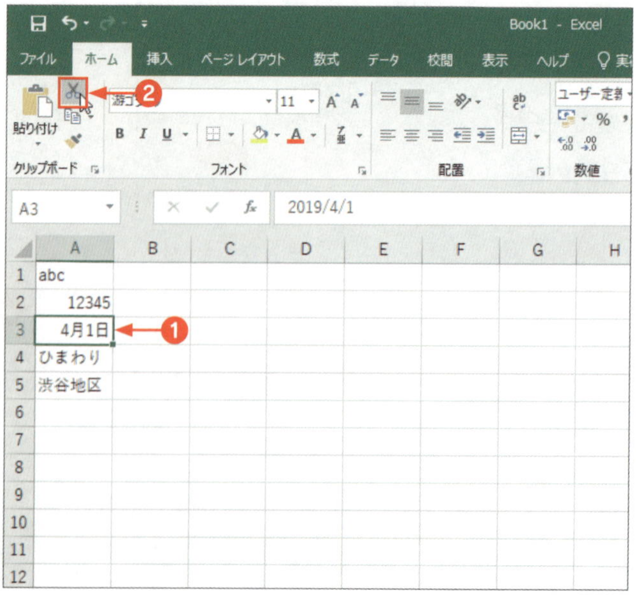

2 移動先を指定して、切り取ったセルを貼り付けます。

❶セルA3が点滅する点線で囲まれる
❷セルC1をクリックする
❸［ホーム］タブの［クリップボード］グループの［貼り付け］ボタンをクリックする
❹セルC1に「4月1日」と表示される

> **知っておくと便利！**
> ▶ **点滅する点線**
> 点滅する点線はこのデータがWindowsのクリップボードに保管されていることを表します。

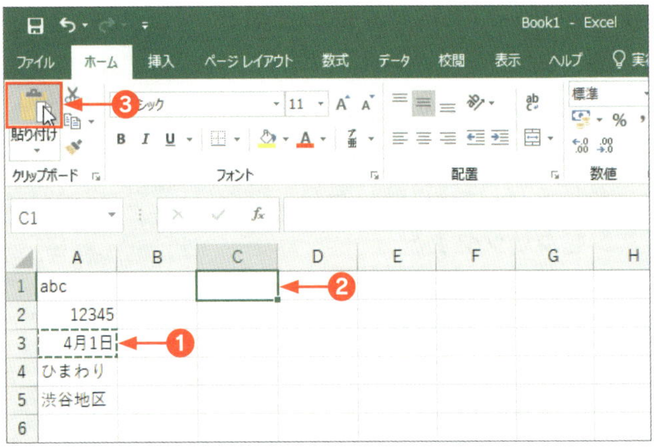

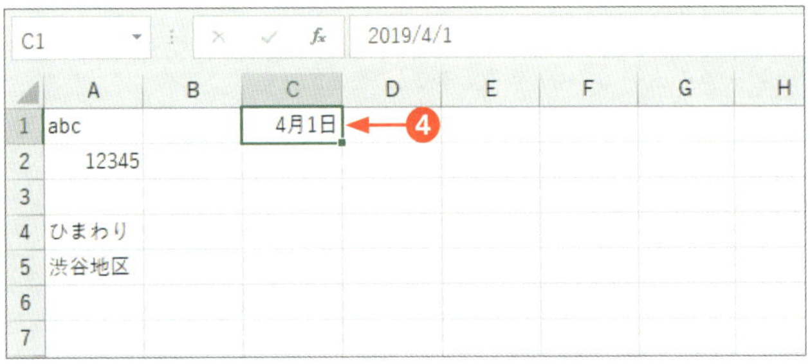

やってみよう—データをコピーする

セルA4～A5のデータをセルD1～D2にコピーしましょう。

1 セル範囲をコピーします。

❶セルA4～A5を範囲選択する
❷［ホーム］タブの［クリップボード］グループの［コピー］ボタンをクリックする

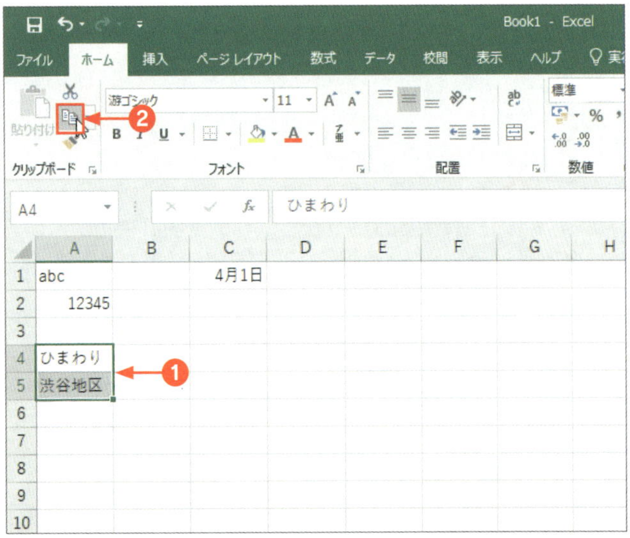

2 コピー先を指定して、セル範囲を貼り付けます。

❶セルA4～A5が点滅する点線で囲まれる
❷セルD1をクリックする
❸［ホーム］タブの［クリップボード］グループの［貼り付け］ボタンをクリックする
❹セルA4～A5のデータがセルD1～D2にコピーされる

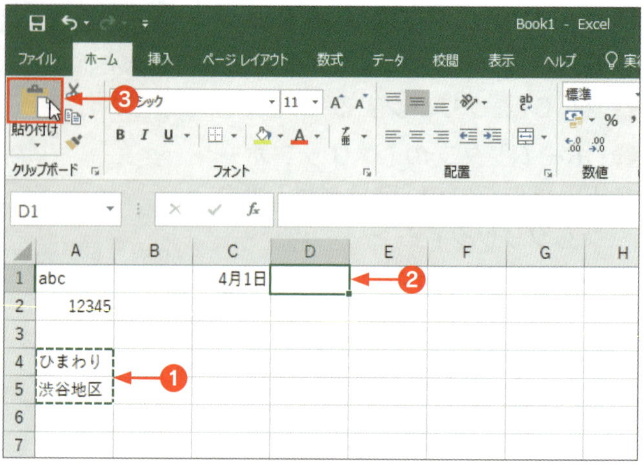

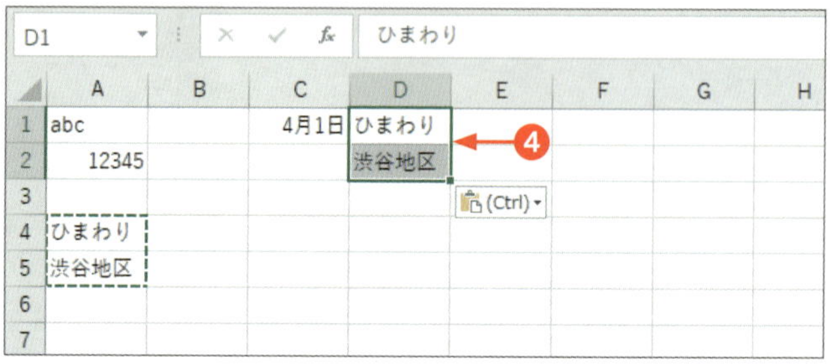

ここがポイント！
▶ 貼り付け先のセルの指定

複数セルを選択して貼り付ける場合は、貼り付け先の左上の1つのセルを指定すると、その位置を基点としてセル範囲が貼り付けられます。

知っておくと便利！
▶［切り取り］/［コピー］、［貼り付け］のショートカットキー

Ctrl ＋ X キー（切り取り）
Ctrl ＋ C キー（コピー）
Ctrl ＋ V キー（貼り付け）
※「＋」は1つ目のキーを押しながら2つ目のキーを押すことを表します。

知っておくと便利！
▶［貼り付け先のオプション］ボタン

データを貼り付けた直後に表示される (Ctrl) ［貼り付け先のオプション］ボタンをクリックすると、［数式］、［罫線なし］、［値］など、貼り付ける内容を選択することができます。貼り付ける際に、［ホーム］タブの［クリップボード］グループの ［貼り付け］ボタンの▼をクリックしても同様に貼り付け方を選択することができます。

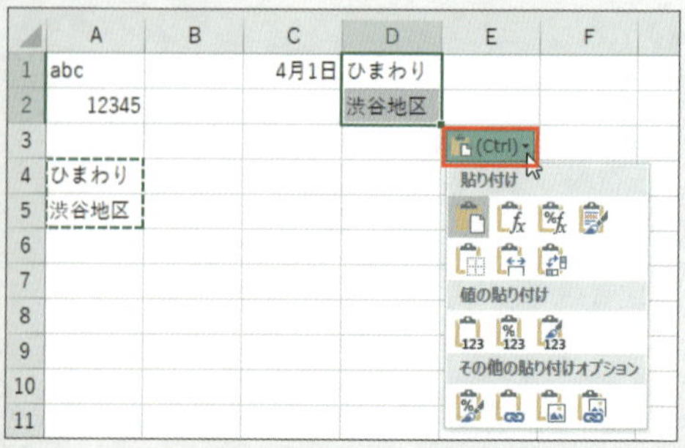

マウスのドラッグ操作で行う移動とコピー

マウスのドラッグとキーボードの操作だけで移動やコピーを行うこともできます。ドラッグ操作がしづらい離れた場所への移動やコピーには不向きです。

やってみよう―マウスのドラッグ操作で移動する

セルA1 ～ A2のデータをセルB1 ～ B2に移動しましょう。

1 移動するセル範囲をドラッグします。

❶点線が表示されている場合は Esc キーを押して解除し、セルA1 ～ A2を範囲選択する

❷枠線上をポイントし、マウスポインターの形が になったら、セルB1にドラッグする

❸ドラッグしている間はマウスポインターの形が になる

❹移動先のセル範囲「B1:B2」がポップアップ表示される

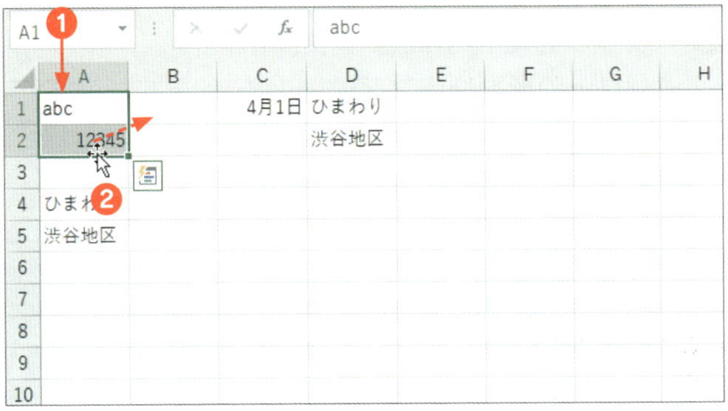

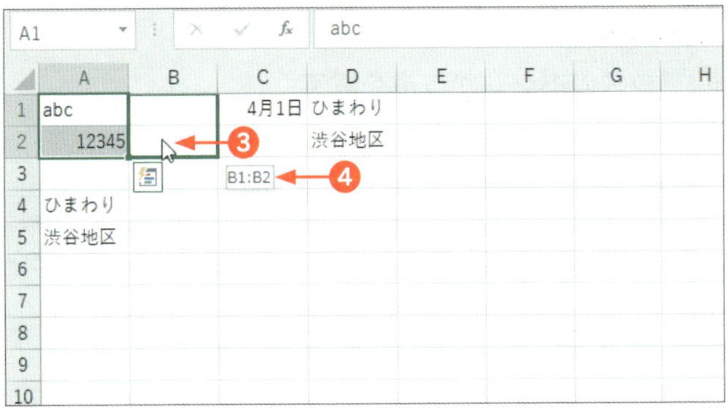

2 データが移動します。

❶マウスのボタンから指を離す

❷セルA1 ～ A2のデータがセルB1 ～ B2に移動する

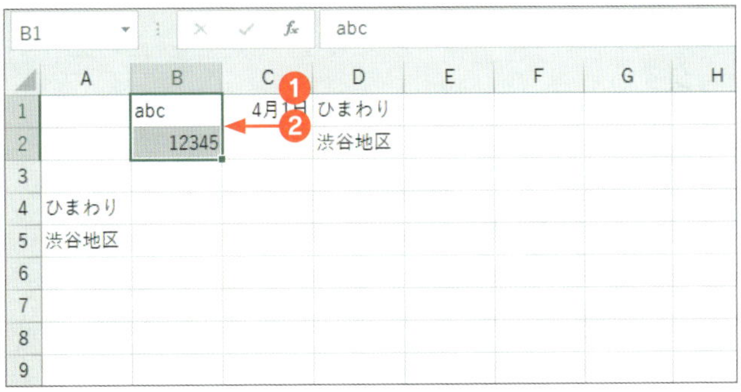

やってみよう—マウスのドラッグ操作でコピーする

セルB1 ～ D2のデータをセルB6 ～ D7にコピーしましょう。

1 コピーするセル範囲を Ctrl キーを押しながらドラッグします。

❶セルB1 ～ D2を範囲選択する
❷枠線上をポイントし、マウスポインターの形が になったら、Ctrl キーを押しながら左上端がセルB6になるようにドラッグする
❸ドラッグしている間はマウスポインターの形が になる
❹コピー先のセル範囲「B6:D7」がポップアップ表示される

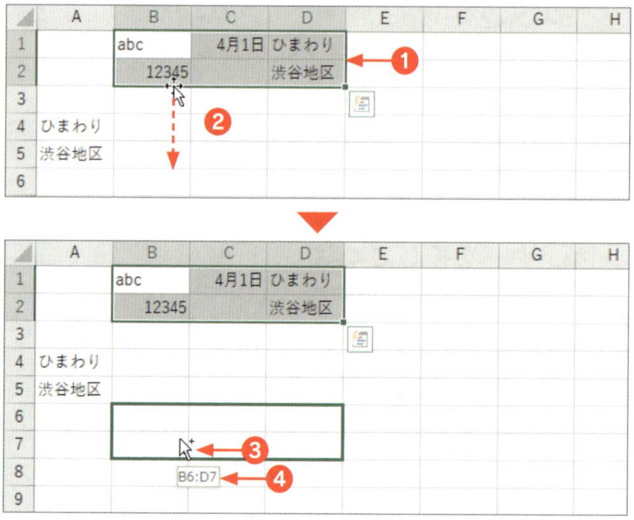

2 データがコピーされます。

❶マウスのボタンから指を離す
❷ Ctrl キーから指を離す
❸セルB1 ～ D2のデータがセルB6 ～ D7にコピーされる

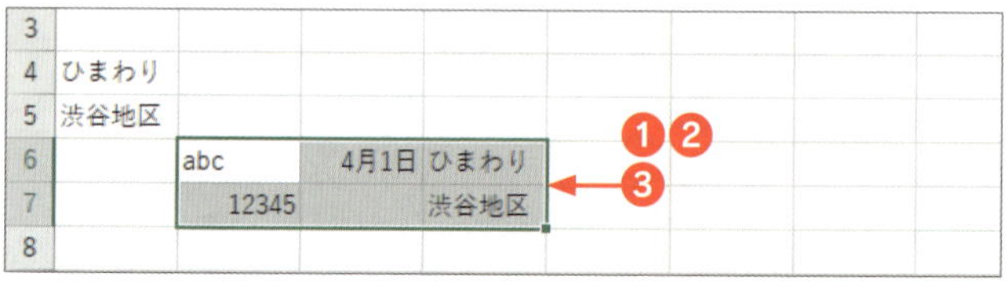

3 保存せずにブックを閉じます。

❶[ファイル] タブをクリックする
❷[閉じる] をクリックする
❸保存の確認メッセージが表示されるので [保存しない] をクリックする

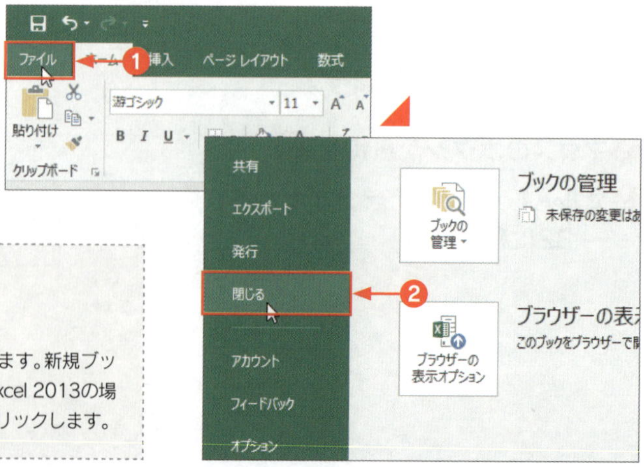

知っておくと便利！
▶ 新規ブックを開く

この操作をすると、Excelが起動したままブックが閉じます。新規ブックを開くには、[ファイル] タブをクリックし、[新規] (Excel 2013の場合は [新規作成]) をクリックして、[空白のブック] をクリックします。

2-3

学習時間の目安 20 min　学習日・理解度チェック

月　日　□
月　日　□
月　日　□

連続するデータを入力する

Excelには、「オートフィル」というマウスのドラッグ操作だけでデータを隣合ったセルに入力する機能があります。この機能を使用すると、データをコピーしたり、月や日付、曜日、数値を含んだ文字列などの連続するデータを簡単に入力できたりします。

ここでの学習内容

連続データの入力操作を学習します。セルを選択して右下に表示される「フィルハンドル」をマウスポインターが＋の形でドラッグすると、「オートフィル機能」により、データのコピーや連続データの入力ができます。

連続データとして入力される項目は、数値を含んだ文字列以外は、「ユーザー設定リスト」に登録されています。リストの項目は任意に追加することができます。

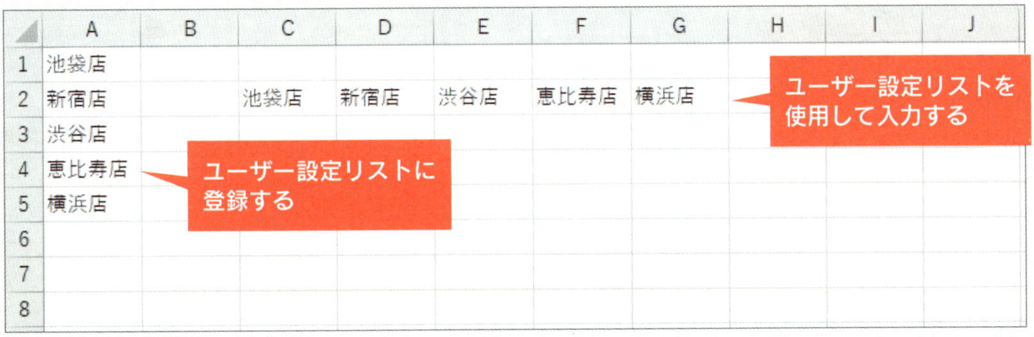

やってみよう―オートフィル機能を使用して連続データを入力する

日付や曜日、数値を含んだ文字列を、オートフィル機能を使用して入力しましょう。

1 連続データの元になるデータを入力します。

❶右図を参考に、連続データの元になるデータを入力する（「第1営業部」の「1」は半角で入力する）

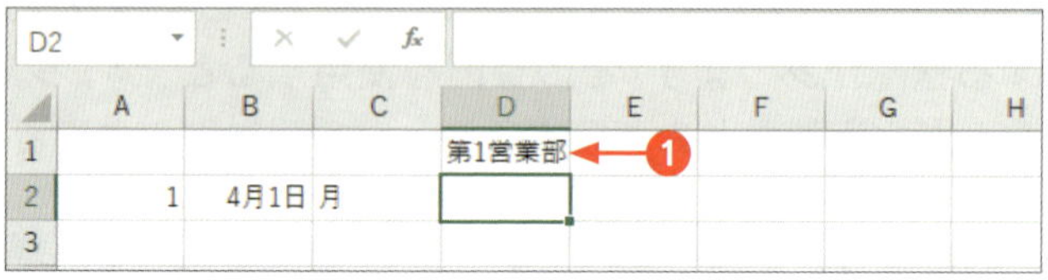

2 日付をオートフィル機能を使用して入力します。

❶セルB2をクリックする

❷セルの右下隅の■（フィルハンドル）ポイントし、マウスポインターの形が**＋**に変わったらセルB8までドラッグする（「4月7日」とポップアップ表示される）

❸セルB3～B8に「4月2日」から「4月7日」までの日付が自動的に入力される

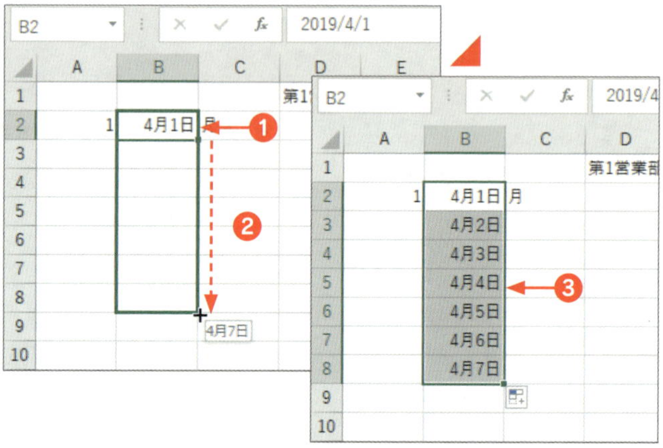

3 曜日をオートフィル機能を使用して入力します。

❶セルC2をクリックする

❷セルの右下隅の■（フィルハンドル）ポイントし、マウスポインターの形が**＋**に変わったらダブルクリックする

❸セルC3～C8に「火」～「日」が入力される

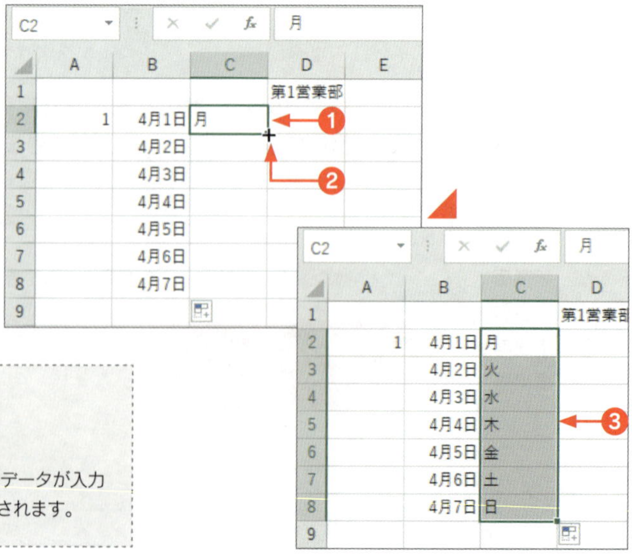

知っておくと便利！

▶フィルハンドルをダブルクリック

フィルハンドルをダブルクリックすると、隣接する列にデータが入力されている場合、その最終行まで自動的にデータが入力されます。

4 営業部名をオートフィル機能を使用して入力します。

❶セルD1をクリックする

❷セルの右下隅の■(フィルハンドル)ポイントし、マウスポインターの形が✚に変わったらセルG1までドラッグする(「第4営業部」とポップアップ表示される)

❸セルE1～G1に「第2営業部」～「第4営業部」が入力される

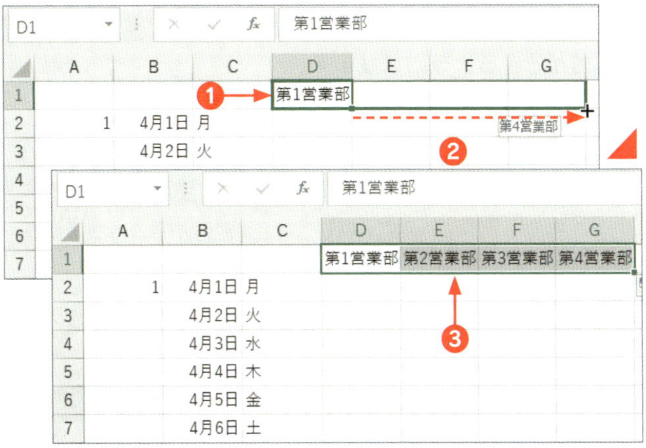

やってみよう—オートフィル機能を使用して連番を入力する

連番を、オートフィル機能を使用して入力しましょう。

1 数字をオートフィル機能を使用して入力します。

❶セルA2をクリックする

❷セルの右下隅の■(フィルハンドル)ポイントし、マウスポインターの形が✚に変わったらダブルクリックする

2 連続データにします。

❶セルA3～A8に「1」がコピーされる

❷[オートフィルオプション]ボタンをクリックする

❸[連続データ]をクリックする

❹セルA3～A8に「2」～「7」が入力される

❺保存せずにブックを閉じる

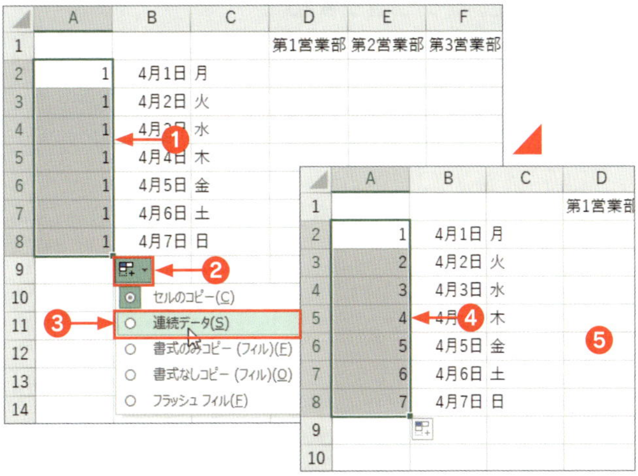

ユーザー設定リストの登録

ユーザー設定リストにデータを登録すると、オートフィル機能を使用して、登録した順序でのデータの連続入力ができるようになります。

やってみよう ― ワークシートに入力されたデータをユーザー設定リストに追加する

ワークシートに店舗名を入力し、ユーザー設定リストに登録しましょう。

1 ユーザー設定リストに登録するデータを選択します。

❶ 右図を参考に、セルA1 ～ A5に店舗名を入力する
❷ セルA1 ～ A5を範囲選択する
❸ [ファイル] タブをクリックする

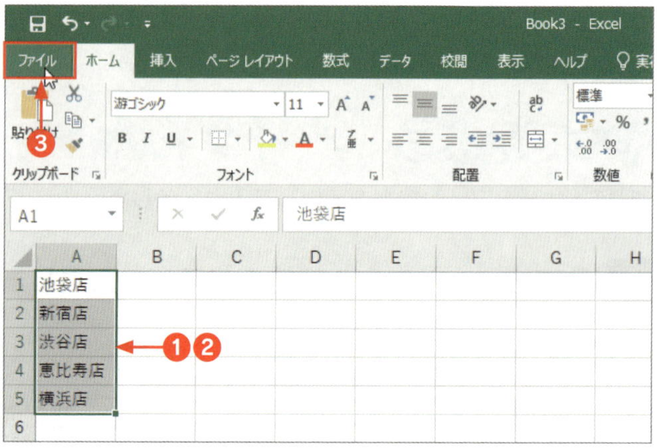

2 [ユーザー設定リスト] ダイアログボックスを開きます。

❶ [オプション] をクリックする
❷ [Excelのオプション] ダイアログボックスが表示される
❸ [詳細設定] をクリックする
❹ [全般] の [ユーザー設定リストの編集] ボタンをクリックする

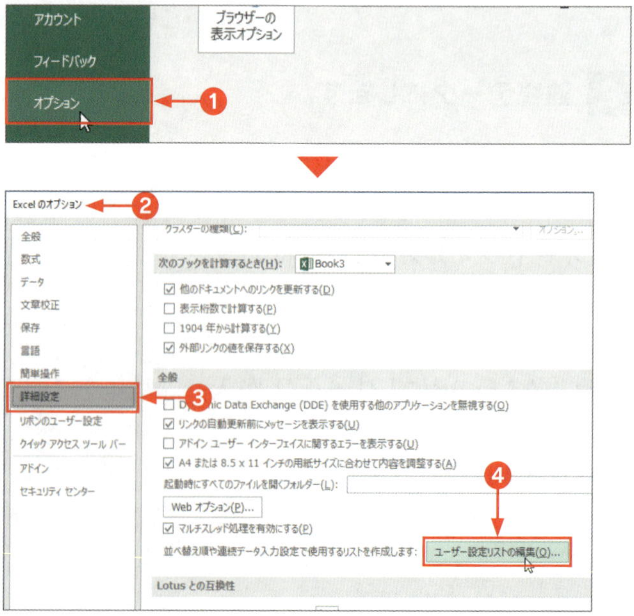

3 データをインポートします。

❶ [ユーザー設定リスト] ダイアログボックスが表示される

❷ [リストの取り込み元範囲] ボックスに「$A$1: $A$5」と表示されていることを確認する

❸ [インポート] ボタンをクリックする

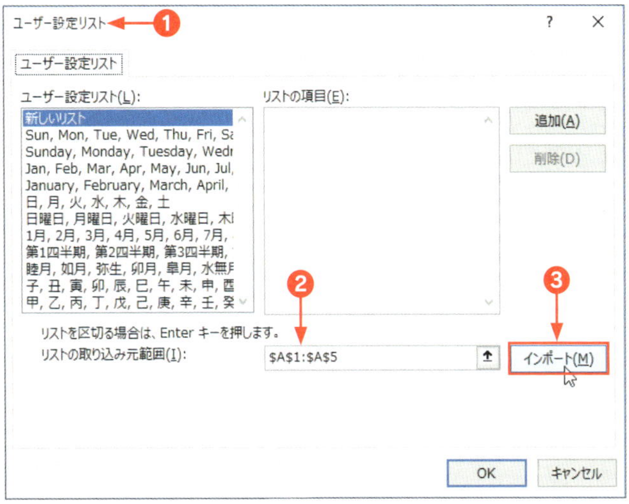

> **知っておくと便利！**
> **▶ データを直接入力する**
>
> [リストの項目] ボックスにユーザー設定リストに追加したい項目を直接入力することもできます。各項目は登録する順序で入力し、Enter キーを押して改行して区切ります。項目をすべて入力したら、[追加] ボタンをクリックします。

4 ユーザー設定リストに追加されます。

❶ [リストの項目] ダイアログボックスにセルA1 ～ A5の店舗名が表示される

❷ [ユーザー設定リスト] ボックスに店舗名が追加される

❸ [OK] ボタンをクリックする

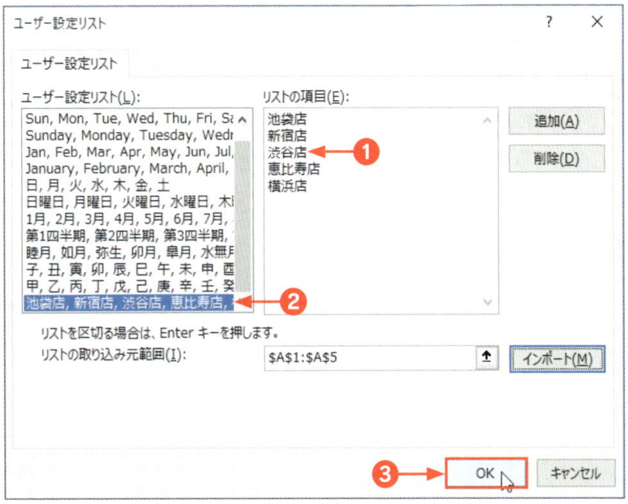

> **知っておくと便利！**
> **▶ ユーザー設定リストの削除**
>
> [ユーザー設定リスト] ダイアログボックスの [ユーザー設定リスト] ボックスの一覧から削除したいリストをクリックし、[削除] をクリックします。なお、Excelの既定値で設定されているリストは削除できません。

5 [Excelのオプション] ダイアログボックスを閉じます。

❶ [Excelのオプション] ダイアログボックスの [OK] ボタンをクリックする

❷ [Excelのオプション] ダイアログボックスが閉じる

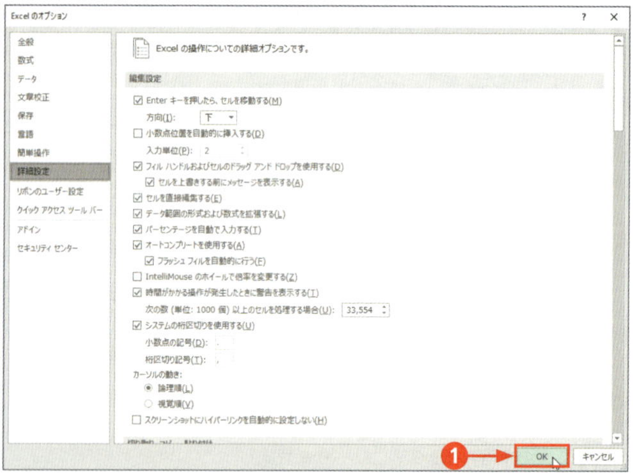

やってみよう―ユーザー設定リストを使用して入力する

登録したユーザー設定リストを使用して、店舗名を入力しましょう。

1 店舗名をオートフィル機能で入力します。

❶ セルC2に「池袋店」と入力する

❷ セルC2をクリックする

❸ セルの右下隅の■(フィルハンドル)ポイントし、マウスポインターの形が✚に変わったらセルG2までドラッグする

❹ 店舗名が入力される

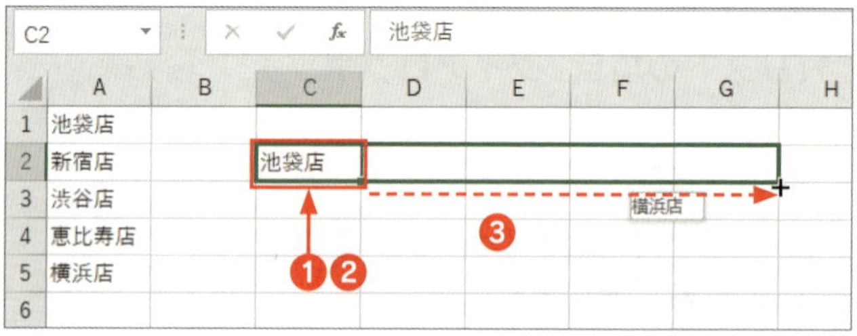

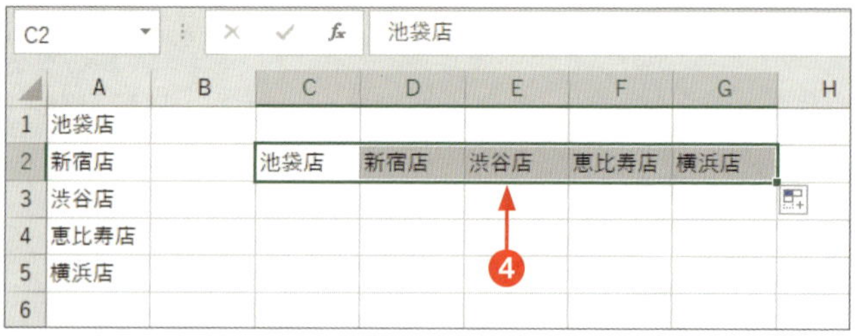

ここがポイント!

▶ オートフィル機能を使った入力

ユーザー設定リストに登録したいずれかの項目を入力し、オートフィルハンドルをドラッグすると、リストの順に自動入力されます。ここでは「池袋店」がすでに入力されているので「新宿店」「渋谷店」…の順に入力されます。

学習日・理解度チェック

月　日　□
月　日　□
月　日　□

練習問題

練習2-1

❶ 新規ブックに、次の文字を入力しましょう。

	A	B	C	D	E	F
1	記号の読み一覧					
2						
3	記号	読み	記号	読み		
4	○●	まる	→	やじるし		
5	△▲	さんかく	～	から		
6	□■	しかく	〒	ゆうびん		
7	☆★	星	※	こめ		
8						

ここがポイント！
記号の入力
記号は、漢字と同様に記号の読みを入力して変換できます。「○」は「まる」と入力して［記号］の「○」に変換します。記号の読みがわからないときは「きごう」と入力して変換すると変換候補に記号の一覧が表示されます。

❷ 入力済みのセルを修正しましょう。
❸ 保存せずにブックを閉じましょう。

	A	B	C	D	E	F
1	記号の読み一覧					
2						
3	記号	読み	記号	読み		
4	○●◎①	まる	→←↑↓	やじるし		
5	△▲	さんかく	～	から		
6	□■	しかく	〒	ゆうびん		
7	☆★	ほし	※	こめ、ほし		
8						

記号を追加
ひらがなに修正
文字を追加

練習2-2

❶ 新規ブックに、次のデータを入力しましょう。

	A	B	C	D	E	F
1	■□■提携ホテル一覧					
2						
3	ホテル名	場所	料金	温泉		
4	箱根荘	箱根	9800	◎		
5	富士見屋	箱根	7800	○		
6	やまびこ	箱根	6900	◎		
7	RABBIT	山中湖	7800	―		
8	下田苑	伊豆	8500	◎		
9	マリン	伊豆	12800	◎		
10						

❷ コピーや移動の機能を使用して、表を完成しましょう。

❸ 保存せずにブックを閉じましょう。

	A	B	C	D	E	F
1		■□■提携ホテル一覧■□■				
2						
3	ホテル名	場所	料金	温泉		
4	箱根荘		9800	◎	露天風呂付き	
5	富士見屋		7800	○		
6	やまびこ	箱根	6900	◎	露天風呂付き	
7	RABBIT	山中湖	7800	ー		
8	下田苑	伊豆	8500	◎	露天風呂付き	
9	マリン	伊豆	12800	◎	露天風呂付き	
10						

セル内の末尾にコピー

入力して◎印のセルの右隣にコピー

セルA1をセルB1に移動

ここがポイント！

▶ セル内の一部をコピー／貼り付け

コピー元のセルをクリックし、数式バーでコピーする文字列をドラッグしてコピー操作をします。続いて、数式バーで文字列を貼り付ける位置をクリックし、貼り付け操作をします。

練習2-3

❶ 新規ブックに、次のデータを入力しましょう。

	A	B	C	D	E	F	G
1		◆昨年の売上実績◆					
2						(単位：万円)	
3			第1四半期				
4	1	東京					
5		名古屋					
6		大阪					
7		福岡					
8							
9							
10							
11							
12							

❷ オートフィル機能を使用して、連番と第○半期を入力をしましょう（「第1四半期」の「1」は半角で入力します）。

	A	B	C	D	E	F	G
1		◆昨年の売上実績◆					
2						(単位：万円)	
3			第1四半期	第2四半期	第3四半期	第4四半期	
4	1	東京					
5	2	名古屋					
6	3	大阪					
7	4	福岡					
8							
9							
10							
11							
12							

「第2四半期」～「第4四半期」を入力

連番を入力

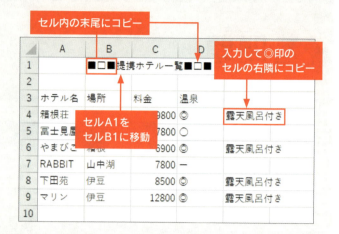

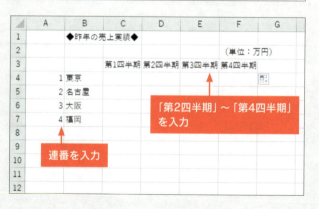

❸ セルC4 ～ F7にデータを連続入力しましょう。

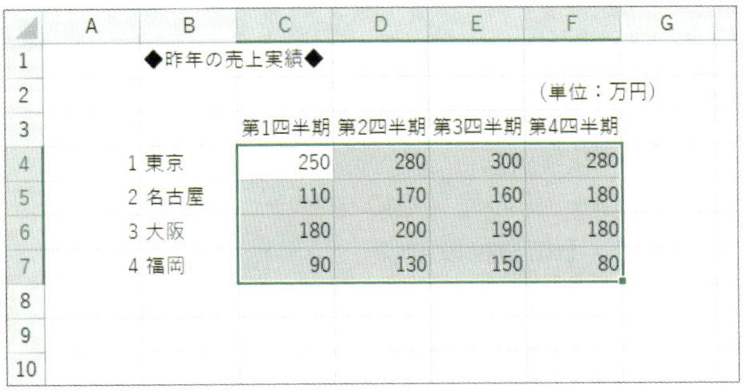

知っておくと便利！

▶ データの連続入力

入力する範囲をあらかじめ選択してからデータを入力すると、選択範囲内でアクティブセルが移動するため、連続入力することができます。選択範囲内でアクティブセルを下方向へ移動するときは Enter キー（上方向へは Shift キーを押しながら Enter キー）、右方向へ移動するときは Tab キー（左方向へは Shift キーを押しながら Tab キー）を押します。矢印キーを押すと範囲選択が解除されてしまうので注意しましょう。

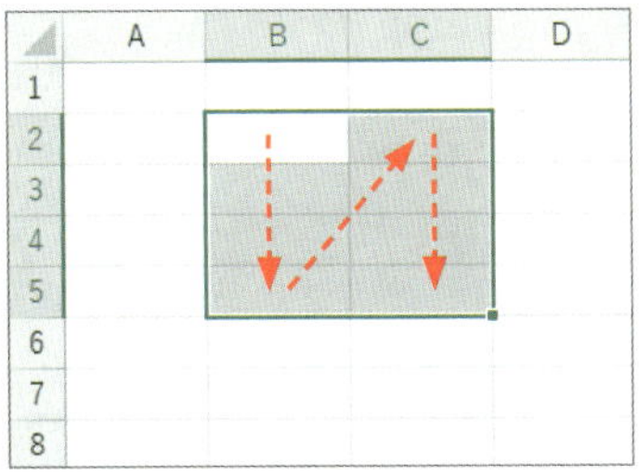

❹ 次のように昨年の売上実績表をコピーし、今年の売上実績表を作成しましょう。

❺ 保存せずにブックを閉じましょう。

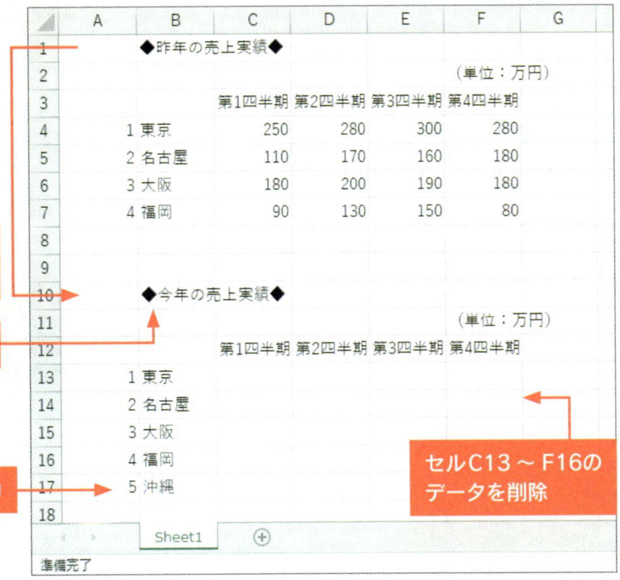

練習2-4

❶ 新規ブックに、次のデータを入力しましょう。

❷ セルB3～E3の品目をユーザー設定リストに登録しましょう。

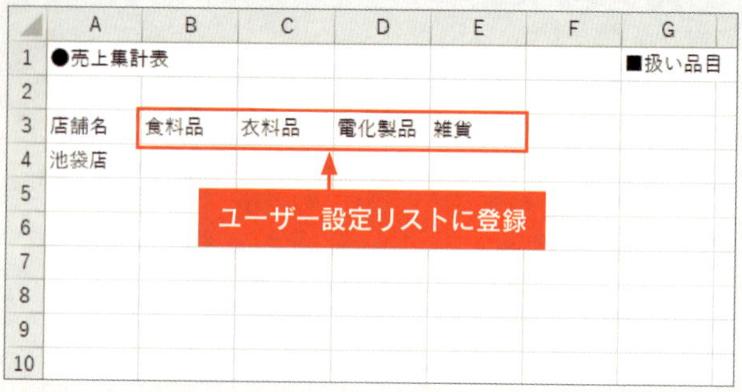

❸ 46ページで登録したユーザー設定リストを使用して、セルA5～A8に店舗名を入力しましょう。

❹ ❷で登録したユーザー設定リストを使用して、セルG2～G5に品目を入力しましょう。

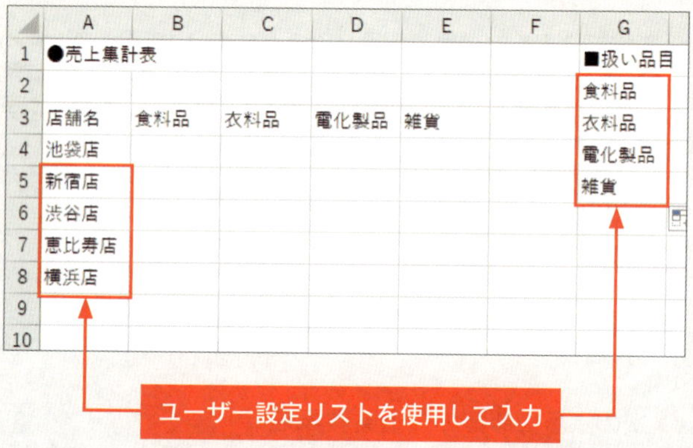

❺ ユーザー設定リストに登録されている46ページで登録した店舗名、❷で登録した品目名を削除しましょう。

❻ 保存せずにブックを閉じましょう。

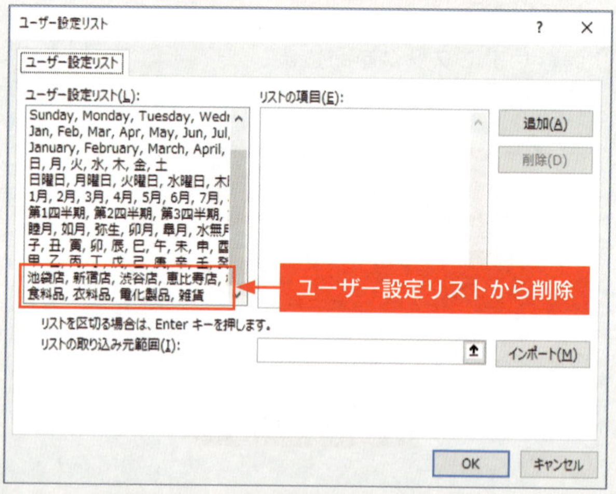

Chapter 3

ブックやシートの管理

ブックを保存して開く方法、ワークシートに名前を付けたりコピーしたりする方法、作業に応じてブックやウィンドウの表示を切り替える方法などについて学習します。

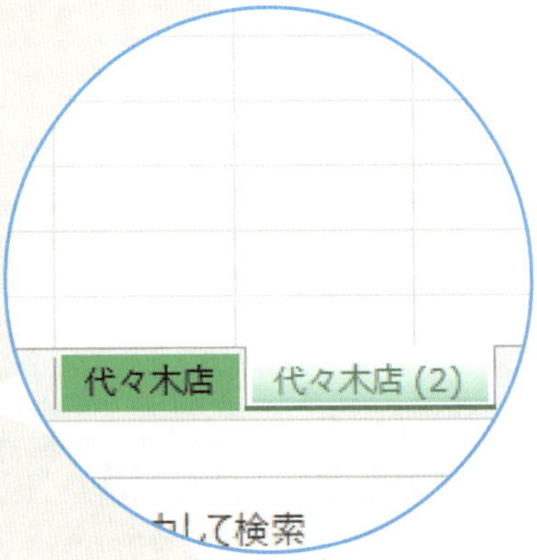

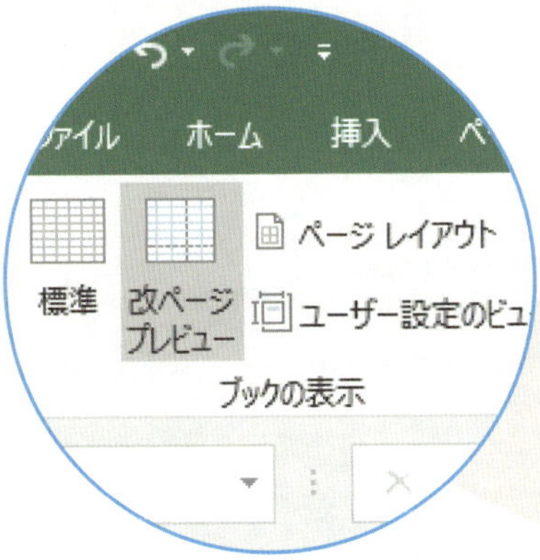

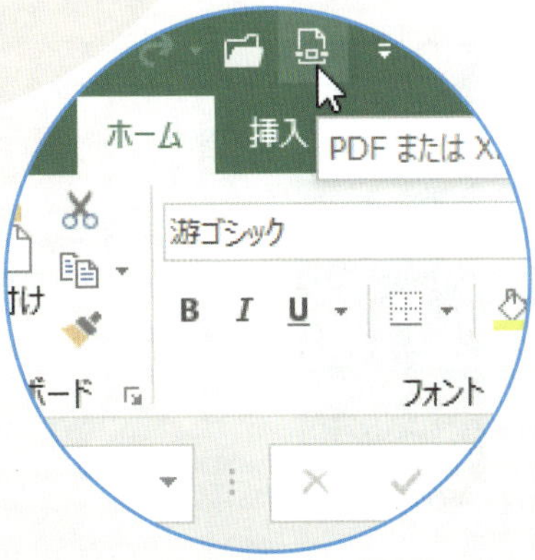

3-1

学習時間の目安 15 min

学習日・理解度チェック

月　日　□

月　日　□

月　日　□

ブックを保存する・開く・閉じる

Excelではワークシートをまとめたものを「ブック」といいます。パソコンにはブック単位で保存できます。保存されたブックを「ファイル」といいます。

ここでの学習内容

入力や編集したブックを保存して閉じる操作を学習します。保存したブックを再び使用するときはブックを開きます。

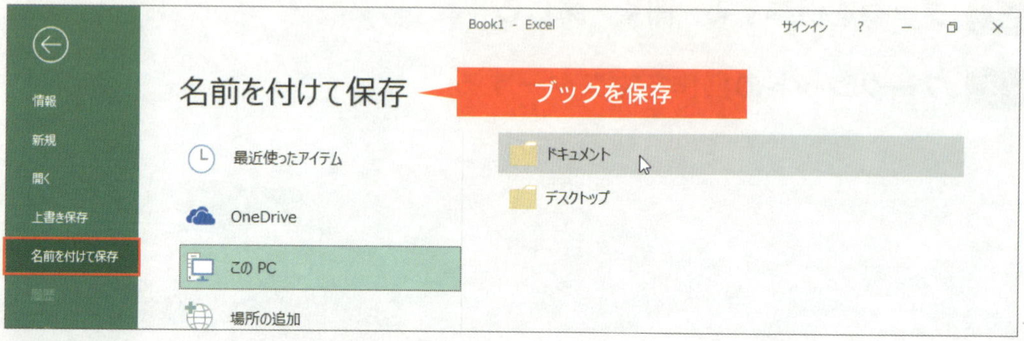

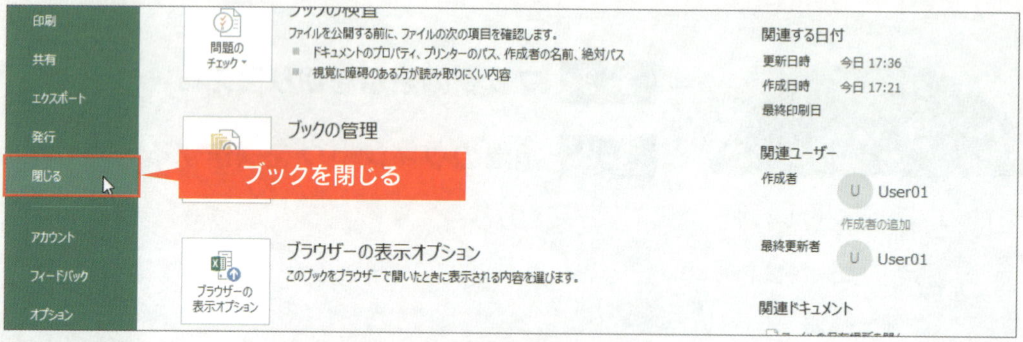

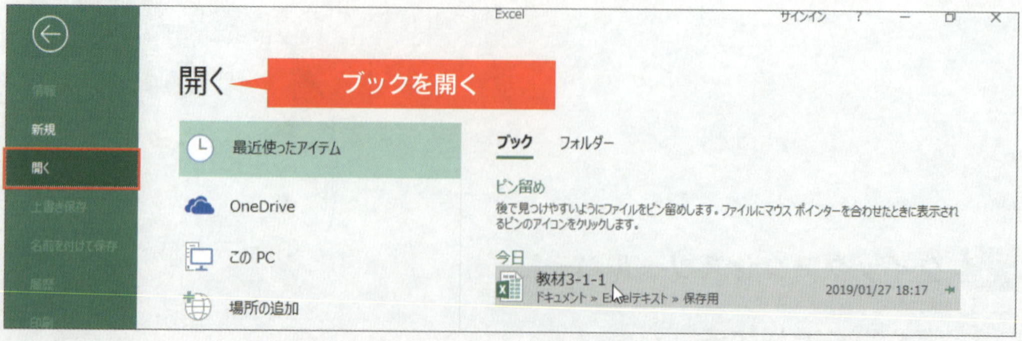

ブックを保存する・開く・閉じる

ブックを保存するには、保存場所を指定し、ファイル名を入力します。保存してあるブックを開くときは最近使ったアイテムの一覧から選択すると簡単です。開いたブックを編集し、その状態を更新して保存する場合は上書き保存します。

やってみよう — ブックを保存する

新規ブックを開き、セルA1に「abc」と入力し、このブックを「Excelテキスト」フォルダーの中の「保存用」フォルダーに、「教材3-1-1」というファイル名を付けて保存しましょう。

1 保存するフォルダーを指定します。

1. セルA1に「abc」と入力する
2. [ファイル] タブをクリックする
3. [名前を付けて保存] をクリックする
4. [名前を付けて保存] 画面が表示される
5. [このPC] をクリックする
6. [ドキュメント] をクリックする
7. [名前を付けて保存] ダイアログボックスが表示されるので、[Excelテキスト] をダブルクリックする
8. [Excelテキスト] フォルダーの中のフォルダーの一覧が表示されるので、[保存用] をダブルクリックする

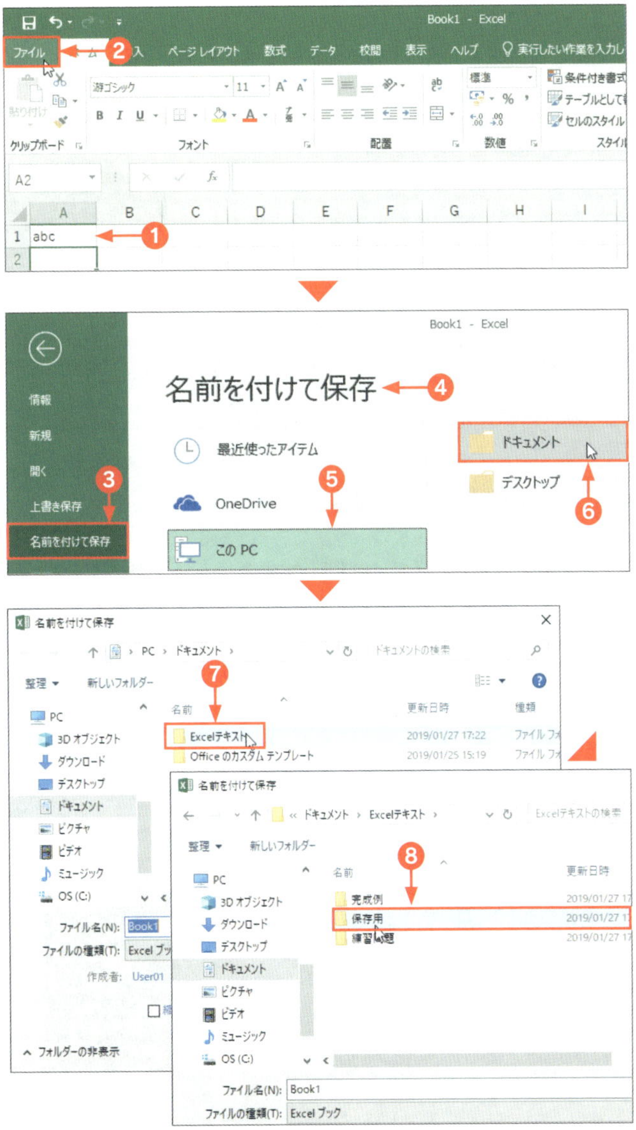

> **知っておくと便利！**
>
> **フォルダーの指定**
>
> [名前を付けて保存] 画面の右側に [保存用] または [Excelテキスト] フォルダーがある場合はクリックすると、ファイルの場所がこのフォルダーになった状態の [名前を付けて保存] ダイアログボックスが表示されます。

2 ファイル名を入力します。

❶ファイルの場所が「Excelテキスト>保存用」になったことを確認する
❷ファイル名ボックスをクリックし、「教材3-1-1」と入力する
❸［保存］をクリックする
❹ブックが保存され、タイトルバーに「教材3-1-1」と表示される

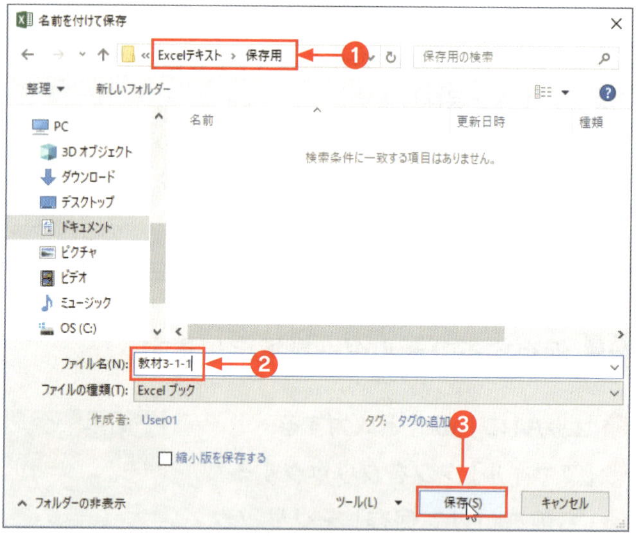

> **Excel2013の場合**
>
> Excel 2013の場合は、操作❶の❺で［コンピューター］をクリックし、❻で［最近使用したフォルダー］の［ドキュメント］をクリックします。続いて❼以降の操作を行います。

やってみよう—ブックを閉じる

Excelを起動したまま、ブックを閉じましょう。

1 ブックを閉じます。

❶［ファイル］タブをクリックする
❷［閉じる］をクリックする
❸Excelは起動したまま、ブックが閉じる

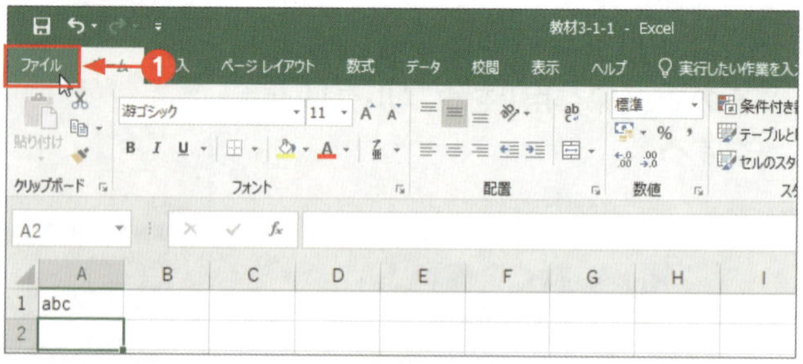

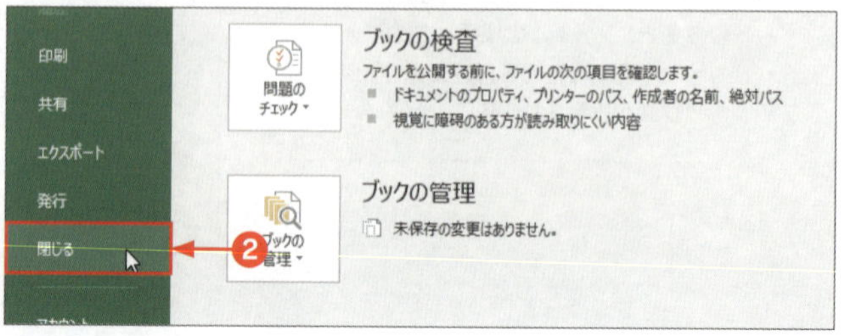

> **知っておくと便利！**
> **Excelの終了**
>
> ブックを閉じると同時にExcelも終了する場合は、画面右上の［×］［閉じる］ボタンをクリックします（20ページ参照）。

やってみよう—ブックを開く

最近使ったアイテムの一覧から、ブック「教材3-1-1」を開きましょう。

1 最近使ったアイテムの一覧からブックを開きます。

❶［ファイル］タブをクリックする
❷［開く］画面が表示される
❸［最近使ったアイテム］が選択されていることを確認する
❹［今日］の一覧から「教材3-1-1」をクリックする
❺ブック「教材3-1-1」が開く

知っておくと便利！
▶フォルダーの指定

［最近使ったアイテム］の一覧に目的のファイルがない場合は、［参照］（Excel 2013の場合は［コンピューター］をクリックして［参照］）をクリックします。［ファイルを開く］ダイアログボックスが表示され、現在使用しているパソコン内やネットワーク上のパソコンなどのフォルダーを選択してファイルを開くことができます。

Excel2013の場合

Excel 2013場合は、❸で［最近使ったブック］が選択されているので、［最近使ったブック］の一覧から開きます。

やってみよう—ブックを上書き保存する

セルA2に「12345」と入力し、ブックを上書き保存しましょう。

1 ブックを上書き保存します。

❶セルA2に「12345」と入力する
❷クイックアクセスツールバーの［上書き保存］ボタンをクリックする

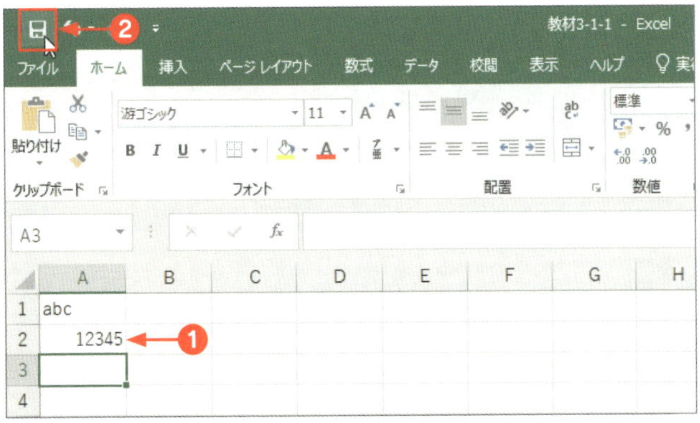

ここがポイント！
▶上書き保存の確認

上書き保存では確認のメッセージやダイアログボックスは表示されず、すぐに保存が実行されます。

完成例ファイル 教材3-1-1（完成）

3-2

学習時間の目安 20 min　学習日・理解度チェック

ワークシートの操作をマスターする

月　日　□
月　日　□
月　日　□

新規ブックに表示されるワークシートは1枚です。必要に応じて新しいシートを挿入できます。また、ワークシートをコピーして使用することも可能です。シート見出しにはワークシートの内容がわかる名前を付け、色を設定しておくと、効率良く切り替えて利用できます。

ここでの学習内容

ワークシート名を変更し、シート見出しの色を変えます。さらにワークシートの追加や削除、コピーや移動の方法を学習します。

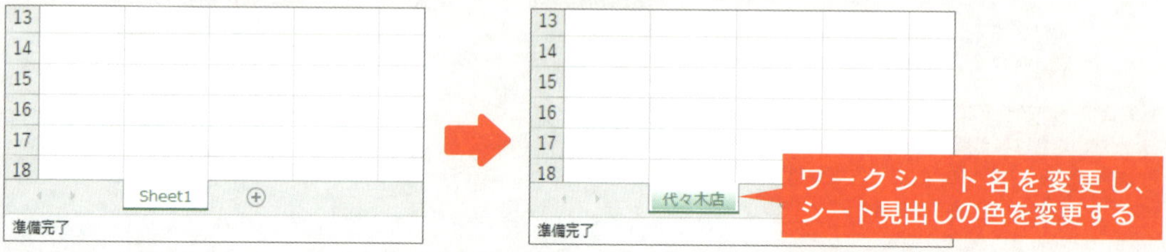

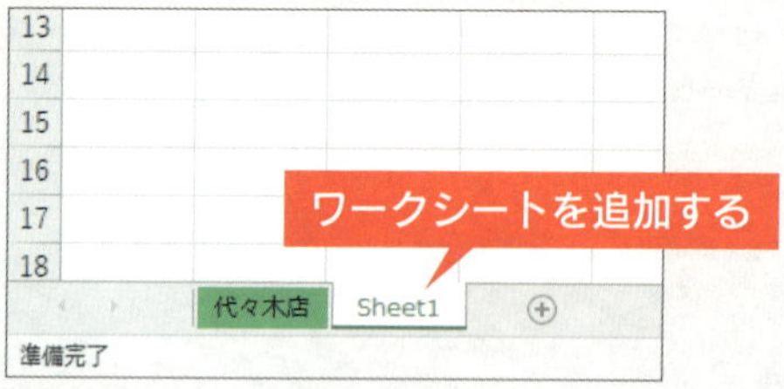

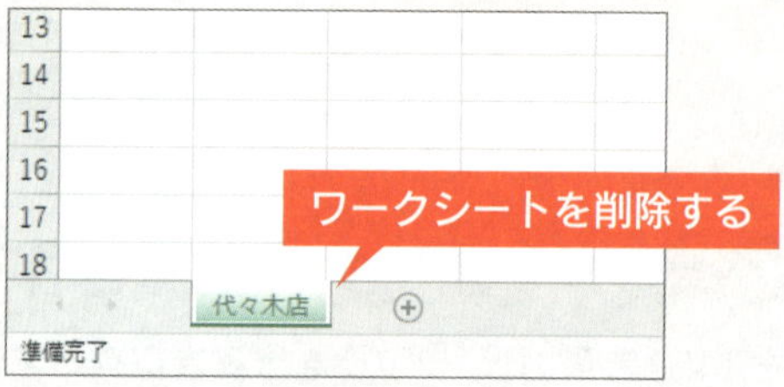

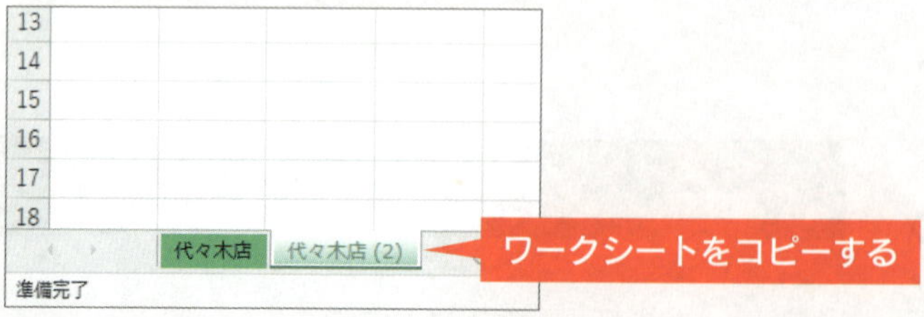

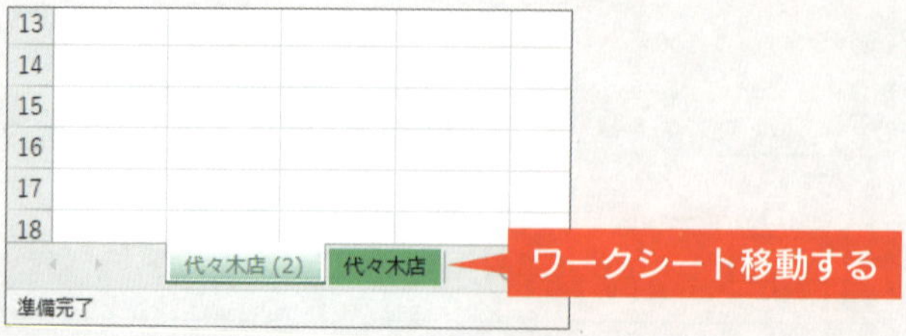

シート見出しの操作

ワークシート名やシート見出しの色を変更する操作は、シート見出し上で行います。

やってみよう―ワークシート名を変更する

教材ファイル 教材3-2-1

教材ファイル「3-2-1.xlsx」を開き、ワークシート名を「代々木店」に変更しましょう。

1 ワークシート名を入力します。

❶ワークシート［Sheet1］のシート見出しをダブルクリックする
❷シート見出しが反転表示され、カーソルが表示される
❸「代々木店」と入力する
❹ Enter キーを押す
❺カーソルが消えて、シート名が確定する

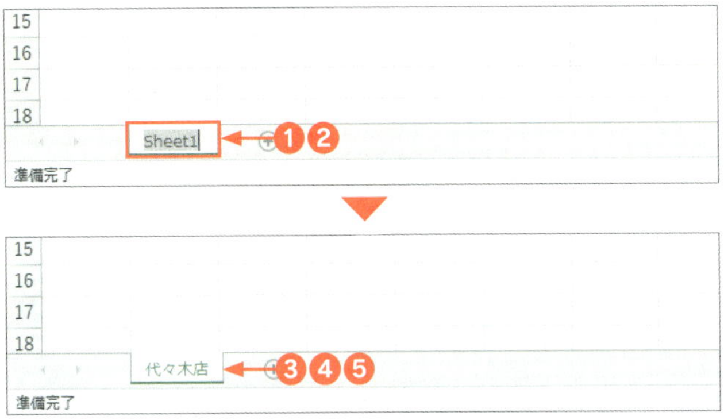

やってみよう―シート見出しの色を変更する

ワークシート［代々木店］のシート見出しの色を［標準の色］－［緑］にしましょう。

1 シート見出しの色を変更します。

❶ワークシート［代々木店］のシート見出しを右クリックする
❷ショートカットメニューの［シート見出しの色］をポイントする
❸［標準の色］の［緑］（右から5番目）をクリックする
❹ワークシート［代々木店］のシート見出しの色が変更されたことを確認する

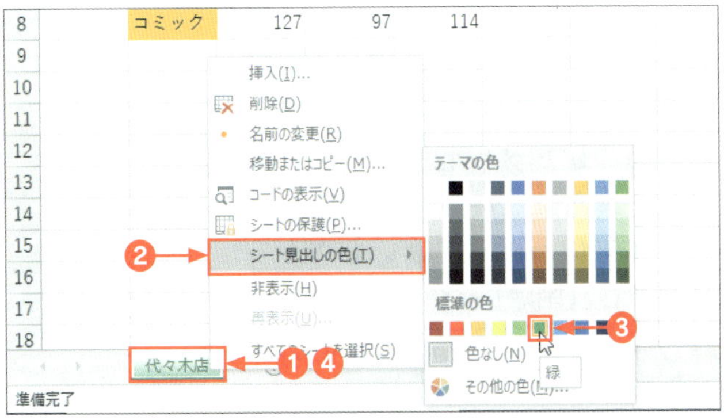

知っておくと便利！

▶シート見出しの色

シートがアクティブな状態では、シート見出しの色は淡色で表示されます。別のシートがアクティブな状態のときに、設定した色になります（次の操作の❶の❷の画面参照）。

完成例ファイル 教材3-2-1（完成）

ワークシートの挿入/削除

新しいワークシートを追加するには、⊕［新しいシート］ボタンをクリックします。
また、不要なワークシートはショートカットメニューを使用して削除します。

やってみよう―ワークシートを挿入する

教材ファイル 教材3-2-2

教材ファイル「3-2-2.xlsx」を開き、新しいワークシートを挿入しましょう。

1 新しいワークシートを挿入します。

❶［新しいシート］ボタンをクリックする
❷ワークシート［代々木店］の右側にワークシート［Sheet1］が追加される

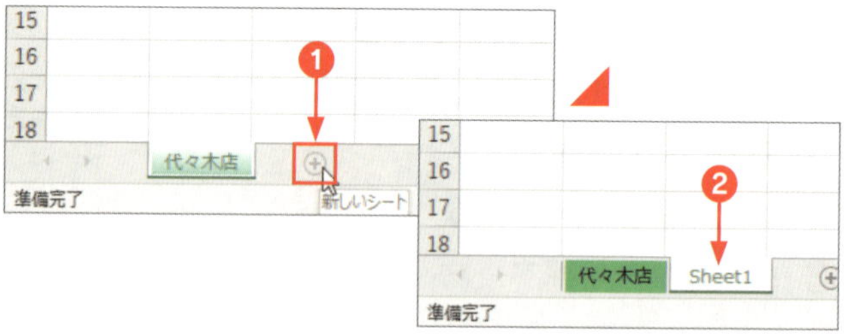

やってみよう―ワークシートを削除する

ワークシート［Sheet1］を削除しましょう。

1 ワークシートを削除します。

❶ワークシート［Sheet1］のシート見出しを右クリックする
❷ショートカットメニューの［削除］をクリックする
❸削除の確認メッセージが表示された場合は、ワークシートの内容が本当に削除してよいものかを確認し、［削除］をクリックする
❹ワークシート［Sheet1］が削除される

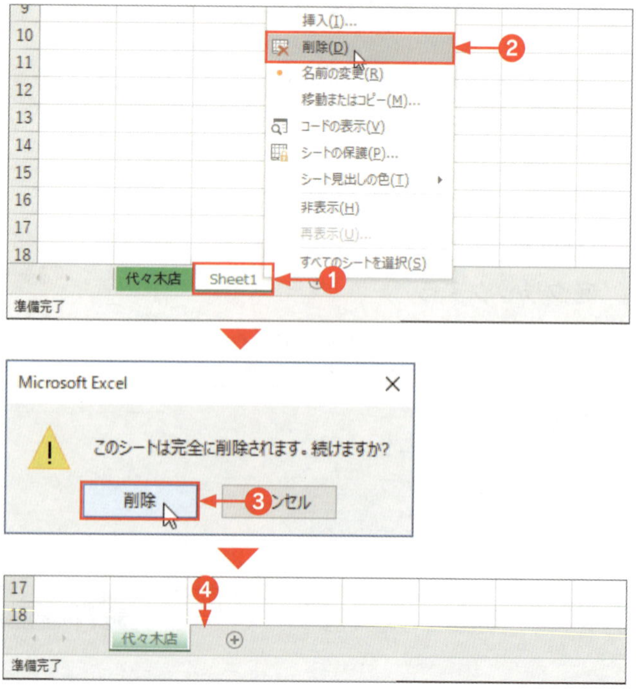

完成例ファイル 教材3-2-2（完成）

知っておくと便利！

▶ワークシートの表示/非表示

ワークシートを削除するのではなく、非表示にするには、シート見出しを右クリックし、ショートカットメニューの［非表示］をクリックします。再表示するときは、シート見出しを右クリックし、ショートカットメニューの［再表示］をクリックします。［再表示］ダイアログボックスの［表示するシート］ボックスで目的のシートを選択し、［OK］ボタンをクリックします。

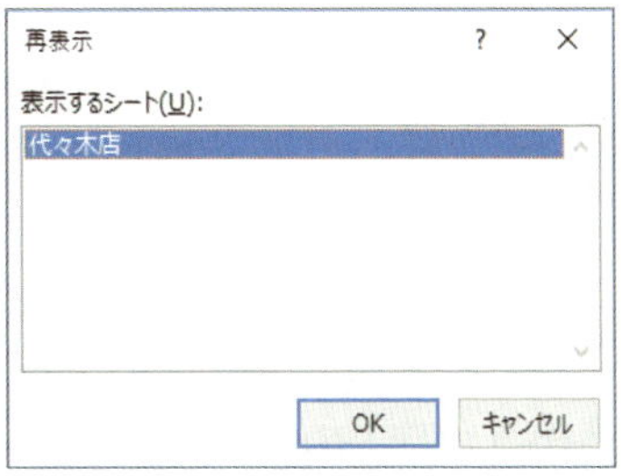

ワークシートのコピー・移動

ワークシートのコピーや移動は、マウスのドラッグ操作で簡単にできます。

やってみよう―ワークシートをコピーする

教材ファイル 教材3-2-3

ワークシート［代々木店］を右側にコピーしましょう。

1 ワークシートをコピーします。

❶ワークシート［代々木店］のシート見出しを Ctrl キーを押しながら右方向にドラッグする（ドラッグしている間はマウスポインターの形がになる）

❷ワークシート［代々木店］のシート見出しの右側に▼が表示されたら、マウスのボタンから指を離す

❸ Ctrl キーから指を離す

❹ワークシート［代々木店(2)］が作成される

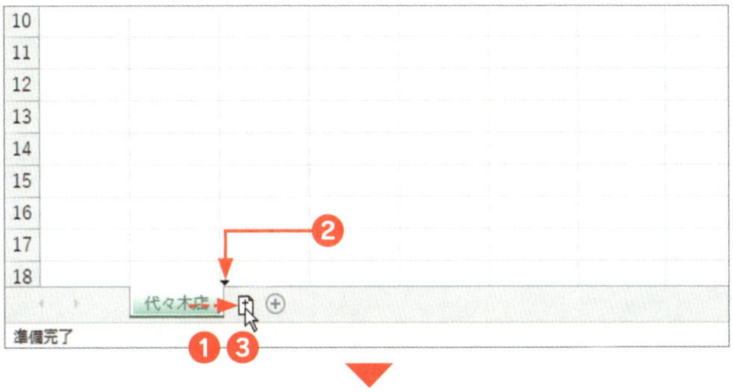

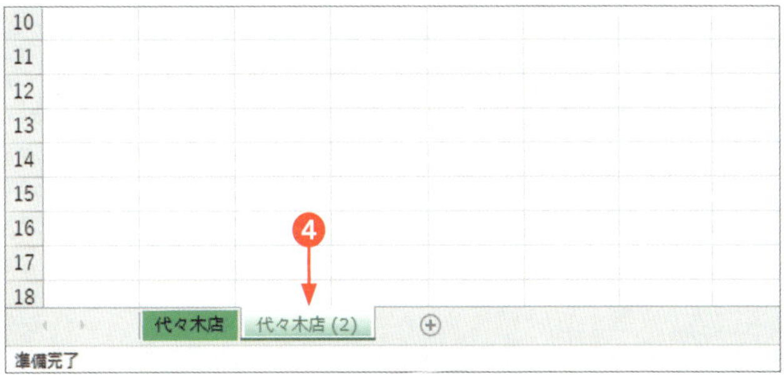

ここがポイント！

▶ Ctrl キーは最後に離す

マウスのボタンより先に Ctrl キーを離してしまうと移動になってしまうので注意しましょう。

やってみよう―ワークシートを移動する

ワークシート［代々木店（2）］をワークシート［代々木店］の左側に移動しましょう。

1 ワークシートを移動します。

❶ワークシート［代々木店(2)］のシート見出しをワークシート［代々木店］のシート見出しの左側にドラッグする（ドラッグしている間はマウスポインターの形がになる）

❷ワークシート［代々木店］のシート見出しの左側に▼が表示されたら、マウスのボタンから指を離す

❸ワークシート［代々木店(2)］がワークシート［代々木店］の左側に移動する

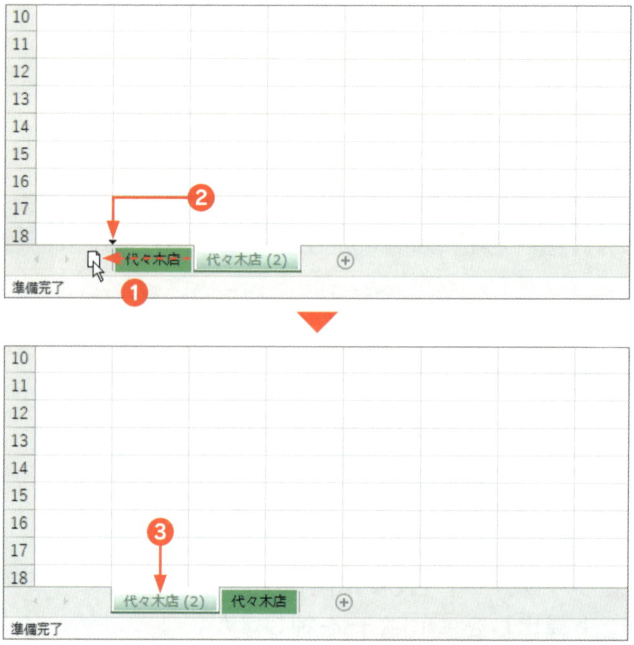

完成例ファイル 教材3-2-3（完成）

知っておくと便利！
ダイアログボックスを使用した移動/コピー

移動・コピーするワークシートのシート見出しを右クリックし、ショートカットメニューの［移動またはコピー］をクリックします。［シートの移動またはコピー］ダイアログボックスが表示され、［移動先ブック名］ボックスの▼をクリックして、別のブックや新しいブックを指定することができます。コピーする場合は、［コピーを作成する］チェックボックスをオンにします。［OK］ボタンをクリックすると、ワークシートが移動・コピーされます。

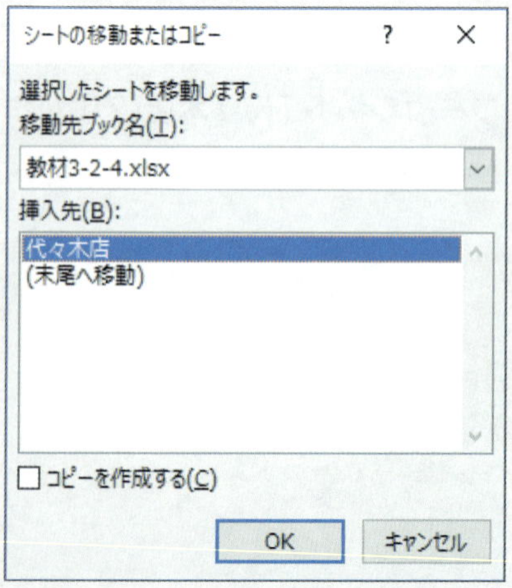

3-3

学習時間の目安 15 min　学習日・理解度チェック

月　日　□
月　日　□
月　日　□

ブックの表示を切り替える

ブックはワークシートごとに枠線を非表示にしたり、表示倍率を変更したりできます。また、印刷したときの1ページに収まる領域やページ区切りがわかるなど、用途に合わせて表示を柔軟に変えられます。

ここでの学習内容

ワークシートの枠線の表示/非表示を切り替えたり、表示倍率を変更したりする方法を学習します。さらに標準ビュー、ページレイアウトビュー、改ページプレビューの3種類の表示モードに切り替えます。

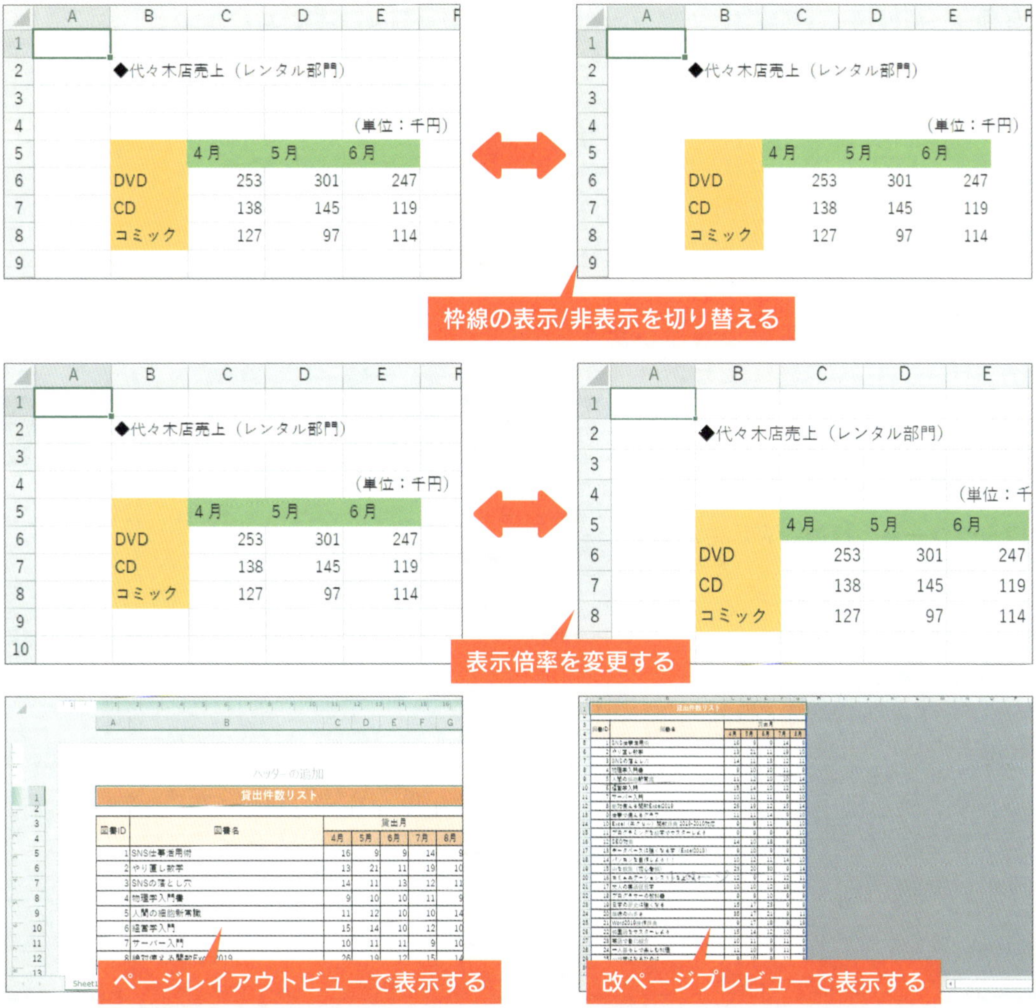

枠線の表示/非表示

ワークシートの枠線は初期値では表示されていますが、非表示にすることもできます。

やってみよう―枠線の表示/非表示を切り替える

教材ファイル 教材3-3-1

教材ファイル「3-3-1.xlsx」を開き、ワークシートの枠線を非表示にし、再び表示しましょう。

1 ワークシートの枠線を非表示にします。

❶[表示]タブをクリックする

❷[表示]グループの[目盛線](Excel 2013では[枠線])チェックボックスをオフにする

❸ワークシートの枠線が非表示になる

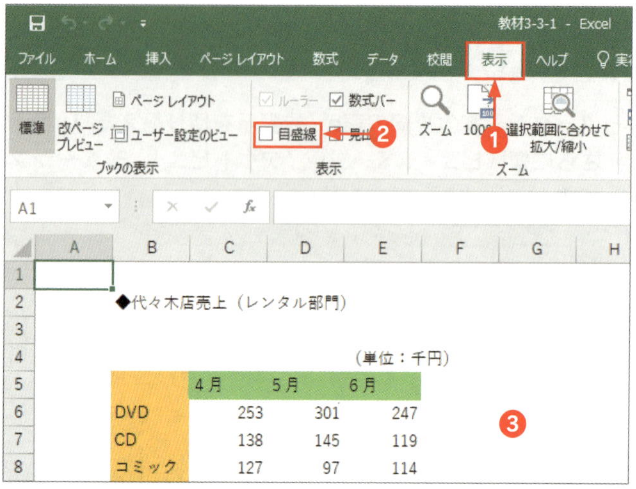

2 ワークシートの枠線を表示します。

❶[表示]タブの[表示]グループの[目盛線]チェックボックスをオンにする

❷ワークシートの枠線が表示される

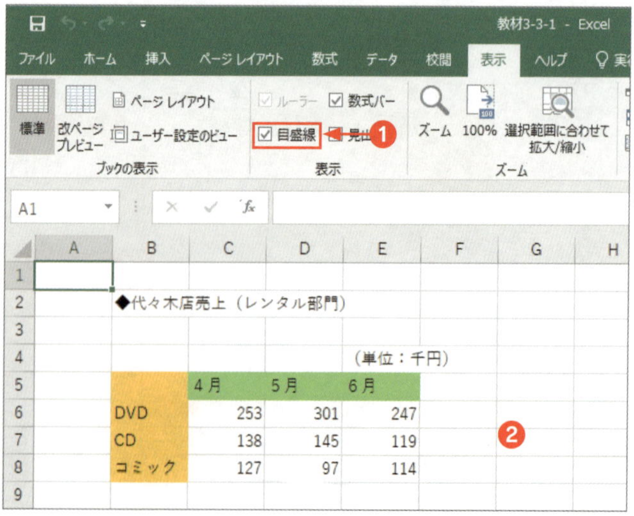

知っておくと便利！

▶ 枠線の印刷

ワークシートの枠線は初期値では印刷されません。表を印刷する際は必要に応じて罫線を引きます（4-3参照）。なお、設定を変更して、枠線が印刷されるようにすることも可能です。[ページレイアウト]タブの[シートのオプション]グループの[枠線]の[印刷]チェックボックスをオンにします。

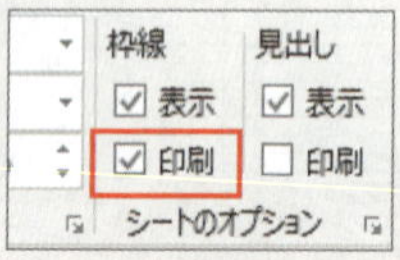

完成例ファイル 教材3-3-1（完成）

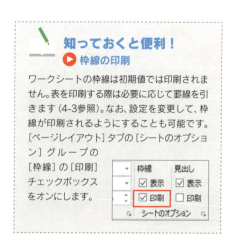

ワークシートの表示倍率

ワークシートの表示倍率は10%～ 400%まで変更できます。ウィンドウの右下にある［拡大］ボタン/［縮小］ボタンをクリックするごとに、10%ずつ表示倍率が拡大/縮小されます。［ズーム］をドラッグして、表示倍率を変更することも可能です。

やってみよう―ワークシートの表示倍率を変更する

教材ファイル　教材3-3-2

教材ファイル「3-3-2.xlsx」を開き、ワークシートの表示倍率を150%に変更し、100%に戻しましょう。

1 ワークシートの表示倍率を変更します。

❶画面右下の［拡大］ボタンを5回クリックして「150%」にする

❷ワークシートが拡大表示される

2 ワークシートの表示倍率を100%にします。

❶［表示］のタブの［ズーム］グループの［100%］ボタンをクリックする

❷ワークシートが縮小表示される

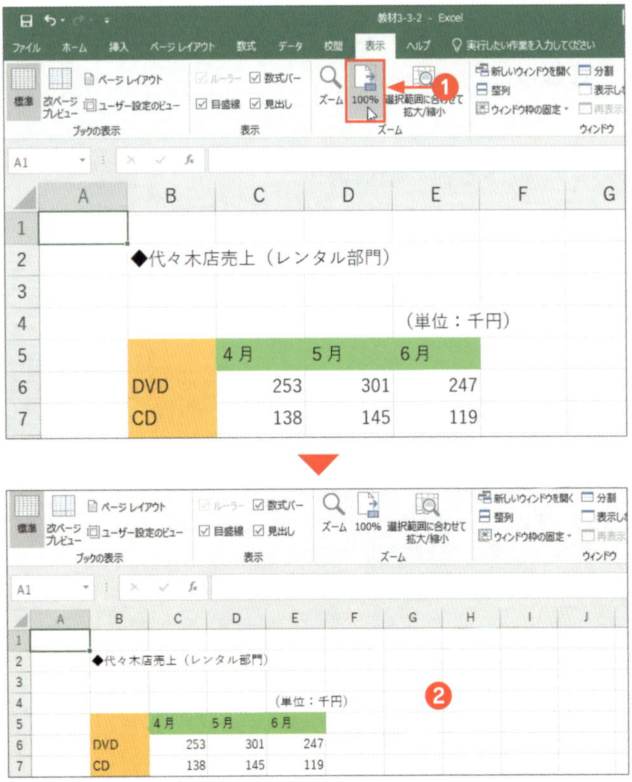

> **知っておくと便利！**
> **表示倍率を数値で指定する**
>
> ［拡大］ボタンの右側の表示倍率部分または［表示］タブの［ズーム］グループの［ズーム］ボタンをクリックすると、［ズーム］ダイアログボックスが表示され、任意の倍率が指定できます。

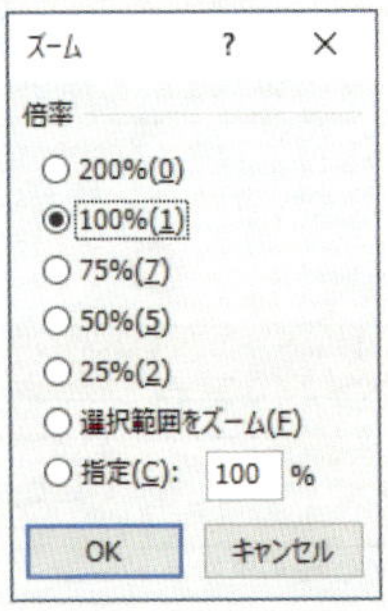

完成例ファイル　教材3-3-2（完成）

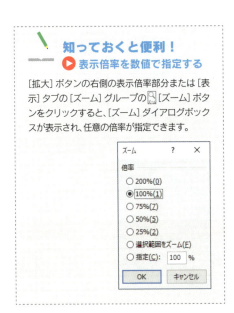

表示モード

ワークシートの表示モードには、標準ビュー、ページレイアウトビュー、改ページプレビューという3種類があり、作業内容に応じて切り替えて使用します。

- ・標準ビュー…………………… Excelの初期値の表示モードです。
- ・ページレイアウトビュー… 印刷した際の1ページ単位で表示されます。余白も表示され、ヘッダーやフッターを入力できます。
- ・改ページプレビュー……… 印刷範囲のみが表示されます。改ページ位置も確認できます。このモードでは、マウスのドラッグ操作で印刷範囲や改ページ位置を変更できます。

やってみよう―ページレイアウトビューで表示する

教材ファイル 教材3-3-3

教材ファイル「3-3-3.xlsx」を開き、ページレイアウトビューで表示し、標準ビューに戻しましょう。

1 ページレイアウトビューで表示します。

❶［表示］タブの［ブックの表示］グループの［ページレイアウト］ボタンをクリックする

❷ページレイアウトビューで表示される

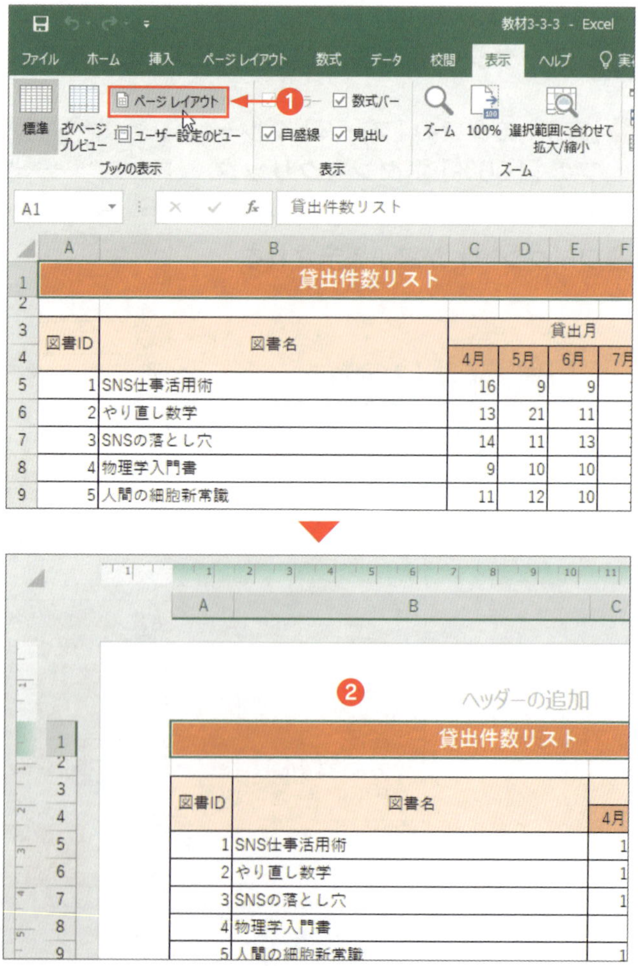

知っておくと便利！
ページレイアウトビューの表示

画面右下の［ページレイアウト］ボタンをクリックしても表示できます。

知っておくと便利！
ヘッダー／フッターの追加

［ヘッダーの追加］/［フッターの追加］部分をクリックするとカーソルが表示され、ページの上部余白（ヘッダー）や下部余白（フッター）に文字を入力することができます。

2 標準ビューに戻します。

❶［表示］タブの［ブックの表示］グループの［標準ビュー］ボタンをクリックする

❷標準ビューに戻る

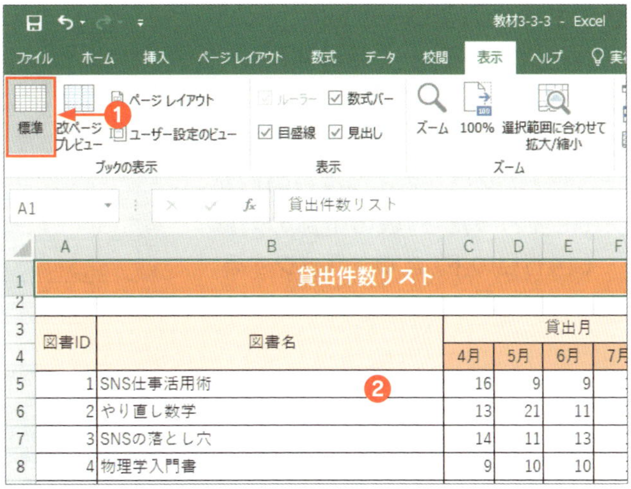

知っておくと便利！
▶ 標準ビューの表示

画面右下の［標準］ボタンをクリックしても表示できます。

やってみよう―改ページプレビューで表示する

改ページプレビューで表示しましょう。さらにページの区切りを確認し、2ページ目に表示されている表を1ページに収めましょう。

1 改ページプレビューで表示します。

❶［表示］タブの［ブックの表示］グループの［改ページプレビュー］ボタンをクリックする

❷改ページプレビューで表示される

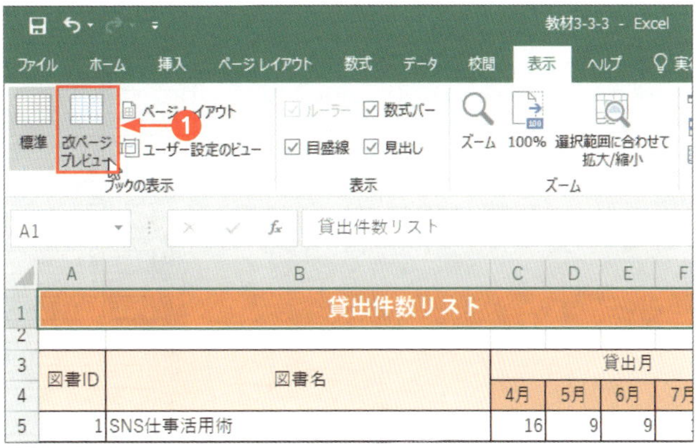

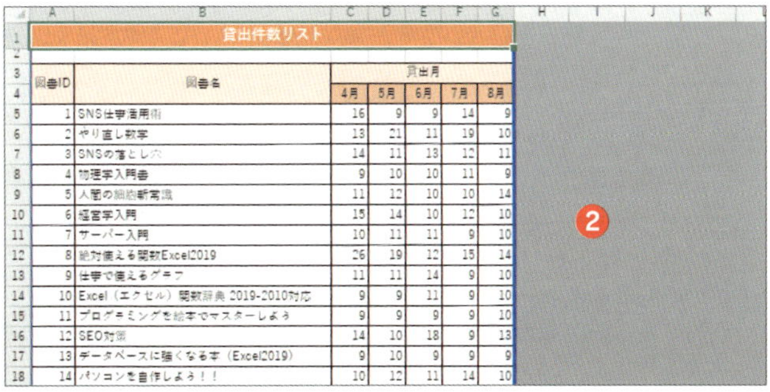

貸出件数リスト

図書ID	図書名	貸出月 4月	5月	6月	7月	8月
1	SNS仕事活用術	16	9	9	14	9
2	やり直し数学	13	21	11	19	10
3	SNSの落とし穴	14	11	13	12	11
4	物理学入門書	9	10	10	11	9
5	人間の細胞新常識	11	12	10	10	14
6	経営学入門	15	14	10	12	10
7	サーバー入門	10	11	11	9	10
8	絶対使える関数Excel2019	26	19	12	15	14
9	仕事で使えるグラフ	11	11	14	9	10
10	Excel（エクセル）関数辞典 2019-2010対応	9	9	11	9	10
11	プログラミングを絵本でマスターしよう	9	9	9	9	10
12	SEO対策	14	10	18	9	13
13	データベースに強くなる本（Excel2019）	9	10	9	9	9
14	パソコンを自作しよう！！	10	12	11	14	10

知っておくと便利！
▶ 改ページプレビューの表示

画面右下の［改ページプレビュー］ボタンをクリックしても表示できます。

2 ページの区切りを変更します。

❶下方向にスクロールして、表の1ページ目と2ページ目の間にページ区切りの点線を表示する

❷ページの区切りの点線上をポイントし、マウスポインターの形が↕に変わったら、表の下部の太線（44行目の下）までドラッグする

❸表が1ページに収まる

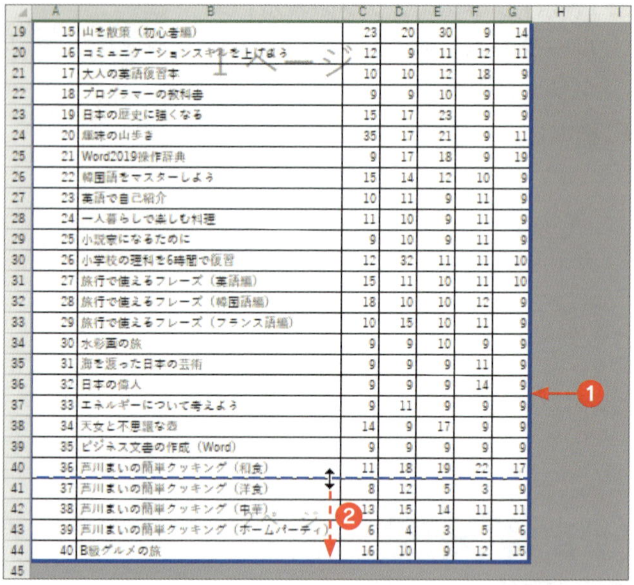

	A	B	C	D	E	F	G
19	15	山を散策（初心者編）	23	20	30	9	14
20	16	コミュニケーションスキルを上げよう	12	9	11	12	11
21	17	大人の英語復習本	10	10	12	18	9
22	18	プログラマーの教科書	9	9	10	9	9
23	19	日本の歴史に強くなる	15	17	23	9	9
24	20	趣味の山歩き	35	17	21	9	11
25	21	Word2019操作辞典	9	17	18	9	19
26	22	韓国語をマスターしよう	15	14	12	10	9
27	23	英語で自己紹介	10	11	9	11	9
28	24	一人暮らしで楽しむ料理	11	10	9	11	9
29	25	小説家になるために	9	10	9	11	9
30	26	小学校の理科を6時間で復習	12	32	11	11	10
31	27	旅行で使えるフレーズ（英語編）	15	11	10	11	10
32	28	旅行で使えるフレーズ（韓国語編）	18	10	10	12	9
33	29	旅行で使えるフレーズ（フランス語編）	10	15	10	11	9
34	30	水彩画の旅	9	9	10	9	9
35	31	海を渡った日本の芸術	9	9	9	11	9
36	32	日本の偉人	9	9	9	14	9
37	33	エネルギーについて考えよう	9	11	9	9	9
38	34	天女と不思議な森	14	9	17	9	9
39	35	ビジネス文書の作成（Word）	9	9	9	9	9
40	36	芦川まいの簡単クッキング（和食）	11	18	19	22	17
41	37	芦川まいの簡単クッキング（洋食）	8	12	5	3	9
42	38	芦川まいの簡単クッキング（中華）	13	15	14	11	11
43	39	芦川まいの簡単クッキング（ホームパーティ）	6	4	3	5	6
44	40	B級グルメの旅	16	10	9	12	15
45							

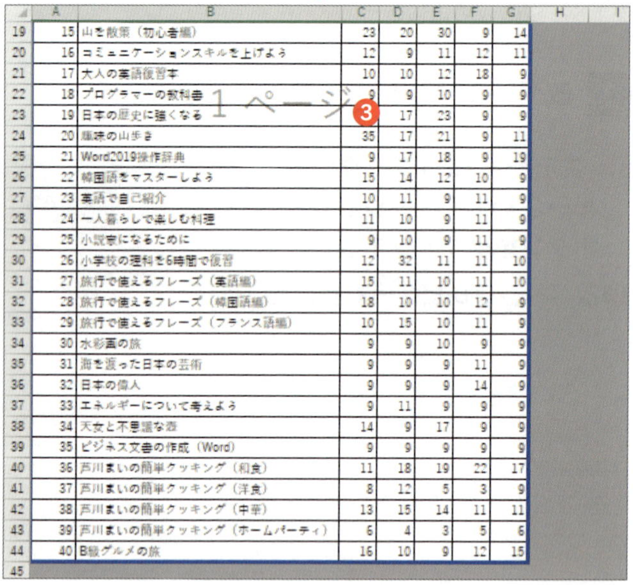

> **知っておくと便利！**
> **区切り線の位置**
>
> 設定されているプリンターなどにより、区切り線の位置は異なる場合があります。

完成例ファイル 教材3-3-3（完成）

> **知っておくと便利！**
> **縮小印刷**
>
> 改ページプレビューで、改ページ位置や印刷範囲を変更すると、ページに収まらない場合は自動的に縮小されて印刷されます。倍率は、［ページレイアウト］タブの［拡大縮小印刷］グループの［拡大/縮小］ボックスで確認できます。

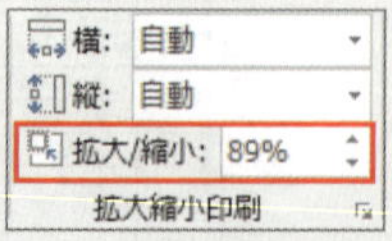

3-4

学習時間の目安 15 min　学習日・理解度チェック

月　日 □
月　日 □
月　日 □

複数のウィンドウを操作する

Excelでは同時に複数のウィンドウを開いて作業することができます。同じシート内の離れた箇所を同時に表示して編集したり、別のシートのデータを参照しながら作業したりするときなどに便利です。

ここでの学習内容

同じブックや別のブックの異なる領域を、複数のウィンドウを使って同時に表示する方法を学習します。

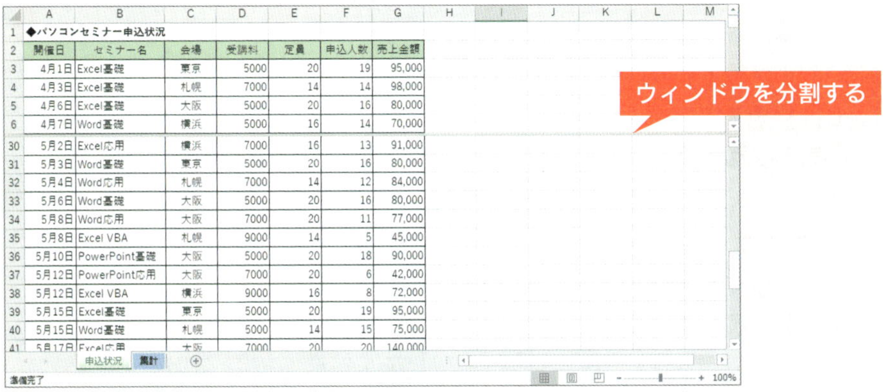

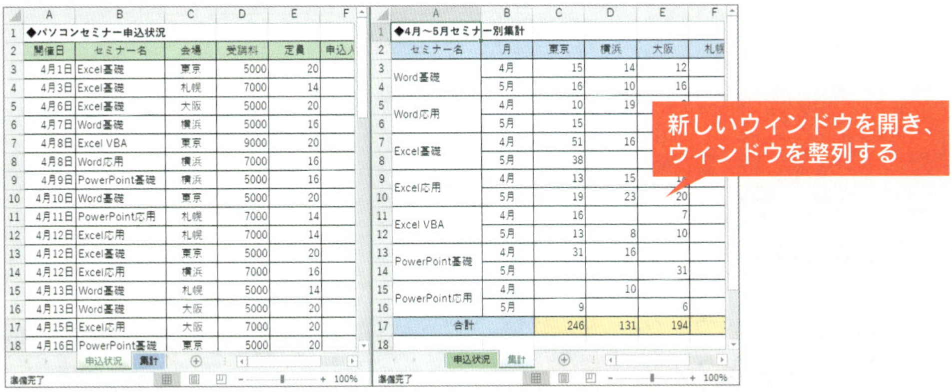

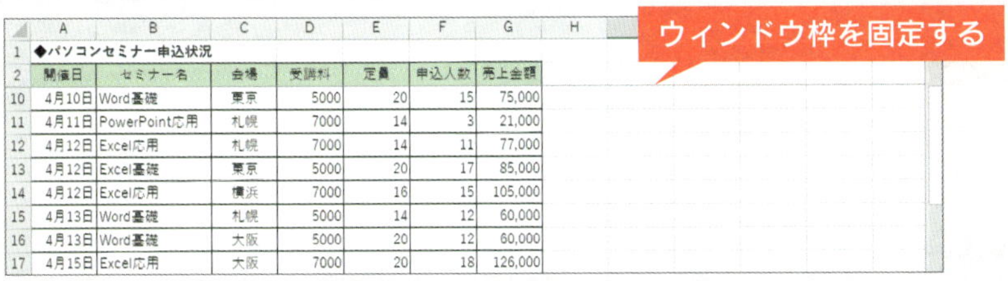

ウィンドウの分割

ウィンドウに分割バーを表示して、任意の位置で2つのウィンドウに分け、それぞれスクロールして同じワークシートの別々の領域を表示することができます。

やってみよう―ウィンドウを分割する

教材ファイル 教材3-4-1

教材ファイル「3-4-1.xlsx」を開き、ウィンドウを6行目と7行目の境界線で上下に分割しましょう。下のウィンドウには5月2日以降の申込状況を表示します。表示できたら、ウィンドウの分割を解除しましょう。

1 ウィンドウを分割します。

❶行番号7をクリックする
❷[表示] タブをクリックする
❸[ウィンドウ] グループの [分割] ボタンをクリックする
❹任意のセルをクリックして行の選択を解除し、6行目と7行目の間に分割バーが表示されたことを確認する
❺下のウィンドウのスクロールバーの▼をクリックして、30行目（5月2日の行）以下を表示する

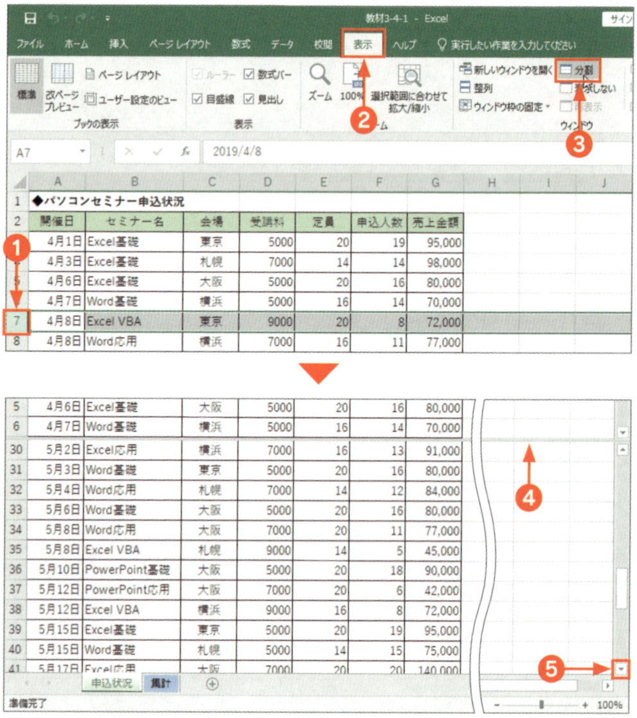

知っておくと便利！
▶ 分割位置の変更
分割バーをポイントし、マウスポインターの形が⇕になったらドラッグします。

2 ウィンドウの分割を解除します。

❶[表示] タブの [ウィンドウ] グループの [分割] ボタンをクリックしてオフにする
❷分割バーが消えてウィンドウの分割が解除される

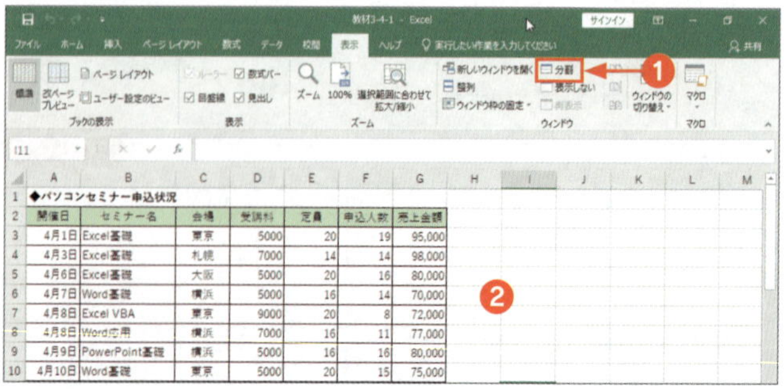

完成例ファイル 教材3-4-1（完成）

ウィンドウの整列

複数のブックや同じブックの複数のウィンドウが開いている状態では、ウィンドウを左右や上下に並べて表示することができます。

やってみよう―ウィンドウを整列する

教材ファイル 教材3-4-2

教材ファイル「3-4-2.xlsx」を開きます。同じブックを新しいウィンドウで開き、ウィンドウを左右に並べて表示しましょう。左のウィンドウにワークシート「申込状況」、右のウィンドウにワークシート「集計」を表示します。表示できたら、ウィンドウの整列を解除しましょう。

1 新しいウィンドウを開きます。

❶［表示］タブをクリックする

❷［ウィンドウ］グループの［新しいウィンドウを開く］ボタンをクリックする

❸同じファイルが新しいウィンドウで開き、タイトルバーのファイル名の右側に「：2」と表示される

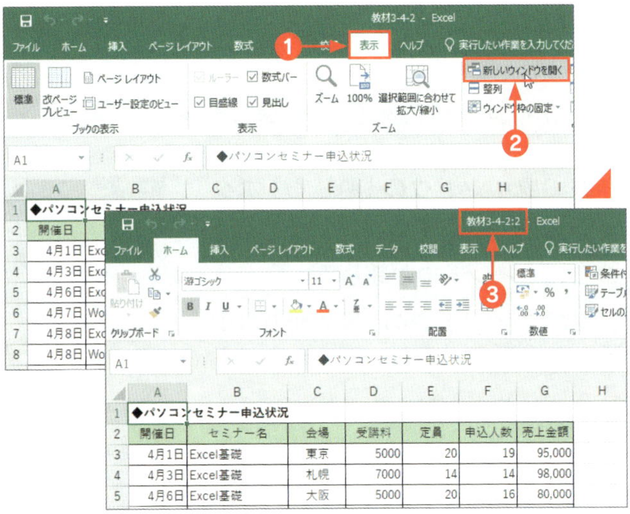

2 ウィンドウを整列します。

❶［表示］タブをクリックする

❷［ウィンドウ］グループの［整列］ボタンをクリックする

❸［ウィンドウの整列］ダイアログボックスが表示される

❹［整列］の［左右に並べて表示］をクリックする

❺［OK］ボタンをクリックする

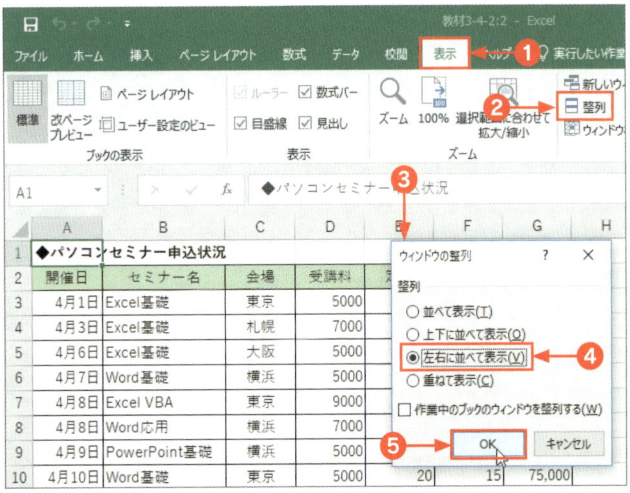

3 ウィンドウが左右に表示されます。

❶ウィンドウが左右に並んで表示される

❷右のウィンドウをクリックしてアクティブにし、「集計」のシート見出しをクリックしてワークシート「集計」を表示する

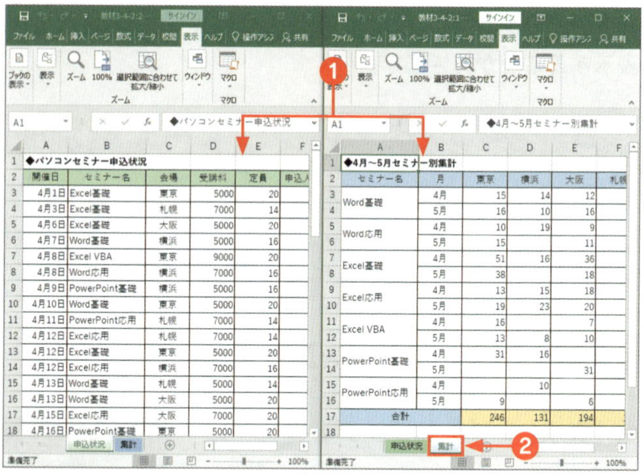

4 ウィンドウの整列を解除します。

❶右のウィンドウの［閉じる］ボタンをクリックする

❷右のウィンドウが閉じる

❸左のウィンドウの［最大化］ボタンをクリックする

❹ウィンドウが最大化される

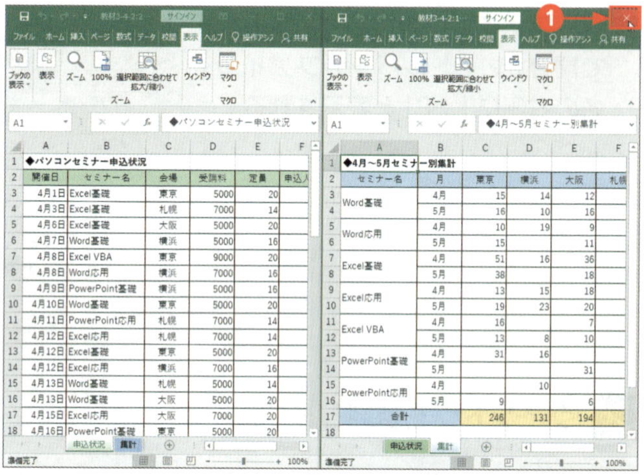

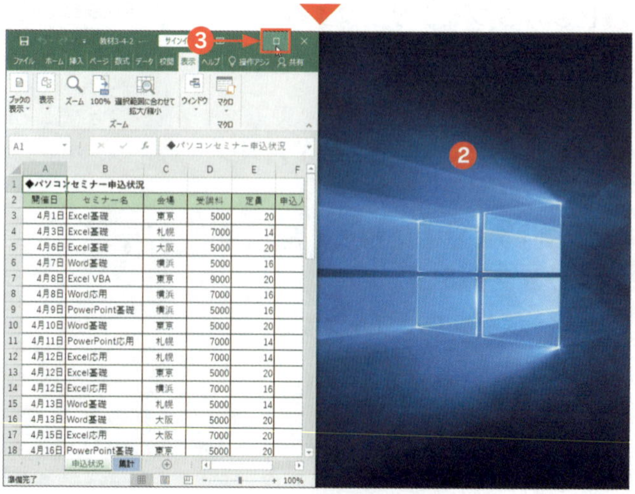

完成例ファイル 教材3-4-2（完成）

ウィンドウ枠の固定

ウィンドウの行や列を固定してスクロールしても常に表示しておくことができます。大きな表のタイトルや見出しの行や列などを固定したいときに使用します。

やってみよう—ウィンドウ枠を固定する

教材ファイル 教材3-4-3

教材ファイル「3-4-3.xlsx」を開き、画面を縦方向にスクロールしても常に1 ～ 2行目が表示されるように、ウィンドウ枠を固定しましょう。表示できたら、ウィンドウの固定を解除しましょう。

1 ウィンドウ枠を固定します。

1. 行番号3をクリックする
2. ［表示］タブをクリックする
3. ［ウィンドウ］グループの［ウィンドウ枠の固定］ボタンをクリックする
4. ［ウィンドウ枠の固定］をクリックする
5. 任意のセルをクリックして行の選択を解除し、2行目の下に境界線が表示されたことを確認する
6. スクロールバーの▼をクリックし、画面をスクロールしても、1 ～ 2行目が常に表示されていることを確認する

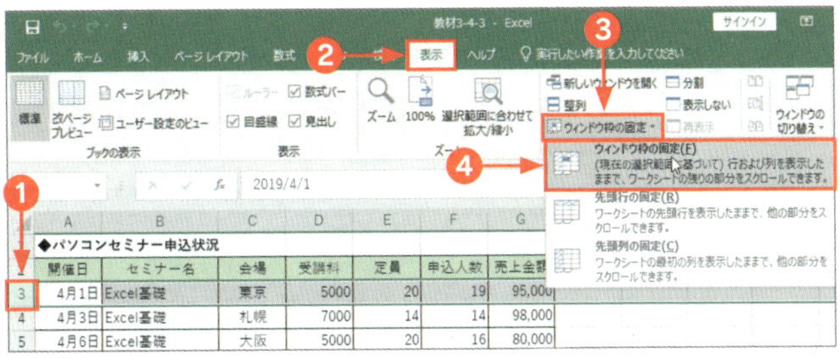

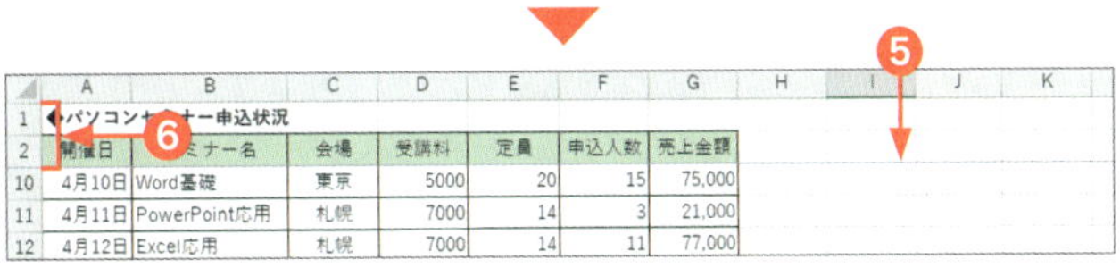

ここがポイント！

固定する位置の指定

行を固定する場合は、スクロール時に常に表示する行の下の行、列を固定する場合は常に表示する列の右の列を選択します。行と列の両方を固定する場合は、常に表示する行の下と列の右の交差するセルをクリックします。

2 ウィンドウ枠の固定を解除します。

1. ［表示］タブの［ウィンドウ］グループの［ウィンドウ枠の固定］ボタンをクリックする
2. ［ウィンドウ枠固定の解除］をクリックする
3. ウィンドウ枠の固定が解除され、2行目の下の境界線がなくなる

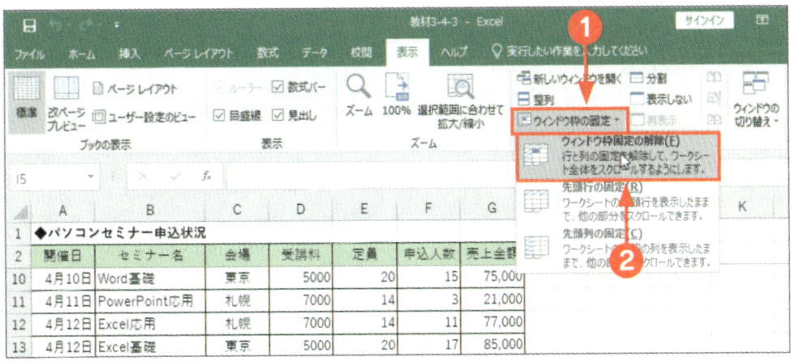

完成例ファイル 教材3-4-3（完成）

3-5

学習時間の目安 15 min

学習日・理解度チェック

月 日 □

月 日 □

月 日 □

クイックアクセスツールバーにボタンを追加する

クイックアクセスツールバーにボタンを追加すると、リボンのタブを切り替えることなく、いつでも使うことができるので便利です。

ここでの学習内容

クイックアクセスツールバーの操作を学習します。ここでは［開く］ボタンを追加します。また特定のブックにのみ適用して［PDFまたはXPS］ボタンを追加します。

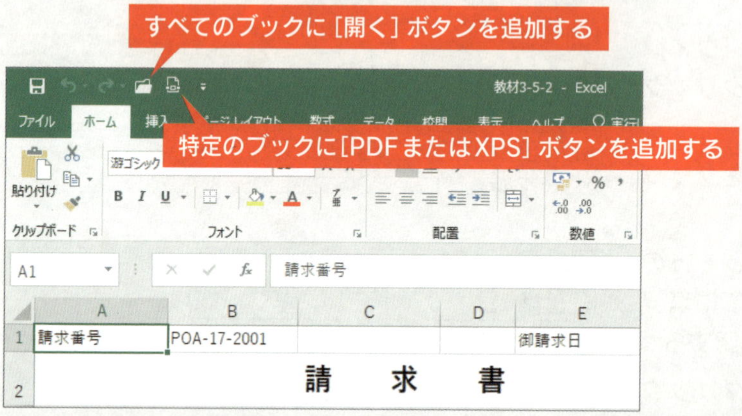

［Excelのオプション］ダイアログボックスの［クイックアクセスツールバー］画面で、クイックアクセスツールバーに追加するコマンドを選択できます。［コマンドの選択］ボックスの初期値では［基本的なコマンド］が選択されていますが、目的のコマンドのリボンのタブや、［すべてのコマンド］に切り替えてコマンドを表示します。

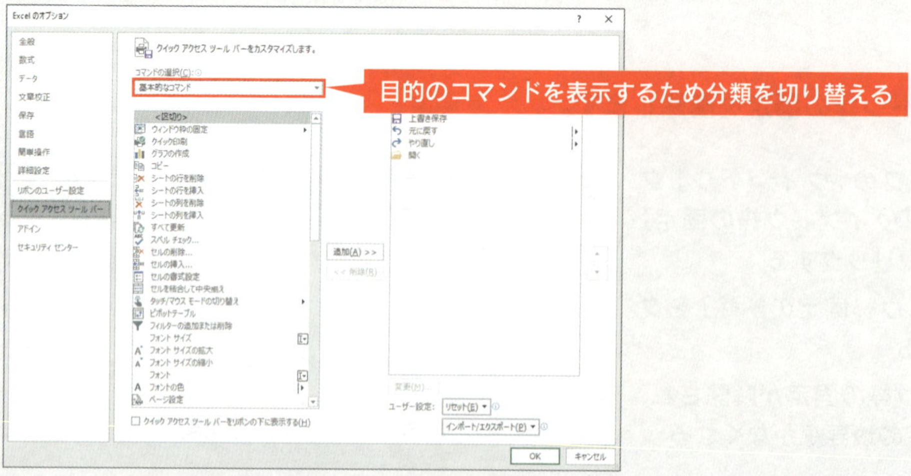

クイックアクセスツールバーにボタンを追加

リボンの上にあるクイックアクセスツールバーには、[上書き保存]、[元に戻す]、[繰り返し] / [やり直し] ボタンが用意されていますが、任意のコマンドのボタンを追加することができます。
クイックアクセスツールバーに追加したボタンは、既定ではすべてのブックに表示されますが、特定のブックにのみ適用して表示することも可能です。

やってみよう―クイックアクセスツールバーに [開く] ボタンを追加する

新規ブックを開き、すべてのブックのクイックアクセスツールバーに [開く] ボタンが表示されるように追加しましょう。さらに、このボタンを使って [開く] 画面を表示します。

1 クイックツールバーに [開く] ボタンを追加します。

❶ クイックアクセスツールバーの [クイックアクセスツールバーのユーザー設定] ボタンをクリックする
❷ [クイックアクセルツールバーのユーザー設定] の一覧から [開く] クリックする

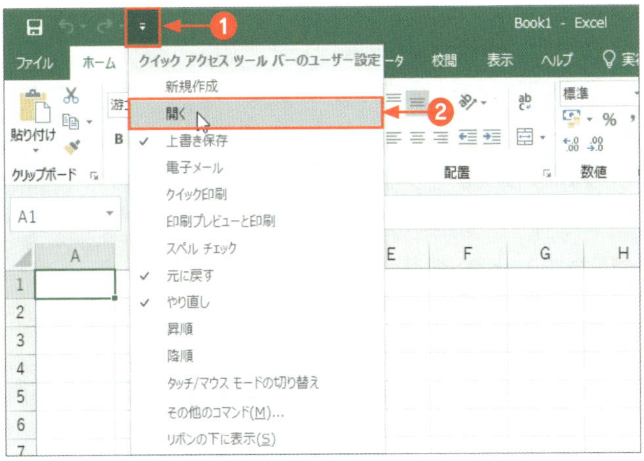

2 クイックツールバーのボタンからコマンドを実行します。

❶ クイックアクセスツールバーに [開く] ボタンが追加されるので、クリックする
❷ [開く] 画面が表示される

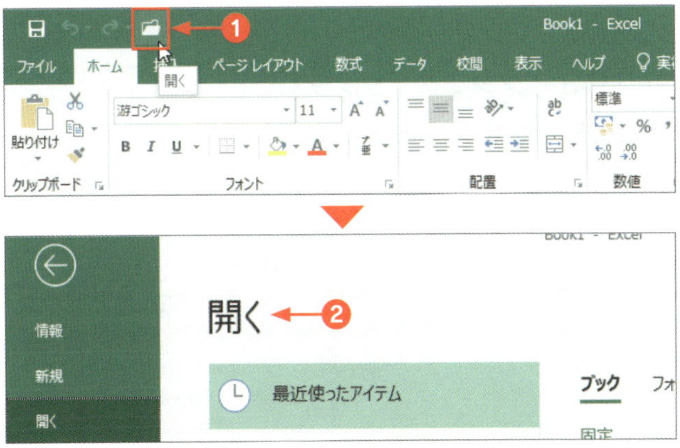

知っておくと便利！
▶ リボンのボタンをクイックアクセスツールバーに追加
リボンのボタンを右クリックし、ショートカットメニューの [クイックアクセスツールバーに追加] をクリックします。

完成例ファイル 教材3-5-1 (完成)

やってみよう—クイックアクセスツールバーに[PDFまたはXPS]ボタンを追加する

教材ファイル 教材3-5-2

教材ファイル「3-5-2.xlsx」を開き、このブックにのみ適用して、クイックアクセスツールバーに[PDFまたはXPS]ボタンを追加しましょう。さらに、このボタンを使って、[PDFまたはXPS形式で発行]ダイアログボックスを開きます。

1 クイックツールバーに[PDFまたはXPS]ボタンを追加します。

1. クイックアクセスツールバーの[クイックアクセスツールバーのユーザー設定]ボタンをクリックする
2. [クイックアクセルツールバーのユーザー設定]の一覧から[その他のコマンド]をクリックする
3. [Excelのオプション]ダイアログボックスの[クイックアクセスツールバー]画面が表示される
4. [コマンドの選択]ボックスの▼をクリックし、[[ファイル]タブ]をクリックする
5. [PDFまたはXPS形式で発行]をクリックする
6. [クイックアクセスツールバーのユーザー設定]ボックスの▼をクリックし、[教材3-5-2.xlsxに適用]をクリックする
7. [追加]ボタンをクリックする
8. [PDFまたはXPS形式で発行]が追加される
9. [OK]ボタンをクリックする

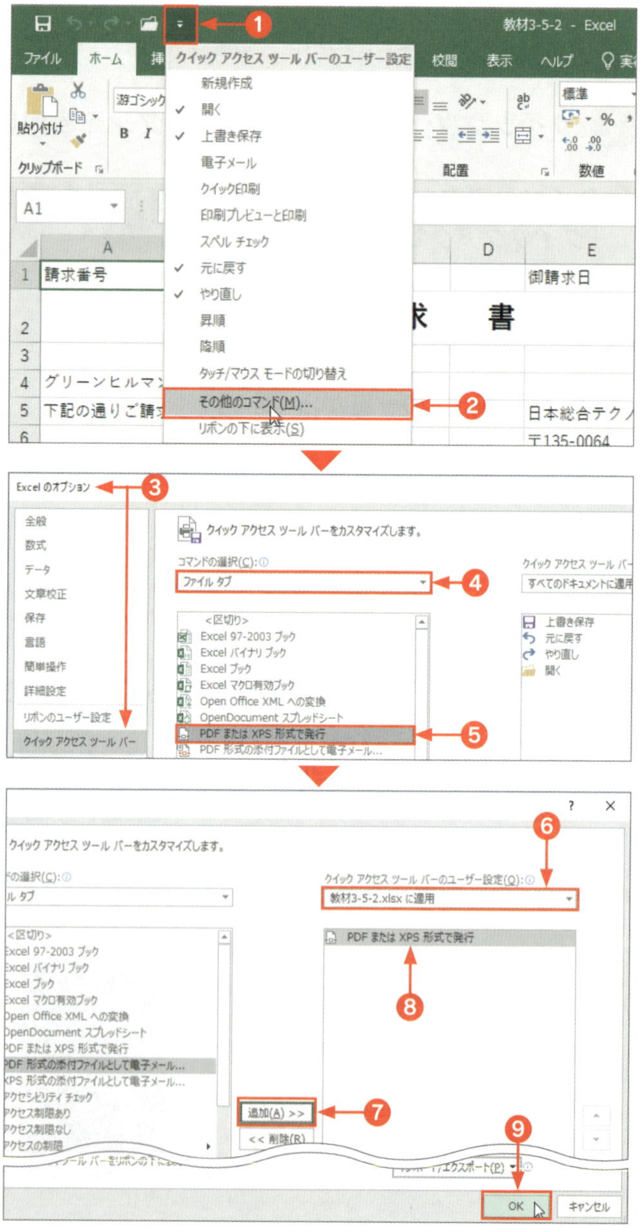

2 クイックツールバーのボタンからコマンドを実行します。

❶クイックアクセスツールバーに［PDFまたはXPS］ボタンが追加されるので、クリックする

❷［PDFまたはXPS形式で発行］ダイアログボックスが表示される

❸［キャンセル］ボタンをクリックする

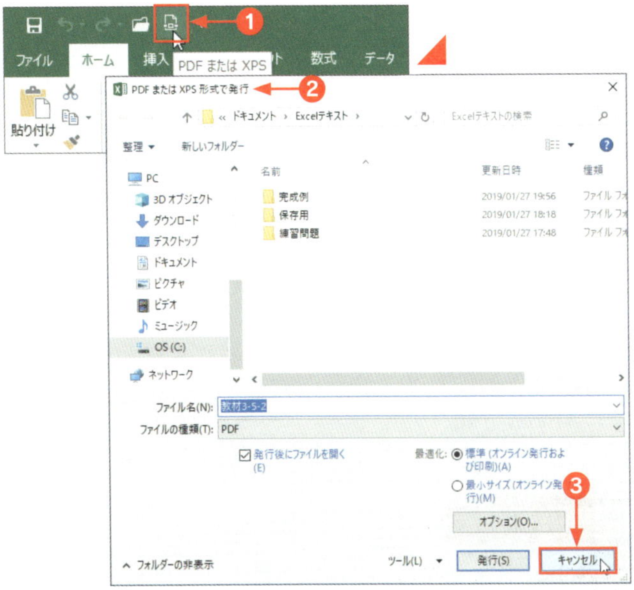

やってみよう—クイックアクセスツールバーのボタンを削除する

クイックアクセスツールバーに追加した［開く］ボタンを削除しましょう。

1 クイックアクセスツールバーのボタンを削除します。

❶クイックアクセスツールバーの［開く］ボタンを右クリックする

❷ショートカットメニューの［クイックアクセスツールバーから削除］をクリックする

❸クイックアクセスツールバーの［開く］ボタンがなくなる

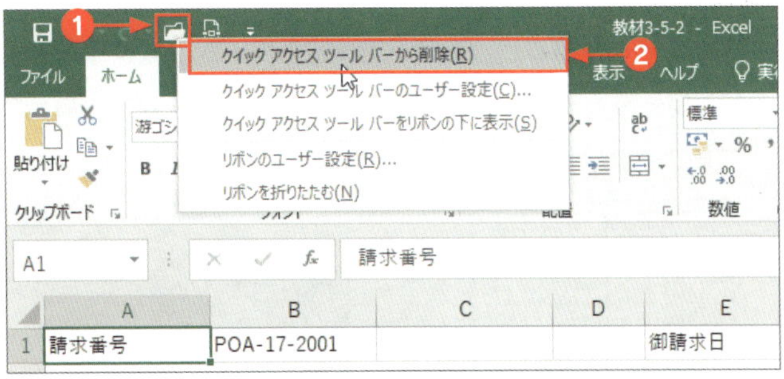

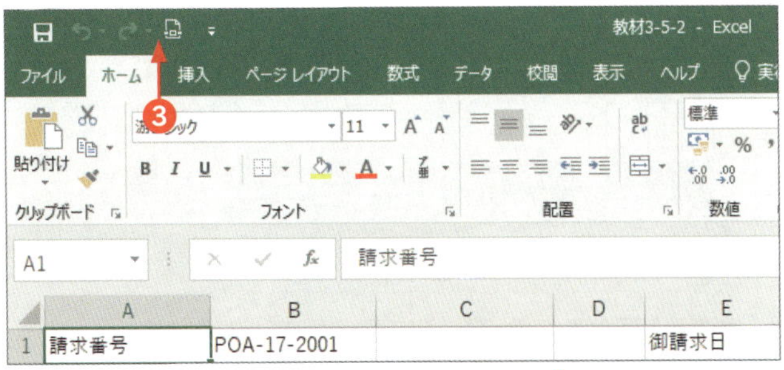

完成例ファイル 教材3-5-2（完成）

知っておくと便利！

▶クイックアクセスツールバーのボタンの削除

クイックアクセスツールバーの［クイックアクセスツールバーのユーザー設定］ボタンをクリックして表示される一覧から追加したボタンは、一覧のチェックを外しても削除できます。

Chapter 3

学習日・理解度チェック

月	日	□
月	日	□
月	日	□

練習問題

練習3-1

練習問題ファイル 練習3-1

1. 練習問題ファイル「練習3-1.xlsx」を開き、「保存用」フォルダーに「練習3-1」というファイル名で保存しましょう。
2. ワークシート［Sheet1］の枠線を非表示にしましょう。
3. ページレイアウトビューで表示し、ヘッダーの右側に「勤務表1月」と入力しましょう。

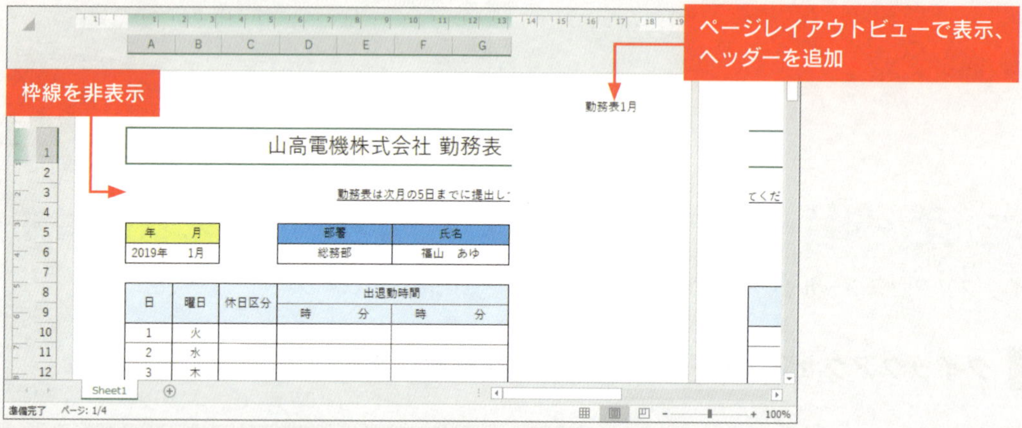

4. 改ページプレビューで表示し、1ページに収まるように調整しましょう。
5. ワークシート［Sheet1］のワークシート名を「1月」に変更しましょう。
6. ワークシート［1月］のシート見出しの色を［標準の色］－［薄い青］にしましょう。

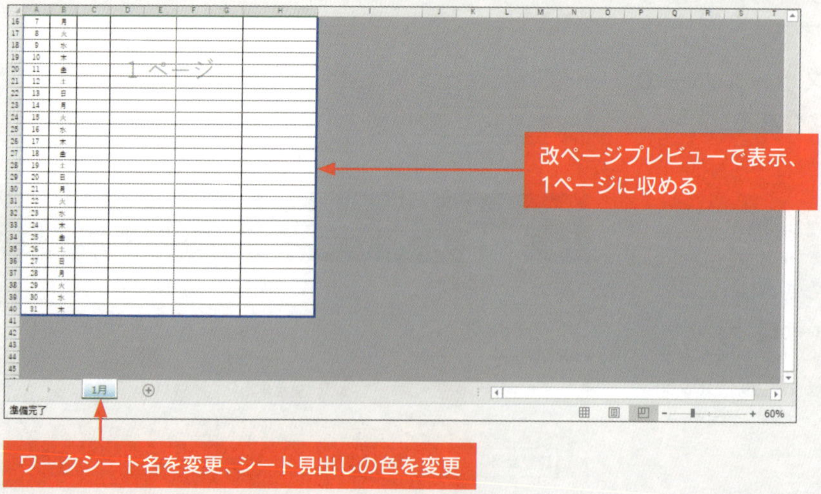

❼ ワークシート［1月］をコピーして、ワークシート［2月］を作成しましょう。

❽ ワークシート［2月］のシート見出しの色を［標準の色］－［黄］にしましょう。

❾ 表示倍率を90%にし、ワークシート［2月］のセルB6を「2月」に変更しましょう。

❿ セルB10に「金」と入力し、オートフィル機能を使って、セルB40まで曜日を入力しましょう。
ただし、書式はコピーしないようにします。

⓫ セルA38～B40の日付と曜日を削除しましょう。

⓬ ページレイアウトビューで表示し、ヘッダーの右側を「勤務表2月」に変更しましょう。

⓭ ブックを上書き保存しましょう。

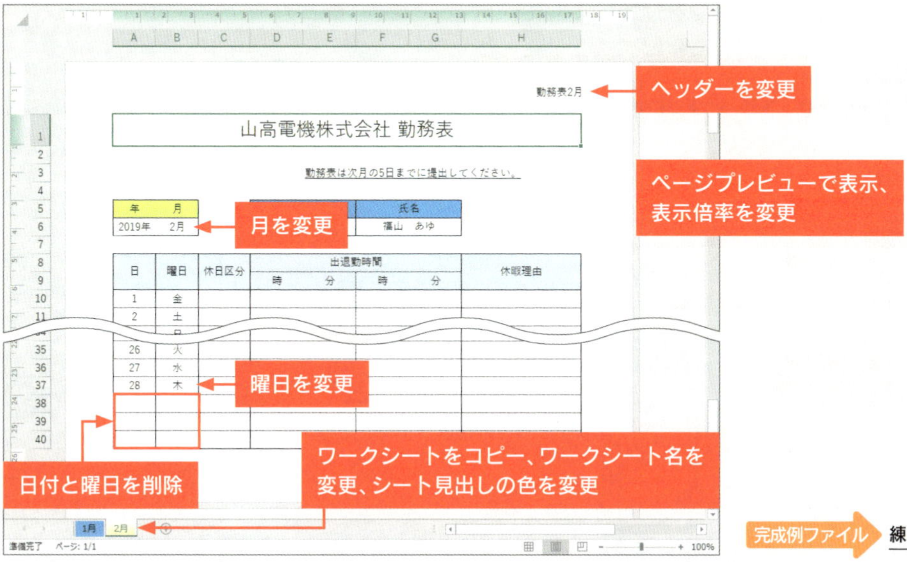

完成例ファイル 練習3-1（完成）

練習3-2

❶ 練習問題ファイル「練習3-2.xlsx」を開き、ワークシート「売上」のウィンドウを11行目と12行目の境界線で上下に分割しましょう。

練習問題ファイル 練習3-2

❷ 下のウィンドウには6月1日以降の売上一覧が表示されるようにします。

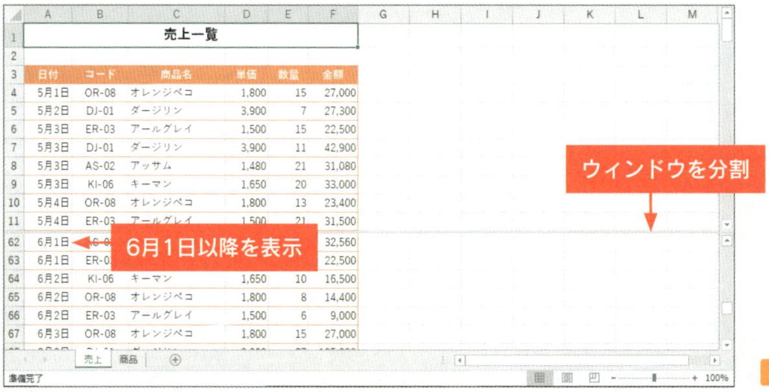

完成例ファイル 練習3-2（完成）

練習3-3

練習問題ファイル 練習3-3

❶ 練習問題ファイル「練習3-3. xlsx」を開き、さらに新しいウィンドウを開きましょう。

❷ ウィンドウを左右に並べて表示しましょう。左のウィンドウにワークシート「売上」、右のウィンドウにワークシート「商品」を表示します。

❸ 画面を縦方向にスクロールしても常にワークシート「売上」の1 ～ 3行目が表示されるように、ウィンドウ枠を固定しましょう。

❹ このブックにのみ適用されるよう、クイックアクセスツールバーに［基本的なコマンド］の［印刷プレビューと印刷］ボタンを追加しましょう。

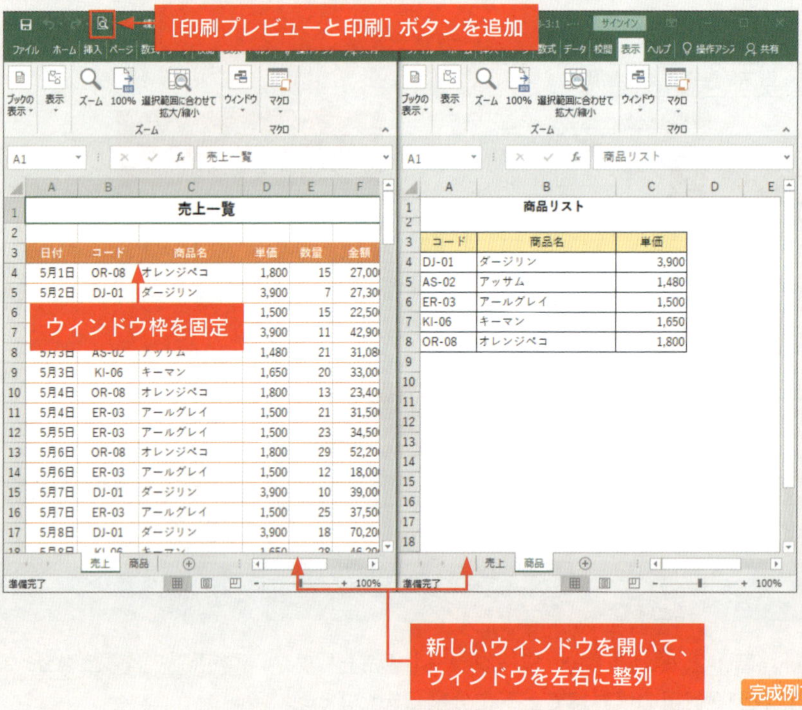

完成例ファイル 練習3-3（完成）

Chapter 4

表の作成

表を作成し、書式や配置、罫線を設定して見やすく仕上げる方法、リストからデータを選択したり、検索と置換を利用したりして効率よく入力する方法について学習します。さらに、セルの値の大小がひとめでわかるように、条件に合うセルにだけ書式を設定する方法についても学習します。

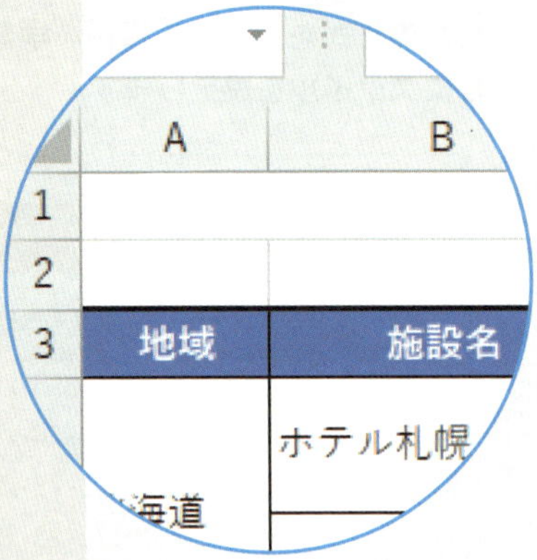

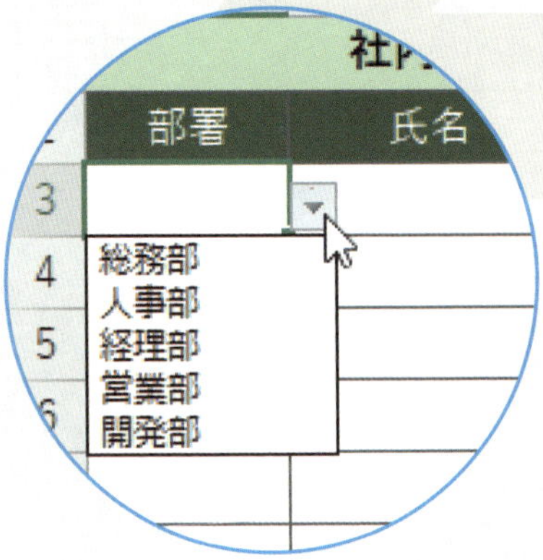

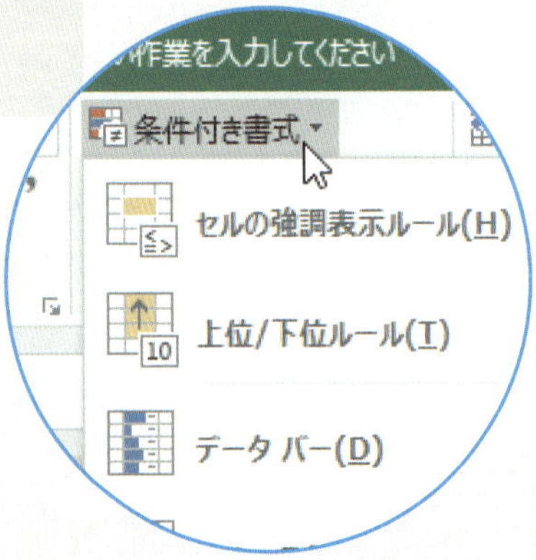

4-1

学習時間の目安 15 min　学習日・理解度チェック

月　日　☐
月　日　☐
月　日　☐

セルの書式を変更する

文字を入力したら、書体や文字サイズ、色などを変更して見やすくします。書体や文字サイズ、色などを「書式」といいます。セルの書式を変更するには、書式を個々に設定する方法と、複数の書式がまとめて登録されているスタイルを設定する方法があります。

ここでの学習内容

セルの書式を変更する操作を学習します。表の文字を入力し、タイトルの書式を変更し、見出しのセルにスタイルを設定します。

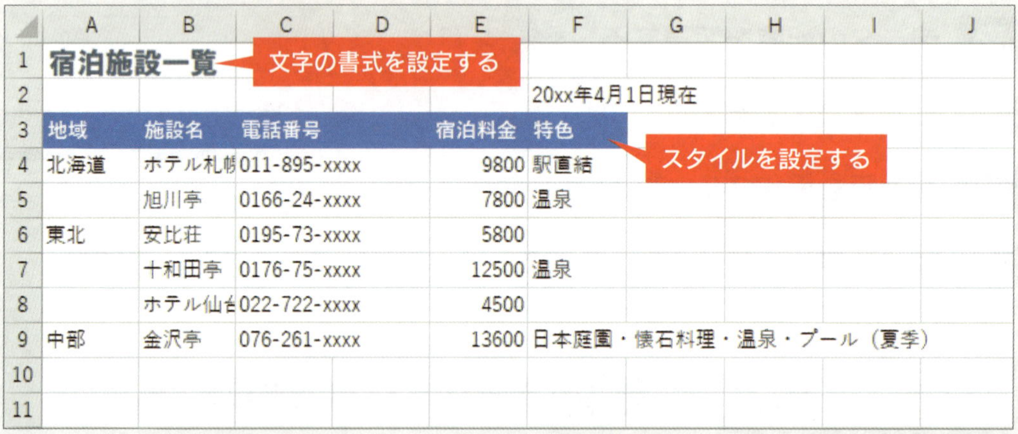

	A	B	C	D	E	F	G	H	I	J
1	宿泊施設一覧									
2						20xx年4月1日現在				
3	地域	施設名	電話番号		宿泊料金	特色				
4	北海道	ホテル札幌	011-895-xxxx		9800	駅直結				
5		旭川亭	0166-24-xxxx		7800	温泉				
6	東北	安比荘	0195-73-xxxx		5800					
7		十和田亭	0176-75-xxxx		12500	温泉				
8		ホテル仙台	022-722-xxxx		4500					
9	中部	金沢亭	076-261-xxxx		13600	日本庭園・懐石料理・温泉・プール（夏季）				
10										
11										

文字の書式の設定

セルの文字の書式を設定するには、[ホーム] タブの [フォント] グループのボタンを使います。

やってみよう—フォントやフォントサイズ、フォントの色を変更する

教材ファイル 教材4-1-1

教材ファイル「4-1-1.xlsx」を開き、タイトルのフォントを [HGP創英角ゴシックUB]、フォントサイズを [16]、フォントの色を [テーマの色] – [ブルーグレー、テキスト2] に変更しましょう。

1 フォント(書体)を変更します。

❶ セルA1をクリックする
❷ [ホーム] タブの [フォント] グループの [フォント] ボックスの▼をクリックする
❸ [HGP創英角ゴシックUB] をクリックする
❹ フォントが変更される

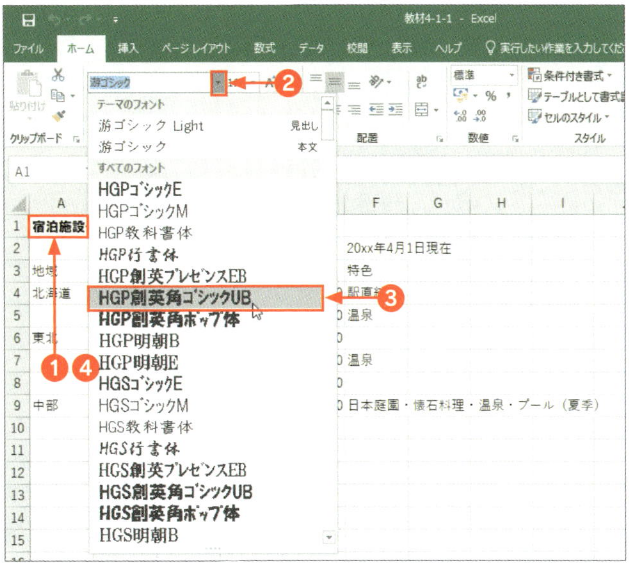

2 フォントサイズを変更します。

❶ セルA1が選択された状態のまま、[ホーム] タブの [フォント] グループの [フォントサイズ] ボックスの▼をクリックする
❷ [16] をクリックする
❸ フォントサイズが変更される

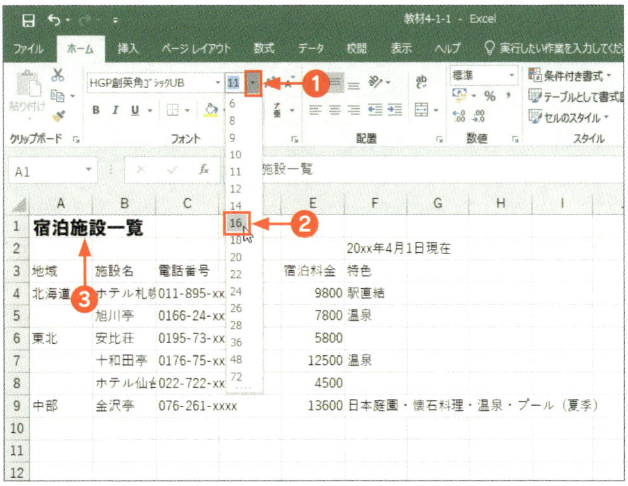

知っておくと便利!

▶ フォントサイズの単位

フォントサイズの単位はポイントです。1ポイントは約0.35mmです。

3 フォントの色を変更します。

❶ セルA1が選択された状態のまま、［ホーム］タブの［フォント］グループの［フォントの色］ボタンの▼をクリックする

❷［テーマの色］の［ブルーグレー、テキスト2］（一番上、左から4番目）をクリックする

❸ フォントの色が変更される

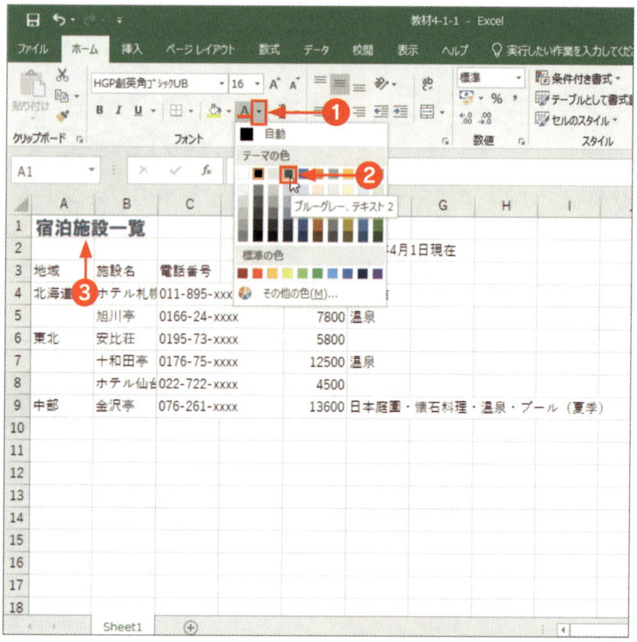

> **知っておくと便利！**
> **▶ フォントの色**
> ［フォントの色］ボタンの左側のアイコンの色は前回設定した色に変更されます。アイコン部分をクリックすると前回と同じ色が付きます。フォントの色を元の黒色にするには、A▼［フォントの色］ボタンの▼をクリックして表示される一覧の［自動］をクリックします。

完成例ファイル ▶ 教材4-1-1（完成）

> **ステップアップ！**
> **▶ その他の文字飾りや書式の一括設定**
> ［ホーム］タブの［フォント］グループのボタンにない文字飾りを設定したり、複数の書式を一度に設定したい場合は、［セルの書式設定］ダイアログボックスの［フォント］タブを使用します。［セルの書式設定］ダイアログボックスは［ホーム］タブの［フォント］グループの［ダイアログボックス起動ツール］をクリックすると表示されます。選択した書式は［プレビュー］で確認できます。［OK］ボタンをクリッすると書式が設定されます

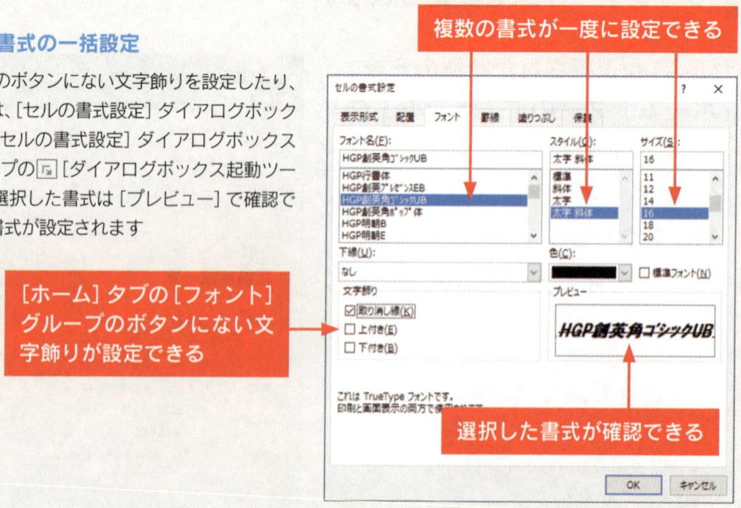

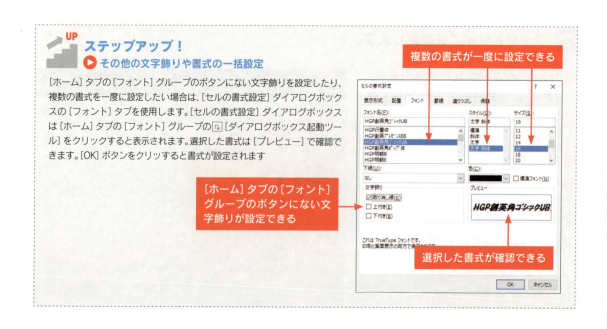

スタイルの適用

「スタイル」とはフォント、罫線、塗りつぶしの色などの書式がまとめて登録されたものです。[セルのスタイル] [セルのスタイル] ボタンをクリックすると一覧が表示され、選択すると複数の書式を一度に適用できます。セルに設定してある書式を新しいスタイルとして登録することも可能です。

やってみよう—スタイルを適用する

教材ファイル 教材4-1-2

教材ファイル「4-1-2.xlsx」を開き、表の見出しのセルA3～F3に、セルのスタイルの［テーマのセルスタイル］－［青, アクセント1］（Excel 2013では［アクセント1］）を適用し、太字にしましょう。

1 セルのスタイルを適用します。

❶ セルA3～F3を範囲選択する

❷ ［ホーム］タブの［スタイル］グループの［セルのスタイル］ボタンをクリックする

❸ ［テーマのセルスタイル］の［青, アクセント1］（Excel 2013では［アクセント1］）（一番下、左端）をクリックする

❹ セルA3～F3にセルのスタイルが適用される

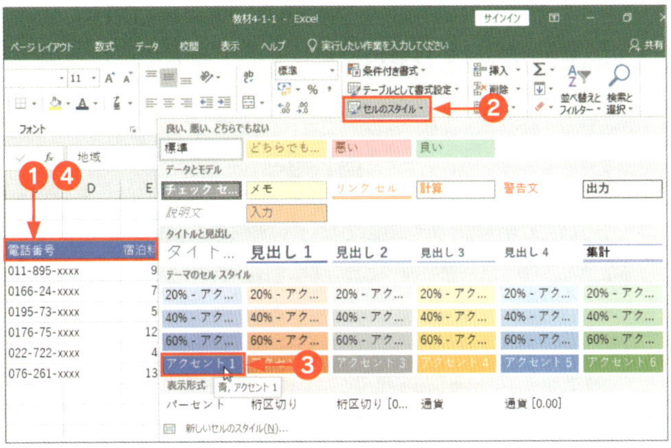

2 太字にします。

❶ セルA3～F3が範囲選択された状態のまま、［ホーム］タブの［フォント］グループの［太字］ボタンをクリックする

❷ セルA3～F3が太字になる

完成例ファイル 教材4-1-2（完成）

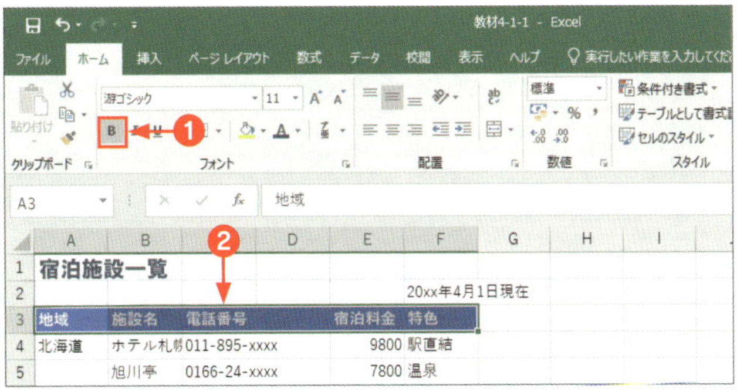

知っておくと便利！
▶ 太字の解除

太字を解除するには、設定されている範囲を選択し、［ホーム］タブの［フォント］グループの B ［太字］ボタンをクリックしてオフにします。

知っておくと便利！
▶ その他の文字飾り

［ホーム］タブの［フォント］グループの I ［斜体］ボタンをクリックすると、セルの文字を斜体にできます。また、U ［下線］ボタンをクリックすると下線を引くことができます。［下線］ボタンは▼をクリックすると、一本線の下線、二重下線を選択することが可能です。

4-2

学習時間の目安 15 min　学習日・理解度チェック

月　日　□
月　日　□
月　日　□

データの配置を変更する

セルに文字を入力すると、数値データは右詰め、文字データは左詰めで自動的に配置されます。セル内の文字の配置のしかたにはいくつかの種類があります。配置は後から変更することができます。

ここでの学習内容

データをセルの中央揃えや右揃えにします。さらに複数セルを結合して配置を変更します。また、1つのセル内で文字列を折り返して全体を表示する方法も学習します。

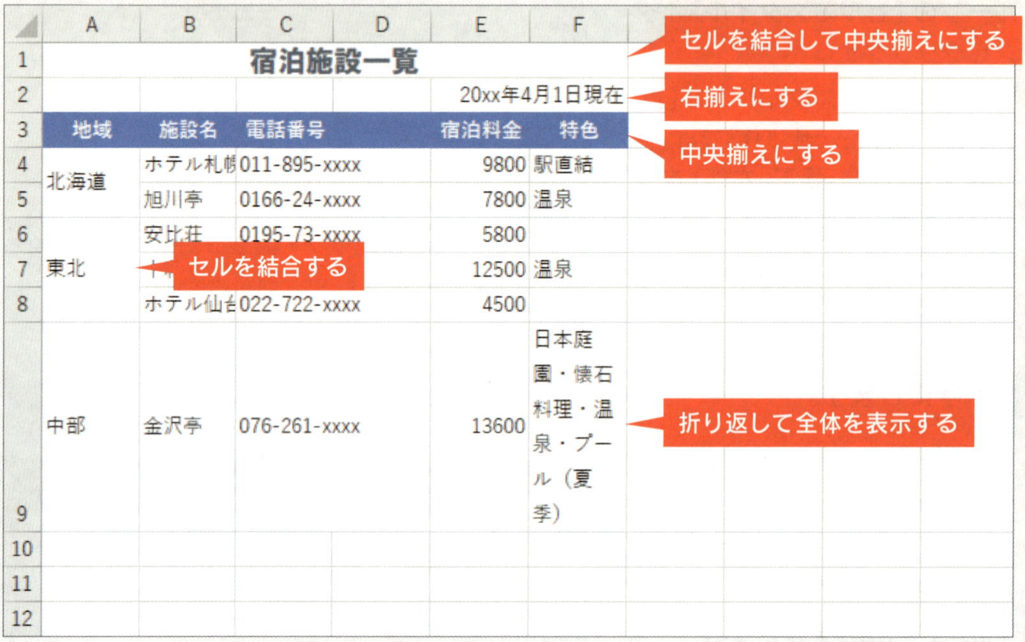

データの配置の変更

セルのデータは、セル内で右揃え、中央揃え、左揃えに配置を変更できます。また、複数のセルを結合してその中央に配置したり、セル内の文字列を折り返して複数行にし、セルの全内容を1つのセルに表示することも可能です。

やってみよう—文字列を右揃え、中央揃えにする

教材ファイル 教材4-2-1

教材ファイル「4-2-1.xlsx」を開き、セルF2の日付を右揃え、セルA3～F3の表の見出しを中央揃えにしましょう。

1 文字列を右揃えにします。

❶ セルF2をクリックする

❷ [ホーム] タブの [配置] グループの [右揃え] ボタンをクリックする

❸ セルF2の文字列が右詰めで配置される

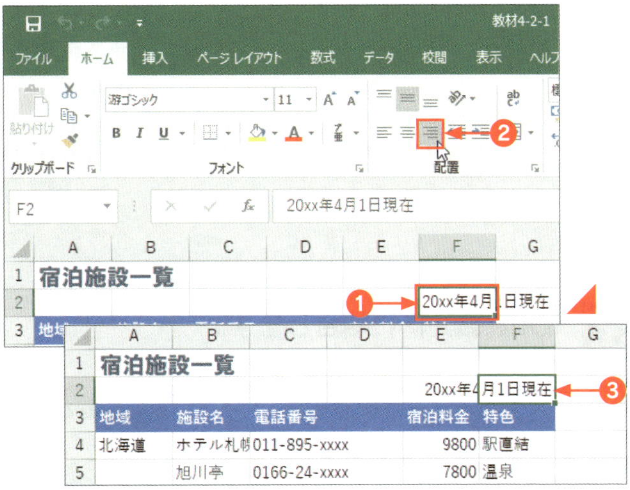

2 文字列を中央揃えにします。

❶ セルA3～F3を範囲選択する

❷ [ホーム] タブの [配置] グループの [中央揃え] ボタンをクリックする

❸ セルA3～F3の文字列が各セルの中央に配置される

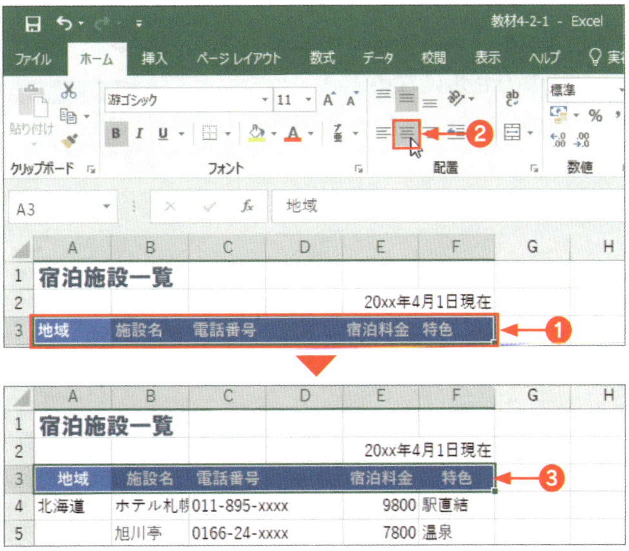

知っておくと便利！

右揃え、中央揃えの解除

右揃え、中央揃えを解除する範囲を選択し、[右揃え] ボタン、[中央揃え] ボタンをクリックしてオフにすると、元の配置に戻ります。

やってみよう―セルを結合して中央揃えにする

セルA1～F1を結合し、セルA1のタイトルをその中央に配置します。さらにセルA4～A5、セルA6～A8を結合して1つのセルにします。

1 セルを結合して中央揃えにします。

❶セルA1～F1を範囲選択する
❷［ホーム］タブの［配置］グループの［セルを結合して中央揃え］ボタンをクリックする
❸セルA1～F1が結合して1つのセルになり、文字列がその中央に配置される

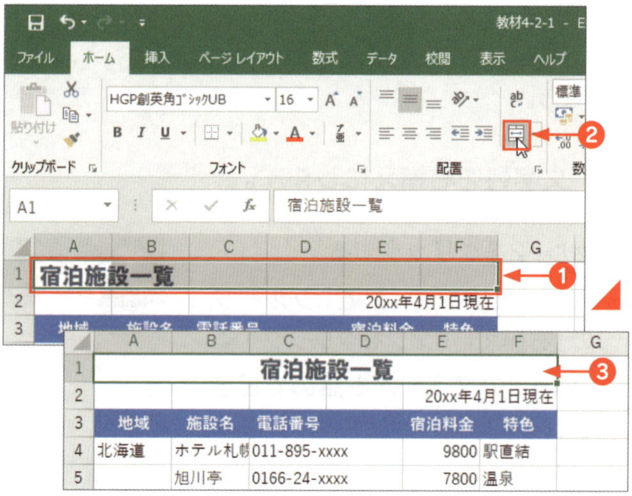

2 セルを縦方向に結合します。

❶セルA4～A5を範囲選択する
❷［ホーム］タブの［配置］グループの［セルを結合して中央揃え］ボタンの▼をクリックする
❸［セルの結合］をクリックする
❹セルA4～A5のセルが結合されて1つのセルになる

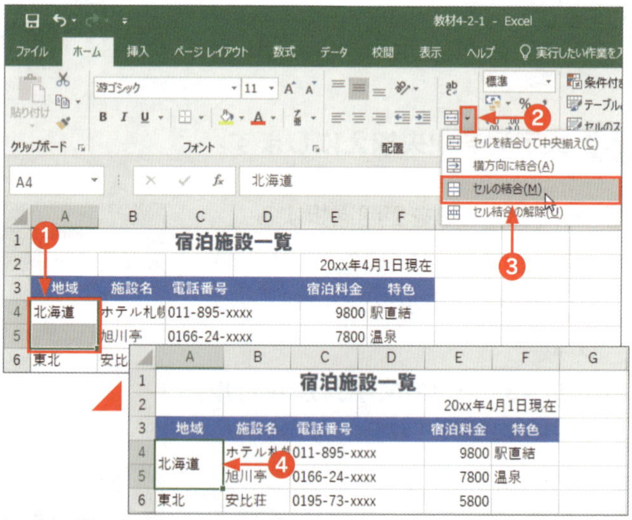

知っておくと便利！

▶セルを結合して中央揃えの解除

結合されているセルを選択し、［セルを結合して中央揃え］ボタンをクリックしてオフにすると、元の配置に戻ります。

知っておくと便利！

▶縦方向の配置

セル内の文字列の縦方向の配置は初期値では上下中央揃えになっていて、セルを結合しても縦方向の中央に文字列が配置されます。

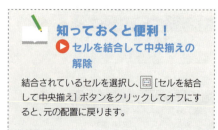

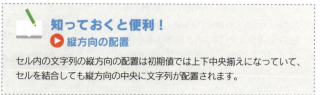

3 結合の操作を繰り返します。

❶セルA6～A8を範囲選択する
❷ F4 キーを押す
❸セルA6～A8が結合される

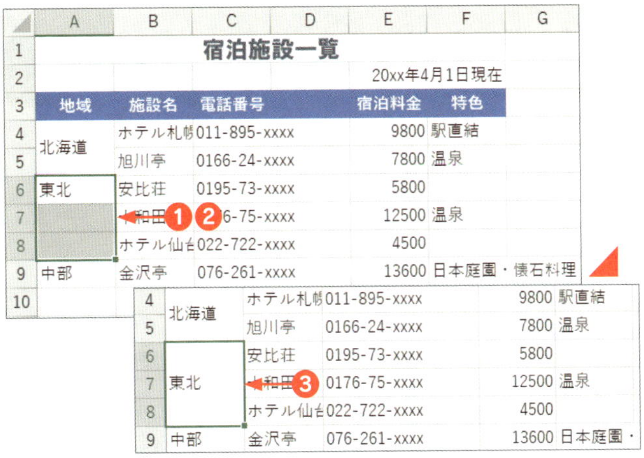

ここがポイント！
操作の繰り返し

F4 キーを押すと、直前の操作が繰り返されます。

やってみよう―文字列を折り返して全体を表示する

セルF9の文字列をセル内で折り返して表示しましょう。

1 文字列を折り返して全体を表示します。

❶セルF9をクリックする
❷［ホーム］タブの［配置］グループの［折り返して全体を表示する］ボタンをクリックする
❸セルF9の高さが変更され、文字列がF列の幅に合わせてセル内で折り返して表示される

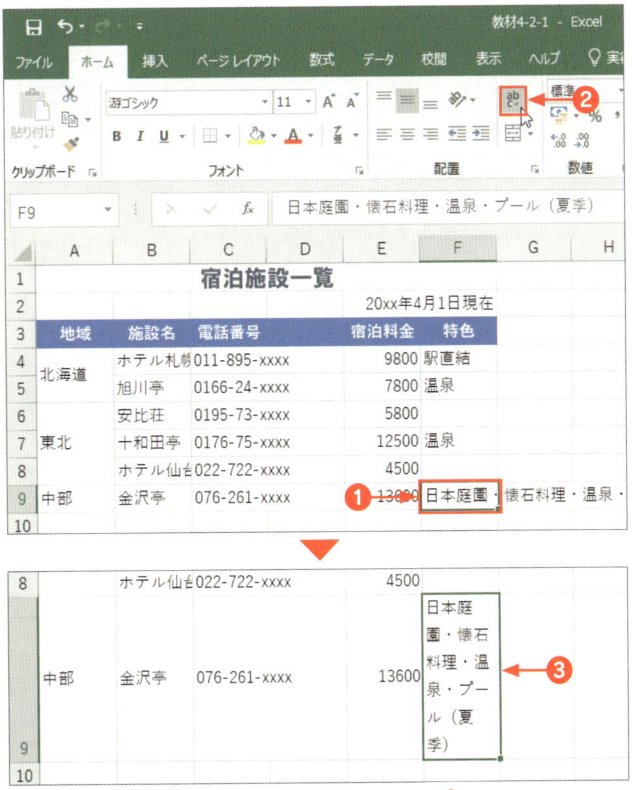

知っておくと便利！
［折り返して全体を表示する］の解除

折り返して全体が表示されているセルを選択し、［折り返して全体を表示する］ボタンをクリックしてオフにすると、行の高さと配置が元に戻ります。

完成例ファイル 教材4-2-1（完成）

知っておくと便利！

インデント

文字列の先頭の位置を下げたい場合は「インデント」という機能を使います。目的の範囲を選択し、［ホーム］タブの［配置］グループの［インデントを増やす］ボタンをクリックするごとに1文字ずつ字下げされます。インデントを解除するときは［インデントを減らす］ボタンをクリックすると1文字ずつ字下げが解除されます。

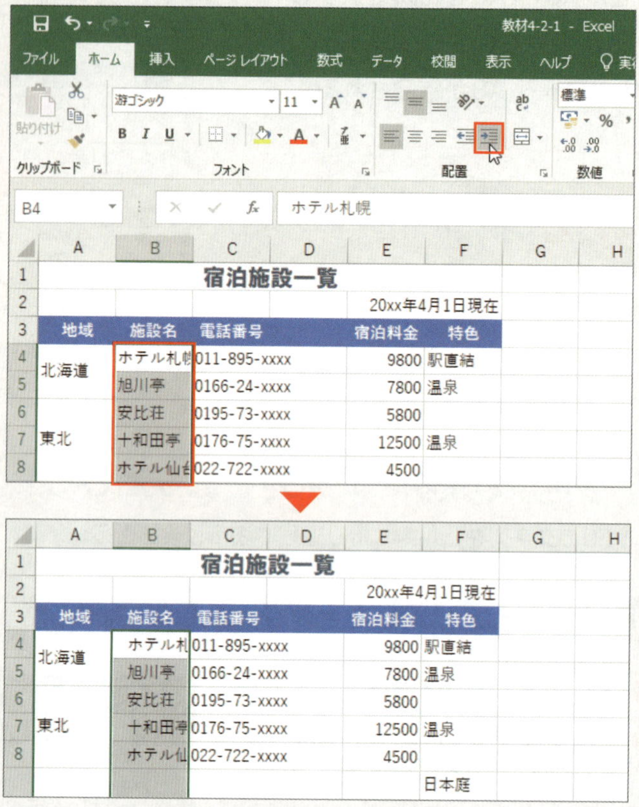

4-3

学習時間の目安 15 min

学習日・理解度チェック

月　日　□
月　日　□
月　日　□

罫線を設定する

表の項目の区切りに罫線を引くと、データがわかりやすくなります。セルの枠線は通常は印刷されません。罫線の付いた表を作成するには、表の範囲に罫線を引きます。

ここでの学習内容

罫線を設定する操作を学習します。表に格子線を引き、外枠を太線にします。

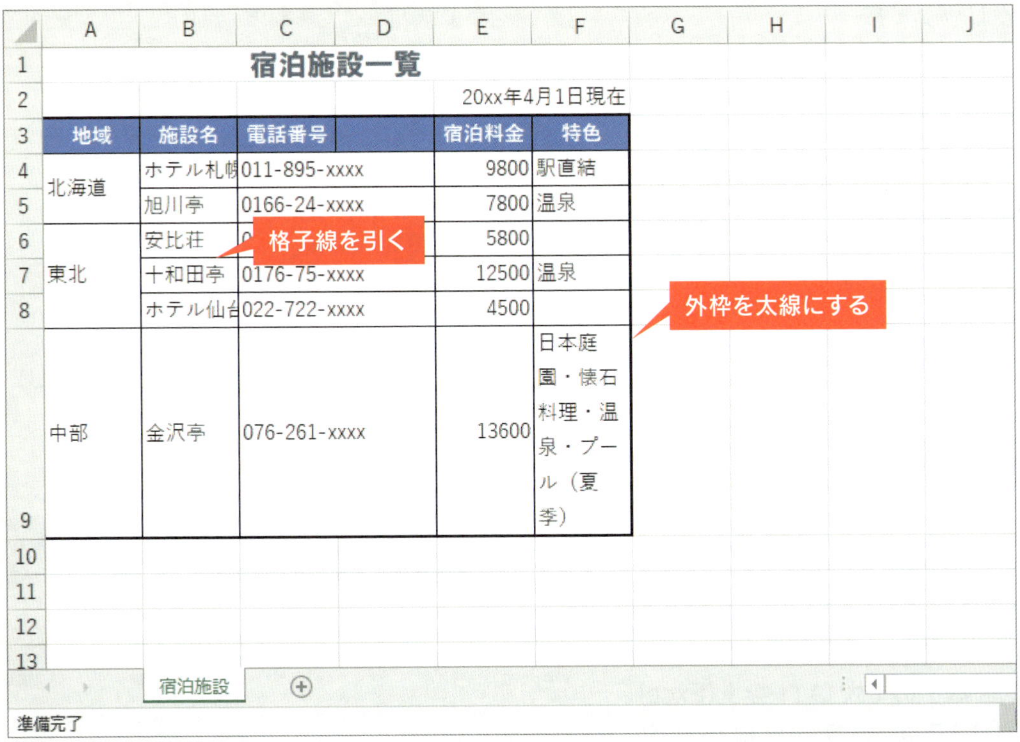

罫線の設定

罫線は、[ホーム] タブの罫線のボタンの▼をクリックして表示される種類の一覧から選択して引きます。

やってみよう—罫線を引く

教材ファイル 教材4-3-1

教材ファイル「4-3-1.xlsx」を開き、セルA3 ～ F9の表に格子の罫線を引き、外枠を太線にしましょう。

1 表に格子の罫線を引きます。

❶セルA3 ～ F9を範囲選択する

❷[ホーム] タブの [フォント] グループの [下罫線] ボタンの▼をクリックする

❸[罫線] の [格子] をクリックする

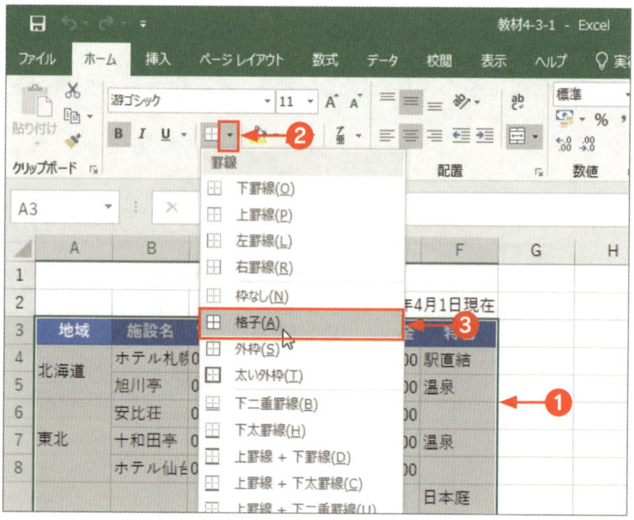

知っておくと便利！

罫線のボタン

罫線のボタン（ここでは [下罫線]）の左側のアイコンとボタン名は、直前に選択した罫線の種類のアイコンと名前に変わります。

2 外枠を太線にします。

❶セルA3 ～ F9が範囲選択された状態のまま、[ホーム] タブの [フォント] グループの [格子] ボタンの▼をクリックする

❷[罫線] の [太い外枠]（Excel 2013では [外枠太罫線]）をクリックする

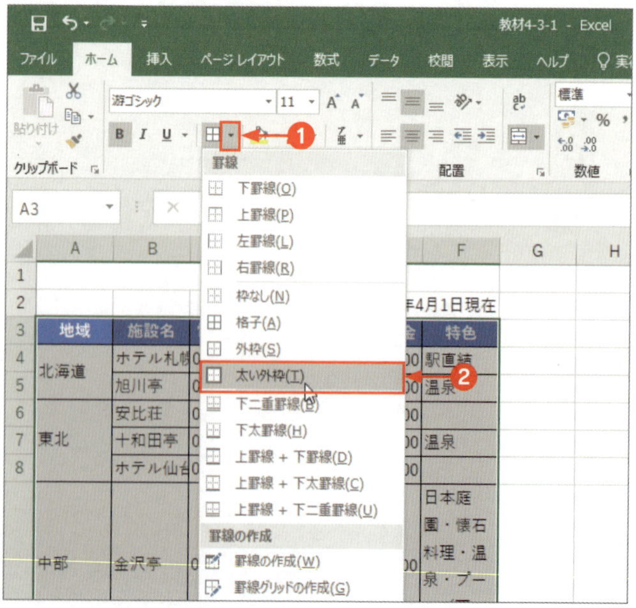

知っておくと便利！

罫線の削除

罫線を削除するには、目的の範囲を選択し、罫線のボタンの▼をクリックし、[罫線] の [枠なし] をクリックします。

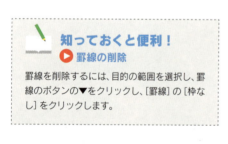

3 表に罫線が引かれます。

❶任意のセルをクリックして、範囲選択を解除する

❷表に格子の罫線が引かれ、外枠が太線になったことを確認する

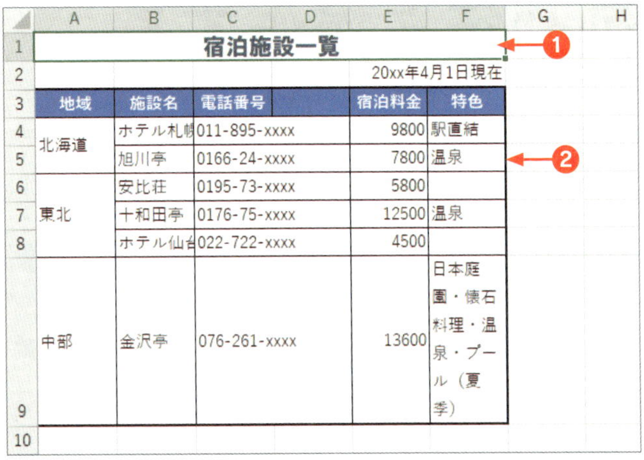

地域	施設名	電話番号	宿泊料金	特色
北海道	ホテル札幌	011-895-xxxx	9800	駅直結
	旭川亭	0166-24-xxxx	7800	温泉
東北	安比荘	0195-73-xxxx	5800	
	十和田亭	0176-75-xxxx	12500	温泉
	ホテル仙台	022-722-xxxx	4500	
中部	金沢亭	076-261-xxxx	13600	日本庭園・懐石料理・温泉・プール（夏季）

ここがポイント！
▶罫線の確認

範囲選択がされた状態では罫線や塗りつぶしの色の確認がしづらいので、範囲選択を解除して確認しましょう。

完成例ファイル 教材4-3-1（完成）

知っておくと便利！
▶その他の罫線

罫線のボタンをクリックして表示される一覧に目的の罫線の種類がない場合は、[その他の罫線]をクリックするか、[ホーム]タブの[フォント]グループの[ダイアログボックス起動ツール]をクリックして、[セルの書式設定]ダイアログボックスの[罫線]タブを表示します。[線]の[スタイル]の一覧から罫線の種類、[色]ボックスの▼をクリックして罫線の色を選択し、[プリセット]、[罫線]およびプレビュー枠内の罫線を引く位置をクリックすると、プレビュー枠内に罫線が表示されます。[OK]ボタンをクリックすると、選択範囲にその罫線が引かれます。罫線を削除するときは、プレビュー枠内の罫線をクリックすると、その罫線が消えます。

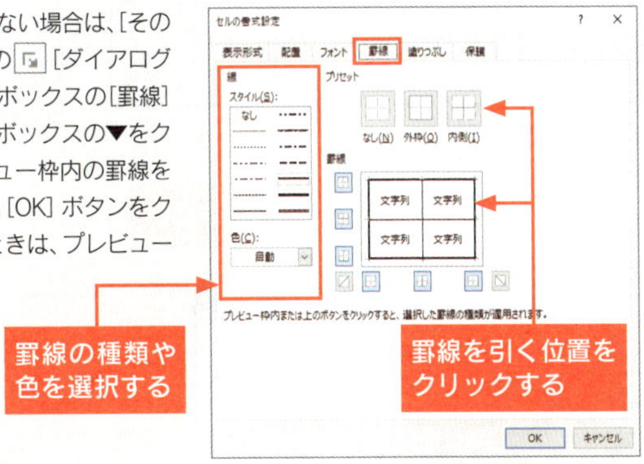

ステップアップ！
▶塗りつぶしの色

セルに塗りつぶしの色を設定する方法は1-3で学習しましたが、[セルの書式設定]ダイアログボックスの[塗りつぶし]タブで詳細な設定ができます。

[セルの書式設定]ダイアログボックスは、[ホーム]タブの[フォント]グループの[ダイアログボックス起動ツール]をクリックして表示します。[塗りつぶし]タブをクリックすると、背景色の他、塗りつぶし効果でグラデーションを設定したり、柄にあたるパターンの色やパターンの種類を指定したりできます。

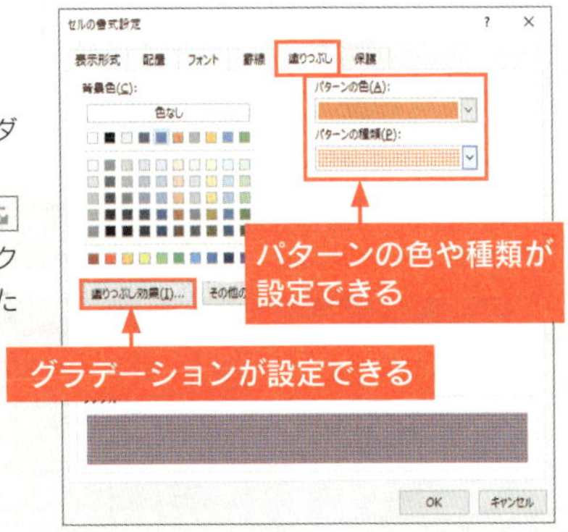

4-4

学習時間の目安 20 min　学習日・理解度チェック

月	日	□
月	日	□
月	日	□

列や行を操作する

列の幅や行の高さは変更できます。また列や行を追加、削除することも簡単に行えます。

ここでの学習内容

列や行の操作を学習します。列や行を操作して、表の体裁を整えます。

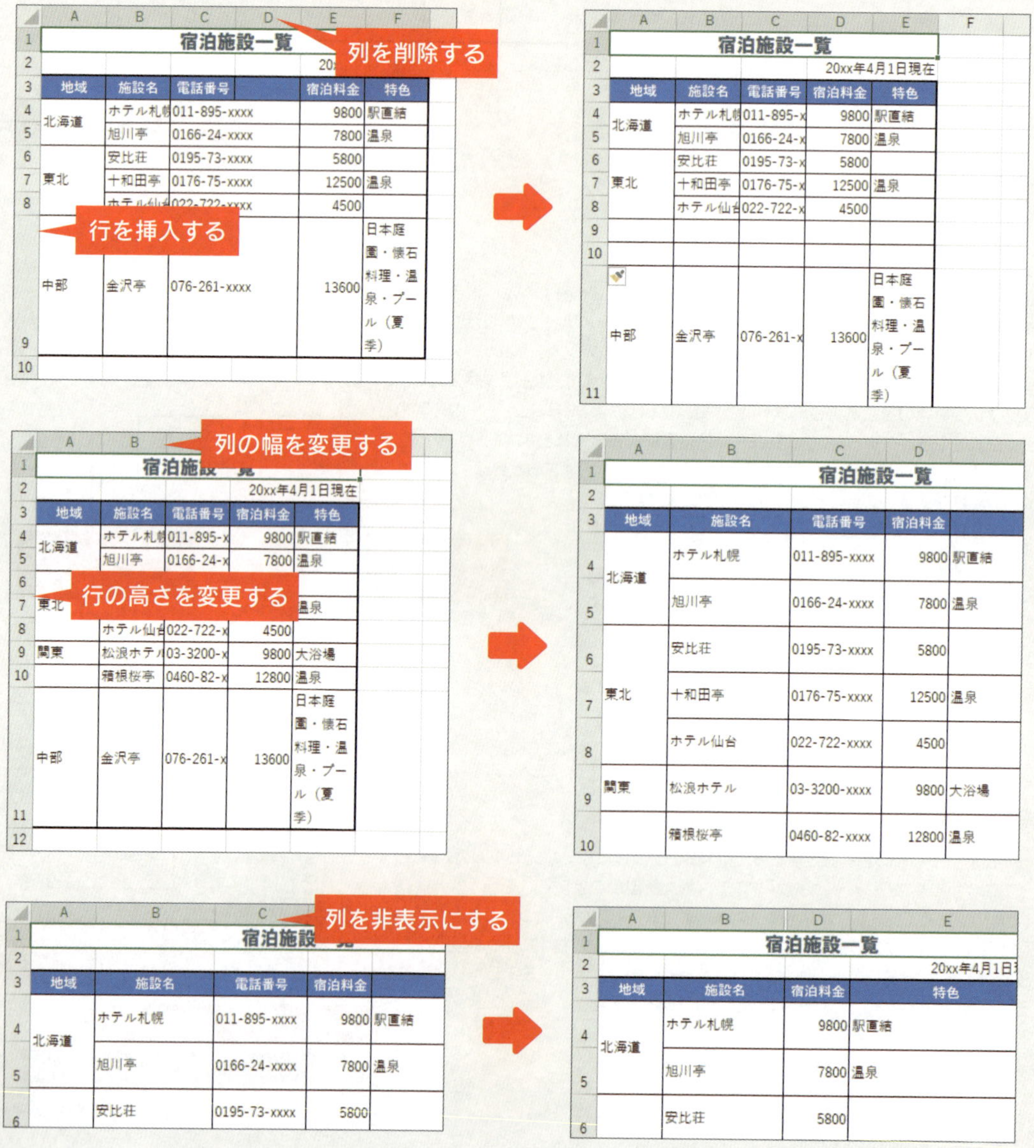

列や行の挿入/削除

列や行を挿入するときは、挿入したい位置の列、行を右クリックしてショートカットメニューの［挿入］をクリックします。列や行を削除するときは、目的の列、行を右クリックしてショートカットメニューの［削除］をクリックします。複数の列、行を選択して行うと、その列数、行数分の挿入や削除ができます。

やってみよう―列を削除する

教材ファイル 教材4-4-1

教材ファイル「4-4-1.xlsx」を開きます。電話番号はC列に入力されていてD列は空白列です。D列を削除しましょう。

1 列を削除します。

❶D列の列番号を右クリックする

❷ショートカットメニューの［削除］をクリックする

❸列が削除され、E列だった宿泊料金がD列に、F列だった特色がE列になる

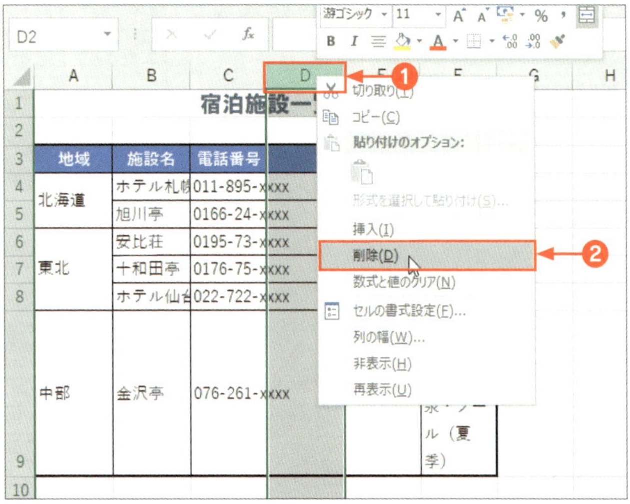

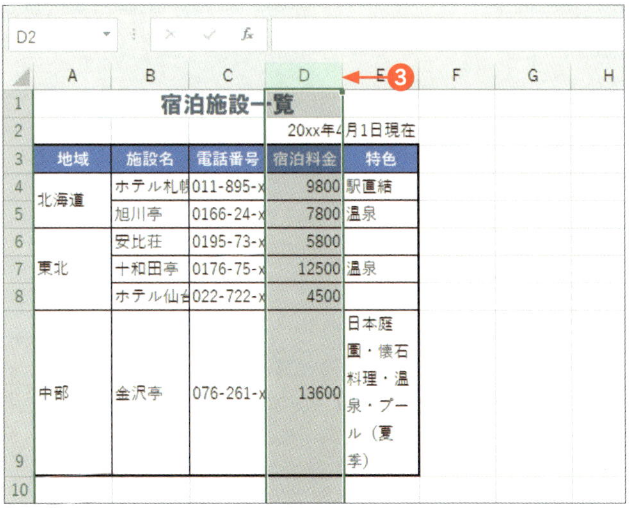

やってみよう—行を挿入する

東北と中部の間（9～10行目）に2行挿入しましょう。

1 行を挿入します。

❶ 9～10行目を選択する
❷ 選択範囲上で右クリックする
❸ ショートカットメニューの［挿入］をクリックする
❹ 東北と中部の間（9～10行目）に空白行が挿入される
❺ 上と同じ罫線が自動的に設定される

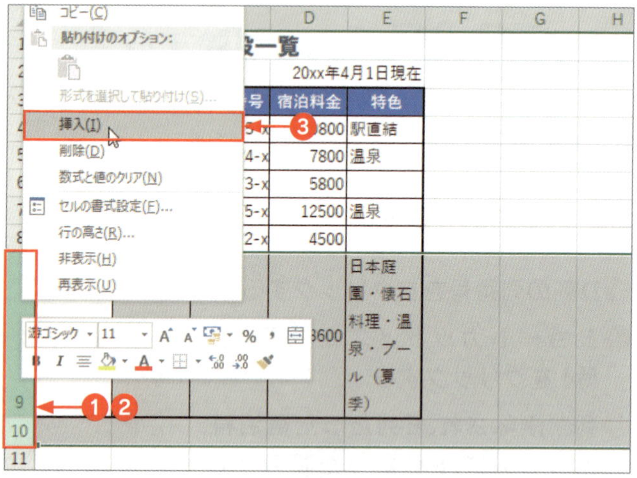

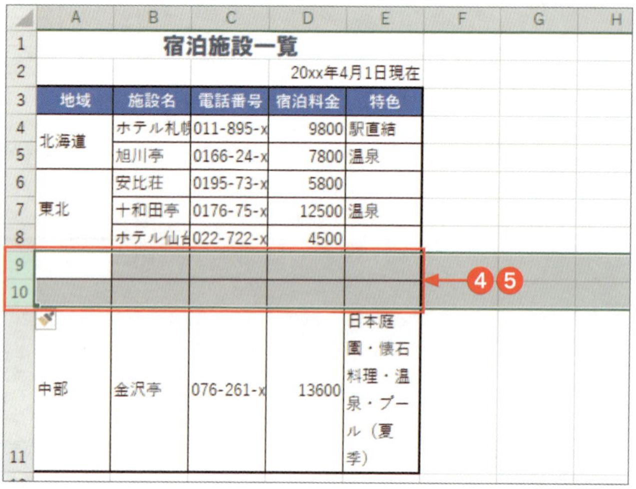

完成例ファイル 教材4-4-1（完成）

知っておくと便利！

挿入された行や列の書式

行を挿入した場合は上と同じ書式、列を挿入した場合は左側と同じ書式が適用されます。
下の行や右側の列と同じ書式を適用したり、書式を適用しない場合は、行や列の挿入後に表示される［挿入オプション］ボタンをクリックして指定します。

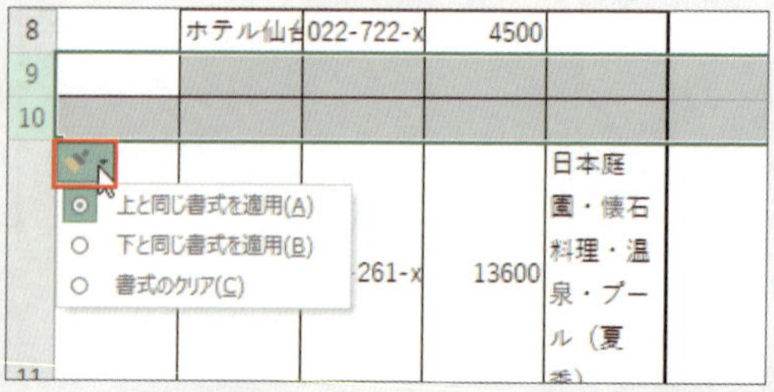

列の幅や行の高さの変更

列の幅や行の高さを変更するときは、列番号や行番号の境界線にマウスポインターを合わせ、マウスポインターの形が✛または✛になったらドラッグします。複数の列、行に適用する場合は、列や行を範囲選択してから行います。選択した列の幅や行の高さが同じサイズに変更されます。

やってみよう―列の幅を変更する

教材ファイル 教材4-4-2

教材ファイル「4-4-2.xlsx」を開き、B列の幅を16、E列の幅を26、C列の幅を自動調整しましょう。

1 列の幅を変更します。

❶B列とC列の境界線をポイントし、マウスポインターの形が✛になったら右方向にドラッグする

❷「幅：16.00（133ピクセル）」とポップアップ表示されたらマウスのボタンから指を離す

❸B列の列の幅が変更される

❹同様にE列の幅を26（213ピクセル）にする

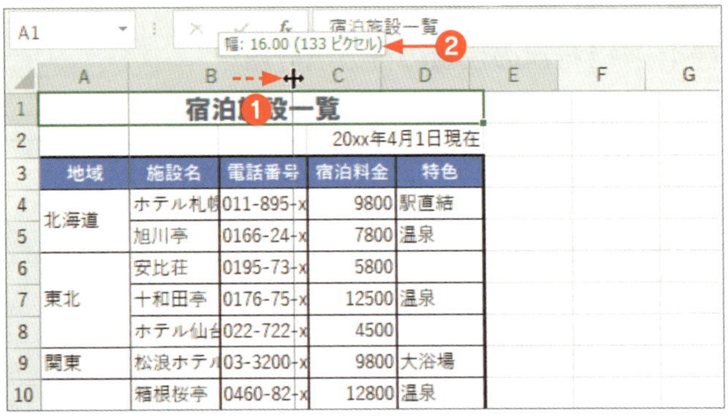

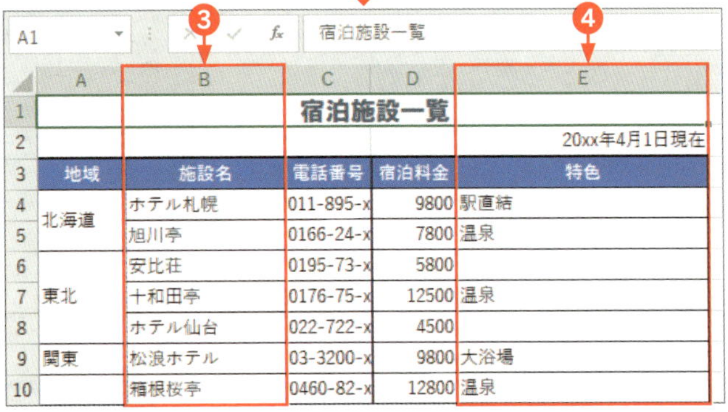

> **知っておくと便利！**
> **列の幅の設定**
>
> 目的の列を選択し、右クリックしてショートカットメニューの［列の幅］をクリックすると、［列の幅］（Excel 2016、2013では［列幅］）ダイアログボックスが表示され、列の幅を数値で指定できます。なお、列の幅は標準フォントの半角の文字数です。

2 列の幅を自動調整します。

❶C列とD列の境界線をポイントし、マウスポインターの形が✛になったらダブルクリックする

❷C列内の文字列がすべて見える幅に自動調整される

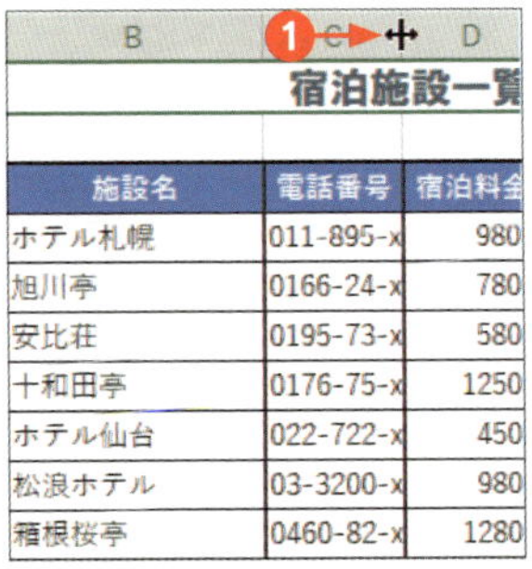

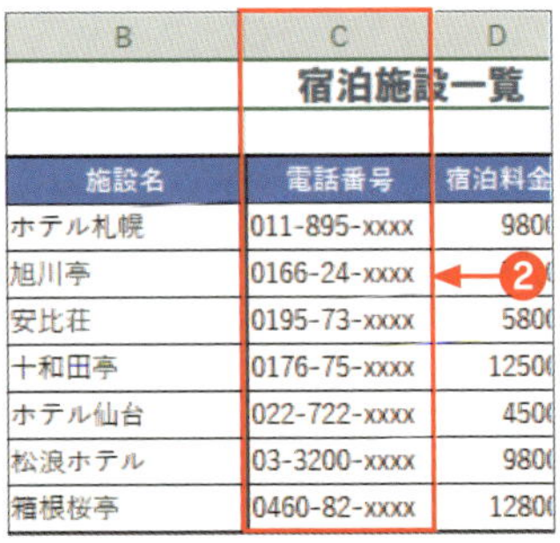

ここがポイント！
▶自動調整された列の幅

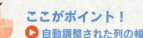

自動調整された列の幅は、印刷したときにすべての文字列が見える幅です。それ以上狭くすると、画面上では見えていても、印刷したときに文字が切れてしまうことがあるので注意しましょう。

やってみよう―行の高さを変更する

4～11行目の行の高さを37.5に変更しましょう。

1 行の高さを変更します。

❶4～11行目を選択する
❷4～11行目の任意の行の境界線をポイントし、マウスポインターの形が╋になったら下方向にドラッグする
❸「高さ：37.50（50ピクセル）」とポップアップ表示されたらマウスのボタンから指を離す
❹4～11行目の高さが広がる

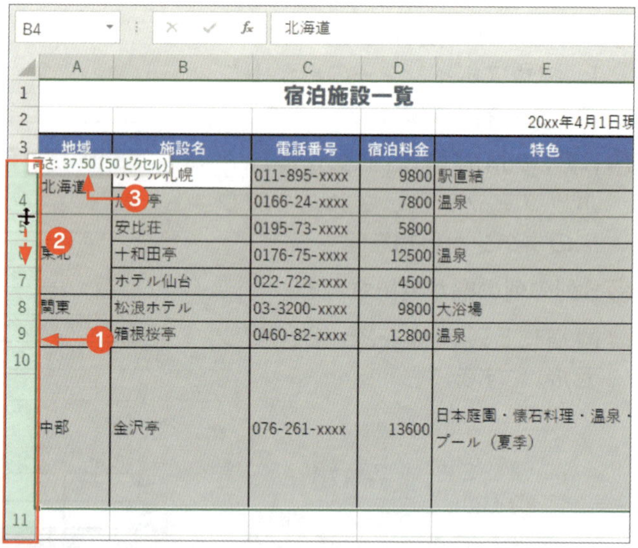

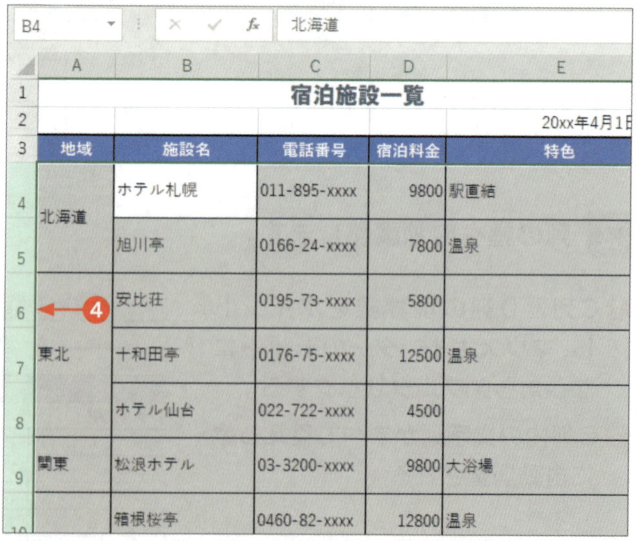

完成例ファイル 教材4-4-2（完成）

知っておくと便利！
▶行の高さの変更

目的の行を選択し、右クリックしてショートカットメニューの［行の高さ］をクリックすると、［行の高さ］ダイアログボックスが表示され、行の高さを数値で指定できます。なお、行の高さの単位はポイント（1ポイントは約0.35mm）です。たとえば37.5の場合は、11ポイントの文字の3文字分ぐらいの高さです。

列や行の表示/非表示

列や行は表示/非表示を切り替えることができます。非表示にしたい列や行を選択し、右クリックしてショートカットメニューの[非表示]をクリックすると、非表示になります。表示するときは、非表示になっている列や行をはさんで選択し、右クリックしてショートカットメニューの［再表示］をクリックします。

やってみよう―列の表示/非表示を切り替える

教材ファイル　教材4-4-3

教材ファイル「4-4-3.xlsx」を開き、C列（「電話番号」の列）を非表示にして、再び表示しましょう。

1 列を非表示にします。

❶C列の列番号を右クリックする
❷ショートカットメニューの［非表示］をクリックする
❸C列が非表示になる

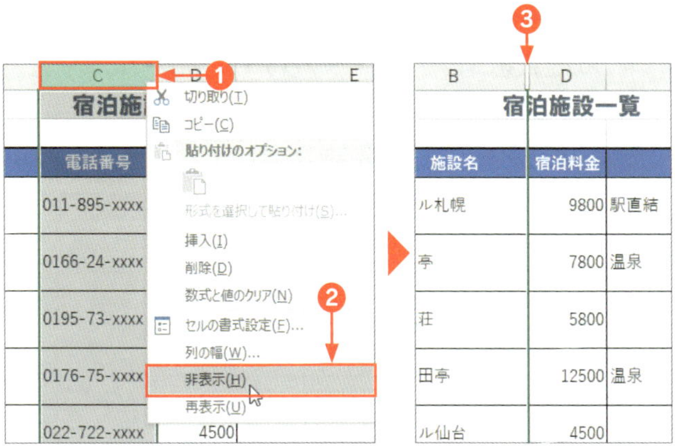

2 列を再表示します。

❶B～D列を選択する
❷選択範囲上で右クリックする
❸ショートカットメニューの［再表示］をクリックする
❹C列が再表示される

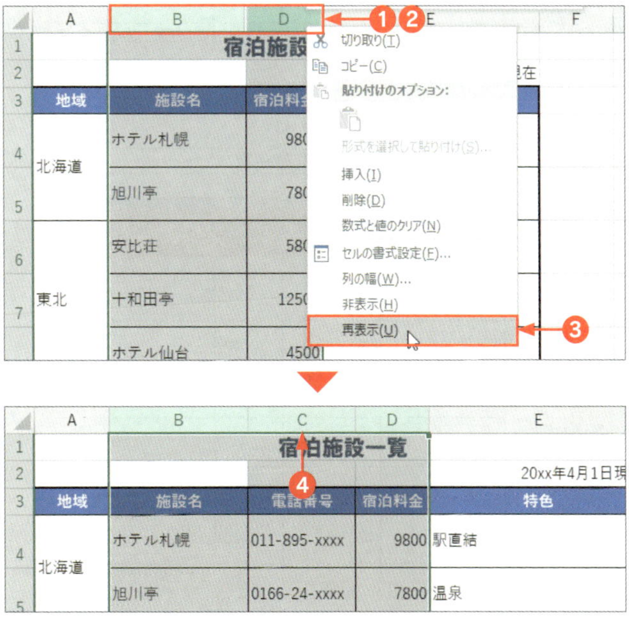

完成例ファイル　教材4-4-3（完成）

4-5

学習時間の目安 10 min

学習日・理解度チェック

月 日 □

月 日 □

月 日 □

書式をコピーする/クリアする

文字を含まずにセルに設定されている書式だけを別のセルにも設定することができます。また設定されているセルの書式を解除（クリア）して、初期値の書式に戻すこともできます。

ここでの学習内容

セルの書式をコピーしたり、クリアして初期値に戻す方法を学習します。

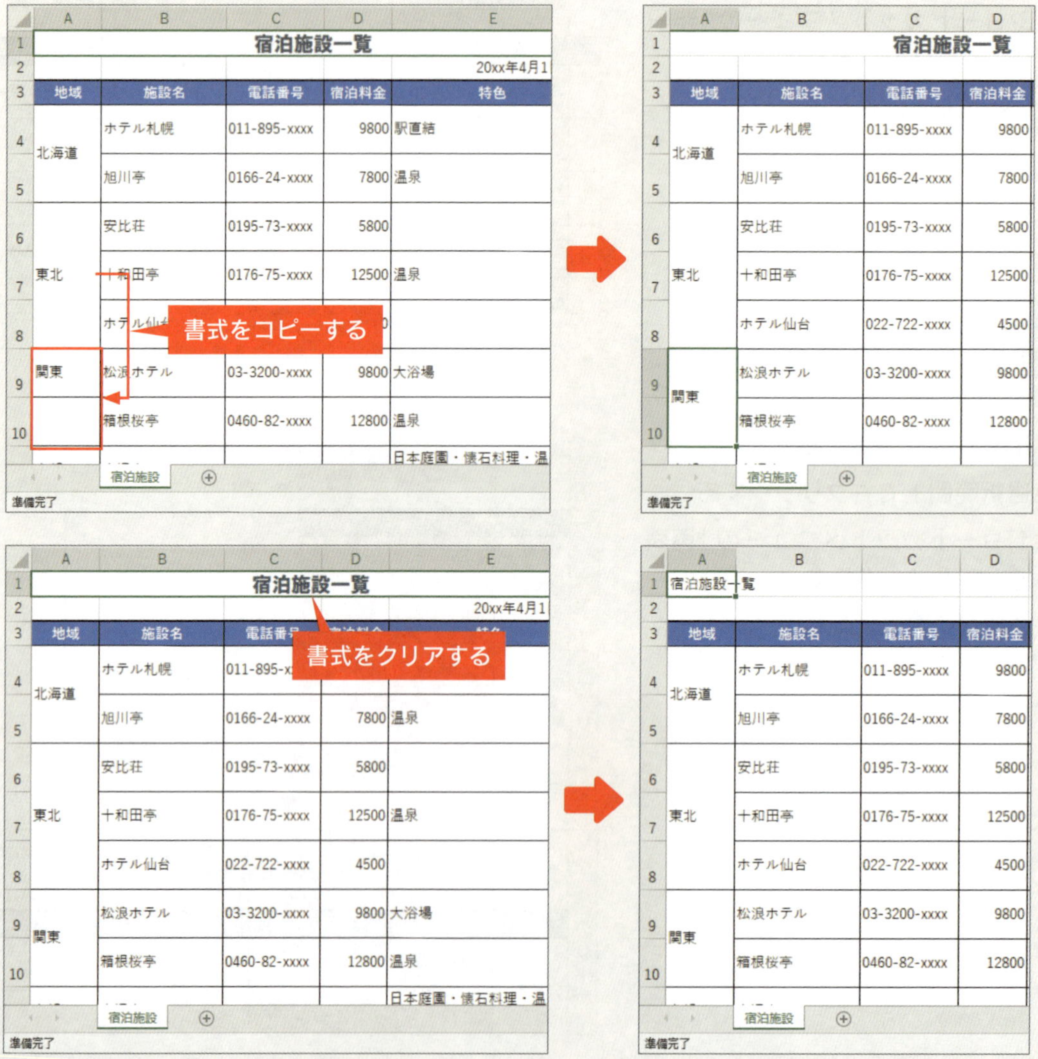

書式のコピー

セルの書式をコピーする場合は、[書式のコピー/貼り付け] ボタンを使用します。書式のコピー元のセルをクリックし、[書式のコピー/貼り付け] ボタンをクリックすると、マウスポインターの形が✚🖌に変わるので、書式の貼り付け先をドラッグします。

やってみよう—書式をコピーする

教材ファイル 教材4-5-1

教材ファイル「4-5-1.xlsx」を開き、セルA6(結合セル)の書式をセルA9～A10にコピーしましょう。

1 書式のコピー元を指定します。

1. セルA6(結合セル)をクリックする
2. [ホーム] タブの [クリップボード] グループの [書式のコピー/貼り付け] ボタンをクリックする

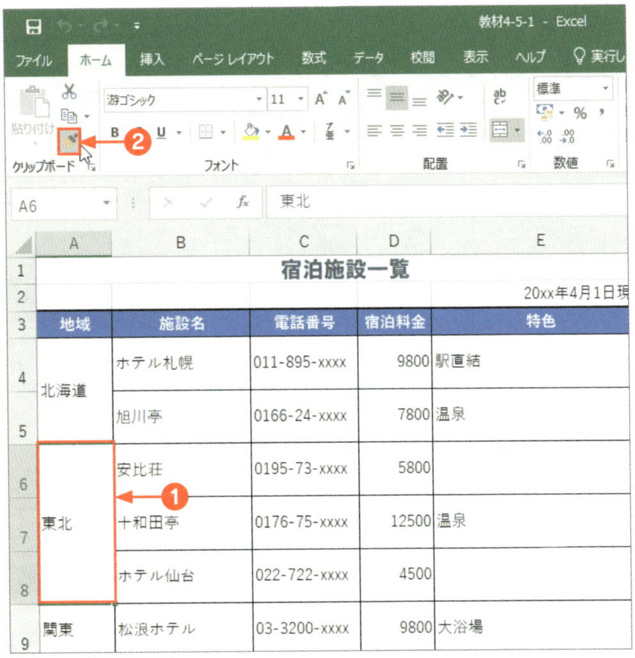

知っておくと便利!
書式の連続コピー

[書式のコピー/貼り付け] ボタンをダブルクリックすると、書式の貼り付けを続けて行うことができます。書式の貼り付けを終了するときは、[書式のコピー/貼り付け] ボタンをクリックしてオフにするか、Esc キーを押すと、マウスポインターの形が元に戻ります。

2 書式を貼り付けます。

1. マウスポインターの形が✚🖌に変わる
2. セルA9～A10をドラッグする
3. セルA9～A10にセルA6の書式がコピーされ、セルが結合される
4. マウスポインターの形が元に戻る

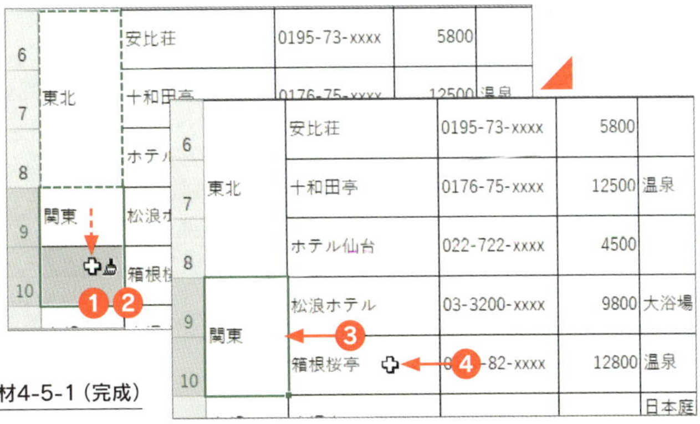

完成例ファイル 教材4-5-1(完成)

書式のクリア

書式のクリアを行うと、セルに設定された書式が解除され、フォントや配置などが初期値の設定に戻ります。

やってみよう—書式をクリアする

教材ファイル　教材4-5-2

教材ファイル「4-5-2.xlsx」を開き、セルA1（結合セル）のすべての書式をクリアしましょう。

1 書式をクリアします。

❶ セルA1（結合セル）をクリックする
❷［ホーム］タブの［編集］グループの［クリア］ボタンをクリックする
❸［書式のクリア］をクリックする

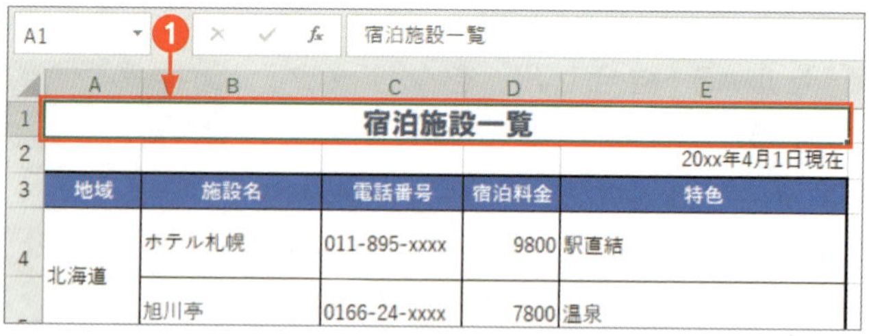

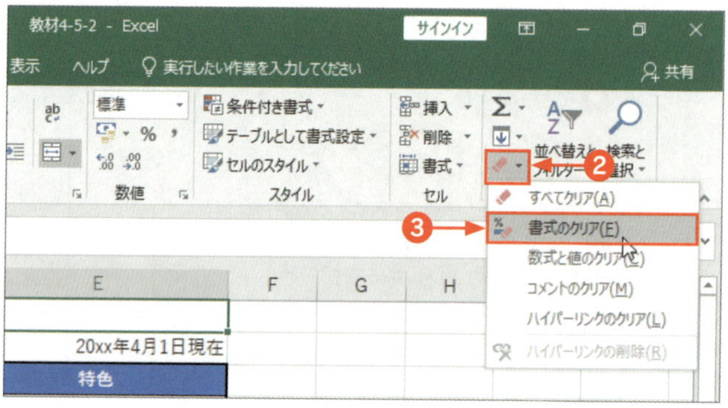

2 書式がクリアされます。

❶ セルA1の書式がクリアされ、フォント、フォントサイズ、フォントの色が初期値に戻り、セルの結合、中央揃えが解除される

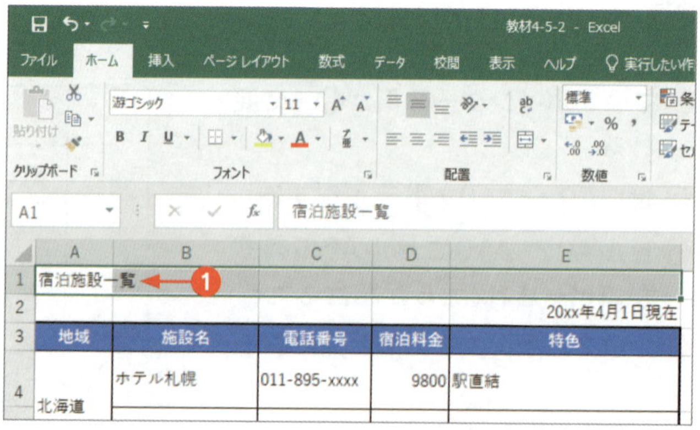

完成例ファイル　教材4-5-2（完成）

4-6

学習時間の目安 20 min　学習日・理解度チェック

月　日 □
月　日 □
月　日 □

データの入力規則を設定する

Excelでは、あらかじめ決められたデータをリストから選択して入力することができます。これにより、スピーディに表作成を行えるようになります。また、入力できる文字数や数値を制限して、無効なデータの入力を防ぐこともできます。

ここでの学習内容

データの入力規則を使用してリストを設定する方法、入力できる文字列の長さを指定して、無効なデータが入力されたときにエラーメッセージを表示する方法を学習します。

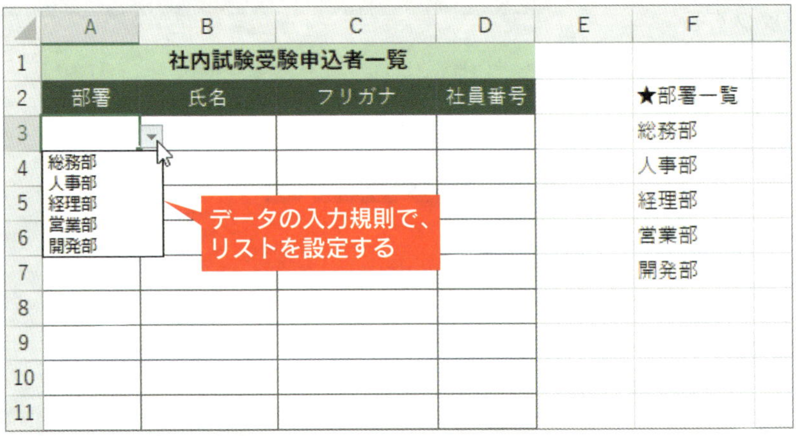

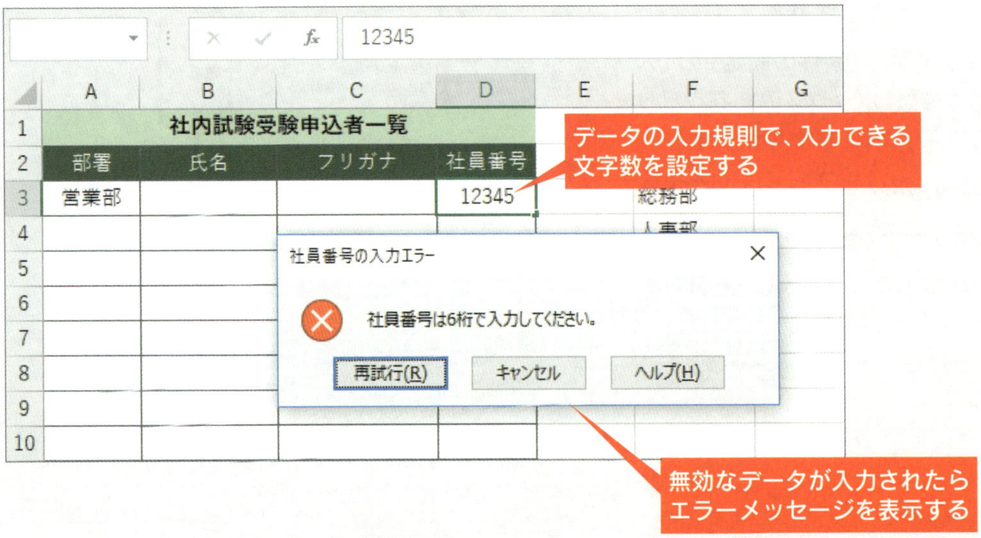

データの入力規則

データの入力規則は、[データの入力規則] ダイアログボックスで設定します。[設定] タブでリストや入力できる文字列の長さなどが設定できます。[エラーメッセージ] タブで無効なデータが入力されたときに表示されるエラーメッセージを設定できます。

やってみよう ―リストから選択して入力できるようにする

教材ファイル 教材4-6-1

教材ファイル「4-6-1.xlsx」を開き、セルA3 ～ A12にデータの入力規則を設定して、セルF3 ～ F7の部署一覧から選択して入力できるようにしましょう。次に、設定したリストを使用して、セルA3に「営業部」と入力します。

1 データの入力規則を設定します。

1. セルA3 ～ A12を範囲選択する
2. [データ] タブをクリックする
3. [データツール] グループの [データの入力規則] ボタンをクリックする

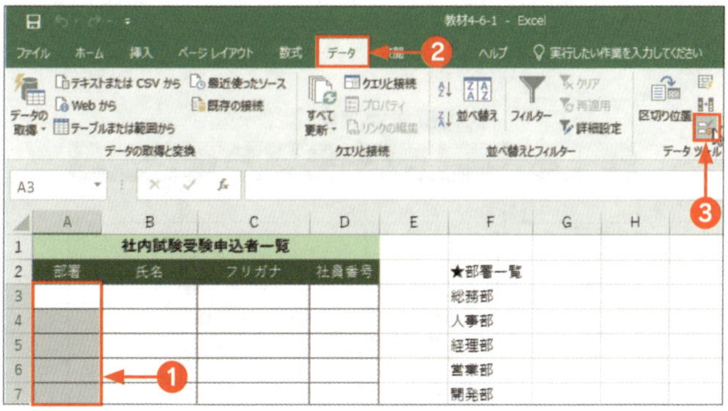

2 リストを設定します。

1. [データの入力規則] ダイアログボックスが表示される
2. [設定] タブの [条件の設定] の [入力値の種類] ボックスの▼をクリックして、[リスト] をクリックする
3. [元の値] ボックスをクリックする
4. セルF3 ～ F7を範囲選択する
5. [元の値] ボックスに「=$F$3:$F$7」と入力される
6. [OK] ボタンをクリックする

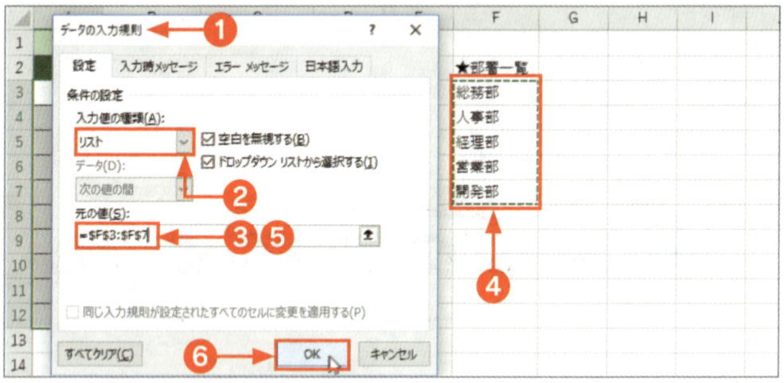

知っておくと便利！

ダイアログボックスの移動と折りたたみ

ダイアログボックスのタイトル部分をドラッグすると、ダイアログボックスを移動できます。またダイアログボックス内のボックスの右端に ボタンがある場合（この例では [元の値] ボックス）はボタンをクリックすると、ダイアログボックスが折りたたまれてこのボックスだけになります。 ボタンをクリックすると折りたたみが解除されます。

3 リストから部署名を選択します。

❶セルA3～A12にデータの入力規則が設定され、セルA3の右側に▼が表示される
❷セルA3をクリックし、▼をクリックすると、リストが表示されるので、[営業部]をクリックする
❸セルA3に「営業部」と入力される

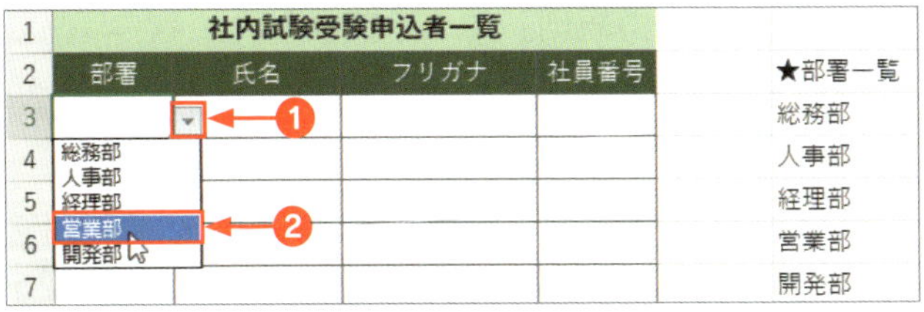

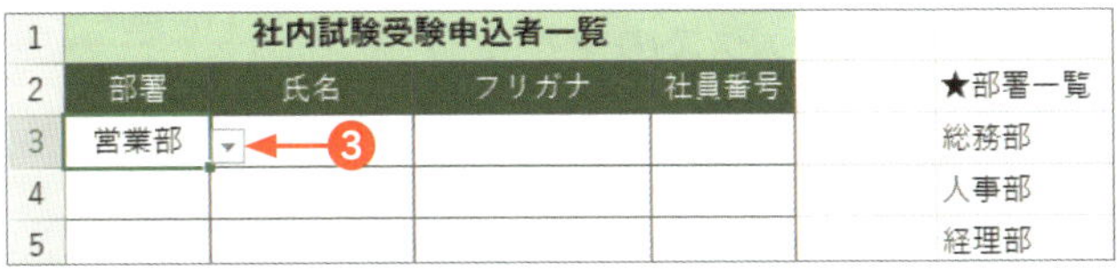

知っておくと便利！
▶リスト元の値を直接入力する

[データの入力規則]ダイアログボックスの[設定]タブで[入力値の種類]として[リスト]を選択後、[元の値]ボックスにリストとして表示したい値を直接入力しても指定することができます。項目間は「,」(半角のカンマ)で区切ります。この例の場合は「総務部,人事部,経理部,営業部,開発部」と入力します。

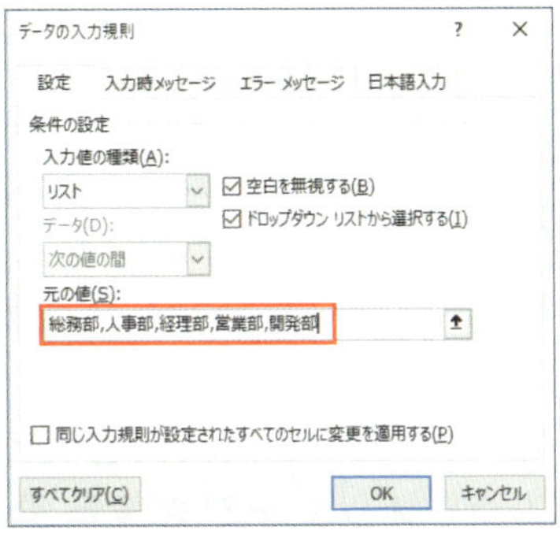

やってみよう―入力できる文字列の長さを指定する

セルD3～D12にデータの入力規則を設定して、文字列の長さを6文字に指定し、それ以外の長さのときはスタイルが「停止」、タイトルが「社員番号の入力」、内容が「社員番号は6桁で入力してください」というエラーメッセージが表示されるようにしましょう。設定後、セルD3に「12345」と入力し、エラーメッセージが表示されることを確認して、「123456」と入力し直します。

1 データの入力規則を設定します。

❶セルD3～D12を範囲選択する
❷[データ]タブの[データツール]グループの[データの入力規則]ボタンをクリックする

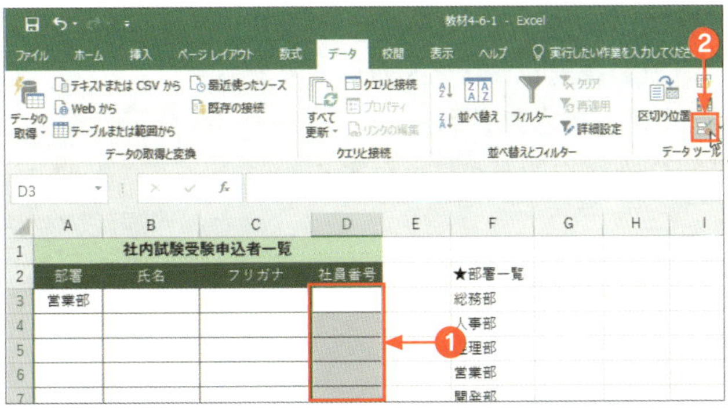

2 文字列の長さを指定します。

❶ [データの入力規則] ダイアログボックスが表示される

❷ [設定] タブの [条件の設定] の [入力値の種類] ボックスの▼をクリックして、[文字列 (長さ指定)] をクリックする

❸ [データ] ボックスの▼をクリックして、[次の値に等しい] をクリックする

❹ [長さ] ボックスに「6」と入力する

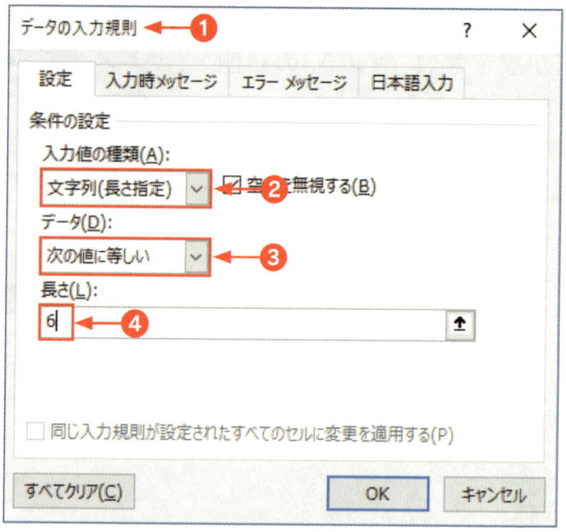

3 エラーメッセージを設定します。

❶ [エラーメッセージ] タブをクリックする

❷ [無効なデータが入力されたらエラーメッセージを表示する] チェックボックスがオンになっていることを確認する

❸ [無効なデータが入力されたときに表示するエラーメッセージ] の [スタイル] ボックスに [停止] が表示されていることとアイコンを確認する

❹ [タイトル] ボックスに「社員番号の入力エラー」と入力する

❺ [エラーメッセージ] ボックスに「社員番号は6桁で入力してください。」と入力する

❻ [OK] ボタンをクリックする

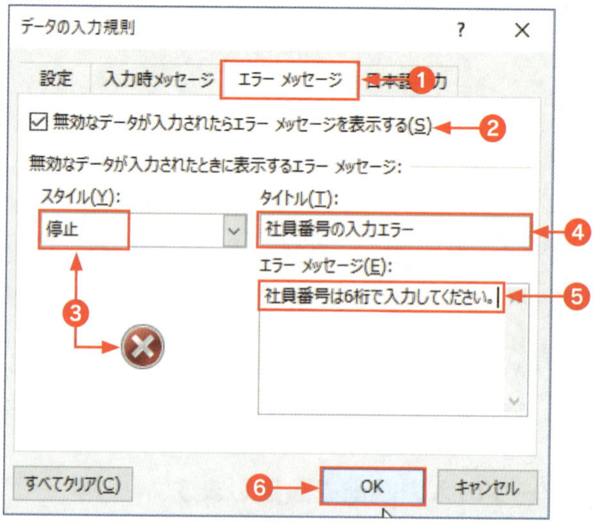

知っておくと便利！

▶ エラーメッセージのスタイル

エラーメッセージには、「停止」の他に「注意」、「情報」のスタイルがあります。それぞれエラーメッセージのアイコンやボタン、処理方法が異なります。「停止」にすると無効なデータは入力できなくなります。「注意」や「情報」にすると、エラーメッセージの [はい] や [OK] をクリックして無効なデータを入力することができます。

4 入力規則の設定を確認します。

❶ セルD3に「12345」と入力する

❷ 3の❸❹❺で設定した内容の［社員番号の入力エラー］エラーメッセージが表示される

❸［再試行］ボタンをクリックする

❹ セルD3の文字列が選択される

❺「123456」と入力する

❻ 6桁なのでエラーは表示されずに入力できる

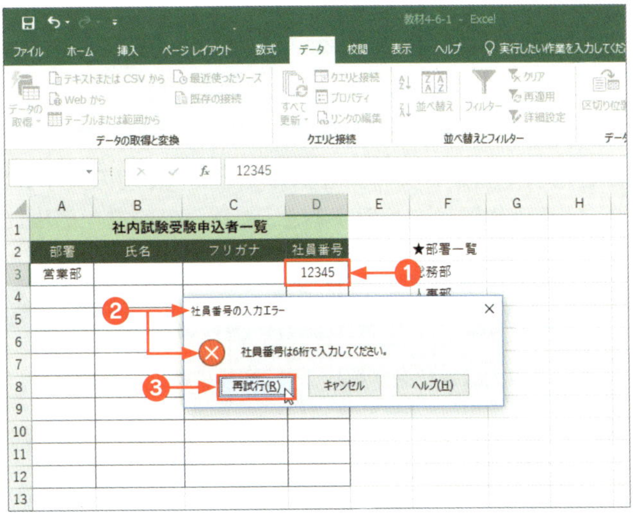

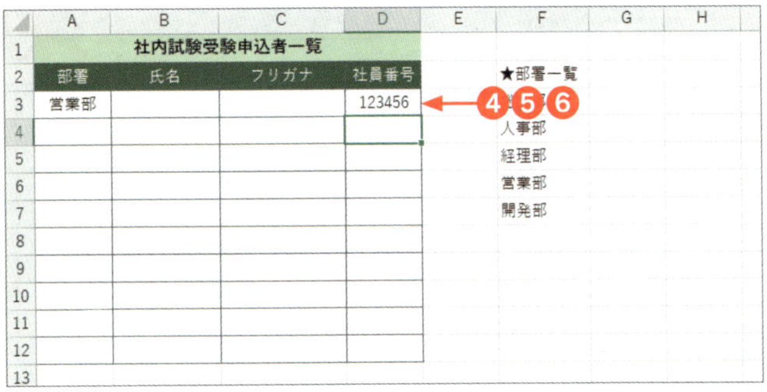

完成例ファイル　教材4-6-1（完成）

知っておくと便利！

▶ データの入力規則の解除

データの入力規則を解除したい範囲を選択し、1の操作で［データの入力規則］ダイアログボックスを表示し、［すべてクリア］ボタンをクリックします。

知っておくと便利！

▶ データの入力規則による日本語入力モードの切り替え

［データの入力規則］ダイアログボックスの［日本語入力］タブを使用すると、日本語入力モードを自動的に切り替えることができます。この例の場合、氏名のセルをクリックしたときに自動的に日本語入力モードがオンになるようにするには、［ひらがな］を指定します。フリガナのセルをクリックしたときに自動的にカタカナ入力モードにするには、［全角カタカナ］を指定します。

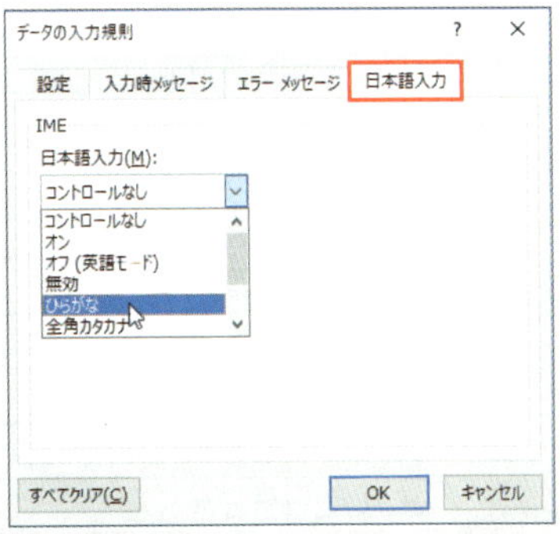

4-7

学習時間の目安 10 min

学習日・理解度チェック

月　日　□
月　日　□
月　日　□

検索と置換を利用する

大きな表で特定の文字列を探し出したり、別の文字列に変更したりするのは大変手間がかかります。検索や置換を利用すると、これらの作業が簡単に行えます。

ここでの学習内容

検索と置換の操作を学習します。置換の機能を利用して、特定の文字列を別の文字列に変更します。

	A	B	C	D	E	F	G
1	通信講座一覧表						
2							
3	講座番号	講座名	分類				
4	H-1001	アロマテラピー	健康	55,000	297	1,939	
5	M-1002	医療事務	医療	44,000	527	2,871	
6	A-1002	インテリアコーディネーター	建築	45,000	173	754	
7	F-1001	介護福祉士	福祉	52,000	356	2,428	
8	H-1003	漢方	健康	42,000	235	929	
9	M-1001	管理栄養士	医療	65,000	89	371	
10	L-1002	行政書士	法律	62,000	350	2,276	
11	F-1004	ケアマネジャー	福祉	52,000	393	2,383	
12	A-1001	建築士	建築	128,000	302	1,442	
13	K-1001	校正	教養	28,000	469	2,678	

「健康」をすべて「ボディケア」に置換する

	A	B	C	D	E	F	G
1	通信講座一覧表						
2							
3	講座番号	講座名	分類	料金	会員数	資料請求数	
4	H-1001	アロマテラピー	ボディケア	55,000	297	1,939	
5	M-1002	医療事務	医療	44,000	527	2,871	
6	A-1002	インテリアコーディネーター	建築	45,000	173	754	
7	F-1001	介護福祉士	福祉	52,000	356	2,428	
8	H-1003	漢方	ボディケア	42,000	235	929	
9	M-1001	管理栄養士	医療	65,000	89	371	
10	L-1002	行政書士	法律	62,000	350	2,276	
11	F-1004	ケアマネジャー	福祉	52,000	393	2,383	
12	A-1001	建築士	建築	128,000	302	1,442	
13	K-1001	校正	教養	28,000	469	2,678	

検索と置換

検索と置換の機能を利用すると、ワークシートやブック全体から目的の文字列を探し出したり、置換したりすることができます。検索する場合は［検索と置換］ダイアログボックスの［検索］タブ、置換する場合は［置換］タブを使用します。

やってみよう―文字列を置換する

教材ファイル　教材4-7-1

教材ファイル「4-7-1.xlsx」を開き、検索と置換の機能を利用して、「健康」をすべて「ボディケア」に変更しましょう。

1　［検索と置換］ダイアログボックスの［置換］タブを表示します。

❶［ホーム］タブの［編集］グループの［検索と選択］ボタンをクリックする

❷［置換］をクリックする

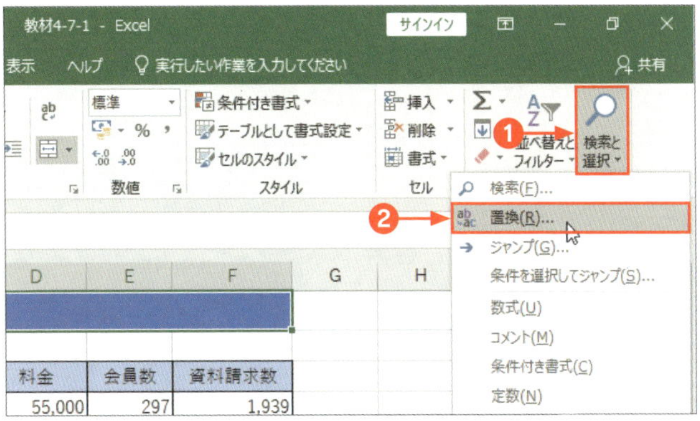

2　文字列を一括置換します。

❶［検索と置換］ダイアログボックスの［置換］タブが表示される

❷［検索する文字列］ボックスに「健康」と入力する

❸［置換後の文字列］ボックスに「ボディケア」と入力する

❹［すべて置換］ボタンをクリックする

❺「5件を置換しました。」というメッセージが表示される

❻［OK］ボタンをクリックする

❼［検索と置換］ダイアログボックスの［閉じる］ボタンをクリックする

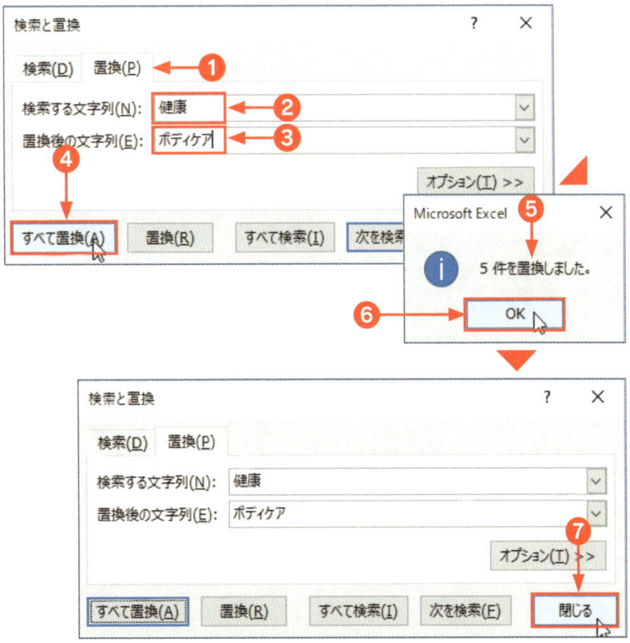

3 一括置換が実行されます。

❶「健康」がすべて「ボディケア」に変更される

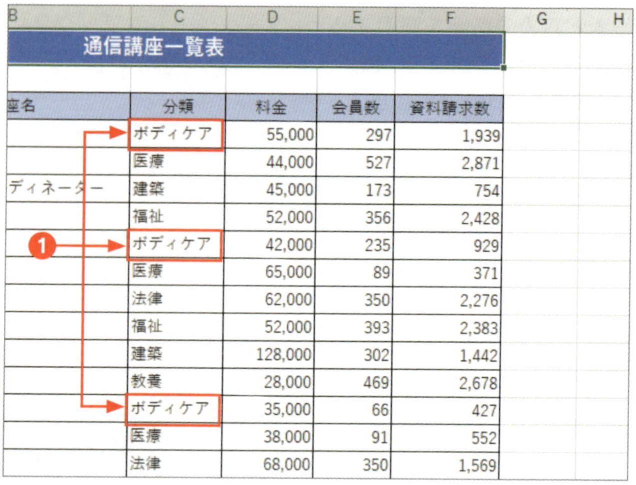

座名	分類	料金	会員数	資料請求数
	ボディケア	55,000	297	1,939
	医療	44,000	527	2,871
ディネーター	建築	45,000	173	754
	福祉	52,000	356	2,428
	ボディケア	42,000	235	929
	医療	65,000	89	371
	法律	62,000	350	2,276
	福祉	52,000	393	2,383
	建築	128,000	302	1,442
	教養	28,000	469	2,678
	ボディケア	35,000	66	427
	医療	38,000	91	552
	法律	68,000	350	1,569

完成例ファイル 教材4-7-1（完成）

知っておくと便利！

▶ 一括置換と部分置換

［検索と置換］ダイアログボックスの［置換］タブの［すべて置換］ボタンをクリックすると、ワークシート内の該当文字列が一括で置換されます。一箇所ずつ確認しながら置換する場合は、［次を検索］ボタンをクリックします。その文字列を含むセルが選択されるので、置換する場合は［置換］ボタンをクリックします。置換しない場合は、再び［次を検索］ボタンをクリックすると、置換されないまま、次の該当するセルが選択されます。

知っておくと便利！

▶ ［検索と置換］ダイアログボックスの拡張表示

［オプション］ボタンをクリックすると、［検索と置換］ダイアログボックスが拡張表示され、書式の置換や、ブックかシートかの検索場所の指定、大文字と小文字、半角と全角を区別するかどうかの指定などが可能になります。

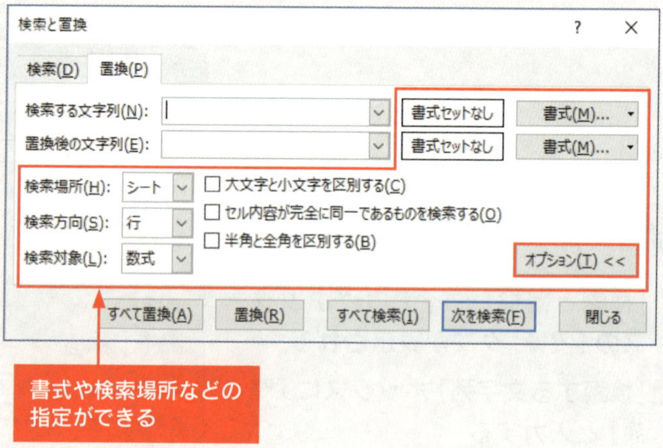

知っておくと便利！

▶ 検索

［ホーム］タブの［編集］グループの［検索と選択］ボタンをクリックし、［検索］をクリックして表示される［検索と置換］ダイアログボックスの［検索］タブを使用すると、目的の文字列を探し出すことができます。［検索する文字列］ボックスに文字列を入力し、［すべて検索］ボタンをクリックすると、その文字列を含むセルの、ブック名、シート名、セル番地などが一覧表示されます。クリックすると、そのセルが選択されます。［次を検索］ボタンをクリックすると、その文字列を含むセルが一箇所ずつ選択されます。

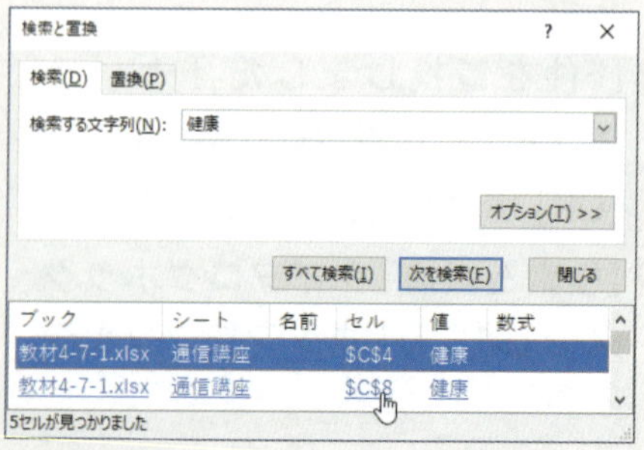

4-8

学習時間の目安 10 min　学習日・理解度チェック

月　日 □
月　日 □
月　日 □

条件付き書式を使う

条件に合うセルに色を付けるなどの書式を設定すると、表のデータが探しやすくなります。また、セルの値に応じて塗りつぶしを設定すると、データの大小がひと目で把握できます。

ここでの学習内容

条件付き書式について学習します。データバー、上位/下位ルール、セルの強調表示ルールを設定します。

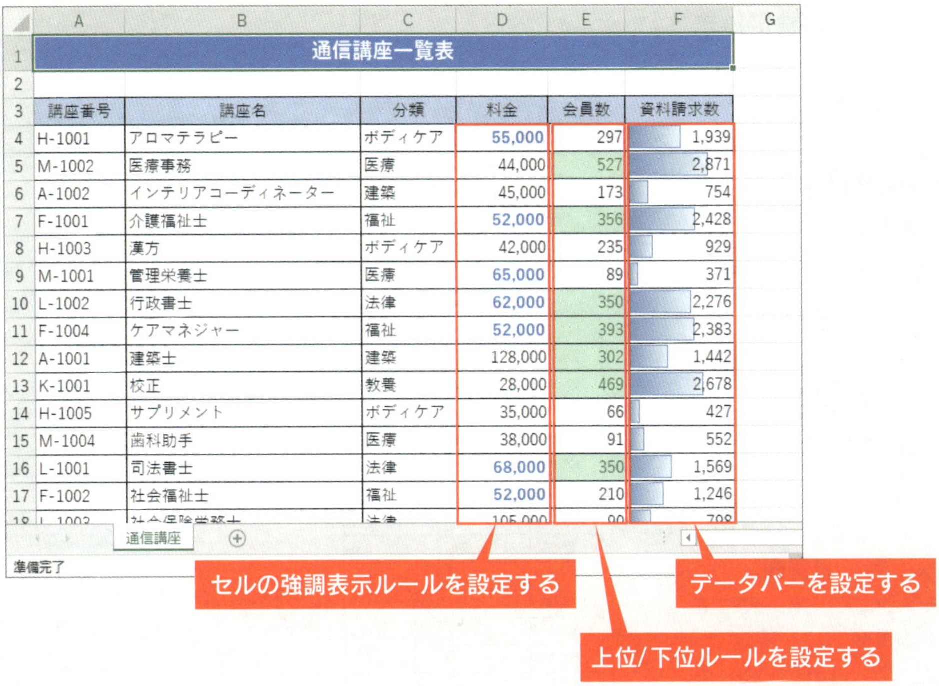

	A	B	C	D	E	F
1	通信講座一覧表					
2						
3	講座番号	講座名	分類	料金	会員数	資料請求数
4	H-1001	アロマテラピー	ボディケア	55,000	297	1,939
5	M-1002	医療事務	医療	44,000	527	2,871
6	A-1002	インテリアコーディネーター	建築	45,000	173	754
7	F-1001	介護福祉士	福祉	52,000	356	2,428
8	H-1003	漢方	ボディケア	42,000	235	929
9	M-1001	管理栄養士	医療	65,000	89	371
10	L-1002	行政書士	法律	62,000	350	2,276
11	F-1004	ケアマネジャー	福祉	52,000	393	2,383
12	A-1001	建築士	建築	128,000	302	1,442
13	K-1001	校正	教養	28,000	469	2,678
14	H-1005	サプリメント	ボディケア	35,000	66	427
15	M-1004	歯科助手	医療	38,000	91	552
16	L-1001	司法書士	法律	68,000	350	1,569
17	F-1002	社会福祉士	福祉	52,000	210	1,246

条件付き書式の設定

条件付き書式を設定すると、セルの値を視覚的に表示することができます。セルの値が変更されると書式も自動的に更新されます。条件付き書式には次のような種類が用意されています。また、条件や書式を任意に設定することも可能です。

データバー………セルの値の大小をバーの長さで表す
カラースケール…セルの値の大小を異なる色や色の濃淡で表す
アイコンセット…セルの値のランクやレベルをアイコンを使って表す

やってみよう―データバーを設定する

教材ファイル　教材4-8-1

教材ファイル「4-8-1.xlsx」を開き、条件付き書式を使用して、資料請求数のセルに［塗りつぶし（グラデーション）］－［青のデータバー］を設定しましょう。

1 条件付き書式を設定します。

1. セルF4～F28を範囲選択する
2. ［ホーム］タブの［スタイル］グループの［条件付き書式］ボタンをクリックする
3. ［データバー］をポイントする
4. ［塗りつぶし（グラデーション）］の［青のデータバー］（一番上、左端）をクリックする
5. セルF4～F28にデータバーが設定される

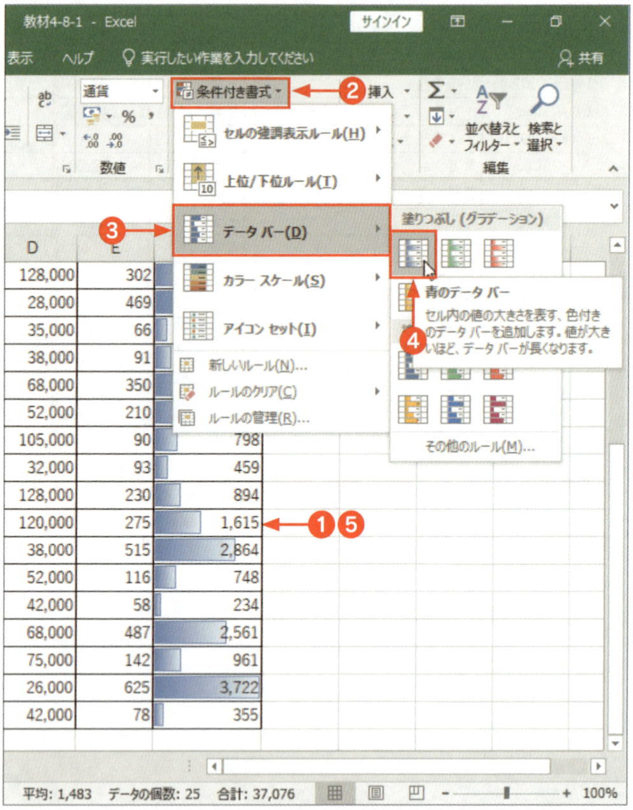

知っておくと便利！

▶ データ範囲の最終行までの範囲選択

セルF4（範囲選択の始点のセル）をクリックし、Ctrl キーを押しながら Shift キー、↓キーを同時に押すとセルF28（データの最終行のセル）までが範囲選択されます。

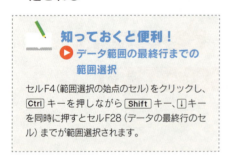

やってみよう―上位10項目に書式を設定する

条件付き書式を使用して、会員数の上位10項目のセルに[濃い緑の文字、緑の背景]の書式を設定しましょう。

1 条件付き書式を設定します。

❶ セルE4～E28を範囲選択する
❷ [ホーム]タブの[スタイル]グループの[条件付き書式]ボタンをクリックする
❸ [上位/下位ルール]をポイントする
❹ [上位10項目]をクリックする

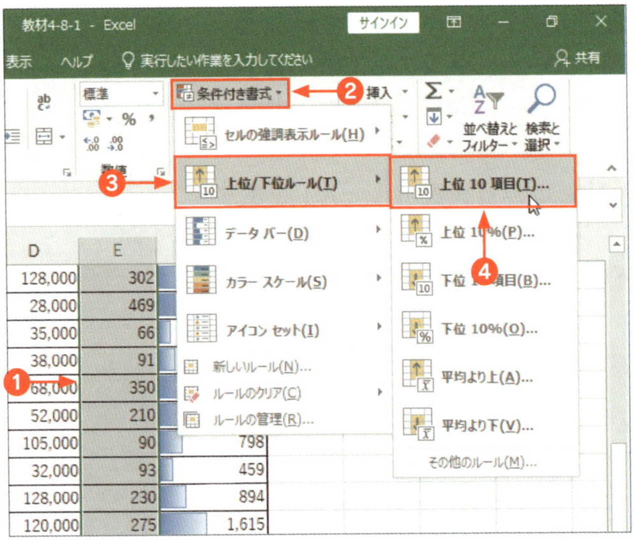

2 上位10項目の書式を設定します。

❶ [上位10項目]ダイアログボックスが表示される
❷ [上位に入るセルを書式設定]のボックスに[10]と表示されていることを確認する
❸ [書式]ボックスの▼をクリックして、[濃い緑の文字、緑の背景]をクリックする
❹ [OK]ボタンをクリックする
❺ セルE4～E28の上位10項目に書式が設定される

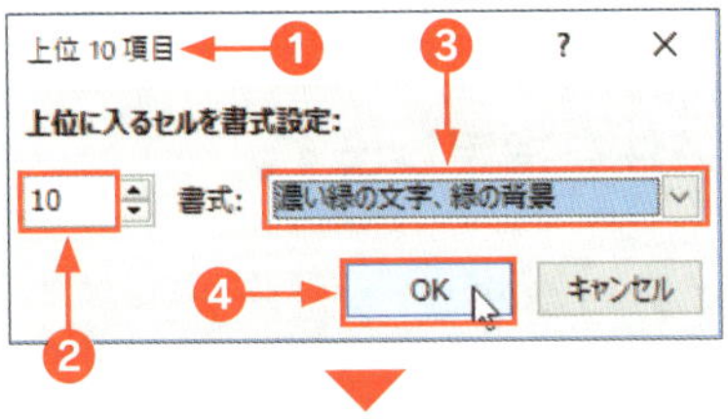

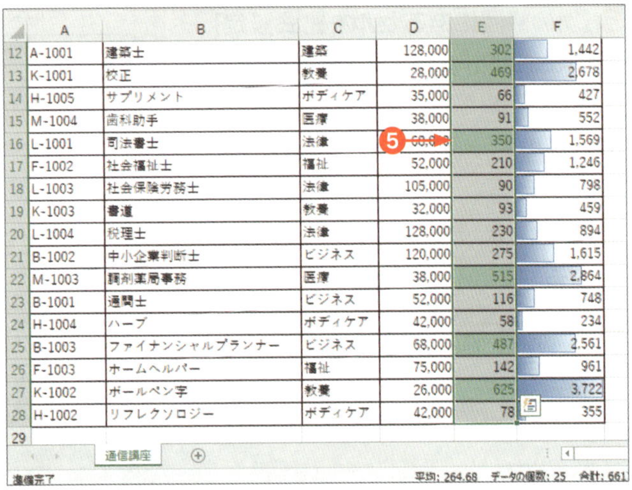

やってみよう―条件に合致したセルに書式を設定する

条件付き書式を使用して、料金が50000円以上70000円以下のセルを太字、フォントの色を［標準の色］－［青］に設定しましょう。

1 条件付き書式を設定します。

❶セルD4～D28を範囲選択する

❷［ホーム］タブの［スタイル］グループの［条件付き書式］ボタンをクリックする

❸［セルの強調表示ルール］をポイントする

❹［指定の範囲内］をクリックする

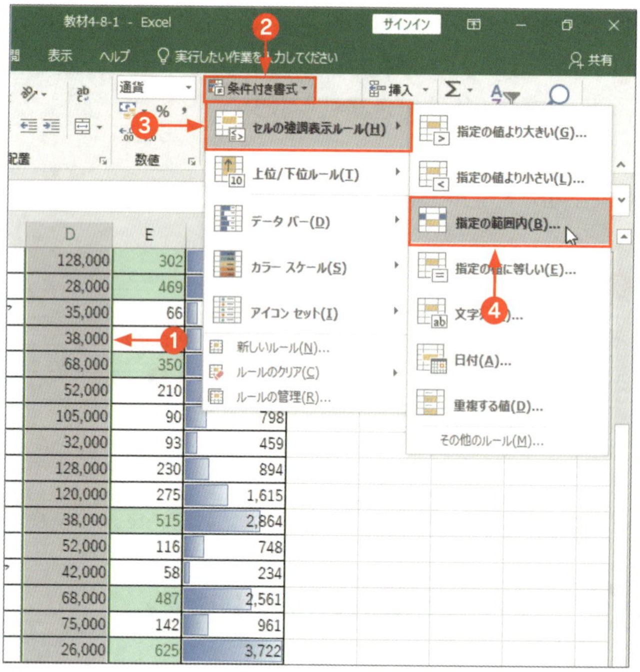

2 指定の範囲内の条件を指定します。

❶［指定の範囲内］ダイアログボックスが表示される

❷［次の範囲にあるセルを書式設定］の左側のボックスに「50000」と入力する

❸右側のボックスに「70000」と入力する

❹［書式］ボックスの▼をクリックする

❺［ユーザー設定の書式］をクリックする

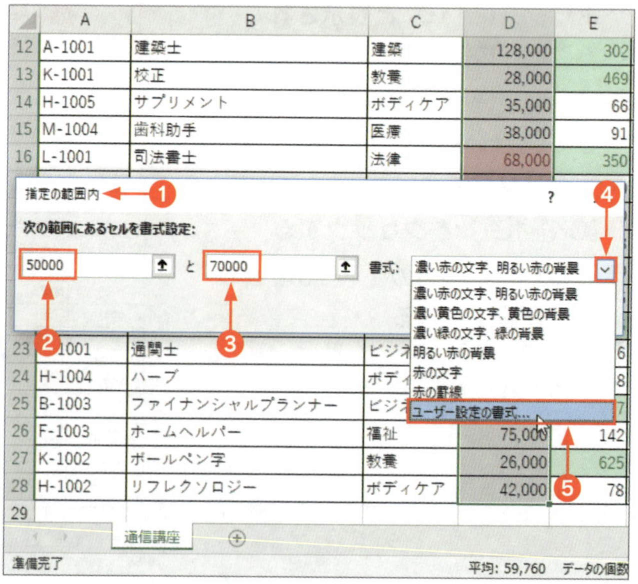

3 ユーザー設定の書式を設定します。

❶ [セルの書式設定] ダイアログボックスの [フォント] タブが表示される

❷ [スタイル] ボックスの [太字] をクリックする

❸ [色] ボックスの▼をクリックする

❹ [標準の色] の [青] (右から3番目) をクリックする

❺ [OK] ボタンをクリックする

❻ [指定の範囲内] ダイアログボックスの [OK] ボタンをクリックする

❼ 料金が50000円以上70000円以下のセルに書式が設定される

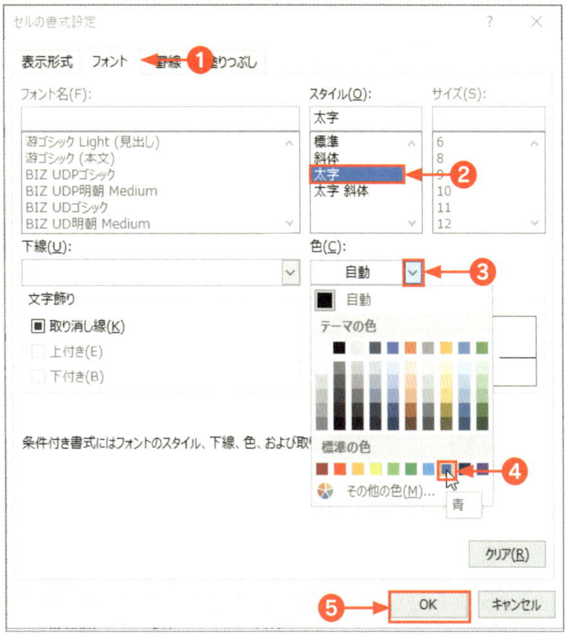

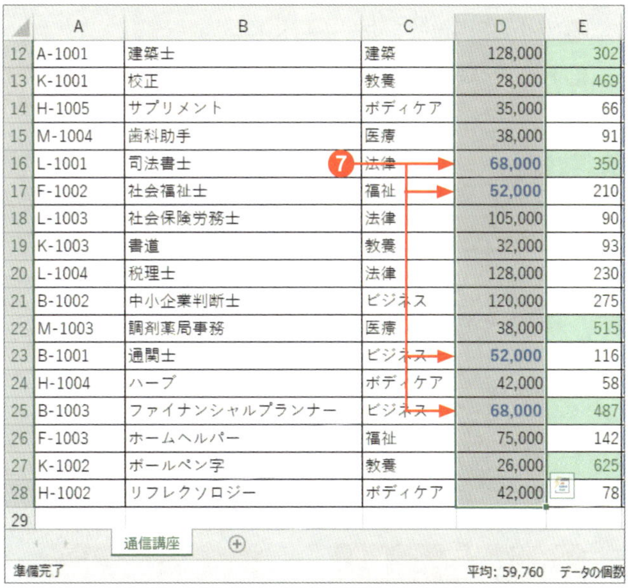

完成例ファイル 教材4-8-1 (完成)

知っておくと便利!
条件付き書式の解除

設定した条件付き書式を解除したい場合は、[ホーム] タブの [スタイル] グループの 条件付き書式 [条件付き書式] ボタンをクリックします。一覧から [ルールのクリア] をポイントし、選択した範囲の条件付き書式のみを解除するには [選択したセルからルールをクリア]、ワークシート内のすべての条件付き書式を解除するには [シート全体からルールをクリア] をクリックします。

知っておくと便利!
アイコンセット

セルの値のランクやレベルを、矢印や図形などのアイコンを使って表す場合は、条件付き書式のアイコンセットを設定します。[ホーム] タブの [スタイル] グループの 条件付き書式 [条件付き書式] ボタンをクリックし、[アイコンセット] をポイントして、表示される一覧から選択します。

Chapter 4

学習日・理解度チェック

月　日　□

月　日　□

月　日　□

練習問題

練習4-1

練習問題ファイル　練習4-1

❶ 練習問題ファイル「練習4-1.xlsx」を開き、タイトルのセルA1の「パッケージツアー一覧」のフォントを［HGP創英角ポップ体］、フォントサイズを［18］、フォントの色を［テーマの色］－［緑、アクセント6、黒＋基本色25%］にし、セルを結合して表の幅の中央に配置しましょう。

❷ 表の見出しのセルA3～F3にセルのスタイルの［テーマのセルスタイル］－［薄い黄,40%－アクセント4］（Excel 2013では［40%－アクセント4］）を設定し、斜体にしましょう。

❸ セルA3～F10のフォントを［HG丸ゴシックM-PRO］にしましょう。

❹ セルA3～F10の表に格子の罫線を引き、セルA3～F3の下に二重線を引きましょう。

❺ セルA3～F3、C4～C10、セルE4～F10を中央揃えにしましょう。

❻ セルA4～A7、セルA8～A10を結合して中央揃えにしましょう。

❼ D列の後ろに完成例を参考に「早割」と「延泊」列を挿入し、データを入力し、中央揃えにしましょう。

❽ B列の幅を自動調整し、C列（「日数」列）、E列（「早割」列）、F列（「延泊」列）の幅を約6に変更しましょう。

❾ 表のすべての行の高さを約25に変更しましょう。

❿ セルB4～H4の書式を、空港が「羽田」のツアーにコピーしましょう。

⓫ セルD2の書式をクリアしましょう。

⓬ H列を非表示にしましょう。

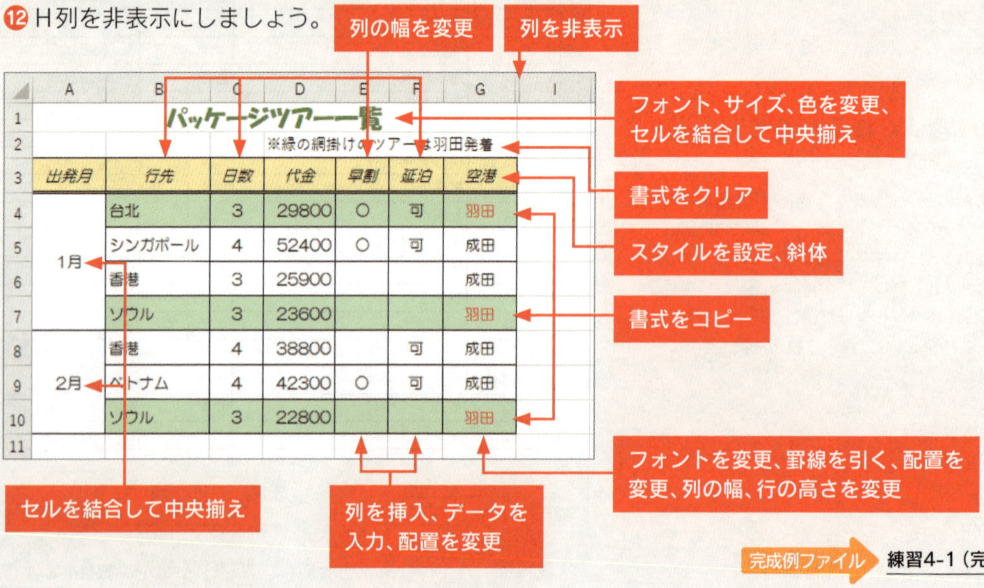

	A	B	C	D	E	F	G
3	出発月	行先	日数	代金	早割	延泊	空港
4	1月	台北	3	29800	○	可	羽田
5		シンガポール	4	52400	○	可	成田
6		香港	3	25900			成田
7		ソウル	3	23600			羽田
8	2月	香港	4	38800		可	成田
9		ベトナム	4	42300	○	可	成田
10		ソウル	3	22800			羽田

完成例ファイル　練習4-1（完成）

練習4-2

練習問題ファイル 練習4-2

❶ 練習問題ファイル「練習4-2.xlsx」を開き、セルC7～C10を右揃え、セルD7～D10を中央揃えにします。

❷ セルC12～D12を結合して中央揃えにしましょう。

❸ セルC12の文字列を「受講月数」が2行目になるように改行し、C列の幅を約4にしましょう。

❹ セルC13～C26の右側の罫線を削除しましょう。

❺「べんり」を「便利」に置換しましょう。

❻ セルC13～C26にデータの入力規則を設定して、6以下の整数しか入力できないようにし、それ以外の値や文字が入力されたときは、スタイルが「停止」、タイトルが「入力エラー」、内容が「月数には6以下の整数を入力してください。」というエラーメッセージが表示されるようにしましょう。

ここがポイント！
セル内での改行

セルをダブルクリックして編集状態にし、改行したい文字列の前にカーソルを移動して Alt キーを押しながら Enter キーを押します。

❼ セルC13に「7」を入力し、エラーメッセージが表示されることを確認し、「3」に修正しましょう。

❽ セルE13～E26にデータの入力規則を設定して、セルC7～C10の記号をリストから選択して入力できるようにしましょう。

❾ セルE13にリストを使用して「△」を入力しましょう。

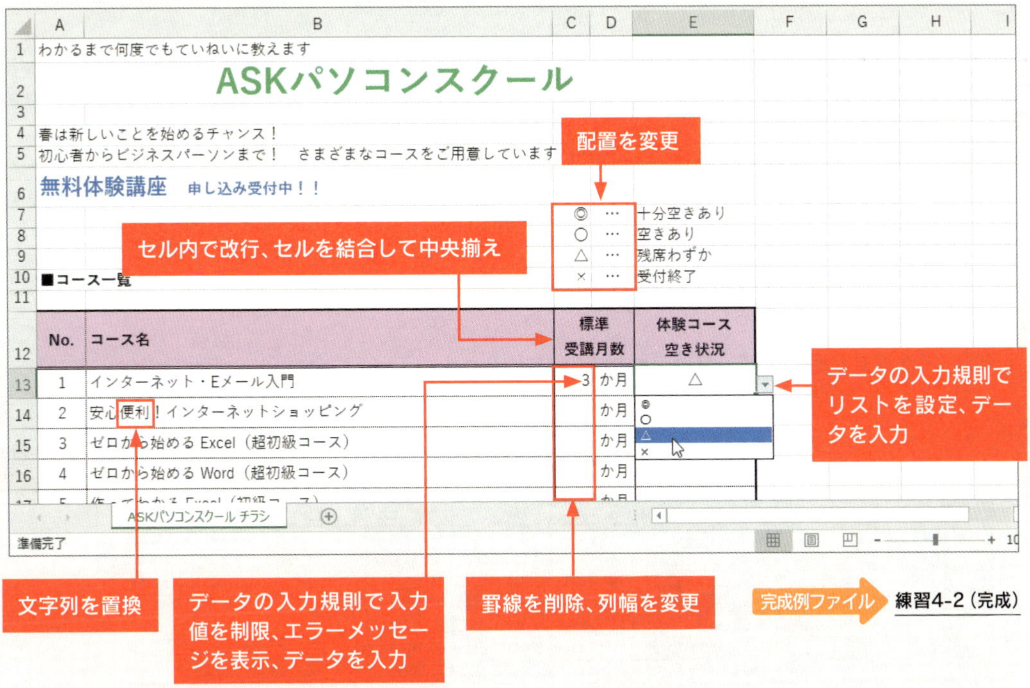

完成例ファイル 練習4-2（完成）

練習4-3

❶ 練習問題ファイル「練習4-3.xlsx」を開き、条件付き書式を使用して、ポイントのセルに［塗りつぶし（単色）］－［オレンジのデータバー］を設定しましょう。

練習問題ファイル ▶ 練習4-3

❷ 条件付き書式を使用して、利用回数の下位10項目のセルに［濃い緑の文字、緑の背景］の書式を設定しましょう。

❸ 条件付き書式を使用して、会員種別が「ナイト」のセルを太字、斜体、フォントの色を［標準の色］－［紫］に設定しましょう。

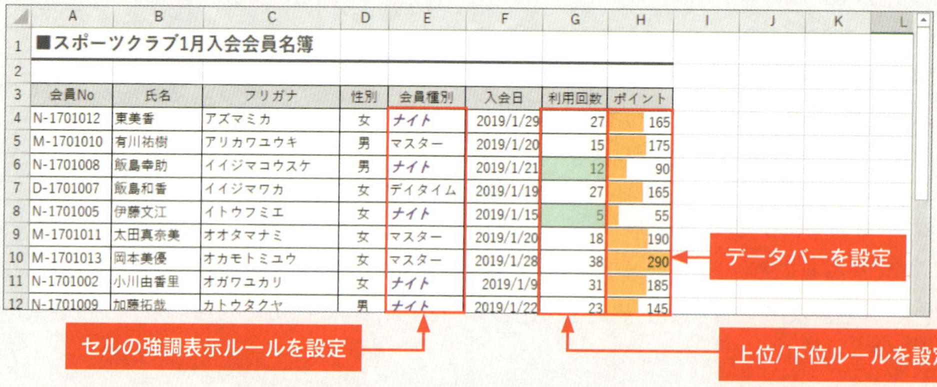

■スポーツクラブ1月入会会員名簿

会員No	氏名	フリガナ	性別	会員種別	入会日	利用回数	ポイント
N-1701012	東美香	アズマミカ	女	ナイト	2019/1/29	27	165
M-1701010	有川祐樹	アリカワユウキ	男	マスター	2019/1/20	15	175
N-1701008	飯島幸助	イイジマコウスケ	男	ナイト	2019/1/21	12	90
D-1701007	飯島和香	イイジマワカ	女	デイタイム	2019/1/19	27	165
N-1701005	伊藤文江	イトウフミエ	女	ナイト	2019/1/15	5	55
M-1701011	太田真奈美	オオタマナミ	女	マスター	2019/1/20	18	190
M-1701013	岡本美優	オカモトミユウ	女	マスター	2019/1/28	38	290
N-1701002	小川由香里	オガワユカリ	女	ナイト	2019/1/9	31	185
N-1701009	加藤拓哉	カトウタクヤ	男	ナイト	2019/1/22	23	145

完成例ファイル ▶ 練習4-3（完成）

練習4-4

❶ 練習問題ファイル「練習4-4.xlsx」を開き、条件付き書式を使用して、支店別月別の売上データのセルに［塗りつぶし（グラデーション）］－［水色のデータバー］を設定しましょう。

練習問題ファイル ▶ 練習4-4

❷ 条件付き書式を使用して、支店別の合計の平均より上のセルに［濃い黄色の文字、黄色の背景］の書式を設定しましょう。

❸ 条件付き書式を使用して、合計を除いた達成率のセルにアイコンセットの［インジケーター］－［3つの記号（丸囲み）］を設定しましょう。

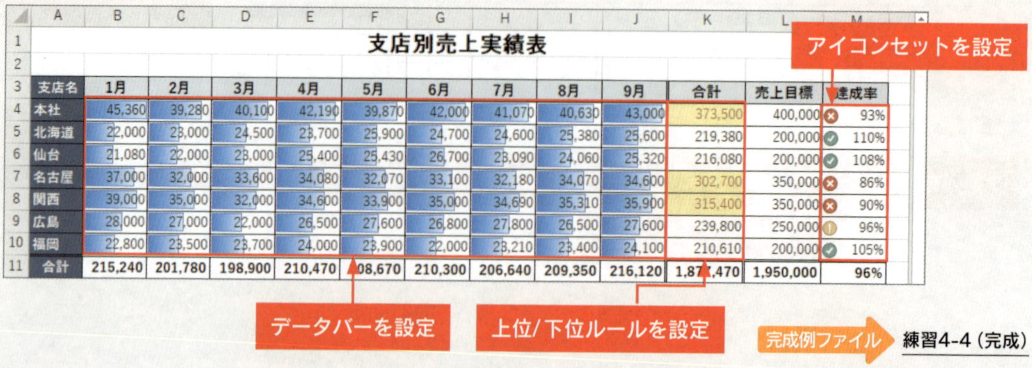

支店別売上実績表

支店名	1月	2月	3月	4月	5月	6月	7月	8月	9月	合計	売上目標	達成率
本社	45,360	39,280	40,100	42,190	39,870	42,000	41,070	40,630	43,000	373,500	400,000	93%
北海道	22,000	23,000	24,500	23,700	25,900	24,700	24,600	25,380	25,600	219,380	200,000	110%
仙台	21,080	22,000	23,000	25,400	25,430	26,700	23,090	24,060	25,320	216,080	200,000	108%
名古屋	37,000	32,000	33,600	34,080	32,070	33,100	32,180	34,070	34,600	302,700	350,000	86%
関西	39,000	35,000	32,000	34,600	33,900	35,000	34,690	35,310	35,900	315,400	350,000	90%
広島	28,000	27,000	22,000	26,500	27,600	26,800	27,800	26,500	27,600	239,800	250,000	96%
福岡	22,800	23,500	23,700	24,000	23,900	22,000	23,210	23,400	24,100	210,610	200,000	105%
合計	215,240	201,780	198,900	210,470	[illegible]08,670	210,300	206,640	209,350	216,120	1,87[illegible],470	1,950,000	96%

完成例ファイル ▶ 練習4-4（完成）

Chapter 5

ページ設定と印刷

印刷する前に印刷イメージを確認し、印刷の向きや余白、倍率などを変更する方法について学習します。さらに複数ページにわたる表の各ページに同じ見出しを印刷したり、余白に現在の日付やページ番号を印刷したりする方法について学習します。

5-1 ページ設定をして印刷する →120ページ

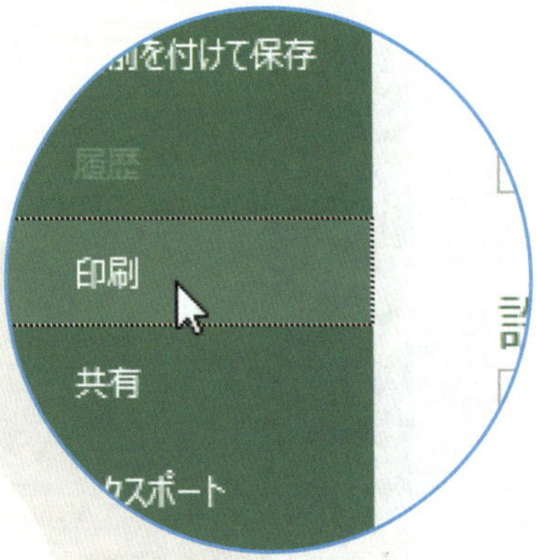

5-2 複数ページにわたる表を印刷する →126ページ

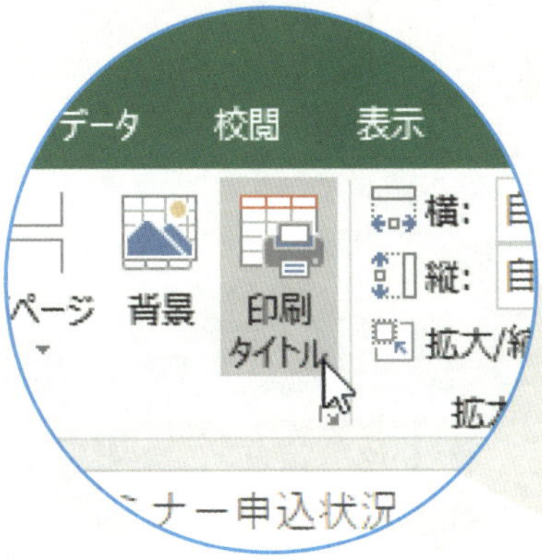

5-1

学習時間の目安 15 min

学習日・理解度チェック

月 日 □
月 日 □
月 日 □

ページ設定をして印刷する

表が完成したら、印刷イメージを確認し、印刷の向きや余白、倍率などを調整してから印刷します。

ここでの学習内容

用紙サイズがA4になっていることを確認し、印刷の向きを横にして、表が用紙の水平方向の中央に印刷されるように余白を設定し、拡大印刷します。

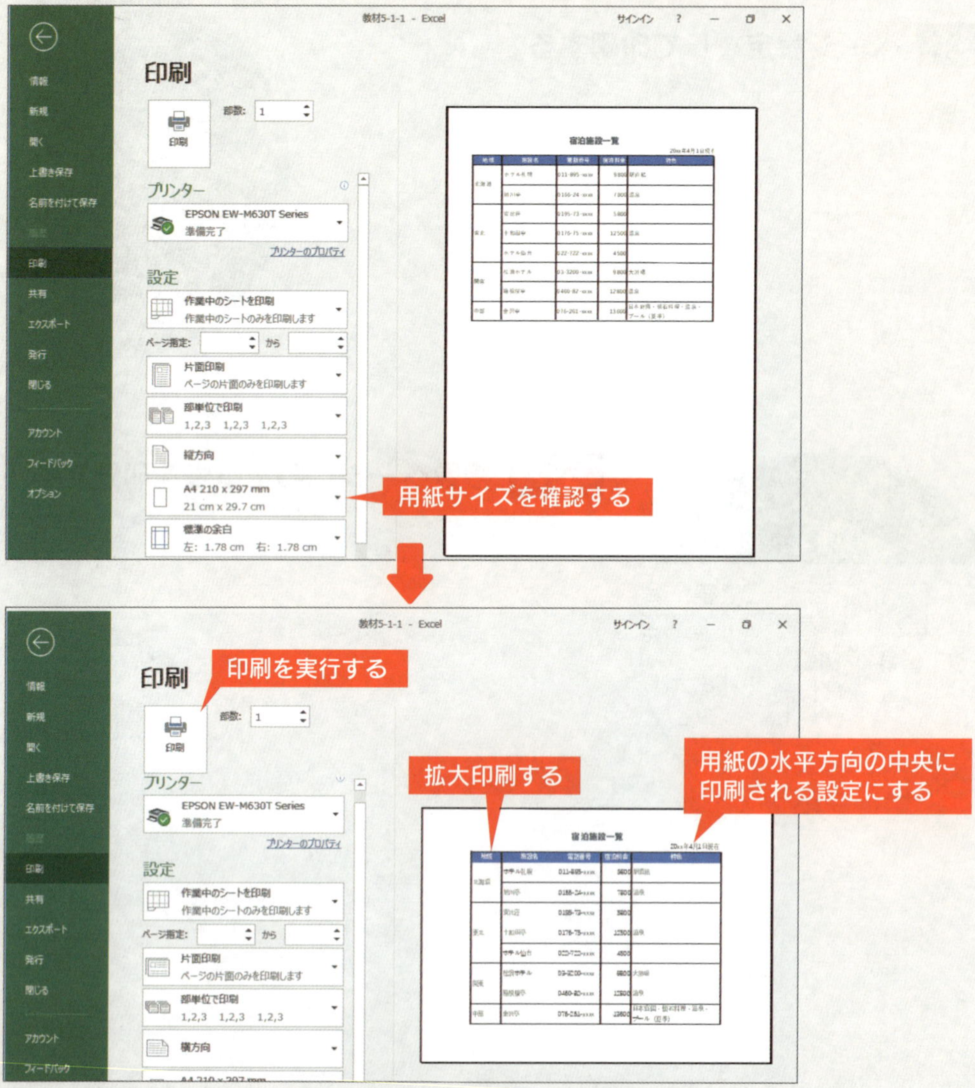

印刷イメージの確認とページ設定

印刷する前に印刷イメージを確認し、印刷の向きや余白を調整します。用紙サイズや印刷の向き、余白などを設定することを「ページ設定」といいます。

やってみよう—印刷イメージや設定を確認する

教材ファイル 教材5-1-1.xlsx

教材ファイル「教材5-1-1.xlsx」を開き、印刷イメージ、用紙サイズや印刷の向きを確認しましょう。

1 印刷イメージを確認します。

❶［ファイル］タブをクリックする
❷［印刷］をクリックする
❸［印刷］画面が表示される
❹印刷イメージが表示される

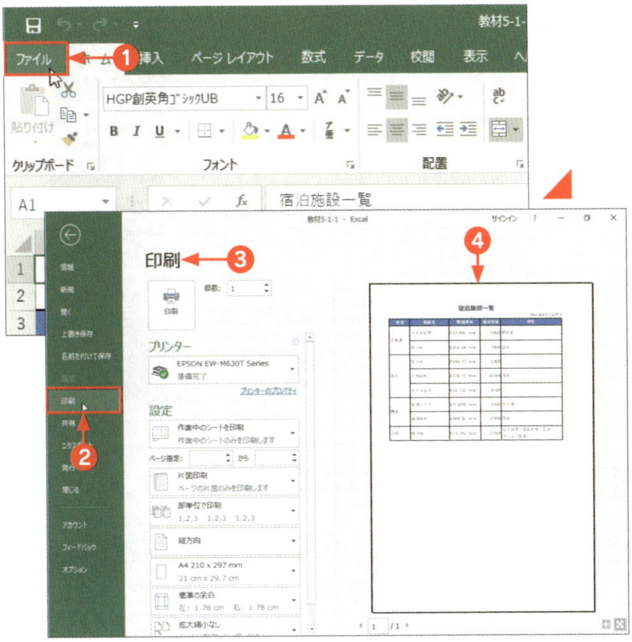

知っておくと便利！
▶［印刷］画面の表示

Ctrl キーを押しながら P キーを押しても［印刷］画面を表示できます。

知っておくと便利！
▶ Excelの用紙設定

［印刷］画面を表示すると、ボタンをクリックして、ワークシート画面に戻ったときに、ページの区切りを示す点線が表示されます。

2 設定を確認します。

❶［A4 210×297mm］になっていることを確認する
❷［縦方向］になっていることを確認する

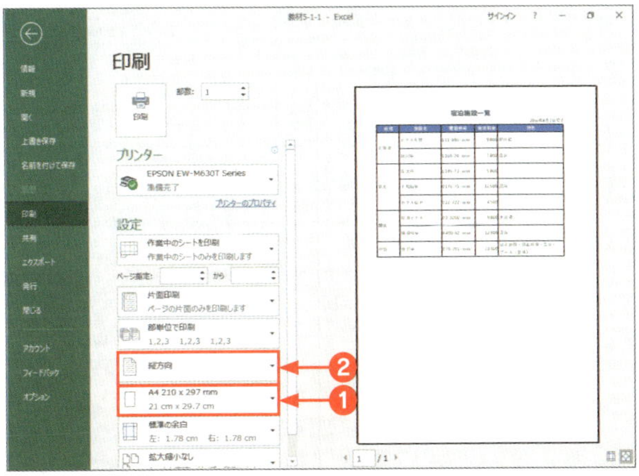

知っておくと便利！
▶ Excelの用紙設定

Excelの初期値の用紙サイズはA4、印刷の向きは縦です。

やってみよう—印刷の向きと余白を設定する

印刷の向きを横にし、表が水平方向の中央に印刷されるように設定しましょう。

1 印刷の向きを横にします。

❶[設定]の[縦方向]をクリックする
❷[横方向]をクリックする

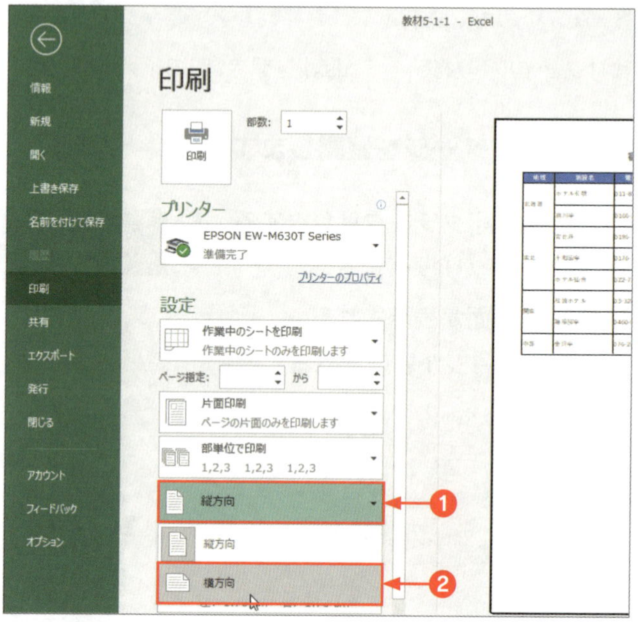

2 印刷イメージを確認します。

❶印刷イメージの用紙の向きが横になったことを確認する

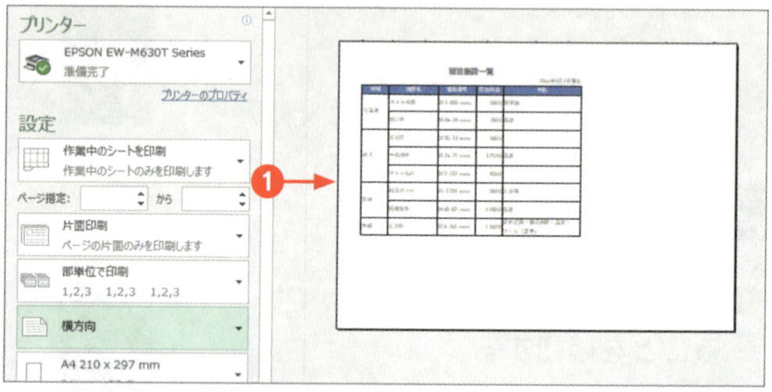

知っておくと便利！

[ページレイアウト]タブでのページ設定

[ページレイアウト]タブの[ページ設定]グループのボタンを使用しても、[余白]、[印刷の向き]、[サイズ]などの設定ができます。また、[拡大縮小印刷]グループで拡大縮小率を指定することが可能です。[シートのオプション]グループの[枠線]の[印刷]チェックボックスをオンにすると、データの入力されている範囲の枠線を印刷することができます。

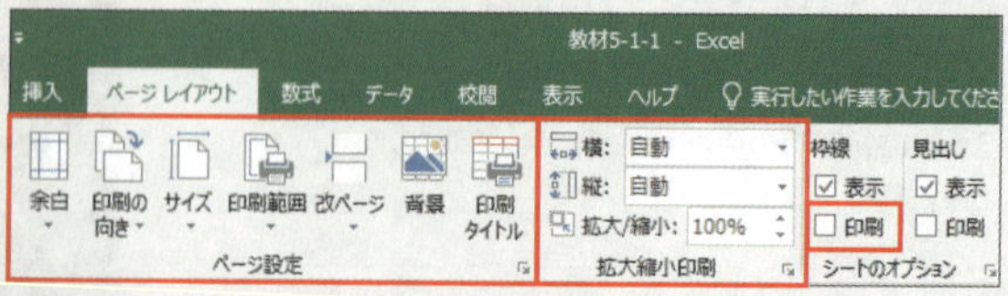

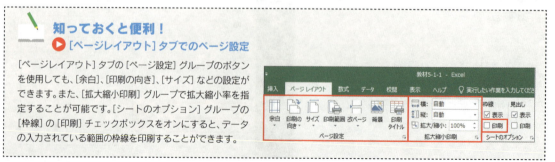

やってみよう―余白を設定する

表が用紙の水平方向の中央に印刷されるように設定しましょう。

1 余白を設定します。

❶［設定］の［標準の余白］をクリックする
❷［ユーザー設定の余白］をクリックする

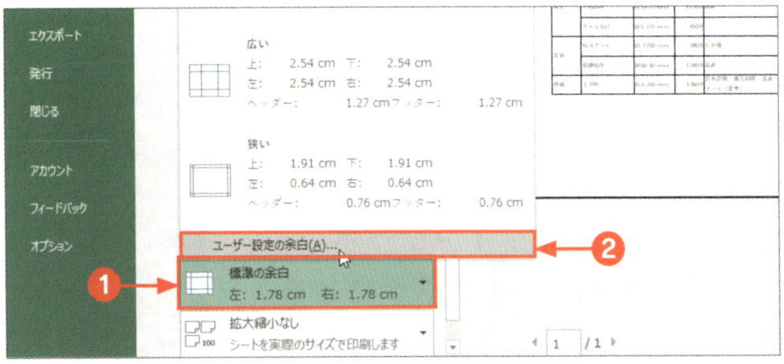

2 表が用紙の水平方向の中央に印刷される設定にします。

❶［ページ設定］ダイアログボックスの［余白］タブが表示される
❷［ページ中央］の［水平］チェックボックスをオンにする
❸プレビューの表が用紙の水平方向の中央に移動したことを確認する
❹［OK］ボタンをクリックする

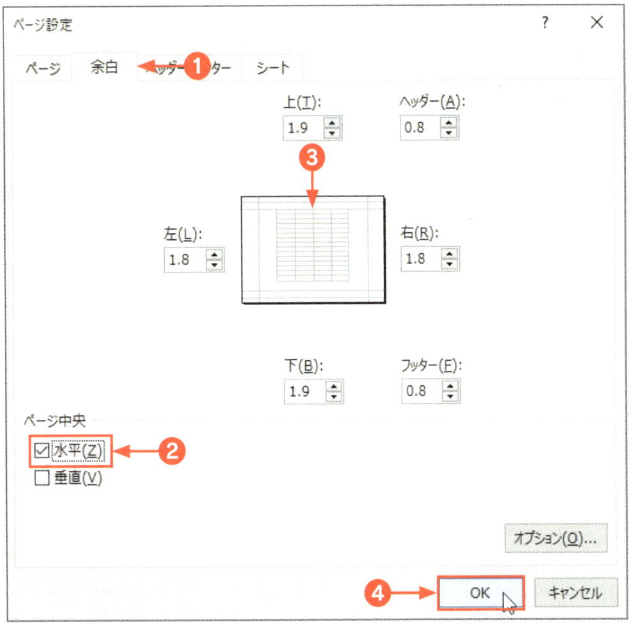

知っておくと便利！
余白の設定

上下左右の余白を数値で指定する場合は、この画面の［上］、［下］、［左］、［右］の各ボックスの▲や▼ボタンをクリックするか、ボックス内に直接数値を入力します。単位の「cm」は省略できます。

3 印刷イメージを確認します。

❶印刷イメージの表が用紙の水平方向の中央に表示されたことを確認する

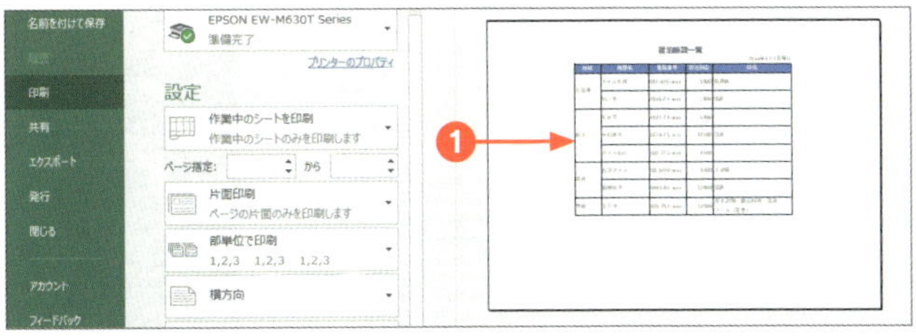

やってみよう―拡大縮小の設定をする

130%に拡大して印刷する設定にしましょう。

1 拡大縮小の設定をします。

❶［設定］の［拡大縮小なし］をクリックする

❷［拡大縮小オプション］をクリックする

❸［ページ設定］ダイアログボックスの［ページ］タブが表示される

❹［拡大縮小印刷］の［拡大/縮小］の「%」のボックスの▲をクリックするか、ボックス内に「130」と入力する

❺［OK］ボタンをクリックする

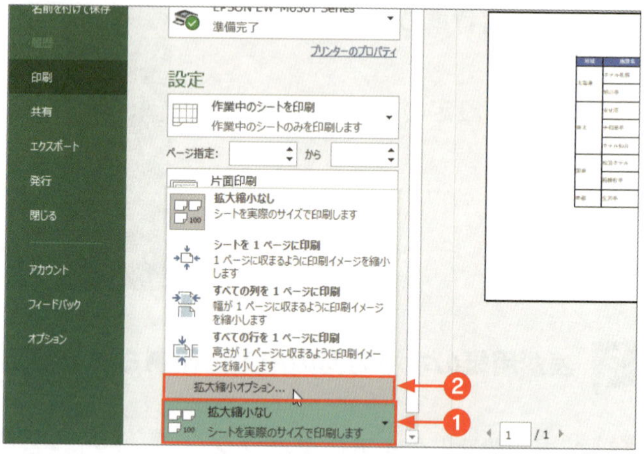

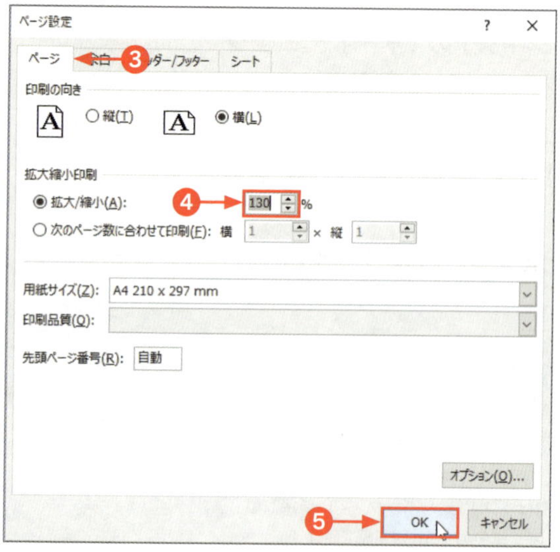

知っておくと便利！

▶ 1ページに印刷

［拡大縮小なし］をクリックして表示される一覧の［シートを1ページに印刷］、［すべての列を1ページに印刷］、［すべての行を1ページに印刷］をクリックするとシート全体、幅、高さが1ページに収まる倍率に自動的に縮小されて印刷されます。

2 印刷イメージを確認します。

❶印刷イメージの表が拡大されたことを確認する

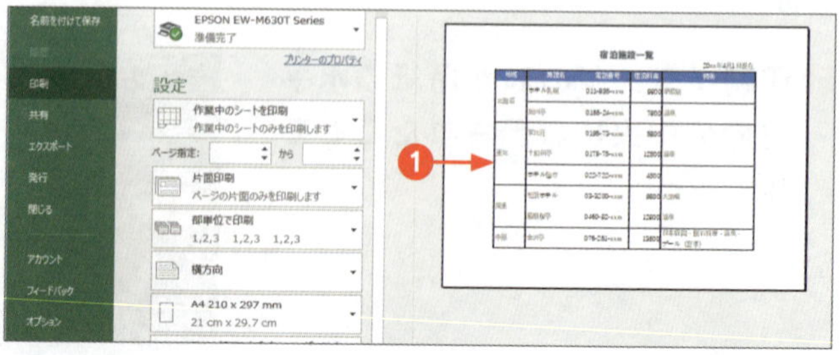

ここがポイント！

[ページ設定] ダイアログボックス

[ページ設定] ダイアログボックスは [印刷] 画面の [ページ設定] や [ページレイアウト] タブの [ページ設定] グループの [ダイアログボックス起動ツール] をクリックしても表示できます。

[ページ] タブ、[余白] タブ、[ヘッダー / フッター] タブ、[シート] タブの4つのタブがあり、さまざまな設定ができます。

・[ページ] タブ…印刷の向き、拡大縮小印刷、用紙サイズなどが設定できます。
・[余白] タブ…余白や用紙の水平、垂直方向の中央に配置する設定ができます。
・[ヘッダー / フッター] タブ…余白の上部 (ヘッダー) や下部 (フッター) に日付やページ番号、文字などを設定できます。
・[シート] タブ…印刷範囲や、枠線や行列番号を印刷するなどの指定ができます。

[ページ] タブ

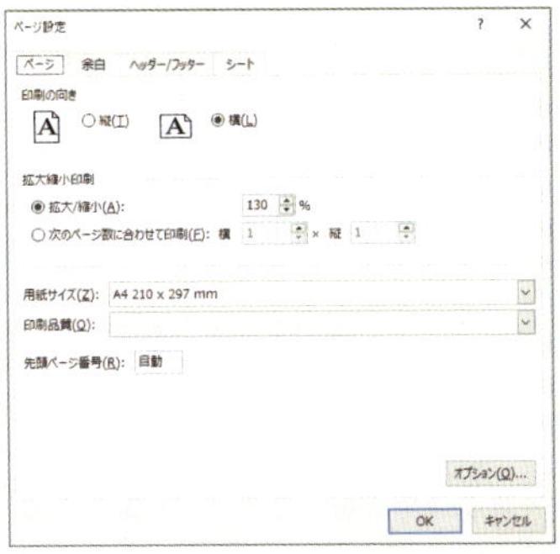

[ヘッダー / フッター] タブ

やってみよう—印刷する

設定が完了したら印刷しましょう。

1 印刷の設定を確認します。

❶ 印刷部数を確認する
❷ プリンターを確認する
❸ 設定を確認する

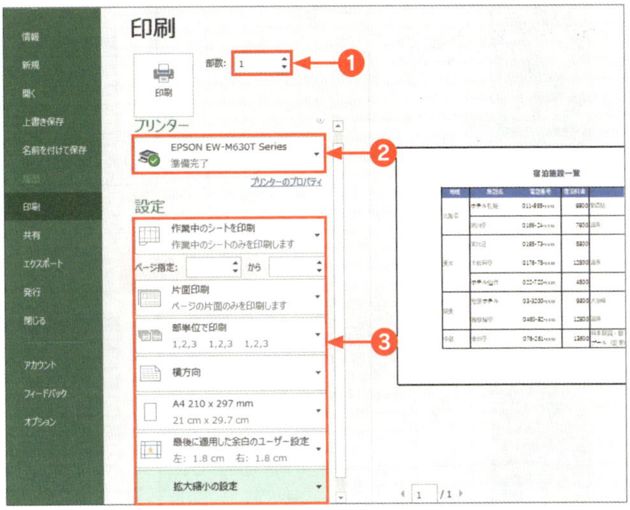

2 印刷を実行します。

❶ [印刷] ボタンをクリックする
❷ 印刷が実行される

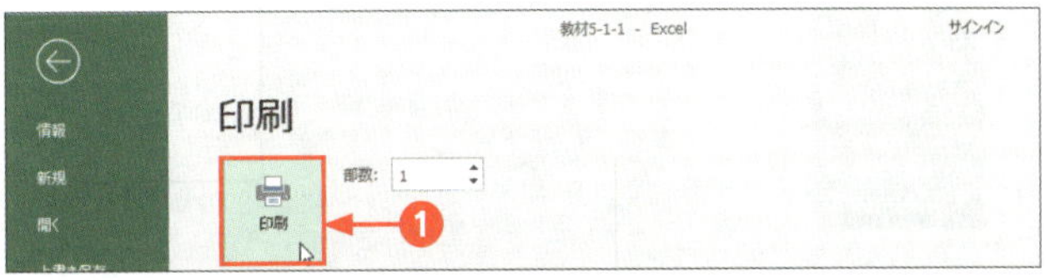

完成例ファイル 教材5-1-1 (完成)

5-2

学習時間の目安 20 min

学習日・理解度チェック

月　日　□

月　日　□

月　日　□

複数ページにわたる表を印刷する

複数ページにわたる表を印刷します。

ここでの学習内容

複数ページにわたる表で同じ見出しが2ページ目にも印刷されるように設定し、余白部分に現在の日付やページ番号を印刷します。

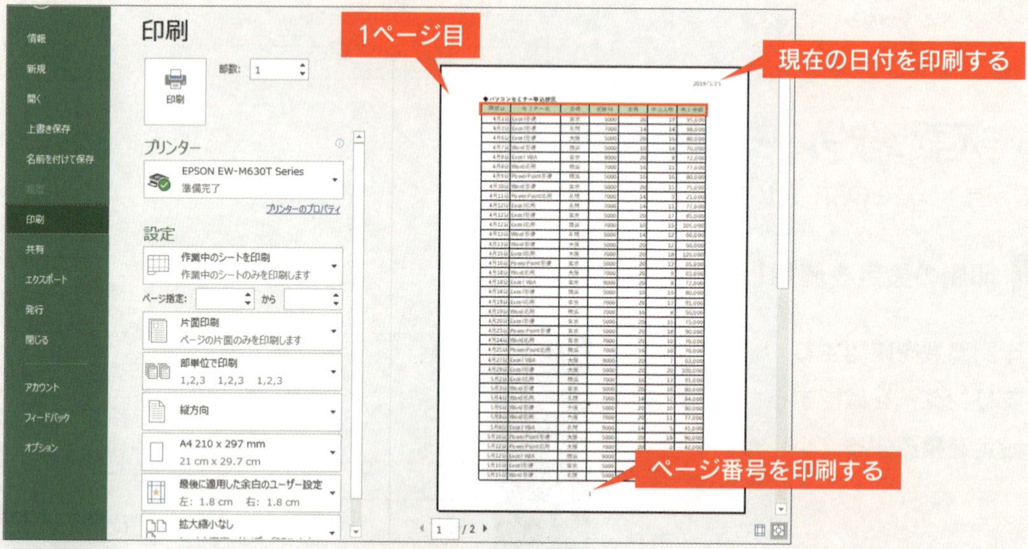

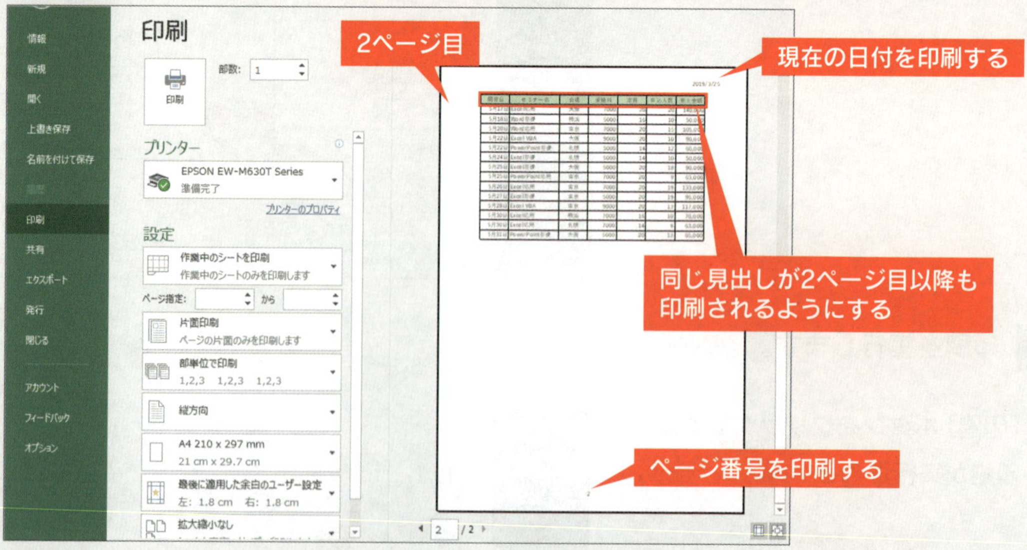

印刷タイトルの設定

複数ページにわたる大きな表で、2ページ目以降の先頭行や先頭列に同じ見出しを印刷したい場合は、「印刷タイトル」として、見出しの行や列を指定します。

やってみよう―印刷タイトルを設定する

教材ファイル 教材5-2-1

教材ファイル「教材5-2-1.xlsx」を開き、印刷イメージが2ページになっていることを確認します。次に2行目がタイトル行として2ページ目にも印刷されるように設定し、2ページ目の印刷イメージを確認しましょう。

1 印刷イメージを確認します。

❶［ファイル］タブをクリックする
❷［印刷］をクリックする
❸［印刷］画面が表示される
❹「1/2ページ」の▶［次のページ］ボタンをクリックする

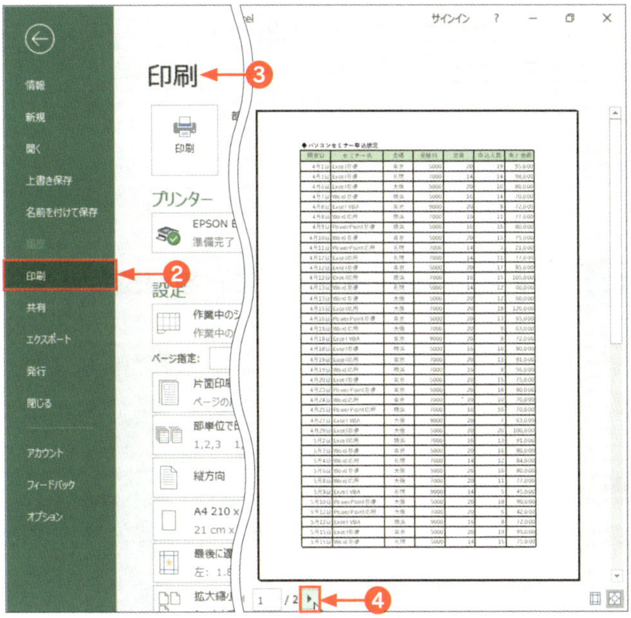

2 2ページ目の印刷イメージを確認します。

❶2ページ目が表示される
❷表の見出しがないことを確認する
❸ボタンをクリックして、ワークシート画面に戻る

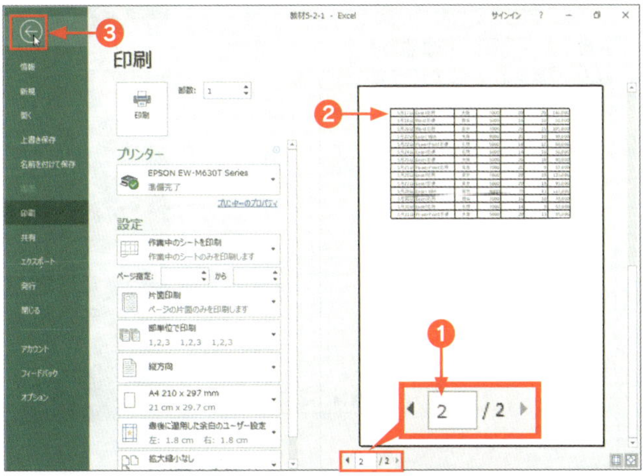

3 印刷タイトルを設定します。

❶［ページレイアウト］タブをクリックする
❷［ページ設定］グループの［印刷タイトル］ボタンをクリックする
❸［ページ設定］ダイアログボックスの［シート］タブが表示される
❹［印刷タイトル］の［タイトル行］ボックスをクリックする
❺ 行番号2をクリックする
❻［タイトル行］ボックスに「$2:$2」と表示される
❼［印刷プレビュー］ボタンをクリックする

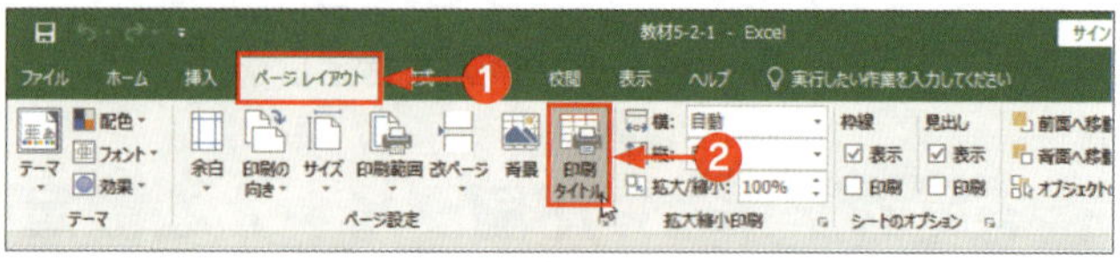

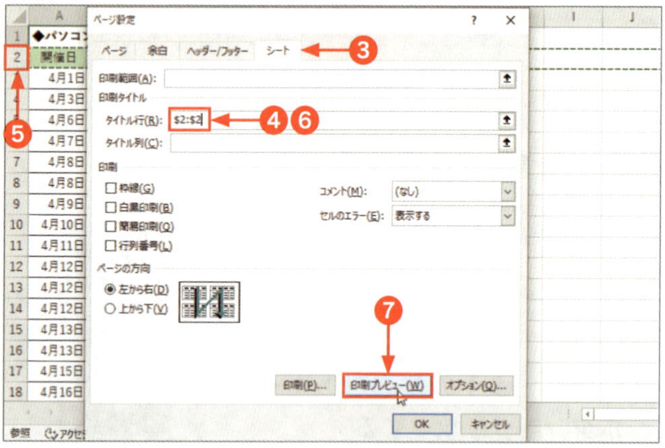

4 タイトル行が印刷されることを確認します。

❶［印刷］画面が表示される
❷「1/2ページ」の▶［次のページ］ボタンをクリックする
❸ 2ページ目が表示される
❹ 2行目の表の見出しが表示されていることを確認する

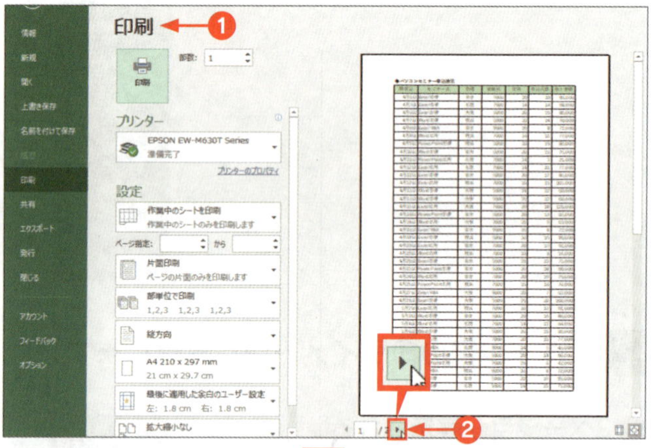

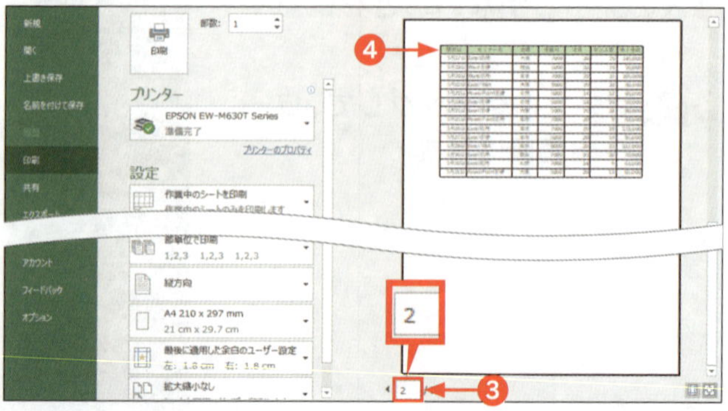

知っておくと便利！
▶ 複数行を指定する

タイトル行として複数行を指定する場合は、操作❸の❺の手順で、行番号をドラッグします。なお、行番号でなく、その行の任意のセルを選択しても、行が指定されます。

完成例ファイル　教材5-2-1（完成）

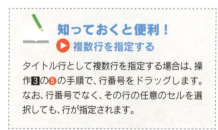

ヘッダー、フッターの設定

紙の上部の余白を「ヘッダー」、下部の余白を「フッター」といいます。この部分に現在の日付やページ番号、ファイル名、任意の文字などを印刷することができます。

やってみよう—ヘッダーに現在の日付、フッターにページ番号を印刷する

教材ファイル 教材5-2-2

教材ファイル「教材5-2-2.xlsx」を開き、ヘッダーの右側に現在の日付、フッターの中央にページ番号が印刷される設定にしましょう。

1 ヘッダーに現在の日付を表示します。

❶ [挿入] タブをクリックする
❷ [テキスト] ボタンをクリックする
❸ [ヘッダーとフッター] ボタンをクリックする
❹ ページレイアウトビューが表示される
❺ ヘッダー領域の右側をクリックする
❻ [ヘッダー / フッターツール] の [デザイン] タブの [ヘッダー / フッター要素] グループの [現在の日付] ボタンをクリックする
❼「& [日付]」と表示される

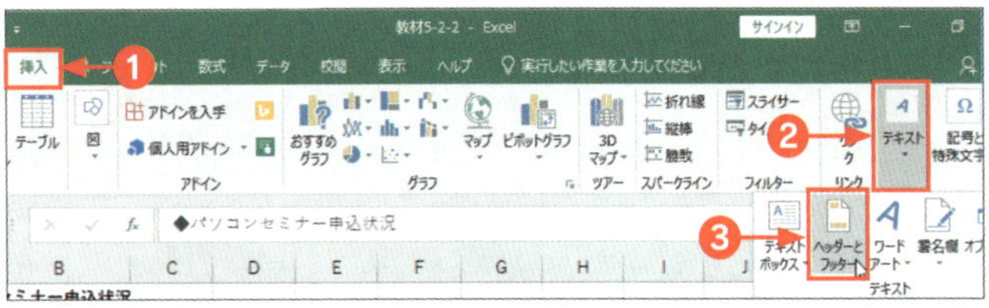

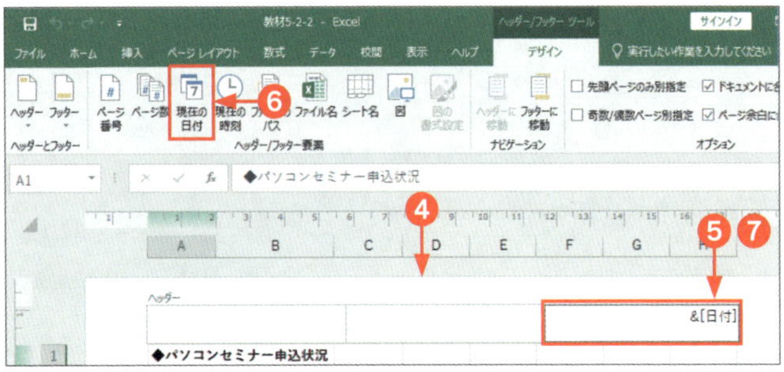

ここがポイント！
[ヘッダー / フッターツール]

ヘッダー / フッター領域がアクティブなときに、リボンに [ヘッダー / フッターツール] の [デザイン] タブが表示されます。

2 日付を確認します。

❶ 任意のセルをクリックする
❷ ヘッダーに現在の日付が表示される

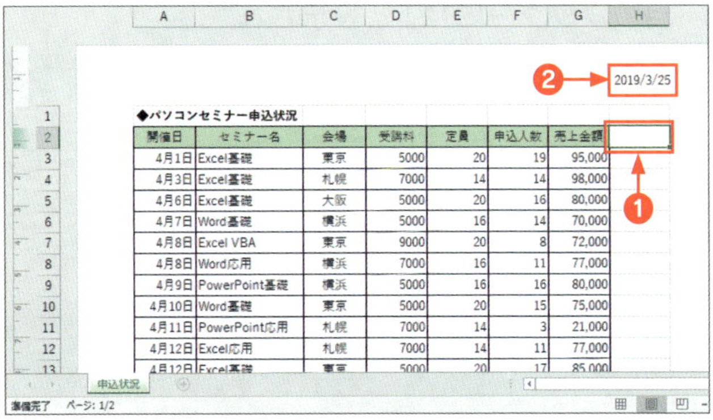

知っておくと便利！
日付の更新

[現在の日付] ボタンをクリックして挿入した日付は、ファイルを開いたときに自動的に更新されます。

3 フッターにページ番号を表示します。

❶下方向にスクロールして［フッターの追加］をクリックする

❷フッター領域の中央にカーソルが表示されるので、［ヘッダー／フッターツール］の［デザイン］タブをクリックする

❸［ヘッダー／フッター要素］グループの［ページ番号］ボタンをクリックする

❹「&［ページ番号］」と表示される

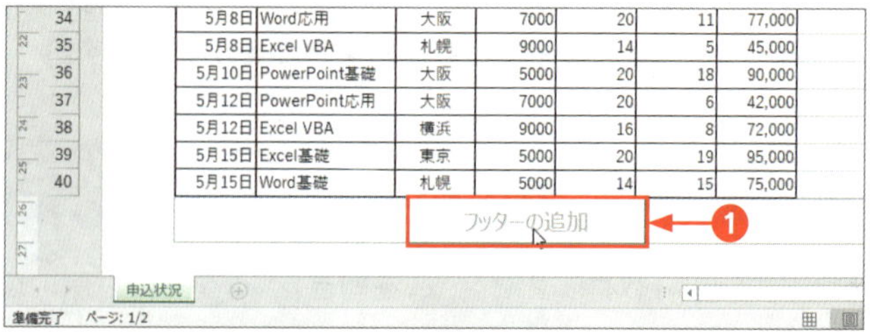

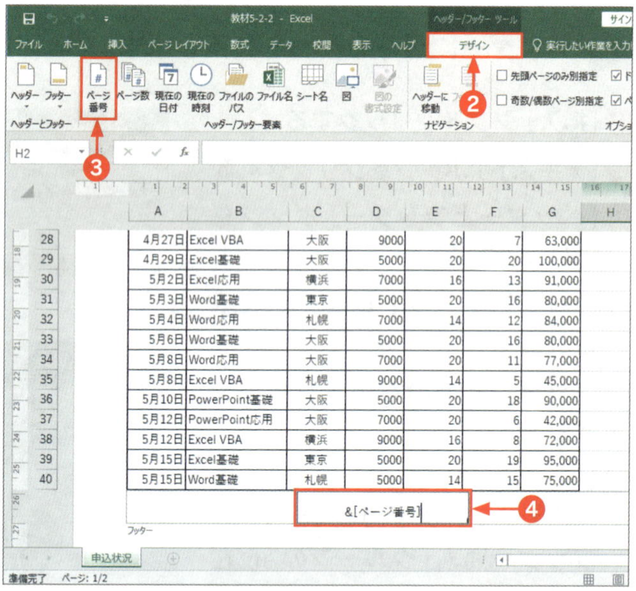

4 ページ番号を確認します。

❶任意のセルをクリックする

❷フッターにページ番号「1」が表示される

❸下方向にスクロールして2ページ目のフッターに「2」と表示されていることを確認する

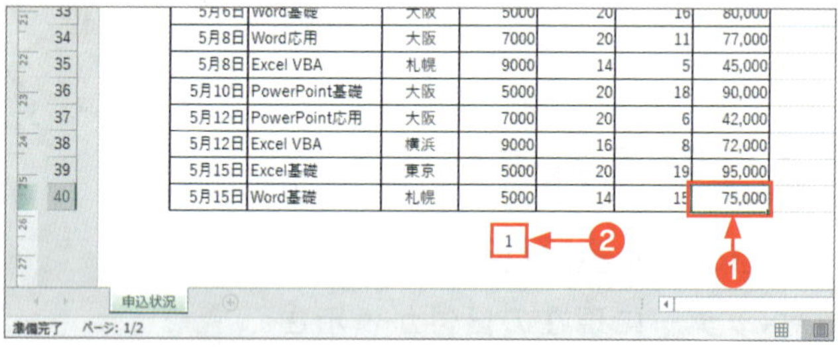

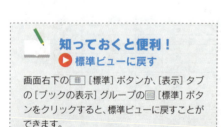

知っておくと便利！

▶ 標準ビューに戻す

画面右下の［標準］ボタンか、［表示］タブの［ブックの表示］グループの［標準］ボタンをクリックすると、標準ビューに戻すことができます。

完成例ファイル **教材5-2-2（完成）**

Chapter 5

学習日・理解度チェック

月	日	□
月	日	□
月	日	□

練習問題

練習5-1

練習問題ファイル 練習5-1

❶ 練習問題ファイル「練習5-1.xlsx」を開き、印刷イメージを確認しましょう。

❷ 用紙サイズがA4になっていることを確認し、印刷の向きを横にしましょう。

❸ 表が用紙の水平垂直方向の中央に印刷される設定にしましょう。

❹ 150%に拡大して印刷されるようにしましょう。

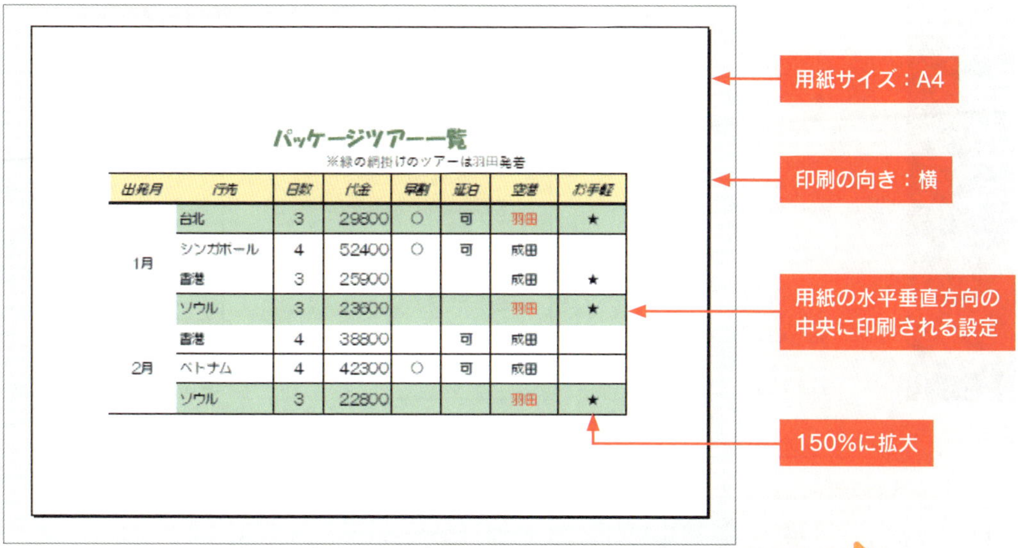

出発月	行先	日数	代金	早割	延泊	空港	お手軽
1月	台北	3	29800	○	可	羽田	★
	シンガポール	4	52400	○	可	成田	
	香港	3	25900			成田	★
2月	ソウル	3	23600			羽田	★
	香港	4	38800		可	成田	
	ベトナム	4	42300	○	可	成田	
	ソウル	3	22800			羽田	★

完成例ファイル 練習5-1（完成）

練習5-2

❶ 練習問題ファイル「練習5-2.xlsx」を開き、ワークシート「紅茶売上」の印刷イメージを確認しましょう。 練習問題ファイル 練習5-2

❷ 用紙サイズがA4になっていることを確認し、左右の余白を2.5cmにしましょう。

❸ 3行目がタイトル行として2ページ以降も印刷される設定にしましょう。

❹ ヘッダーの右側にシート名、フッターの中央にページ番号が印刷される設定にしましょう。

❺ 120%に拡大して印刷されるようにしましょう。

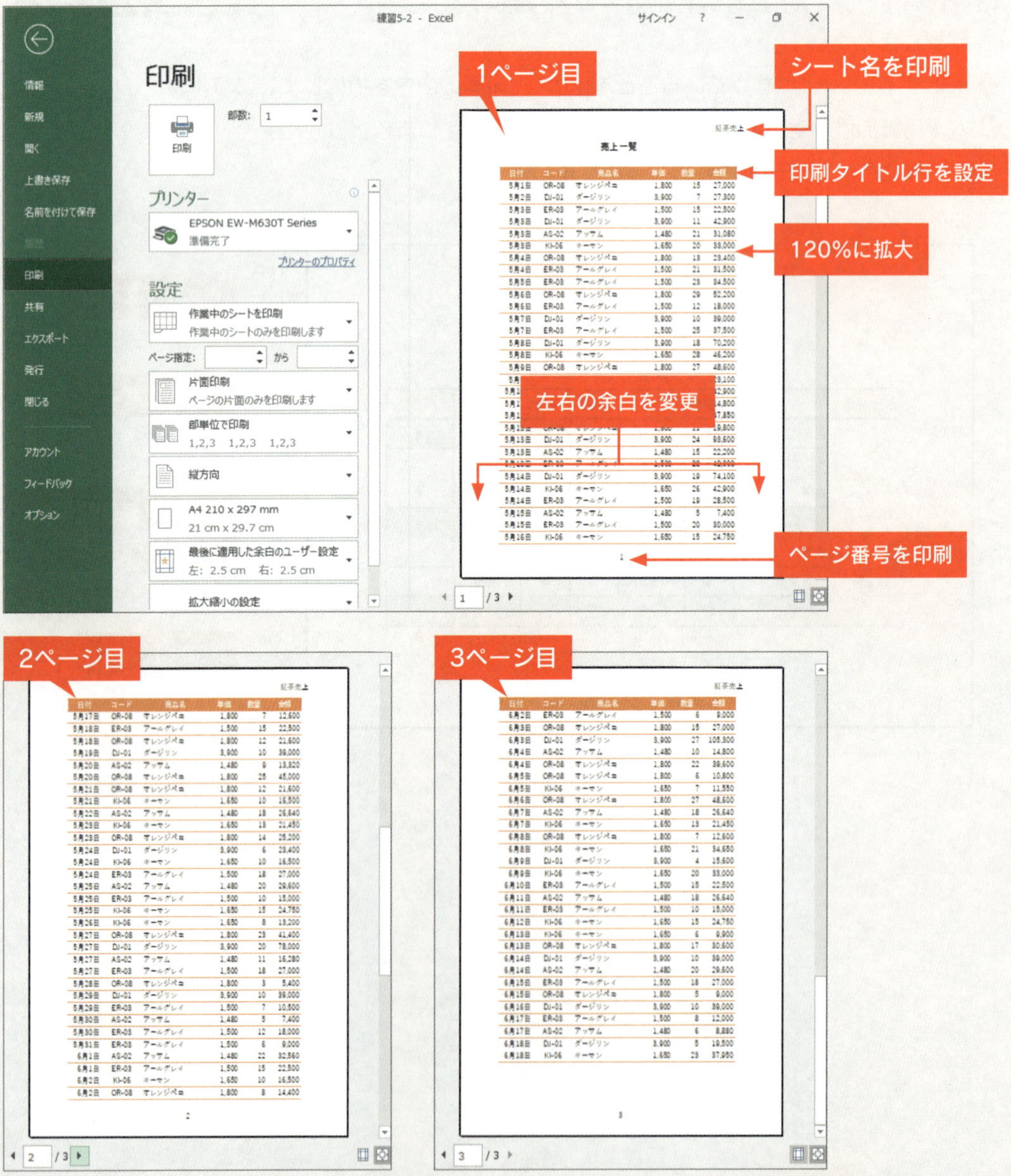

完成例ファイル 練習5-2（完成）

Chapter 6

数式と関数

表計算アプリであるExcelはセルに数式を入力すると計算ができます。また、Excelには関数という、よく使う計算や複雑な処理を登録した数式があります。ここでは四則演算や関数を使用する方法について学習します。また、数値データを見やすくするために「,」（カンマ）や「¥」（円記号）などの表示形式を設定する方法についても学習します。

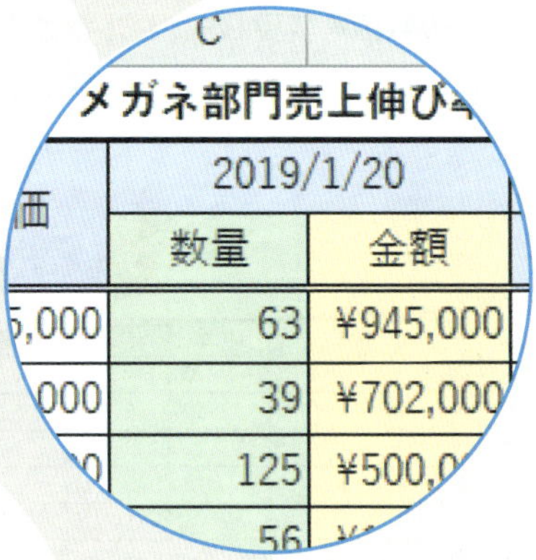

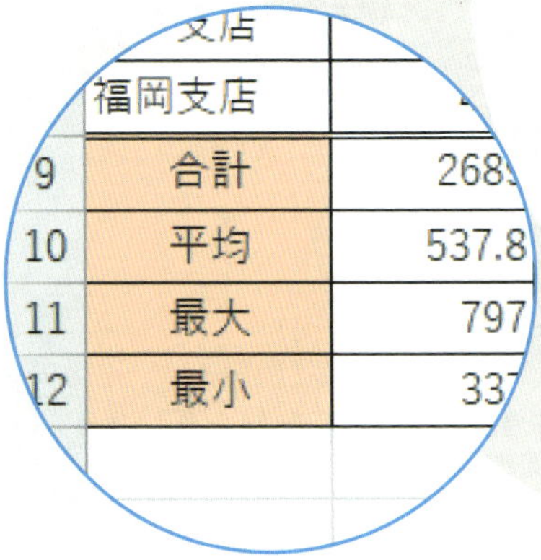

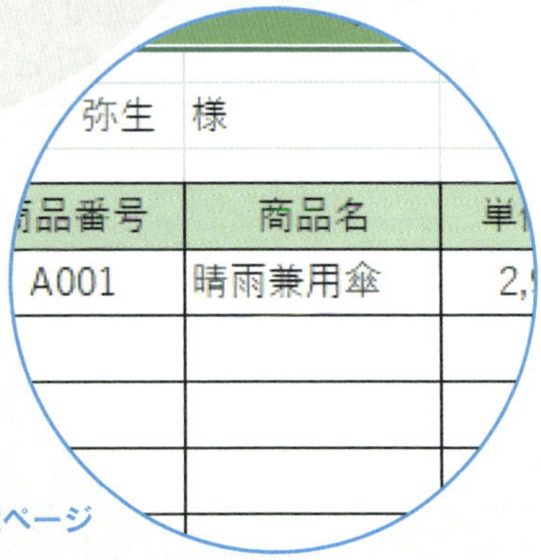

学習時間の目安 20 min

学習日・理解度チェック

月　日　□

月　日　□

月　日　□

数式を入力する

Excelは表計算アプリです。表に入力されている値をもとに簡単に計算ができます。

ここでの学習内容

数式の入力について学習します。ここでは、単価と数量を掛ける数式を入力します。数値を直接入力する方法とセル番地を指定する方法の2通りの方法で入力します。数式に使用されている数量のセルの数値を変更して、セル番地を指定している数式では計算結果が自動的に変更されることを確認します。最後にセル番地を指定した数式をコピーします。

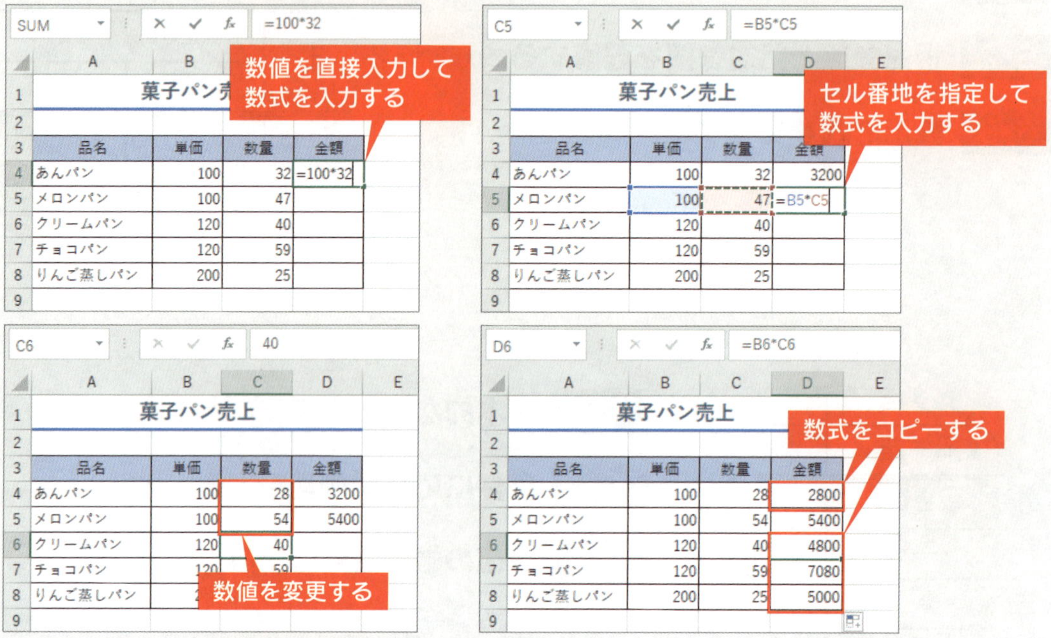
数値を直接入力して数式を入力する
セル番地を指定して数式を入力する
数値を変更する
数式をコピーする

足し算、引き算、掛け算、割り算の四則演算を行うには、「=」(イコール) と以下の記号を使います。これらの記号を「四則演算子」といい、半角で入力します。

計算の種類	演算子	使用するキー	
		テンキーがある場合	テンキーがない場合
等号	=(イコール)	Shift + = ほ (ほ) のキー	
足し算	+(プラス)	+ キー	Shift + ; れ (れ) のキー
引き算	−(マイナス)	− キー	= ほ (ほ) のキー
掛け算	*(アスタリスク)	* キー	Shift + : け (け) のキー
割り算	/(スラッシュ)	/ キー	/ め (め) のキー

数式の入力

数式を入力する際は必ず先頭に「=」（イコール）を入力します。続いて入力される内容が数式と認識され、計算結果がそのセルに表示されます。数式には、数値を直接入力する方法と、数値が入力されたセル番地を指定する方法があります。後者の方法を「セル参照」といいます。どちらの方法でも、数式を入力して Enter キーを押すと、セルには計算結果が表示されます。計算結果のセルをアクティブにすると、数式バーで入力された数式を確認できます。

・数値を直接入力する方法
　=200+500
　→計算結果：700

・セル参照を使用する方法
　=A1+B1
　→計算結果：セルA1とセルB1の値を足した値

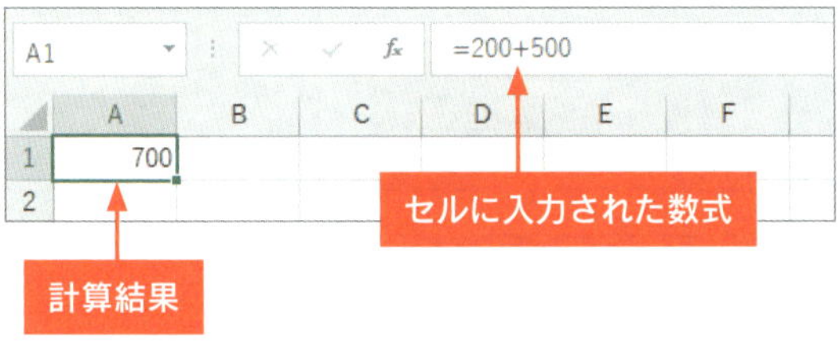

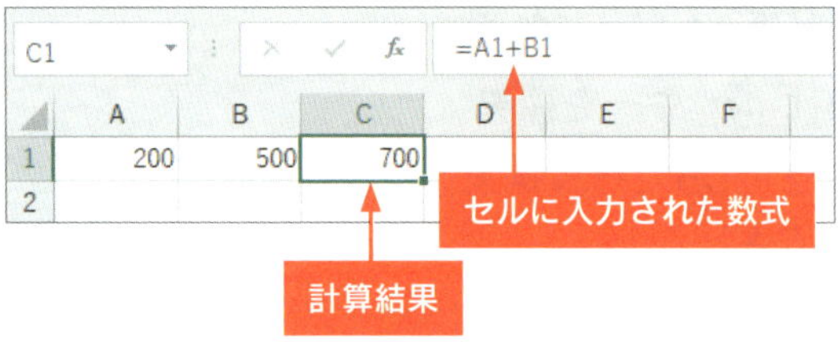

計算の対象となっている数値を変更する場合、数値を直接入力した方法では数式を修正する必要がありますが、セル参照を使用した方法では、参照元のセルの値が変更されると計算結果も自動的に再計算されるという利点があります。

やってみよう—数式を入力する

教材ファイル　教材6-1-1

教材ファイル「教材6-1-1.xlsx」を開き、「単価×数量」の式を入力して金額を計算しましょう。数値を直接入力する方法とセル参照を使用する方法の両方の数式を入力してみます。

1 直接数値を入力する方法で数式を入力します。

❶ セルD4をクリックする
❷「=」を入力する
❸ 続けて「100*32」を入力する
❹ Enter キーを押す
❺ セルD4に計算結果「3200」が表示される

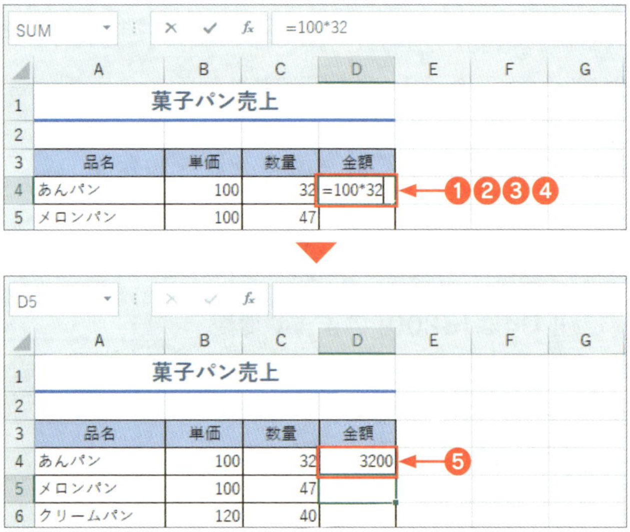

ここがポイント！
数式の入力
数式を入力するときは、日本語入力モード（32ページ参照）をオフにします。

2 セル参照を使用する方法で数式を入力します。

❶ セルD5がアクティブになっていることを確認する
❷「=」を入力する
❸ セルB5をクリックする
❹「B5」と表示される
❺ 続けて「*」を入力する
❻ セルC5をクリックする
❼「C5」と表示される
❽ Enter キーを押す
❾ セルD5に計算結果「4700」が表示される

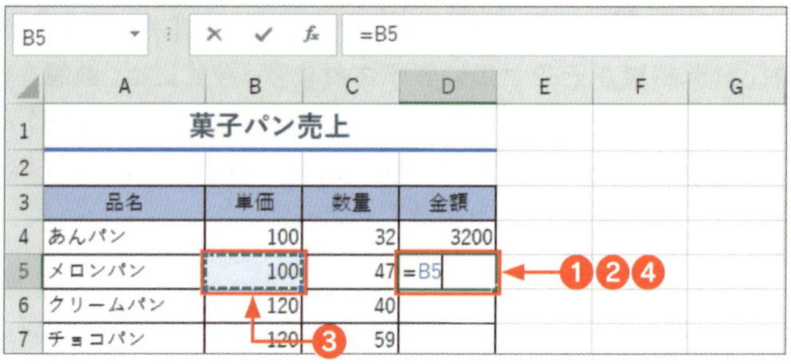

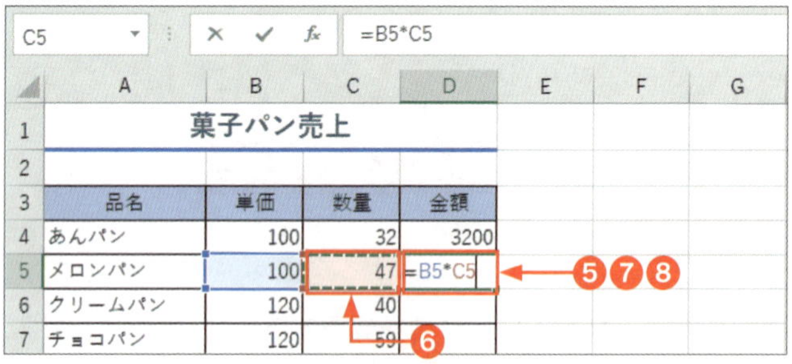

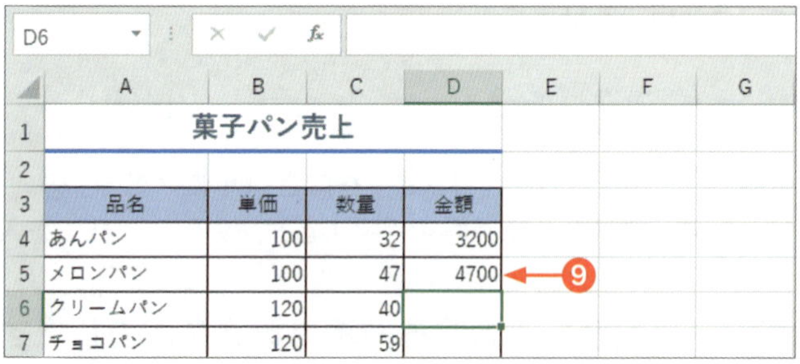

ここがポイント！
▶ セル参照の入力

数式でセルを指定する場合は、そのセルをクリックすると自動的にセル番地が表示されます。指定したセルを表す枠と数式内のセル番地の文字は同じ色になります。

やってみよう―値を変更して計算結果を確認する

セルC4の数量を「28」、セルC5の数量を「54」に変更し、金額を確認しましょう。

1 数量を変更して計算結果を確認します。

❶ セルC4に「28」、C5に「54」と入力する
❷ セルD4は「3200」のままで変更されていないことを確認する
❸ セルD5は「5400」に変更され再計算されたことを確認する

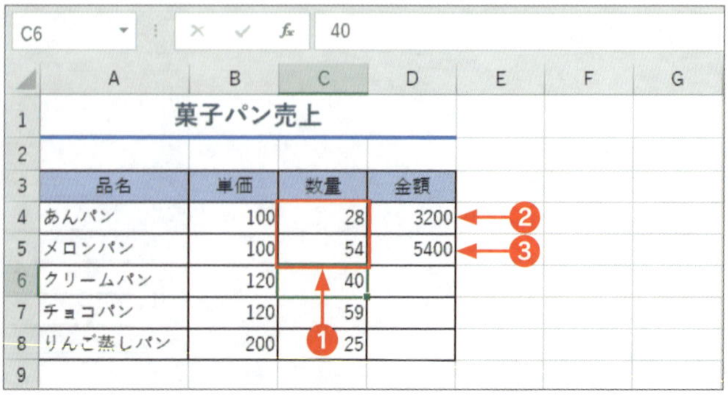

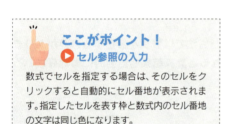

2 入力されている数式を確認します。

❶セルD4をクリックする
❷数式バーに「=100*32」と表示されていて、「32」が「28」に変更されていないことを確認する
❸セルD5をクリックする
❹数式バーに「=B5*C5」と表示されていて、セル参照の式であることを確認する

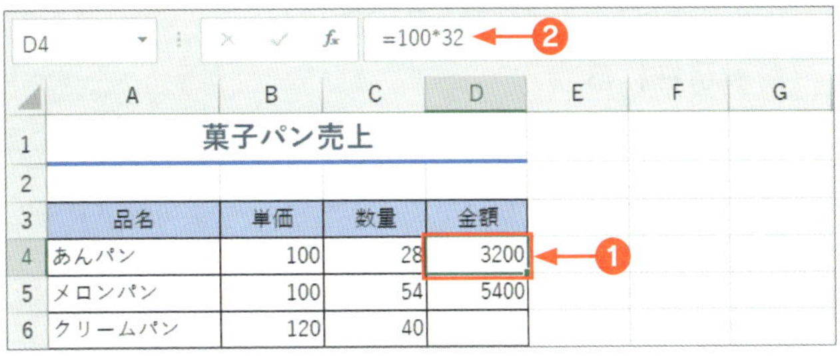

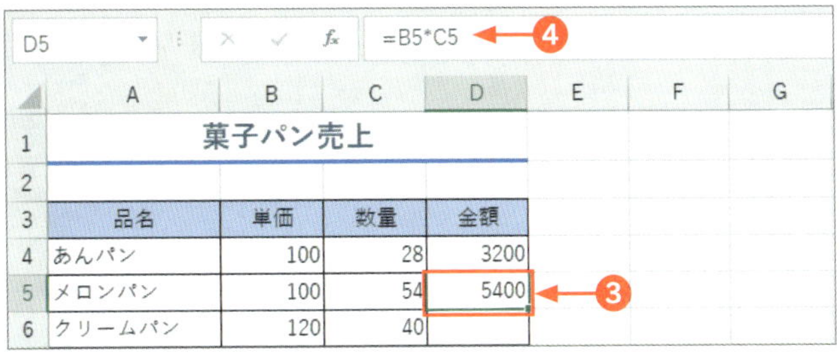

完成例ファイル 教材6-1-1（完成）

数式のコピー

セル参照の数式をコピーすると、コピー先に応じて計算対象のセル番地が変更されます。数式をコピーする操作は、コピー/貼り付け機能でもできますが、オートフィル機能を使うと連続したセルに数式を一度に入力できて効率的です。

やってみよう―数式をコピーする

教材ファイル 教材6-1-2

教材ファイル「教材6-1-2.xlsx」を開き、セルD5の数式を、コピー/貼り付け機能を使用してセルD4に、オートフィル機能を使用してセルD6～D8にコピーしましょう。

1 コピー/貼り付け機能を使用して数式をコピーします。

❶セルD5をクリックする
❷［ホーム］タブの［クリップボード］グループの［コピー］ボタンをクリックする
❸セルD4をクリックする
❹［ホーム］タブの［クリップボード］グループの［貼り付け］ボタンをクリックする

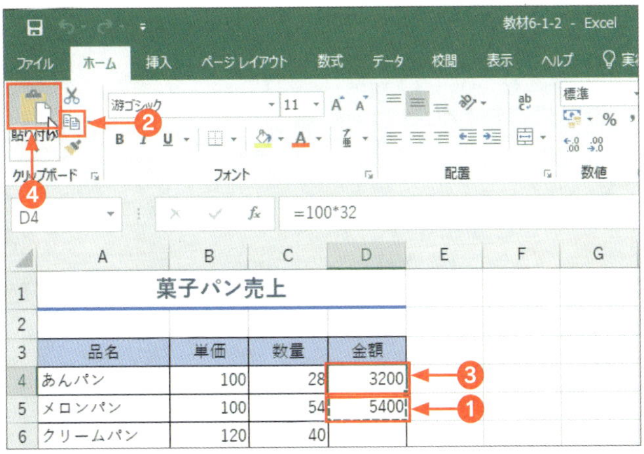

2 計算結果を確認します。

❶ セルD4に正しい計算結果「2800」が表示される

❷ 数式バーに「=B4*C4」とセル参照の数式が表示されていることを確認する

❸ Esc キーを押して、セルの点滅を解除する

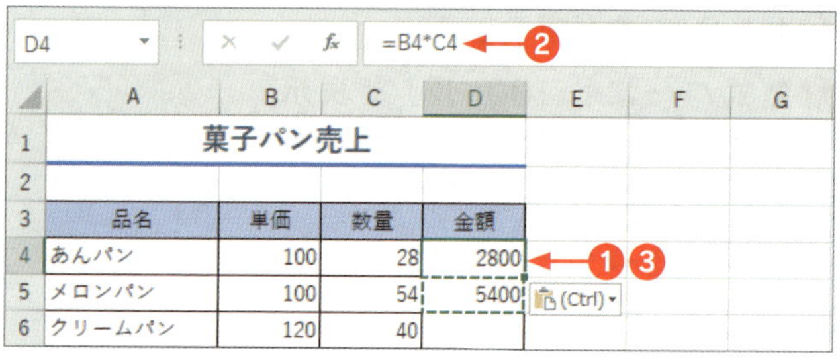

ここがポイント！
▶ セル参照の確認

ここでは数式「=B5*C5」を1つ上の行の同じ列のセルにコピーしたため、「=B4*C4」に変更され、1行上のセルを掛け算する式になっています。

3 オートフィル機能を使用して数式をコピーします。

❶ セルD5をクリックする

❷ セルの右下隅の■（フィルハンドル）をポイントし、マウスポインターの形が✚になったら、ダブルクリックする

❸ セルD6～D8にセルD5の数式がコピーされ、計算結果が表示される

❹ セルD6をクリックする

❺ 数式バーに「=B6*C6」と表示される

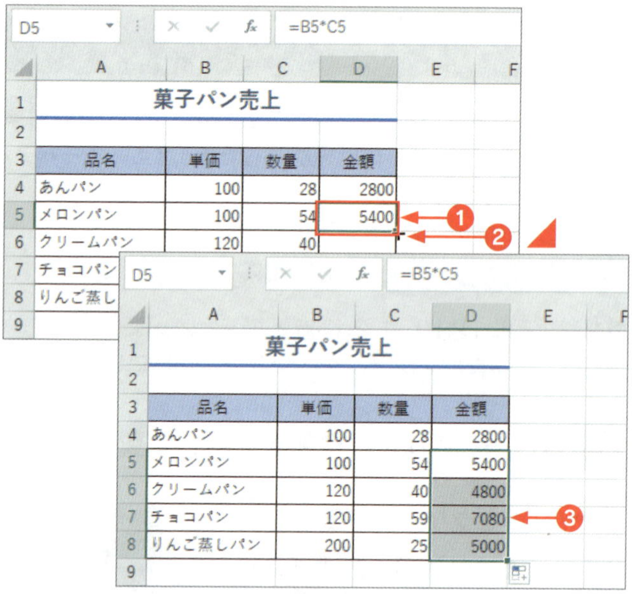

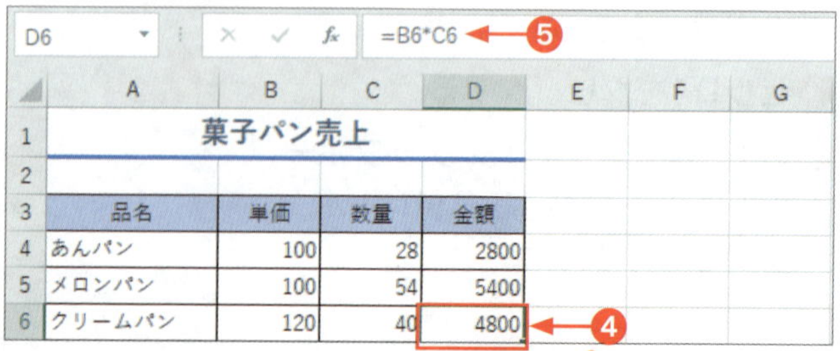

完成例ファイル 教材6-1-2（完成）

知っておくと便利！
▶ フィルハンドルをドラッグ

セルD5のフィルハンドルをセルD6～D8までドラッグしても、数式がコピーされます。

ここがポイント！
▶ セル参照の確認

ここでは数式「=B5*C5」を1つ下の行の同じ列のセルにコピーしたため、「=B6*C6」に変更され、1行下のセルを掛け算する式になっています。

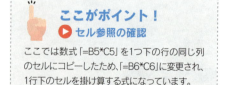

6-2

学習時間の目安 15 min　学習日・理解度チェック

月　日 □
月　日 □
月　日 □

相対参照と絶対参照を理解する

セル参照を使用した数式は他のセルにコピーしたときに自動的にセル番地が変化します。大変便利な機能なのですが、ときにはコピーしても常に同じセルを指定したい場合もあります。その方法について学習します。

ここでの学習内容

定価に特価率を掛けて特価を求める数式を入力します。特価のセルのセル番地は数式をコピーしても変更されないように絶対参照で指定する操作を学習します。

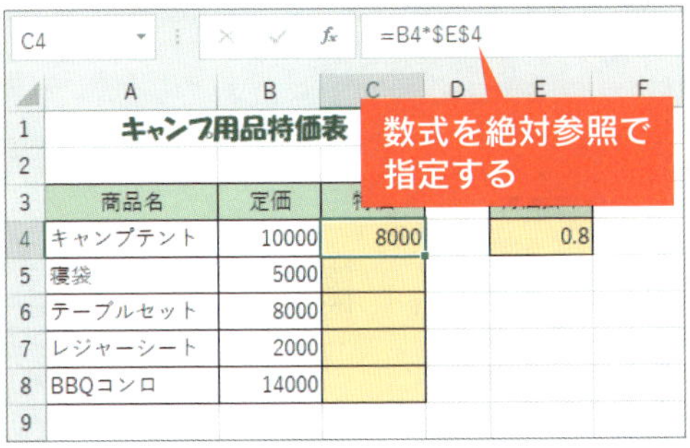

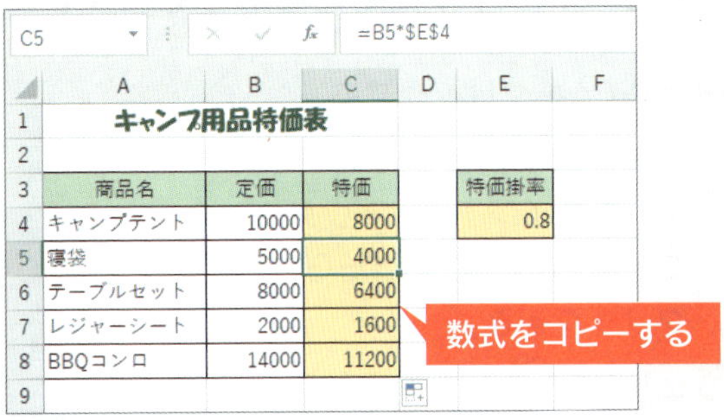

相対参照と絶対参照

数式をセル参照で指定すると、数式をコピーした際に、数式を入力するセル位置に応じてセル番地が変更されます。これを「相対参照」といいます。これに対していつでも同じセル番地を指定する場合は「絶対参照」にして参照するセル番地を固定します。

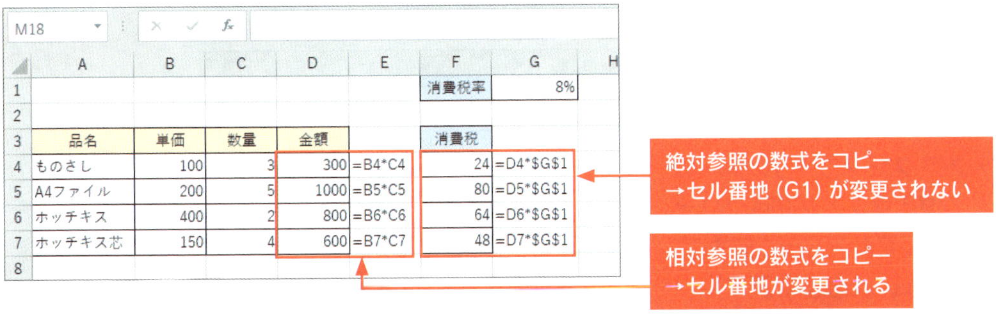

絶対参照にするには、列番号や行番号の前に「$」（ドル記号）を付けます。この記号は直接入力することもできますが、セルが選択された状態で F4 キーを押すと表示されます。なお、F4 キーを押すごとにセル参照は「$G$1」→「G$1」→「$G1」→「G1」と変化します。「G$1」のように行だけ固定したり、「$G1」のように列だけ固定したりすることを「複合参照」といいます。

やってみよう—相対参照で計算する

教材ファイル 教材6-2-1

教材ファイル「教材6-2-1.xlsx」を開き、セルE4の特価掛率のときの特価を計算しましょう。最初に相対参照を使用した数式を入力してみます。

1 相対参照を使用して数式を入力します。

❶セルC4に「=B4*E4」と入力する
❷ Enter キーを押す
❸セルC4に「8000」と表示される

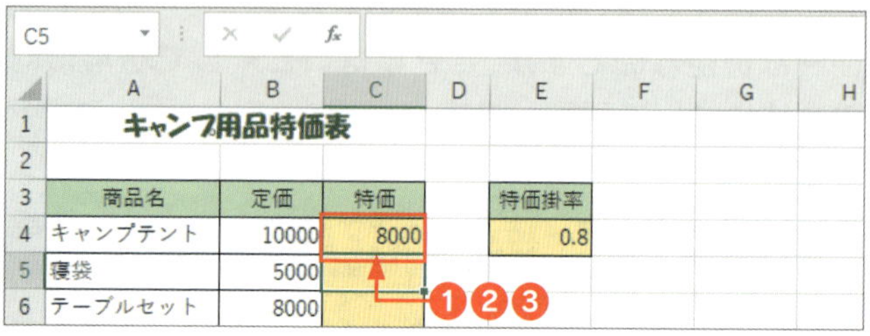

2 オートフィル機能を使用して数式をコピーします。

❶セルC4をクリックする
❷セルの右下隅の■（フィルハンドル）をポイントし、マウスポインターの形が＋になったら、ダブルクリックする
❸セルC5～C8に数式がコピーされ、「0」と表示される

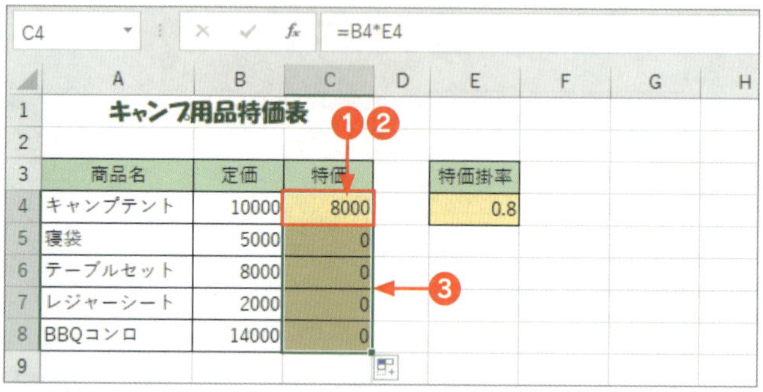

3 数式を確認します。

❶セルC5をダブルクリックする
❷セルC5に「=B5*E5」と表示される
❸特価掛率のセル番地が1つ下のセルE5になっていることを確認する
❹確認したら、Esc キーを押す
❺クイックアクセスツールバーの［元に戻す］ボタンを2回クリックして、セルC4～C8に何も入力されていない状態まで戻す

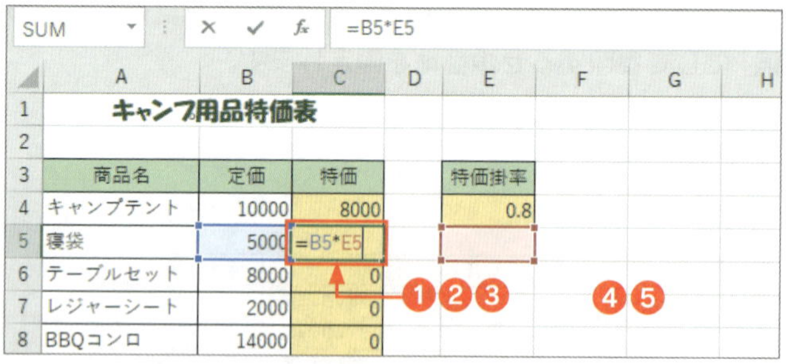

知っておくと便利！
数式の確認

セルをダブルクリックすると、編集状態になり、セル内に入力した数式が表示されます。数式内のセル番地の文字とセルの枠が同じ色になり、どのセルを計算しているのかがひと目で確認できます。編集状態を解除するには Esc キーを押します。

やってみよう―絶対参照で計算する

特価掛率にはいつでもセルE4を指定したいので、セルE4を絶対参照にして固定し、特価を求める数式を入力しましょう。

1 絶対参照を使用して数式を入力します。

1. セルC4に「=B4*」まで入力する
2. セルE4をクリックする
3. F4 キーを押す
4. 「$E$4」と表示される
5. Enter キーを押す
6. セルC4に「8000」と表示される

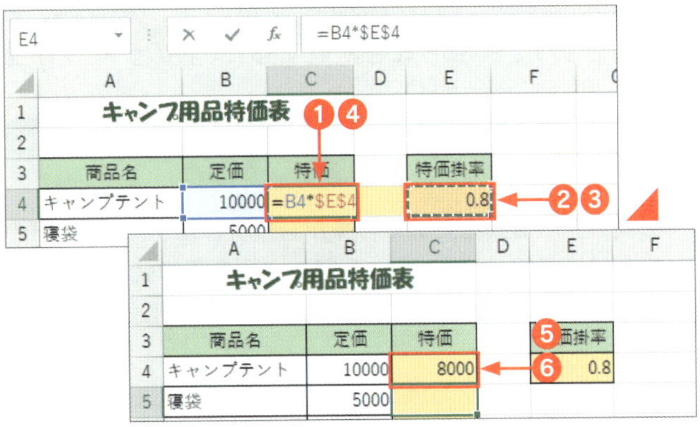

2 オートフィル機能を使用して数式をコピーします。

1. セルC4をクリックする
2. セルの右下隅の■（フィルハンドル）ポイントし、マウスポインターの形が＋になったら、ダブルクリックする
3. セルC5～C8に計算結果が表示される

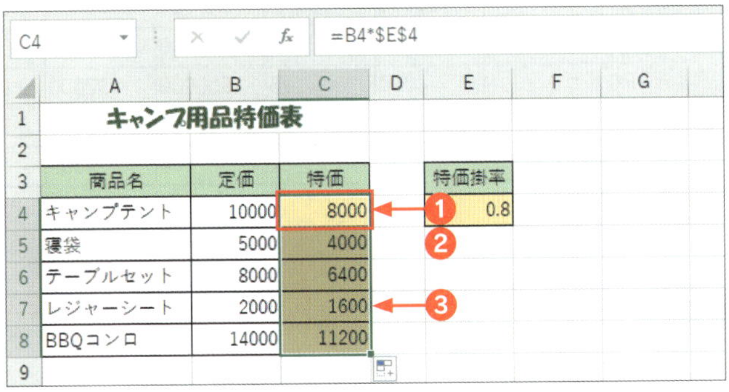

3 数式を確認します。

1. セルC5をクリックする
2. 数式バーに「=B5*$E$4」と表示されていることを確認する

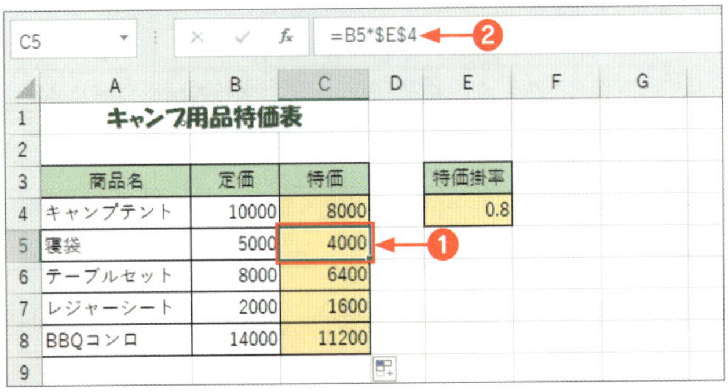

ここがポイント！

▶ セル参照の確認

ここでは数式「=B4*$E$4」を1つ下の行の同じ列のセルにコピーしたため、相対参照のB4は1行下のB5になり、絶対参照の$E$4は変更されずに$E$4のままで「=B5*$E$4」となり、常にセルE4を掛ける式になっています。

完成例ファイル 教材6-2-1（完成）

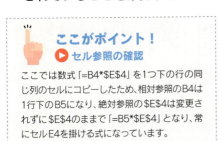

学習時間の目安 20 min

学習日・理解度チェック

月　日　□

月　日　□

月　日　□

表示形式を変更する

セルに入力されている数値データは、「¥」(円記号)を付けて金額表示にするなど、表示形式を変更できます。表示形式を変更すると、表のデータが見やすくわかりやすくなります。

ここでの学習内容

数値の表示形式を変更する操作を学習します。1月20日の金額と前日比を求める数式を入力します。単価に桁区切りスタイル、金額に通貨表示形式を設定します。前日比をパーセントスタイルにし、小数点以下第1位まで表示します。日付の表示形式を変更します。

	A	B	C	D	E	F
1	メガネ部門売上伸び率					
2	商品名	単価	1月20日		1月19日	前日比
3			数量	金額	金額	
4	セットメガネ	15000	63	945000	1005000	0.940299
5	遠近両用	18000	39	702000	468000	1.5
6	PCメガネ	4000	125	500000	552000	0.905797
7	サングラス	2000	56	112000	130000	0.861538
8	メガネケース	1000	27	27000	19000	1.421053
9						

金額を求める数式を入力する

前日比を求める数式を入力する

日付の表示形式を変更する

	A	B	C	D	E	F
1	メガネ部門売上伸び率					
2	商品名	単価	2019/1/20		2019/1/19	前日比
3			数量	金額	金額	
4	セットメガネ	15,000	63	¥945,000	¥1,005,000	94.0%
5	遠近両用	18,000	39	¥702,000	¥468,000	150.0%
6	PCメガネ	4,000	125	¥500,000	¥552,000	90.6%
7	サングラス	2,000	56	¥112,000	¥130,000	86.2%
8	メガネケース	1,000	27	¥27,000	¥19,000	142.1%
9						

パーセントスタイルを設定し、小数点以下第1位まで表示する

桁区切りスタイルを設定する

通貨表示形式を設定する

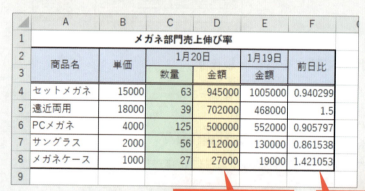

表示形式の変更

数値の表示形式を変更するには、[ホーム] タブの[数値] グループのボタンを使います。[数値の書式] ボックスの▼をクリックして、一覧から選択して設定することもできます。

やってみよう―桁区切りスタイル、通貨表示形式を設定する

教材ファイル 教材6-3-1

教材ファイル「教材6-3-1.xlsx」を開き、1月20日の売上金額と前日比を計算します。単価に桁区切りスタイル、金額に通貨表示形式を設定しましょう。

1 1月20日の売上金額を計算します。

❶セルD4に「=B4*C4」と入力し、Enter キーを押す

❷オートフィル機能を使って、セルD4の数式をセルD5～D8にコピーする

❸[オートフィルオプション] ボタンをクリックする

❹[書式なしコピー(フィル)] をクリックする

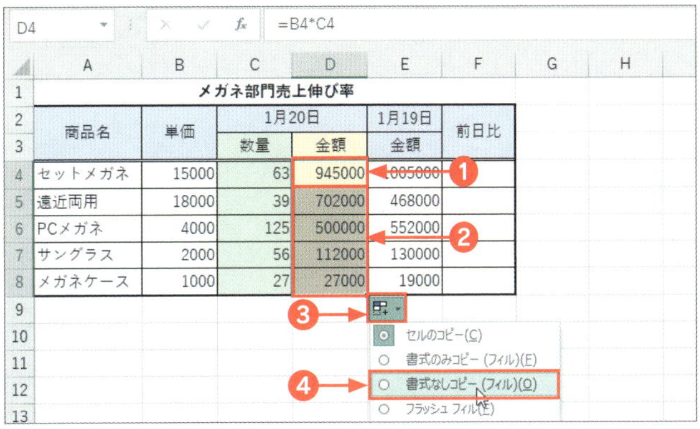

ここがポイント！

▶書式なしコピー

セルD4の下の線は細線なので書式を含んでコピーすると、セルD8の下の太線が細線に変わってしまいます。これを防ぐため、書式なしコピーをします。次の2の操作も同様です。

2 前日比を計算します。

❶セルF4に「=D4/E4」と入力し、Enter キーを押す

❷オートフィル機能を使って、セルF4の数式をセルF5～F8にコピーする

❸[オートフィルオプション] ボタンをクリックする

❹[書式なしコピー(フィル)] をクリックする

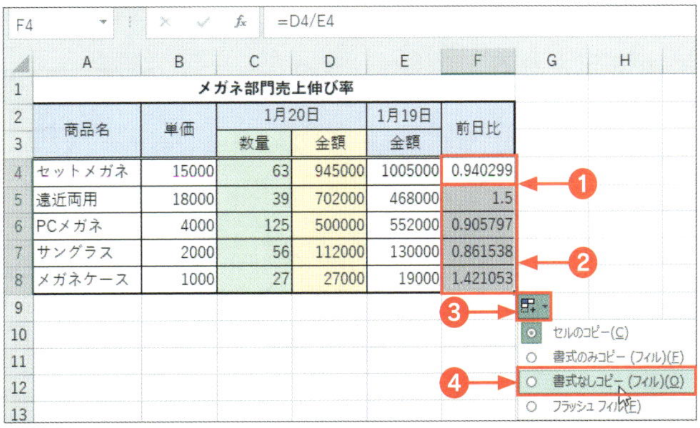

3 単価に桁区切りスタイルを設定します。

❶ セルB4～B8を範囲選択する

❷［ホーム］タブの［数値］グループの［桁区切りスタイル］ボタンをクリックする

❸ セルB4～B8の数値に3桁区切りの「,」（カンマ）が表示される

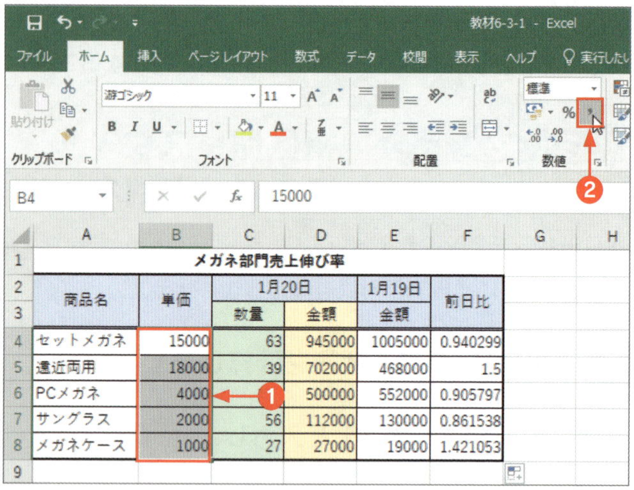

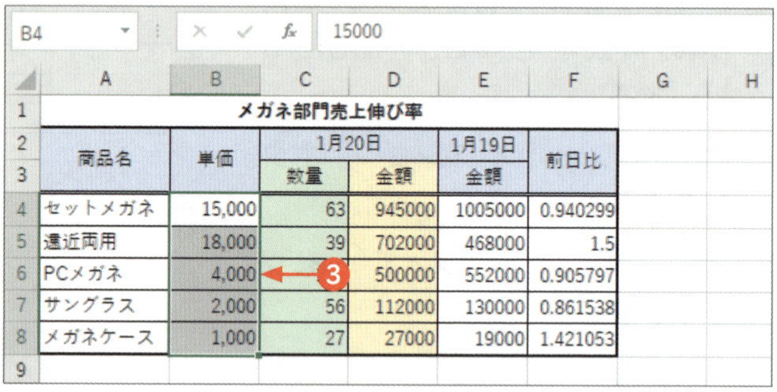

4 金額に通貨表示形式を設定します。

❶ セルD4～E8を範囲選択する

❷［ホーム］タブの［数値］グループの［通貨表示形式］ボタンをクリックする

❸ セルD4～E8の数値に「¥」（円記号）と3桁区切りの「,」（カンマ）が表示される

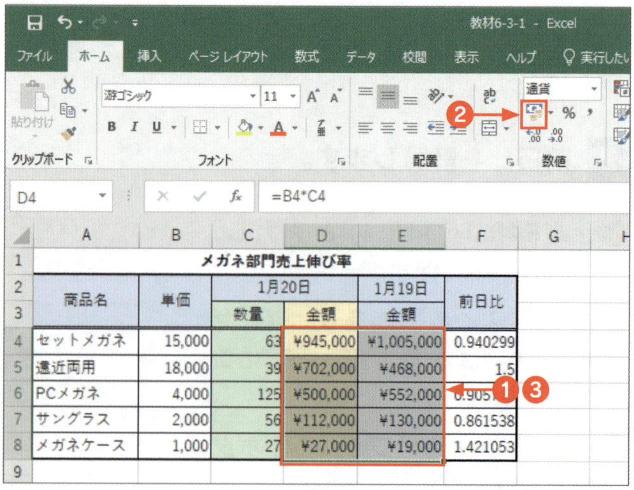

知っておくと便利！

▶ 列の幅の変更

D～E列の幅は、通貨表示形式を設定すると、自動的に広がって数値が見える幅になります。列の幅が広がらずに、数値がすべて見えない場合のエラー値「#######」が表示された場合は、列の幅を広げましょう。

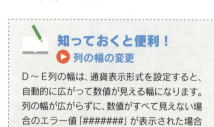

やってみよう―パーセントスタイルを設定する

前日比をパーセントスタイルにし、小数点以下第1位まで表示しましょう。

1 前日比をパーセントスタイルにします。

❶ セルF4～F8を範囲選択する

❷ [ホーム] タブの [数値] グループの [パーセントスタイル] ボタンをクリックする

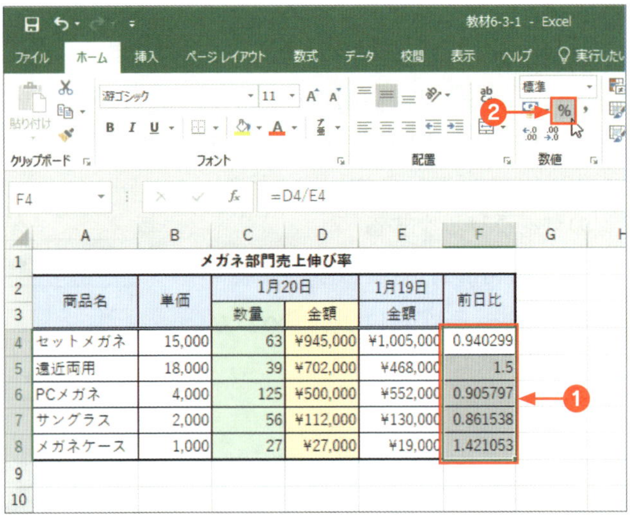

知っておくと便利！

▶ 表示形式の解除

表示形式を解除するには、設定されている範囲を選択し、[ホーム] タブの [数値] グループの [数値の書式] ボックス (Excel 2013では [表示形式] ボックス) の▼をクリックし、[標準] をクリックします。

2 小数点以下の表示桁数を増やします。

❶ 前日比が%で表示される

❷ セルF4～F8が選択された状態のまま、[ホーム] タブの [数値] グループの [小数点以下の表示桁数を増やす] ボタンをクリックする

❸ 前日比が小数点以下第1位まで表示される

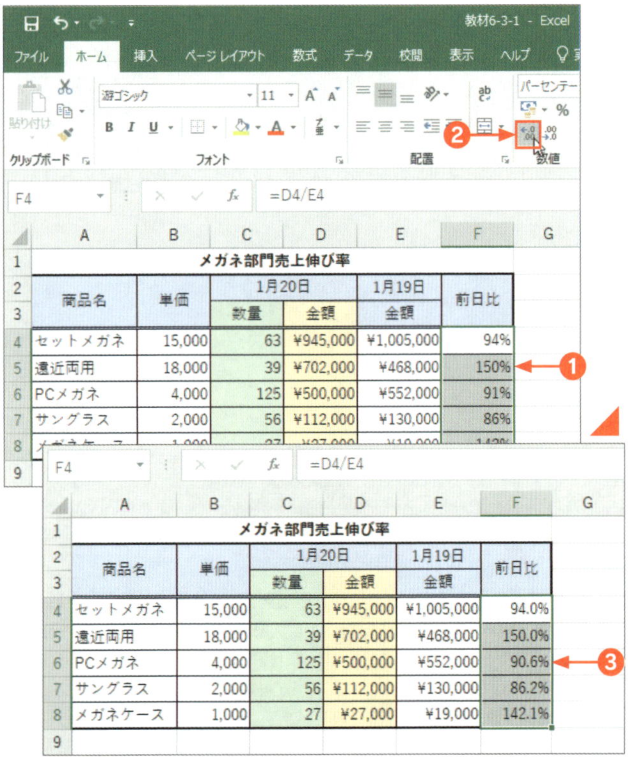

知っておくと便利！

▶ 小数点以下の表示桁数を減らす

小数点以下の表示桁数を減らすには、[ホーム] タブの [数値] グループの [小数点以下の表示桁数を減らす] ボタンをクリックします。

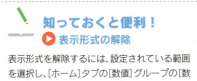

やってみよう―日付の表示形式を変更する

日付の表示形式を［短い日付形式］に変更し、「20xx/xx/xx」の形式で表示しましょう。

1 日付の表示形式を変更します。

❶セルC2（結合セル）～E2を範囲選択する

❷［ホーム］タブの［数値］グループの［数値の書式］ボックス（Excel 2013では［表示形式］ボックス）の▼をクリックする

❸［短い日付形式］をクリックする

❹セルC2～E2の日付が「20xx/xx/xx」の形式で表示される

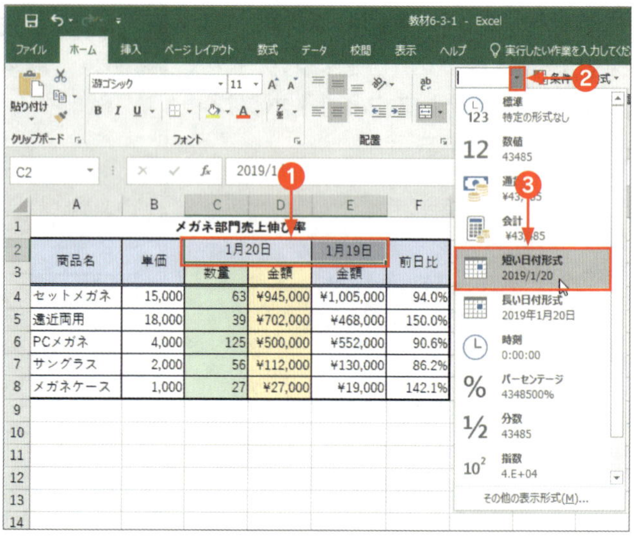

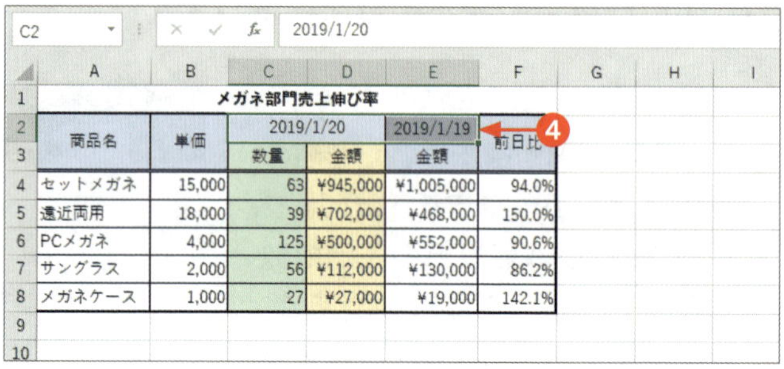

完成例ファイル 教材6-3-1（完成）

ここがポイント！
日付の年

日付は「1/20」と入力すると「1月20日」と表示されます。この場合入力したときの年が自動的に設定されます。［短い日付形式］の表示形式に変更すると20xx/xx/xxの形式で年まで表示されます。

知っておくと便利！
日付の表示形式の解除

日付の表示形式の設定されているセルを選択し、［ホーム］タブの［数値］グループの［数値の書式］ボックス（Excel 2013では［表示形式］ボックス）の▼をクリックして［標準］をクリックすると、「43485」などの数値になります。Excelでは日付は1900年1月1日から数えた数値と認識されています。元の「1月20日」の形式に戻すには、［セルの書式設定］ダイアログボックスの［表示形式］タブの［分類］ボックスの［日付］をクリックし、［種類］ボックスの［3月14日］をクリックして、［OK］ボタンをクリックします（次ページの知っておくと便利「その他の表示形式」参照）。

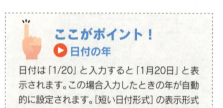

知っておくと便利！

その他の表示形式

［ホーム］タブの［数値］グループのボタンや［数値の書式］ボックス（Excel 2013では［表示形式］ボックス）の一覧にない表示形式を設定するには、［セルの書式設定］ダイアログボックスの［表示形式］タブを使用します。［セルの書式設定］ダイアログボックスは、［数値の書式］ボックスの▼をクリックして［その他の表示形式］をクリックするか、［数値］グループの［ダイアログボックス起動ツール］をクリックすると表示されます。［分類］ボックスから通貨、日付などの形式を選択し、右側のボックスで詳細を指定すると、［サンプル］に現在選択されているセルに設定された状態が表示され、［OK］ボタンをクリックすると適用されます。

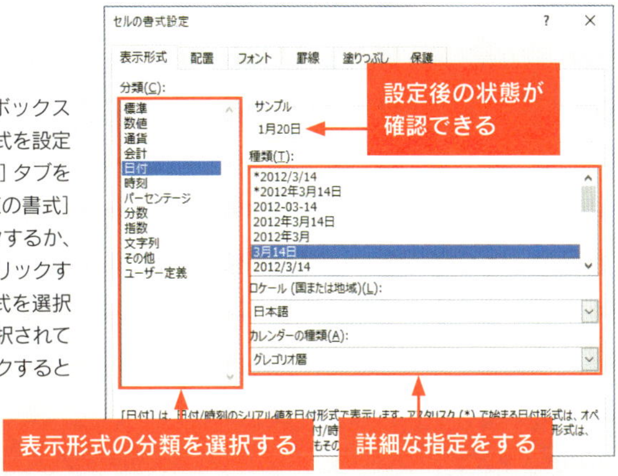

ステップアップ！

ユーザー定義の表示形式

「,」（カンマ）や「¥」（円記号）などExcelにあらかじめ登録されている組み込みの表示形式の他に、「1000」を「1,000個」と表示するなど、ユーザー独自の表示形式を設定することできます。これを「ユーザー定義の表示形式」と言います。［セルの書式設定］ダイアログボックスの［表示形式］タブの［分類］ボックスから［ユーザー定義］を選択し、［種類］ボックスに、数値、文字、日付などの書式記号を入力して作成します。

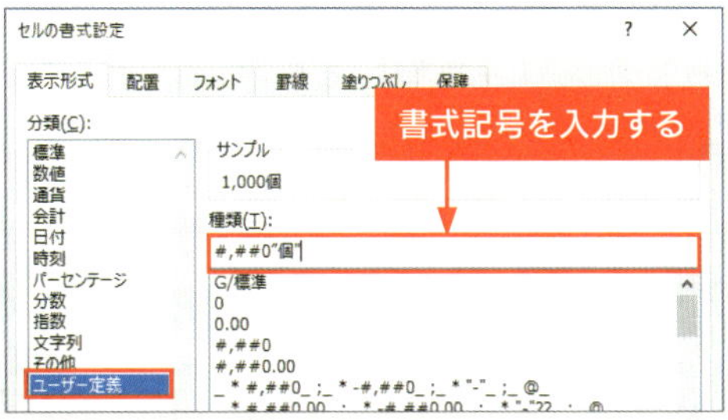

■数値の書式記号

書式記号	説　明
#	1桁の数字を示す。指定した桁数より少ない場合は有効桁数しか表示されない。余分な0も表示されない※
0	1桁の数字を示す。指定した桁数より少ない場合は指定した桁数だけ0を表示する※
,	桁区切り記号の「,」（カンマ）を表示する。また、#や0の書式記号の後に指定されている場合は、数値を1000で割って小数部を四捨五入して千単位の表示にする
¥	通貨記号の「¥」（円記号）を表示する
%	パーセント表示にする

※整数の位に指定した書式記号の桁数よりも入力した整数の位の桁数が多い場合は、すべての整数の位が表示される

■日付の書式記号

書式記号	説　明
yy	西暦の年を2桁で表示する
yyyy	西暦の年を4桁で表示する
m	月を数値で表示する（1 ～ 12）
mm	1桁の月に0を付けて2桁の数値で表示する（01 ～ 12）
mmm	月を英語3文字で表示する（Jan ～ Dec）
mmmm	月を英語で表示する（January ～ December）
d	日にちを表示する（1 ～ 31）
dd	1桁の日にちに0を付けて2桁で表示する（01 ～ 31）
ddd	曜日を英語の3文字で表示する（Sun ～ Sat）
dddd	曜日を英語で表示する（Sunday ～ Saturday）
aaa	曜日を漢字1文字で表示する（日～土）
aaaa	曜日を漢字で表示する（日曜日～土曜日）

■文字の書式記号

書式記号	説　明
スペース	スペースを表示する
" "	" "で囲まれた文字列をその位置に表示する
@	セル内の文字列を表示する

6-4

学習時間の目安 30 min

学習日・理解度チェック

月 日 □
月 日 □
月 日 □

基本的な関数を使う

関数とは、よく使う計算や複雑な処理を簡単に行うためにあらかじめExcelに用意されている数式です。Excelには400個以上の関数が登録されていて、合計や平均の計算、条件判断、データの検索、文字列の変換などができます。

ここでの学習内容

関数を使用して、合計、平均、最大値、最小値、数値のセルの個数を求めます。複数のセル範囲に同時に合計を求める方法や、複数のセル範囲の数式をオートフィル機能を使用してまとめてコピーする方法についても学習します。

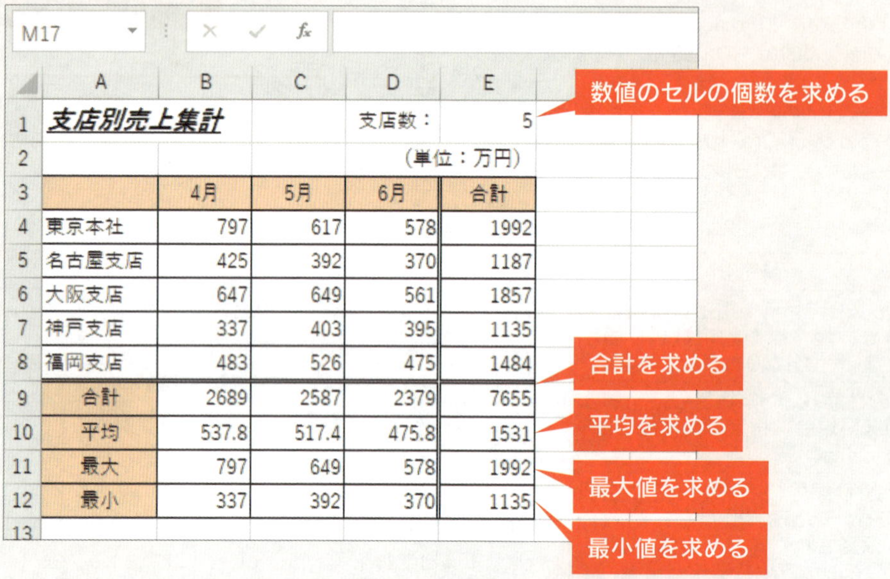

	A	B	C	D	E
1	支店別売上集計			支店数：	5
2				（単位：万円）	
3		4月	5月	6月	合計
4	東京本社	797	617	578	1992
5	名古屋支店	425	392	370	1187
6	大阪支店	647	649	561	1857
7	神戸支店	337	403	395	1135
8	福岡支店	483	526	475	1484
9	合計	2689	2587	2379	7655
10	平均	537.8	517.4	475.8	1531
11	最大	797	649	578	1992
12	最小	337	392	370	1135
13					

関数の書式

関数は、四則演算の数式と同様に最初に「=」（等号）を入力します。続いて、合計や平均などの英字の関数名を入力し、引数（ひきすう）という計算のもとになる値を「( )」（かっこ）で囲んで入力します。

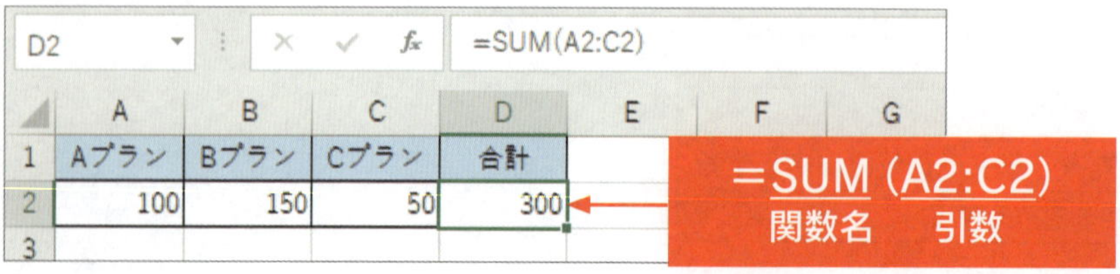

	A	B	C	D	E	F	G
1	Aプラン	Bプラン	Cプラン	合計			
2	100	150	50	300			
3							

関数の入力方法

関数の入力方法は次の3種類があります。

・[合計] ボタンを使う

[ホーム] タブの [編集] グループの Σ [合計] ボタンまたは [数式] タブの [関数ライブラリ] グループの Σオート SUM [オートSUM] ボタンの▼をクリックすると、一覧が表示され、合計、平均、数値の個数、最大値、最小値の関数を簡単に挿入できます。

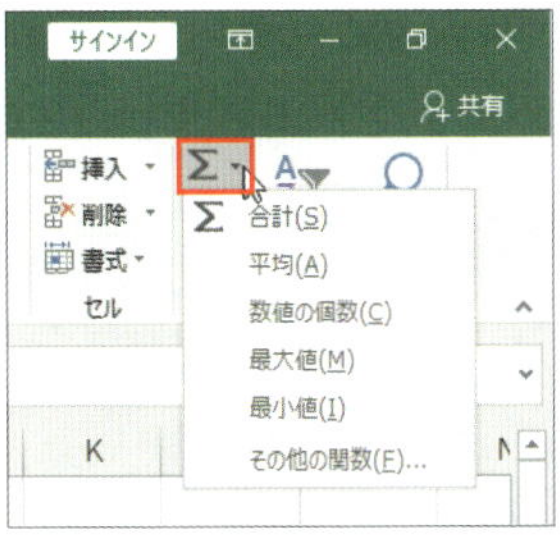

合計(S)
平均(A)
数値の個数(C)
最大値(M)
最小値(I)
その他の関数(F)...

・[数式] タブの [関数ライブラリ] グループのボタンを使う

[数式] タブの [関数ライブラリ] グループには、[論理]、[文字列操作]、[日付/時刻]、[検索/行列]、[数学/三角] などの関数の分類別のボタンが用意されています。クリックして、一覧から関数名を選択すると、[関数の引数] ダイアログボックスが表示され、説明や結果を確認しながら、関数を設定できます。

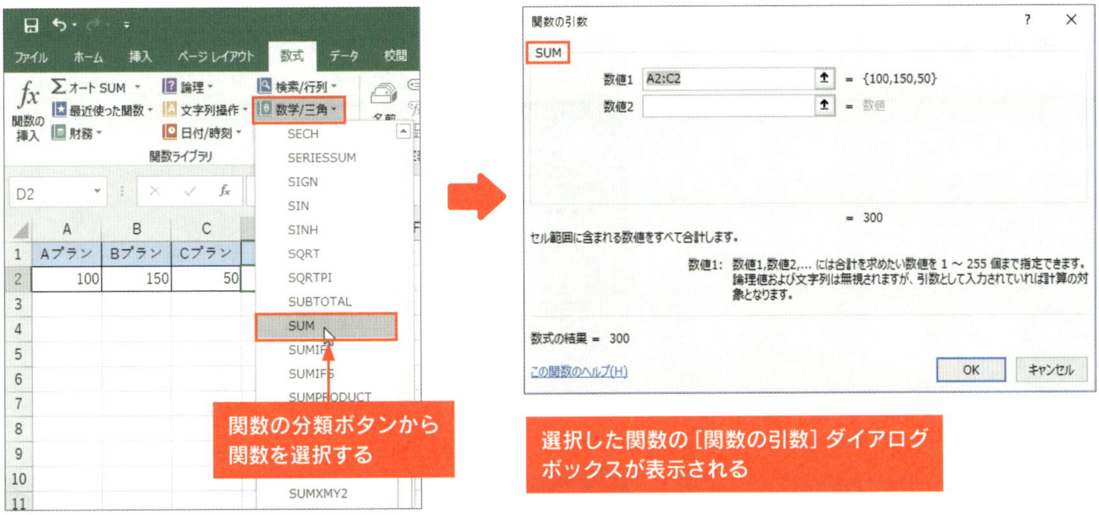

関数の分類ボタンから関数を選択する
選択した関数の [関数の引数] ダイアログボックスが表示される

・手入力する

「=」(等号) に続いて関数名の最初の数文字を半角英字で入力すると、該当する関数名の一覧が表示されます。一覧から関数名をダブルクリックすると、その関数が入力されます。関数の書式がポップアップ表示されるので、確認しながら引数を設定します。

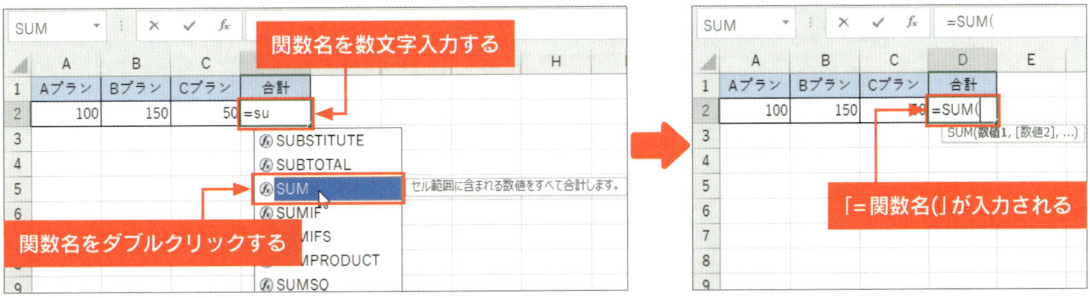

関数名を数文字入力する
関数名をダブルクリックする
「=関数名(」が入力される

SUM関数

SUM関数は引数として指定した数値を合計します。

書式　SUM(数値1, 数値2,…)
引数　数値1, 数値2,…：数値、セル参照、セル範囲などを指定する

やってみよう—合計を計算する

教材ファイル → 教材6-4-1

教材ファイル「教材6-4-1.xlsx」を開き、月別の売上金額の合計を求めましょう。

1 合計を求めるSUM関数を挿入します。

❶ セルB9をクリックする
❷［ホーム］タブの［編集］グループの［合計］ボタンをクリックする
❸ セルB9に「=SUM(B4:B8)」と表示される

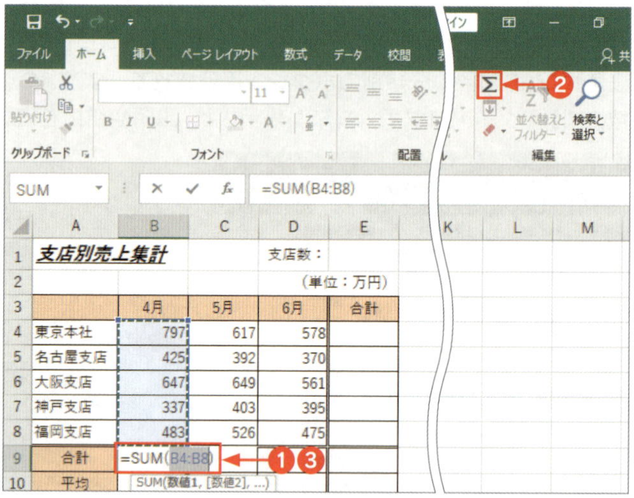

2 合計が求められます。

❶ 再び［合計］ボタンをクリックする
❷ 数式が確定され、セルB9にセルB4～B8の合計「2689」が表示される

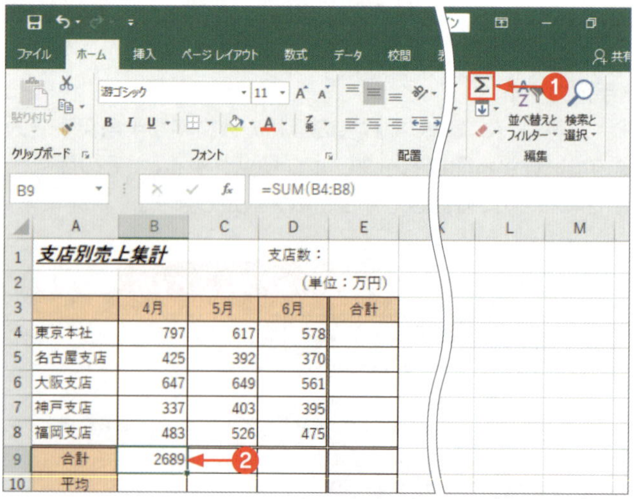

ここがポイント！
▶ 合計の範囲

Σ［合計］ボタンをクリックすると、アクティブセルの上または左の連続して数値が入力されている範囲が自動認識されます。セル範囲が点滅し、引数として入力されるので、再びΣ［合計］ボタンをクリックするかEnterキーを押すと、数式が確定します。引数「B4:B8」の「:」（コロン）はB4～B8という連続する範囲を表します。

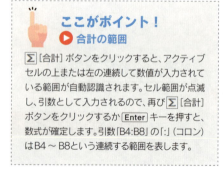

3 オートフィル機能を使用して数式をコピーします。

❶セルB9のフィルハンドルをセルD9までドラッグする

❷［オートフィルオプション］ボタンをクリックする

❸［書式なしコピー（フィル）］をクリックする

❹セルB9の合計を求める数式が、C9～D9に書式を含まずコピーされる

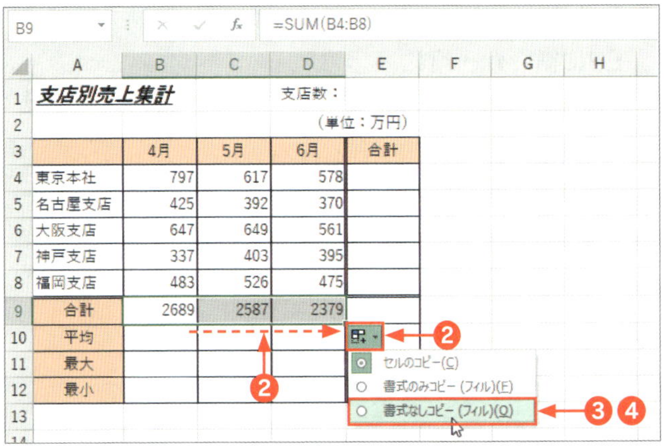

完成例ファイル 教材6-4-1（完成）

ここがポイント！
▶書式なしコピー

セルB9の右側の線は一本線なので書式を含んでコピーすると、セルD9の右側の線が二重線から一本線に変わってしまいます。これを防ぐため、書式なしコピーをします。

やってみよう―縦計・横計を一度に計算する

教材ファイル 教材6-4-2

［合計］ボタンを使うと、表の縦計・横計を一度に求めることができます。教材ファイル「教材6-4-2.xlsx」を開き、月別の合計（縦計）と支店別の合計（横計）を求めましょう。

1 縦計・横計を求めるデータと合計を表示する範囲を選択し、SUM関数を挿入します。

❶セルB4～E9を範囲選択する

❷［ホーム］タブの［編集］グループの［合計］ボタンをクリックする

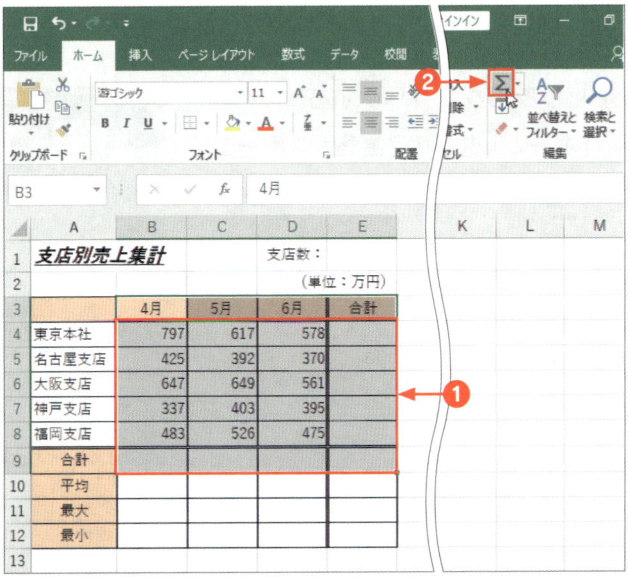

2 縦計・横計が一度に求められます。

❶セルB9 ～ D9に縦計、セルE4 ～ E9に横計が一度に表示される
❷セルE4をクリックする
❸数式バーに「=SUM(B4:D4)」と表示され、東京本社の4月～6月の合計が求められている

完成例ファイル 教材6-4-2（完成）

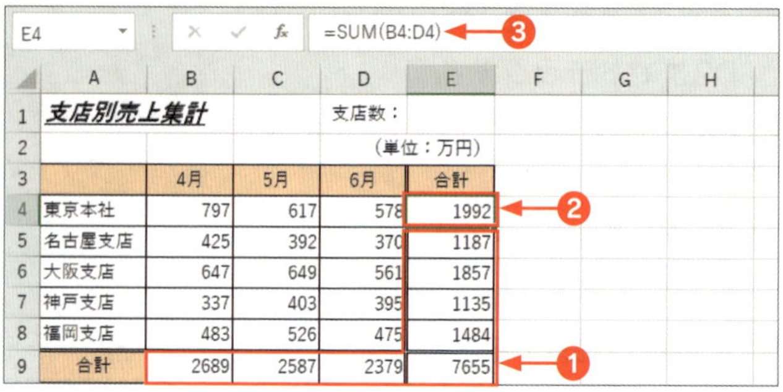

知っておくと便利！

▶範囲選択の方法

合計する範囲と計算結果を表示するセルを連続して範囲選択し、Σ［合計］ボタンをクリックすると、選択範囲の一番下または右端のセルに、それ以外の選択範囲のセルを引数としたSUM関数が一度に挿入されます。同様にΣ▾［合計］ボタンの▼をクリックし、［平均］、［最大値］、［最小値］などをクリックするとそれぞれの関数が一度に挿入されます。

AVERAGE関数

AVERAGE関数は引数として指定した数値の平均値を求めます。

書式　AVERAGE（数値1, 数値2,…）
引数　数値1, 数値2,…：数値、セル参照、セル範囲などを指定する

やってみよう―平均値を求める

教材ファイル 教材6-4-3

教材ファイル「教材6-4-3.xlsx」を開き、4月の売上金額の平均値を求めましょう。

1 平均値を求めるAVERAGE関数を挿入します。

❶セルB10をクリックする
❷［ホーム］タブの［編集］グループの［合計］ボタンの▼をクリックする
❸［平均］をクリックする

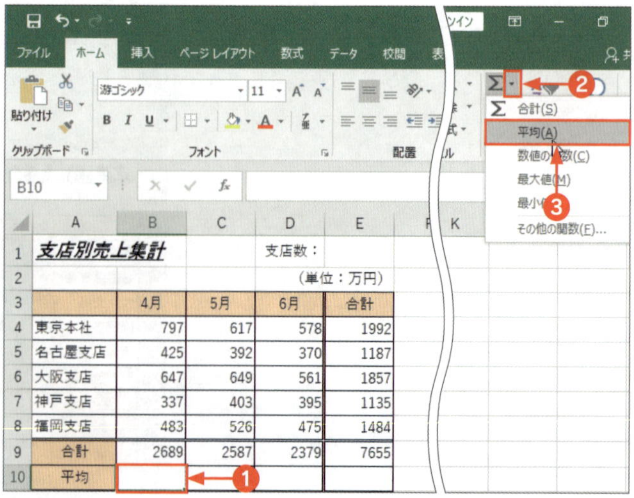

2 AVERAGE関数が挿入されます。

❶セルB10に「=AVERAGE(B4:B9)」と表示される

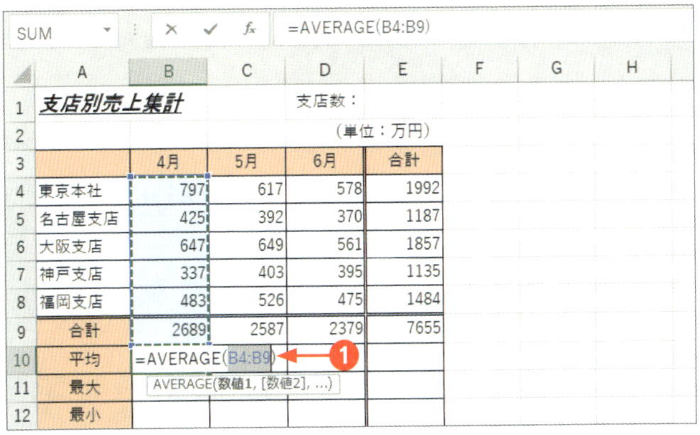

3 平均する範囲を修正します。

❶引数に合計のセルが含まれているので、これを除く範囲、セルB4～B8をドラッグする

❷セルB10が「=AVERAGE(B4:B8)」に変更される

❸[合計] ボタンをクリックする

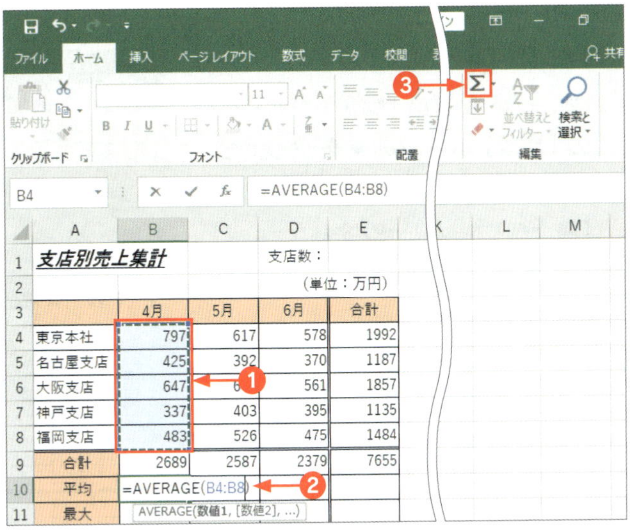

4 平均値が求められます。

❶セルB10にセルB4～B8の平均値「537.8」が表示される

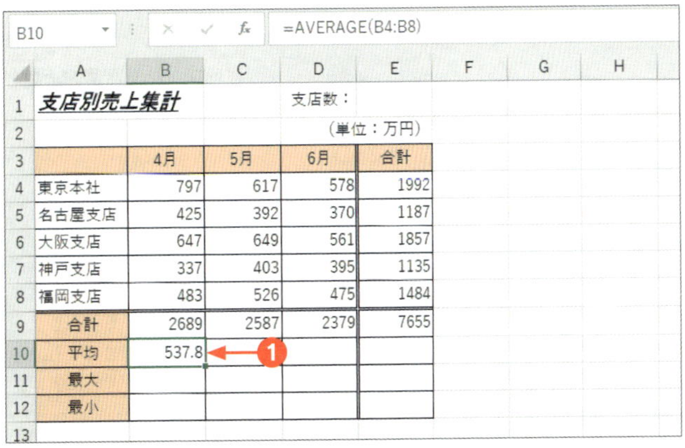

完成例ファイル 教材6-4-3（完成）

MAX関数とMIN関数

MAX関数は引数として指定した範囲の数値の最大値を求めます。

書式　MAX (数値1, 数値2,…)
引数　数値1, 数値2,…：数値、セル参照、セル範囲などを指定する

MIN関数は引数として指定した範囲の数値の最小値を求めます。

書式　MIN (数値1, 数値2,…)
引数　数値1, 数値2,…：数値、セル参照、セル範囲などを指定する

やってみよう―最大値、最小値を求める

教材ファイル 教材6-4-4

教材ファイル「教材6-4-4.xlsx」を開き、4月の売上金額の最大値、最小値を求めましょう。

1 最大値を求めるMAX関数を挿入します。

❶セルB11をクリックする
❷［ホーム］タブの［編集］グループの［合計］ボタンの▼をクリックする
❸［最大値］をクリックする
❹セルB11に「=MAX (B4:B10)」と表示される

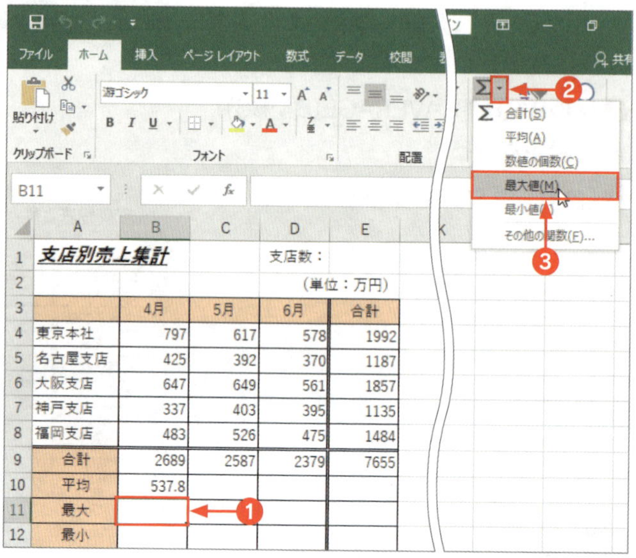

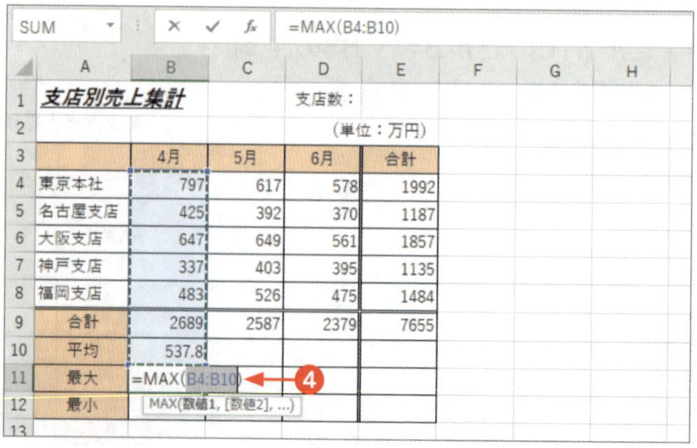

2 最大値を求める範囲を修正します。

❶引数に合計と平均のセルが含まれているので、これを除く範囲、セルB4 ～ B8をドラッグする

❷セルB11に「=MAX(B4:B8)」と表示される

❸[合計] ボタンをクリックする

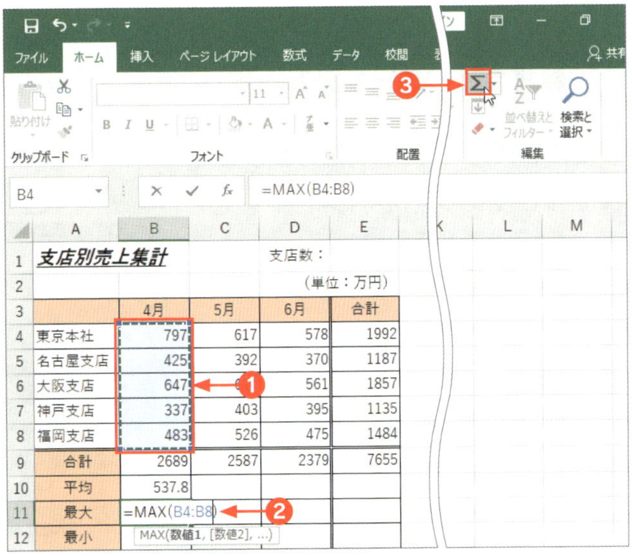

3 最大値が求められます。

❶セルB11にセルB4 ～ B8の最大値「797」が表示される

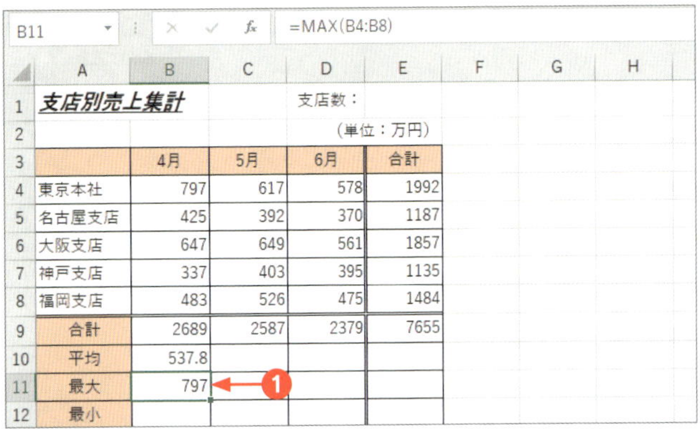

4 MIN関数を挿入して最小値を求めます。

❶最大値を求めたのと同様の操作で、セルB12に最小値を求める数式「=MIN(B4:B8)」を入力する

❷セルB12にセルB4 ～ B8の最小値「337」が表示される

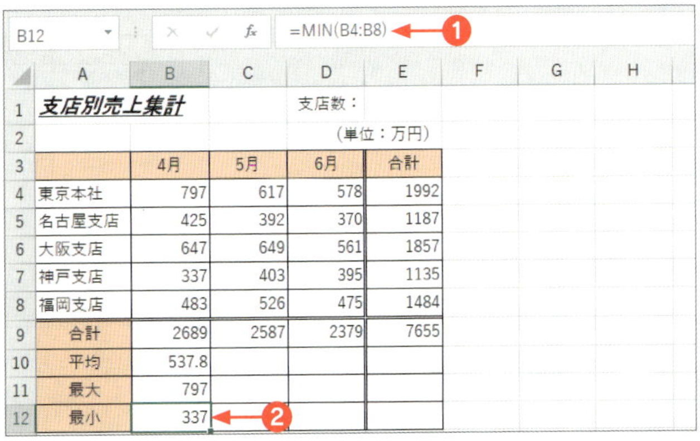

やってみよう―数式をまとめてコピーする

4月の平均値、最大値、最小値を求める数式を5～6月と合計の範囲にまとめてコピーします。

1 数式のコピー元を範囲選択し、オートフィル機能を使用してコピーします。

❶セルB10～B12を範囲選択する
❷セルB12のフィルハンドルをセルE12までドラッグする
❸[オートフィルオプション]ボタンをクリックする
❹[書式なしコピー（フィル）]をクリックする

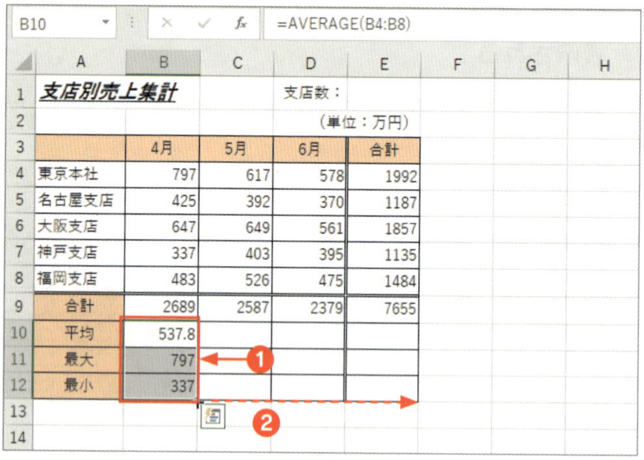

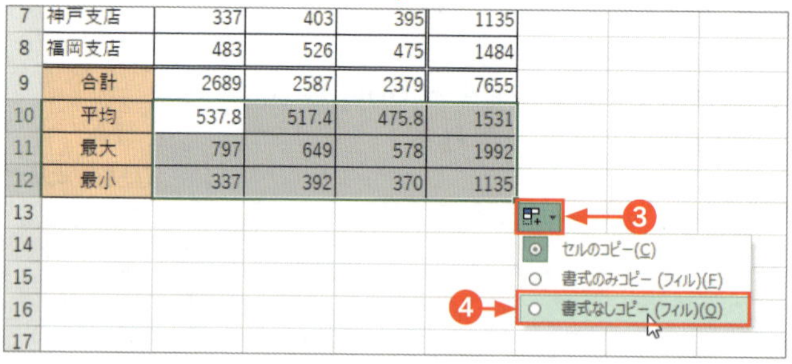

2 数式がまとめてコピーされます。

❶セルB10～B12の平均値、最大値、最小値を求める数式が、セルC10～E12に書式を含まず、コピーされる

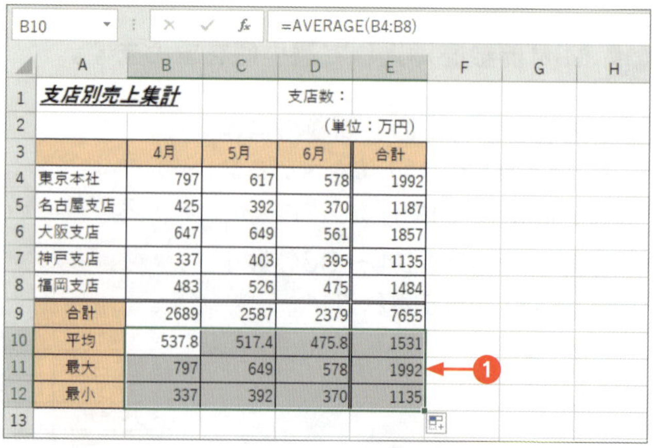

ここがポイント！
▶書式なしコピー

セルB10～B12の右側の線は一本線なので書式を含んでコピーすると、セルD10～D12の右側の線が二重線から一本線に変わってしまいます。これを防ぐため、書式なしコピーをします。

完成例ファイル 教材6-4-4（完成）

COUNT関数

COUNT関数は引数として指定した範囲で数値入力されているセルの個数を数えます。

書式　COUNT（値1, 値2,…）
引数　値1, 値2,…：数値が入力されているセル参照、セル範囲などを指定する

やってみよう—数値のセルの個数を数える

教材ファイル　教材6-4-5

教材ファイル「教材6-4-5.xlsx」を開き、支店別の合計欄のセルの個数を数えて、支店数を求めましょう。

1 数値が入力されているセルの個数を求めるCOUNT関数を挿入します。

❶セルE1をクリックする
❷［ホーム］タブの［編集］グループの［合計］ボタンの▼をクリックする
❸［数値の個数］をクリックする
❹セルE1に「=COUNT()」と入力される

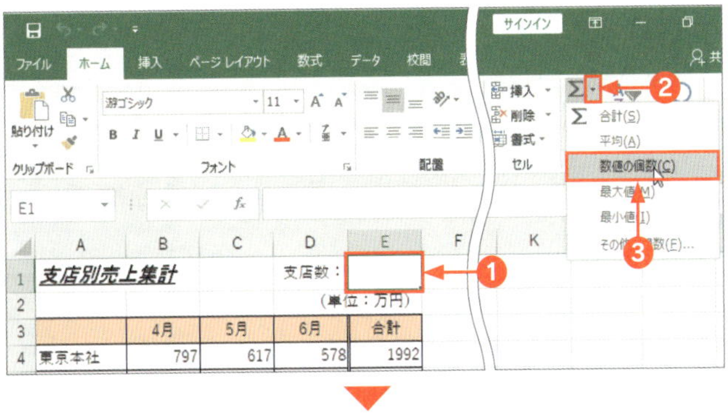

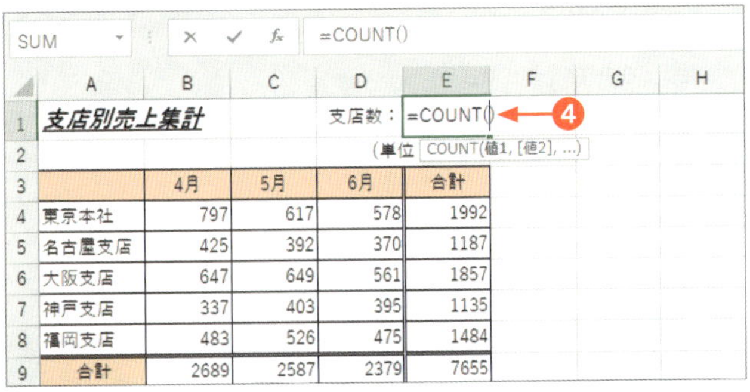

ここがポイント！
▶ 引数の指定

セルE1の上または左に数値が入力されているセルがないため対象範囲が自動認識されず、「=COUNT()」と引数がない形で関数が挿入されます。引数の範囲をドラッグして指定します。

2 数値が入力されているセルの個数を数える範囲を選択します。

❶セルE4～E8をドラッグする
❷セルE1に「=COUNT(E4:E8)」と表示されたことを確認する

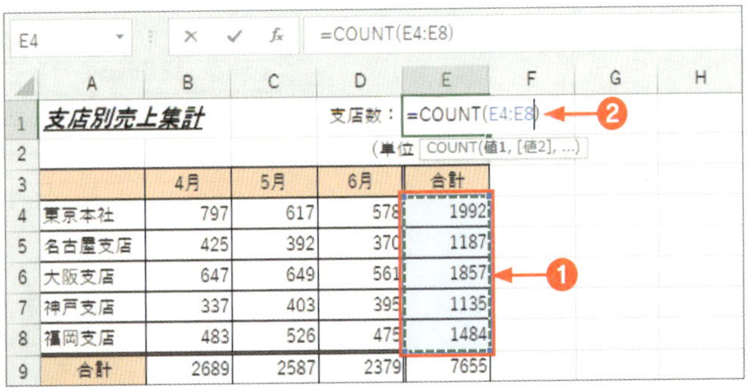

3 セルの個数が求められます。

❶［合計］ボタンをクリックする
❷セルE1に合計欄の数値のセルの個数「5」が表示される

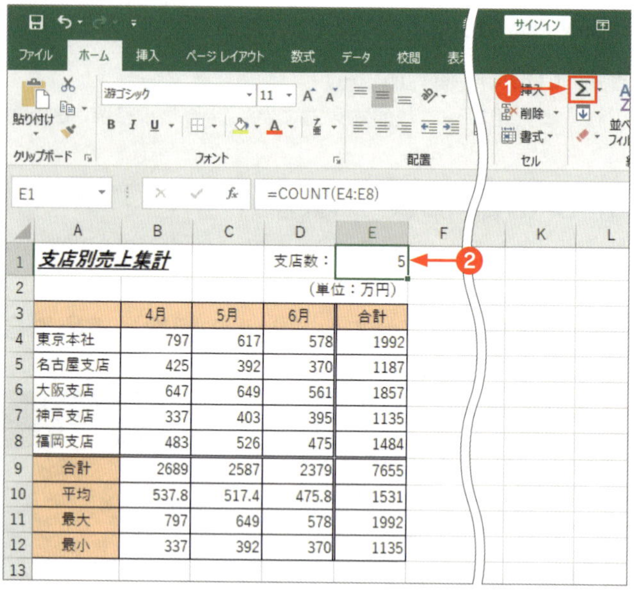

ここがポイント！
COUNT関数の引数の指定

数値が入力されているセル範囲を指定します。4月、5月、6月のいずれかのデータ範囲でも同じ結果になります。A列の支店名の入力されているセルの個数はCOUNT関数では数えることができません。この場合は、COUNTA関数（下の「知っておくと便利！」参照）を使用します。

完成例ファイル 教材6-4-5（完成）

知っておくと便利！
COUNTA関数

COUNT関数は数値が入力されているセルの個数を数えます。数値以外に文字など、データが入力されているすべてのセルの個数を数えるにはCOUNTA関数を使います。

書式　COUNTA（値1, 値2,…）
引数　値1, 値2,…：文字や数値などのデータが入力されているセル参照、セル範囲などを指定する

知っておくと便利！
ステータスバーで計算結果を確認する

画面右下のステータスバーには、範囲選択したセルの平均、データの個数、合計などが表示されます。この数値はコピーしたりして利用することはできませんが、計算結果を確認したい場合などに便利です。
なお、数値の個数、最小値、最大値も、ステータスバーを右クリックして、ショートカットメニューから選択すると、ステータスバーに表示することができます。

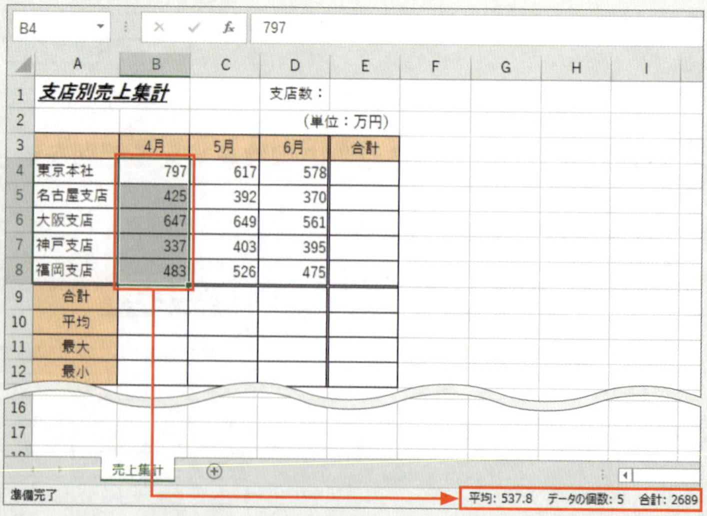

6-5

学習時間の目安 15 min

学習日・理解度チェック

月 日 □

月 日 □

月 日 □

条件に応じて処理をする

Excelの関数には論理関数というものがあります。論理関数を使うと、設定された条件を満たしているかいないかで処理を分けることができます。ここでは代表的な論理関数であるIF関数を使ってみます。

ここでの学習内容

IF関数を使用して、条件に応じて処理する方法を学習します。ここでは、合否欄に、合計点が240点以上のときに「合格」、240点に満たないときに「不合格」と表示します。

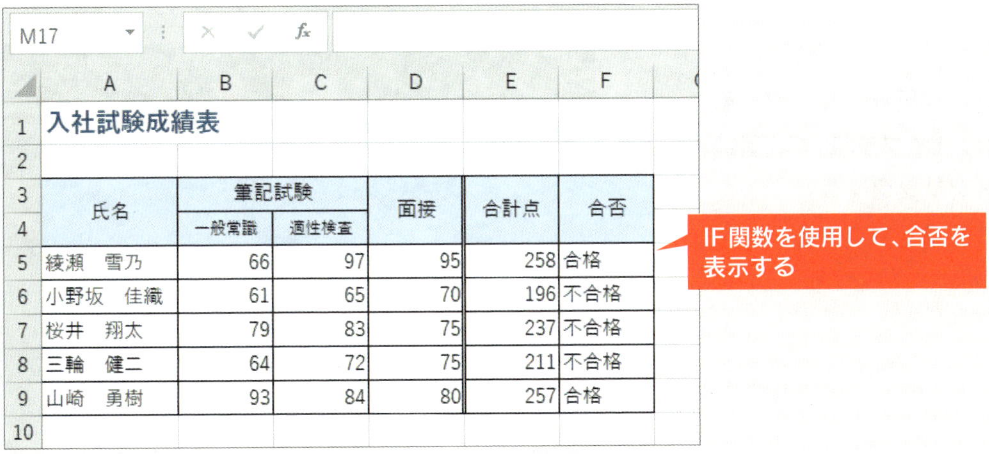
IF関数を使用して、合否を表示する

	A	B	C	D	E	F
1	入社試験成績表					
2						
3	氏名	筆記試験		面接	合計点	合否
4		一般常識	適性検査			
5	綾瀬　雪乃	66	97	95	258	合格
6	小野坂　佳織	61	65	70	196	不合格
7	桜井　翔太	79	83	75	237	不合格
8	三輪　健二	64	72	75	211	不合格
9	山崎　勇樹	93	84	80	257	合格
10						

論理式では以下のような「比較演算子」を使用して条件を設定します。

意味	比較演算子	使用例
等しい	=	A1=100 …セルA1の値が100
～より小さい	<	A1<100 …セルA1の値が100より小さい（100未満）
～より大きい	>	A1>100 …セルA1の値が100より大きい
～以下	<=	A1<=100…セルA1の値が100以下
～以上	>=	A1>=100…セルA1の値が100以上
等しくない	<>	A1<>100…セルA1の値が100でない

IF関数

IF関数は、引数に指定された論理式の条件を満たしているかいないかで処理を分けます。

書式　IF(論理式,真の場合,偽の場合)
引数　**論理式**：真または偽のどちらかに判定できる値または式を指定する
　　　値が真の場合：論理式の結果が真（TRUE）の場合に返す値を指定する
　　　値が偽の場合：論理式の結果が偽（FALSE）の場合に返す値を指定する

やってみよう―条件を満たしているかいないかで異なる文字列を表示する

教材ファイル　教材6-5-1

教材ファイル「教材6-5-1.xlsx」を開き、合否欄に、3科目の合計点が240点以上なら「合格」、240点未満なら「不合格」と表示する数式を入力しましょう。

1 合否の結果を表示するために、IF関数を挿入します。

1. セルF5をクリックする
2. ［数式］タブをクリックする
3. ［関数ライブラリ］の［論理］ボタンをクリックする
4. ［IF］をクリックする

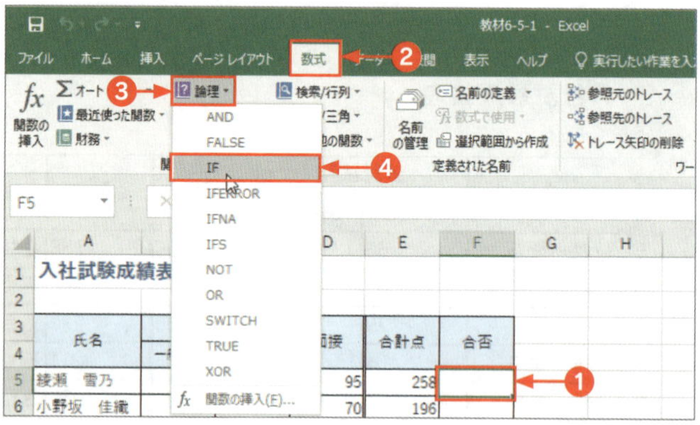

2 IF関数の引数を指定します。

1. IF関数の［関数の引数］ダイアログボックスが表示される
2. ［論理式］ボックスにカーソルがあることを確認し、セルE5をクリックして、「E5」を指定する
3. 続けて「>=240」と入力する
4. ［値が真の場合］（Excel 2013では［真の場合］）ボックスをクリックし、「合格」と入力する
5. ［値が偽の場合］（Excel 2013では［偽の場合］）ボックスをクリックし、「不合格」と入力する

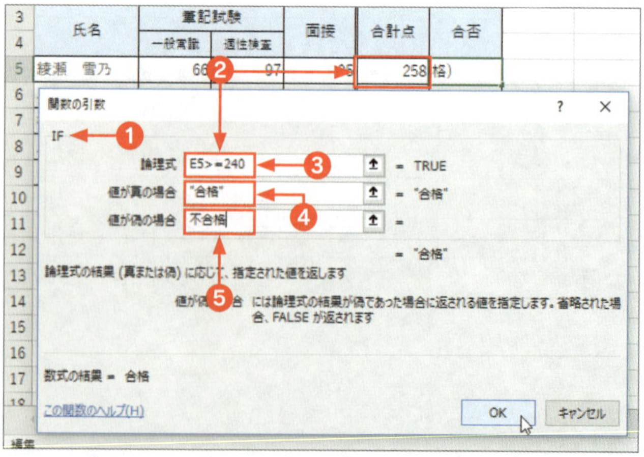

3 数式の結果を確認します。

❶［数式の結果］に「合格」と表示されていることを確認する
❷［OK］ボタンをクリックする

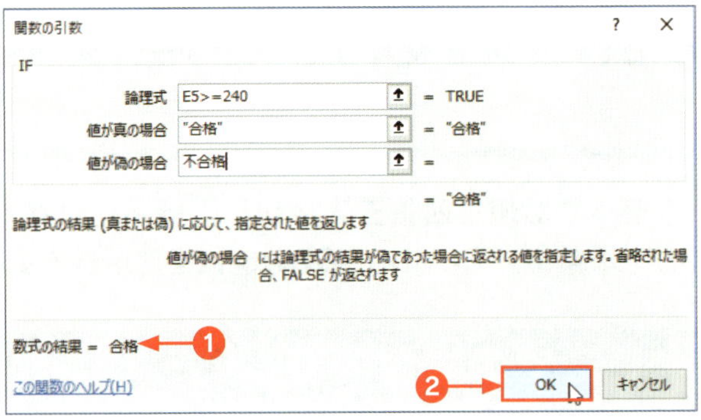

ここがポイント！
数式の結果の確認

［関数の引数］ダイアログボックスの左下の［数式の結果］には現在選択されているセルに表示される結果（ここでは「合格」）が表示されます。

4 数式の結果が表示されます。

❶セルF5に「合格」と表示される
❷数式バーに「=IF(E5>=240,"合格","不合格")」と表示されたことを確認する

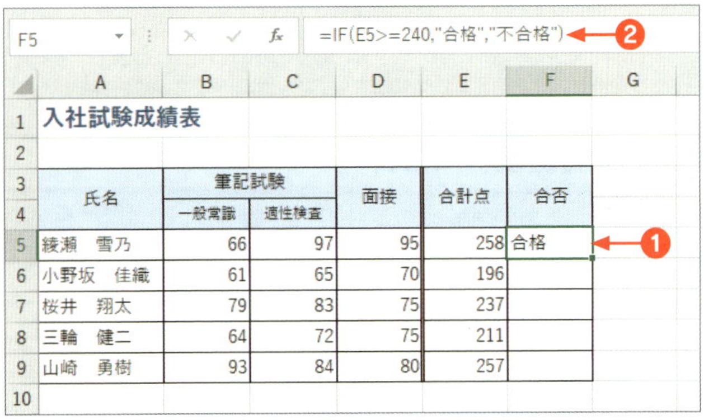

ここがポイント！
数式の入力

［関数の引数］ダイアログボックスを使わずに、セルF5に直接「=IF(E5>=240,"合格","不合格")」と入力しても同じ結果が表示されます。

ここがポイント！
引数に文字列を指定

値が真の場合や偽の場合の引数に文字列を指定する場合は、「"合格"」のように「"」（半角のダブルクォーテーション）で囲みます。［関数の引数］ダイアログボックスを使用している場合は［値が真の場合］、［値が偽の場合］ボックスに文字列を入力すると自動的に「"」で囲まれます。「"」は他のボックスをクリックしたときに表示を確認できます。

5 オートフィル機能を使用して数式をコピーします。

❶セルF5のフィルハンドルをダブルクリックする
❷セルF6～F9に合計点の値に応じて「合格」、「不合格」が表示される

完成例ファイル 教材6-5-1（完成）

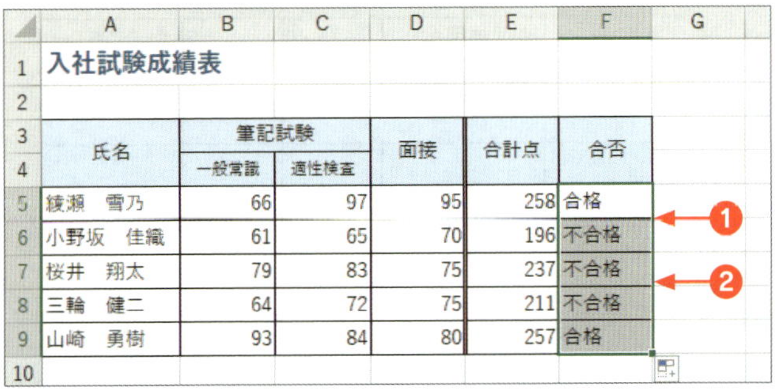

月　日　□
月　日　□
月　日　□

数値の端数を処理する

関数を使って数値を四捨五入／切り上げ／切り捨てすることができます。ROUND関数／ROUNDUP関数／ROUNDDOWN関数を使用します。

ここでの学習内容

関数を使用して数値の端数を処理する方法を学習します。ここでは、2割引適用価格を、ROUND関数を使用して100円単位にします。消費税の小数点以下の端数を、ROUNDDOWN関数を使用して切り捨てます。

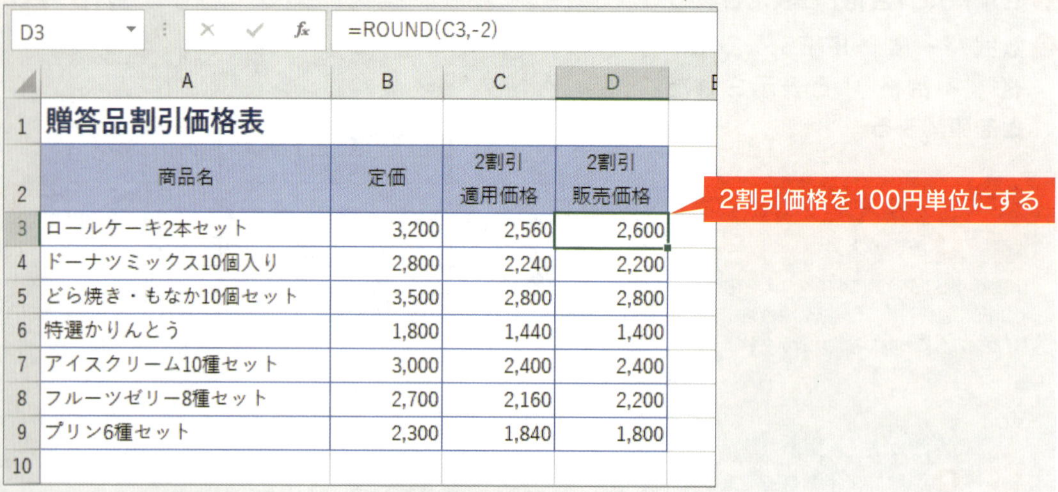

	A	B	C	D
1	贈答品割引価格表			
2	商品名	定価	2割引 適用価格	2割引 販売価格
3	ロールケーキ2本セット	3,200	2,560	2,600
4	ドーナツミックス10個入り	2,800	2,240	2,200
5	どら焼き・もなか10個セット	3,500	2,800	2,800
6	特選かりんとう	1,800	1,440	1,400
7	アイスクリーム10種セット	3,000	2,400	2,400
8	フルーツゼリー8種セット	2,700	2,160	2,200
9	プリン6種セット	2,300	1,840	1,800
10				

	A	B	C	D	E
1	納品明細書				
3	坂本　弥生	様		出荷日：	2019/6/1
5	商品番号	商品名	単価	個数	金額
6	A001	晴雨兼用傘	2,980	2	5,960
7	B005	速乾タオル	1,570	5	7,850
8					
9					
10					
11			小計		13,810
12			消費税 8%		1,104
13			合計		¥14,914

ROUND関数／ROUNDUP関数／ROUNDDOWN関数

ROUND関数は数値を指定した桁数で四捨五入します。

書式　ROUND(数値, 桁数)
引数　**数値**：四捨五入する数値を指定する
　　　　桁数：四捨五入した結果の桁数を指定する

ROUNDUP関数は数値を指定した桁数で切り上げます。

書式　ROUNDUP(数値, 桁数)
引数　**数値**：切り上げる数値を指定する
　　　　桁数：切り上げた結果の桁数を指定する

ROUNDDOWN関数は数値を指定した桁数で切り捨てます。

書式　ROUNDDOWN(数値, 桁数)
引数　**数値**：切り捨てる数値を指定する
　　　　桁数：切り捨てた結果の桁数を指定する

いずれの関数も、「0」を指定すると、小数点以下第1位が処理され、整数になります。小数点以下を表示する場合は、表示する桁数を正の数で指定します。たとえば、「1」を指定すると、小数点以下第2位が処理され、小数点以下第1位まで表示されます。小数点より上の桁で処理する場合は処理する桁数を負の数で指定します。たとえば「-1」を指定すると、1の位が四捨五入され、10の位の数値が表示されます。

数値	7	2	0	.	1	2	4
桁数	-3	-2	-1	0	1	2	3

やってみよう―数値を四捨五入する

教材ファイル　教材6-6-1

教材ファイル「教材6-6-1.xlsx」を開き、関数を使用して、2割引販売価格欄に、2割引適用価格を四捨五入して100円単位にした金額を求めましょう。

1　数値を四捨五入するROUND関数を挿入します。

❶セルD3をクリックする
❷[数式] タブをクリックする
❸[関数ライブラリ] グループの [数学/三角] ボタンをクリックする
❹一覧をスクロールして [ROUND] をクリックする

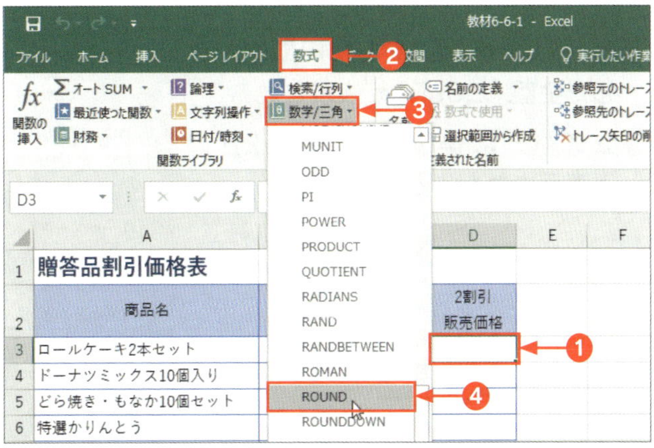

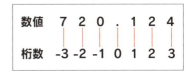

2 ROUND関数の引数を指定します。

❶ ROUND関数の［関数の引数］ダイアログボックスが表示される
❷［数値］ボックスにカーソルがあることを確認し、セルC3をクリックして「C3」を指定する
❸［桁数］ボックスをクリックして「-2」と入力する

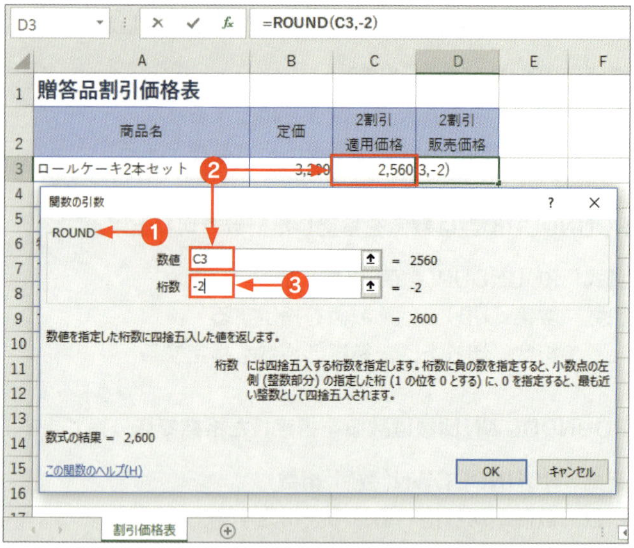

> **ここがポイント！**
> **▶ 桁数の指定**
> この例では、100円単位にするので、10の位を四捨五入します。そのため、桁数には2桁目を処理する「-2」を指定します。

3 数式の結果を確認します。

❶［数式の結果］にセルC3の10の位が四捨五入された値「2,600」が表示される
❷［OK］ボタンをクリックする

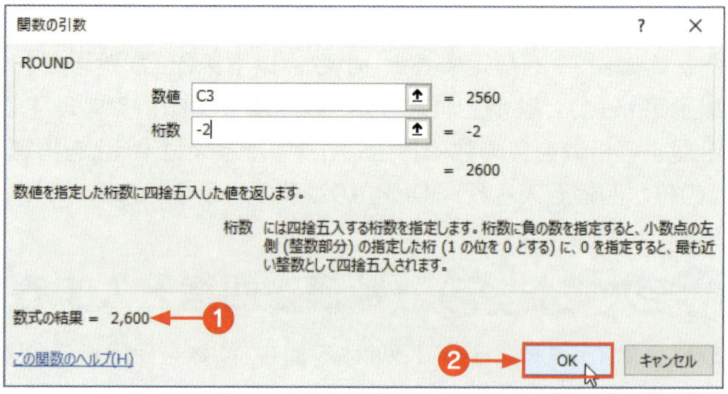

> **知っておくと便利！**
> **▶ 表示形式**
> セルD3にはあらかじめ桁区切りスタイルが設定されているため、数式の結果にも3桁区切りの「,」（カンマ）が表示されます。

4 数式の結果が表示されます。

❶ セルD3にセルC3を100円単位にした金額「2,600」が表示される
❷ 数式バーに「=ROUND(C3,-2)」と表示されたことを確認する

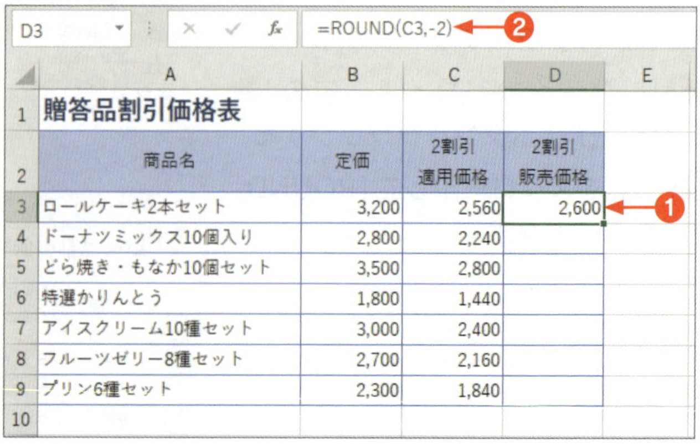

商品名	定価	2割引 適用価格	2割引 販売価格
ロールケーキ2本セット	3,200	2,560	2,600
ドーナツミックス10個入り	2,800	2,240	
どら焼き・もなか10個セット	3,500	2,800	
特選かりんとう	1,800	1,440	
アイスクリーム10種セット	3,000	2,400	
フルーツゼリー8種セット	2,700	2,160	
プリン6種セット	2,300	1,840	

> **ここがポイント！**
> **▶ 数式の入力**
> ［関数の引数］ダイアログボックスを使わずに、セルD3に直接「=ROUND(C3,-2)」と入力しても同じ結果が表示されます。

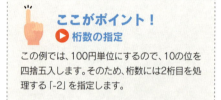

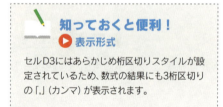

5 オートフィル機能を使用して数式をコピーします。

❶ セルD3のフィルハンドルをダブルクリックする

❷ セルD4～D9に2割引適用価格を100円単位にした金額が表示される

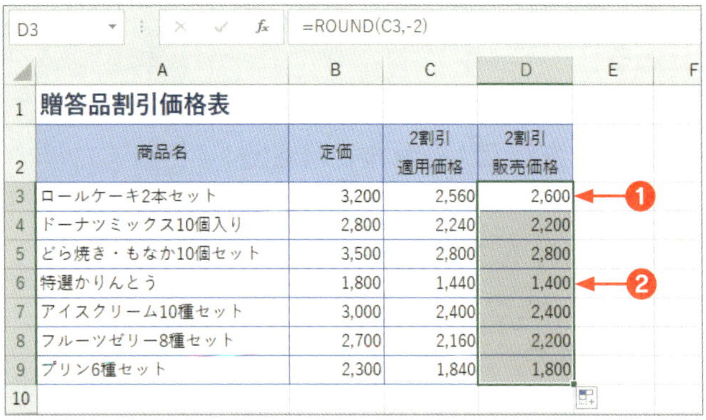

完成例ファイル 教材6-6-1（完成）

やってみよう―小数点以下の端数を切り捨てる

教材ファイル 教材6-6-2

教材ファイル「教材6-6-2.xlsx」を開き、小計から消費税を求め、関数を使用して、小数点以下の端数を切り捨てましょう。

1 数値を切り捨てるROUNDDOWN関数を挿入します。

❶ セルE12をクリックする

❷ ［数式］タブをクリックする

❸ ［関数ライブラリ］グループの［数学/三角］ボタンをクリックする

❹ 一覧をスクロールして［ROUNDDOWN］をクリックする

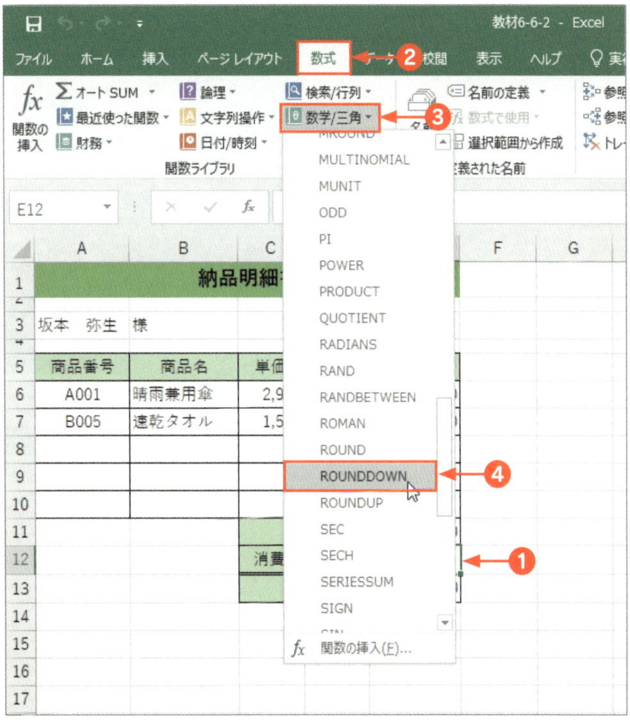

> **知っておくと便利！**
> **小数点以下を切り捨てる関数**
>
> INT関数でも小数点以下を切り捨てられます。INT関数は小数点以下を切り捨てて整数にする関数です。桁数を指定する必要がないので、消費税の計算などの場合に使用すると便利です。
>
> 書式　INT（数値）
> 引数　数値：切り捨てて整数にする数値を指定する

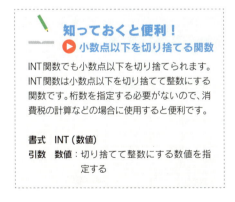

2 ROUNDDOWN関数の引数を指定します。

❶ ROUNDDOWN関数の［関数の引数］ダイアログボックスが表示される
❷［数値］ボックスにカーソルがあることを確認し、セルE11をクリックして「E11」を指定する
❸ 続けて「*」を入力する
❹ セルD12をクリックして「D12」を指定する
❺［桁数］ボックスをクリックして「0」と入力する

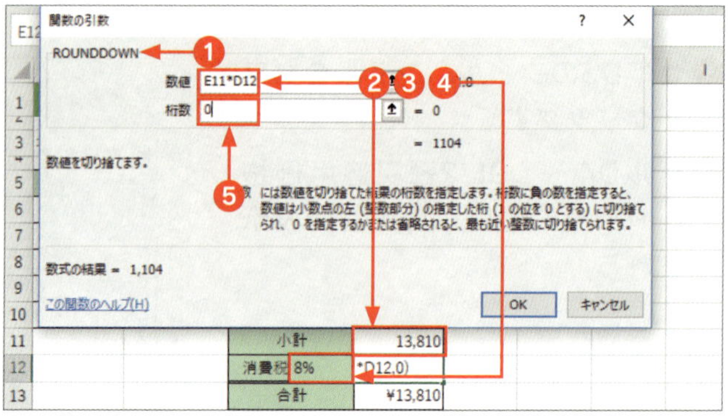

ここがポイント！
消費税の指定

❹では消費税が入力されているセルD12を指定していますが、「8%」または「0.08」を入力しても構いません。

3 数式の結果を確認します。

❶［数式の結果］に小数点以下が切り捨てられた値「1,104」が表示される
❷［OK］ボタンをクリックする

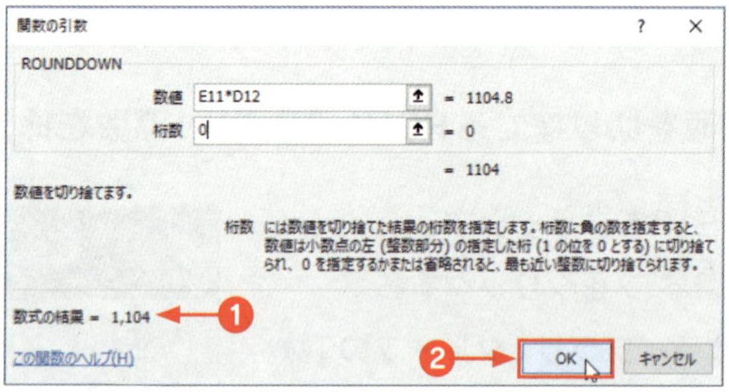

4 数式の結果が表示されます。

❶ セルE12に「1,104」と表示される
❷ 数式バーに「=ROUNDDOWN(E11*D12,0)」と表示されたことを確認する

ここがポイント！
数式の入力

［関数の引数］ダイアログボックスを使わずに、セルE12に直接「=ROUNDDOWN(E11*D12,0)」と入力しても同じ結果が表示されます。

完成例ファイル 教材6-6-2（完成）

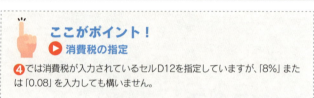

月　日　□
月　日　□
月　日　□

検索して値を表示する

関数を使って、表から検索条件に一致する値を検索し、同じ行や列にあるデータを取り出すことができます。行方向（縦方向：Vertical）にデータが入力された表から値を取得する場合はVLOOKUP関数、列方向（横方向：Horizontal）にデータが入力された表から値を取得する場合はHLOOKUP関数を使います。

ここでの学習内容

VLOOKUP関数を使用して、検索値をもとに、表から必要なデータを取り出す方法を学習します。ここでは、商品番号から、商品一覧の商品名と単価を表示します。

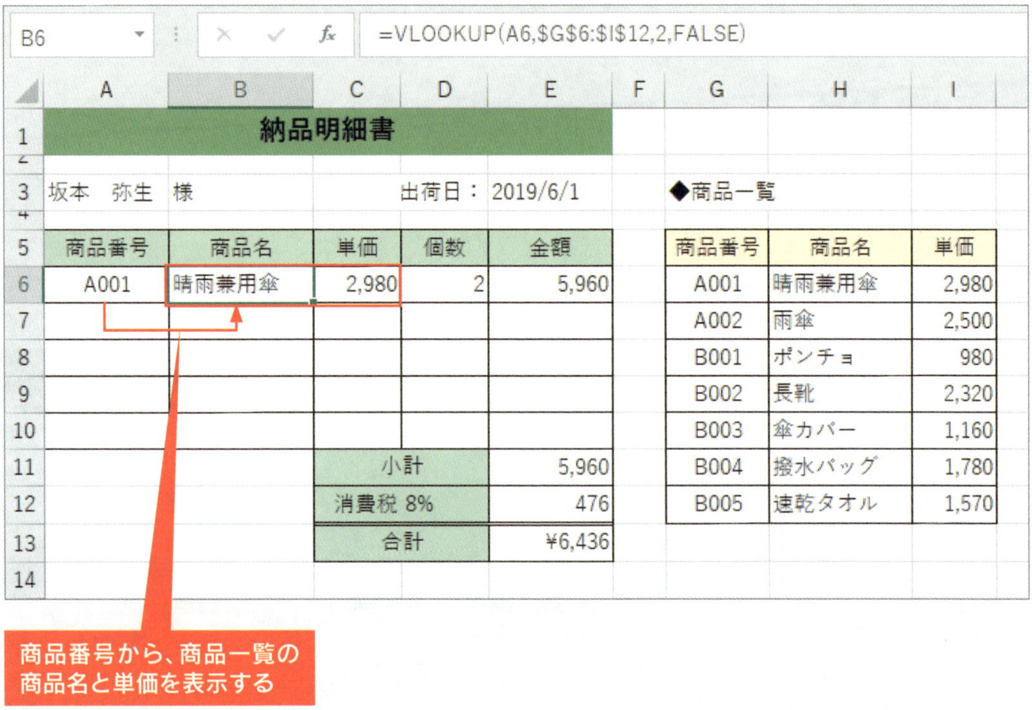

VLOOKUP関数／HLOOKUP関数

VLOOKUP関数は、指定された範囲の1列目で特定の値を検索し、同じ行の指定した列にある値を返します。

書式　**VLOOKUP(検索値, 範囲, 列番号, 検索方法)**

引数　**検索値**　：引数「範囲」の先頭列で検索する値を、値、セル参照、または文字列で指定する

範囲　：目的のデータが含まれる文字列、数値、セル範囲を指定する

列番号　：目的のデータが含まれる列を、引数「範囲」の1列目から数えた列数で指定する

検索方法　：論理値（TRUEまたはFALSE）を指定する。TRUEまたは省略の場合は、近似値を含めて検索され、FALSEまたは「0」の場合は、検索値と完全に一致する値だけが検索される

HLOOKUP関数は、指定された範囲の1行目で特定の値を検索し、同じ列の指定した行にある値を返します。

書式　**HLOOKUP(検索値, 範囲, 行番号, 検索方法)**

引数　**検索値**　：引数「範囲」の先頭行で検索する値を、値、セル参照、または文字列で指定する

範囲　：目的のデータが含まれる文字列、数値、セル範囲を指定する

行番号　：目的のデータが含まれる行を、引数「範囲」の1行目から数えた行数で指定する

検索方法　：論理値（TRUEまたはFALSE）を指定する。TRUEまたは省略の場合は、近似値を含めて検索され、FALSEまたは「0」の場合は、検索値と完全に一致する値だけが検索される

やってみよう—検索して値を表示する

教材ファイル　教材6-7-1

教材ファイル「教材6-7-1.xlsx」を開き、セルA6の商品番号から、商品一覧の商品名と単価がセルB6、C6に表示されるようにしましょう。その後、セルD6に個数「2」を入力して、計算結果を確認します。

1　商品番号から商品名を表示するために、VLOOKUP関数を挿入します。

❶セルB6をクリックする

❷［数式］タブをクリックする

❸［関数ライブラリ］グループの［検索/行列］ボタンをクリックする

❹［VLOOKUP］をクリックする

2 VLOOKUP関数の引数を指定します。

❶VLOOKUP関数の［関数の引数］ダイアログボックスが表示される
❷［検索値］ボックスにカーソルがあることを確認し、セルA6をクリックして、「A6」を指定する
❸［範囲］ボックスをクリックし、セルG6～I12をドラッグして「G6:I12」を指定する
❹ F4 キーを押して、絶対参照「$G$6:$I$12」にする
❺［列番号］ボックスをクリックして商品番号の列数「2」を入力する
❻［検索方法］ボックスをクリックして「false」または「0」を入力する
❼［数式の結果］にセルA6の商品番号「A001」に対応する商品名「晴雨兼用傘」が表示される
❽［OK］ボタンをクリックする

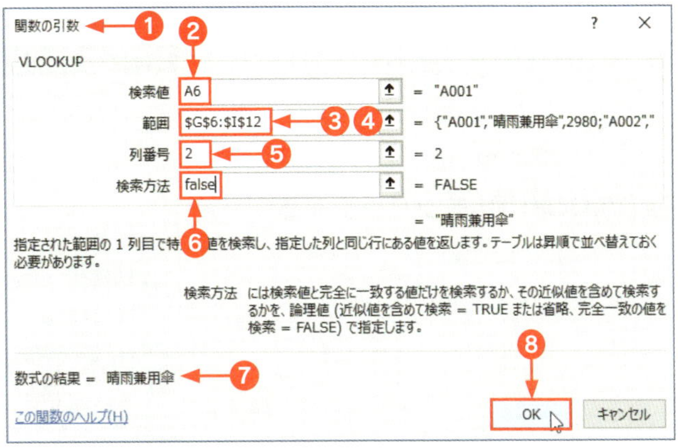

ここがポイント！
範囲の指定

引数「範囲」には、項目名のセル範囲は含めません。また、数式をコピーしてもセル参照が変わらないように、F4 キーを押して絶対参照で指定します。

ここがポイント！
検索方法の指定

この例では、引数「検索値」としてセルA6の商品番号を指定し、これに完全に一致する値を、引数「範囲」として指定する商品一覧の先頭列の商品番号から検索するので、引数「検索方法」にはFALSEを指定します。

3 数式の結果が表示されます。

❶数式バーに「=VLOOKUP(A6,$G$6:$I$12,2,FALSE)」または「=VLOOKUP(A6,$G$6:$I$12,2,0)」と表示されたことを確認する
❷セルB6にセルA6の商品番号「A001」に対応する商品名「晴雨兼用傘」が表示される

ここがポイント！
数式の入力

［関数の引数］ダイアログボックスを使わずに、セルB6に直接「=VLOOKUP(A6,$G$6:$I$12,2,FALSE)」または「=VLOOKUP(A6,$G$6:$I$12,2,0)」と入力してもセルA6の商品番号に対応する商品名が表示されます。

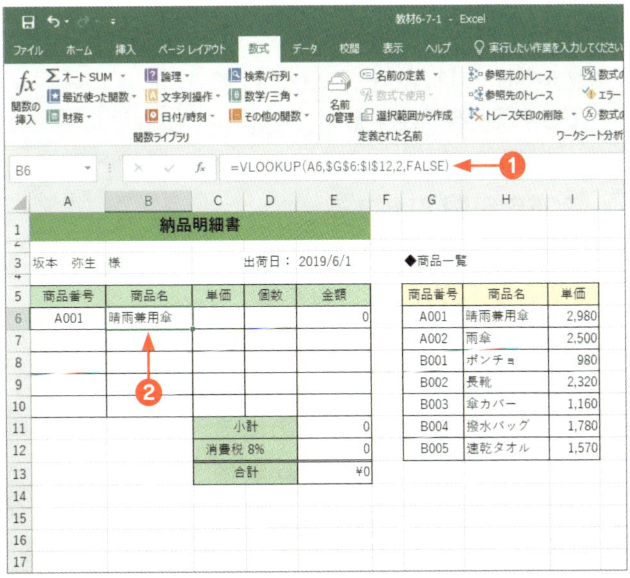

4 商品番号から単価を表示するために、VLOOKUP関数を挿入します。

❶セルC6をクリックする

❷［数式］タブの［関数ライブラリ］グループの［検索/行列］ボタンをクリックする

❸［VLOOKUP］をクリックする

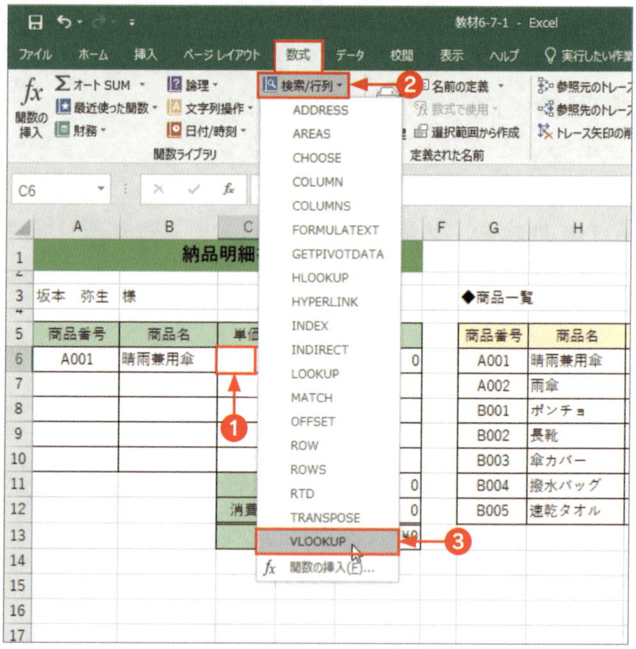

5 VLOOKUP関数の引数を指定します。

❶VLOOKUP関数の［関数の引数］ダイアログボックスが表示される

❷［検索値］ボックスにカーソルがあることを確認し、セルA6をクリックして、「A6」を指定する

❸［範囲］ボックスをクリックし、セルG6～I12をドラッグして「G6:I12」を指定する

❹ F4 キーを押して、絶対参照「$G$6:$I$12」にする

❺［列番号］ボックスをクリックして単価の列数「3」を入力する

❻［検索方法］ボックスをクリックして「false」または「0」を入力する

❼［数式の結果］にセルA6の商品番号「A001」に対応する単価「2,980」が表示される

❽［OK］ボタンをクリックする

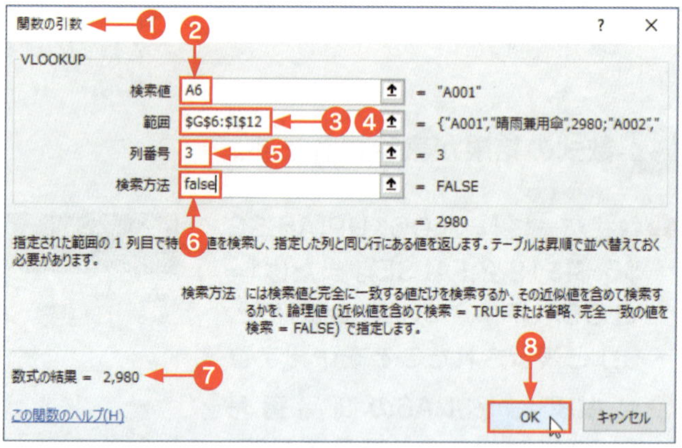

6 数式の結果が表示されます。

❶ 数式バーに「=VLOOKUP(A6,$G$6:$I$12,3,FALSE)」または「=VLOOKUP(A6,$G$6:$I$12,3,0)」と表示されたことを確認する

❷ セルC6にセルA6の商品番号「A001」に対応する単価「2,980」が表示される

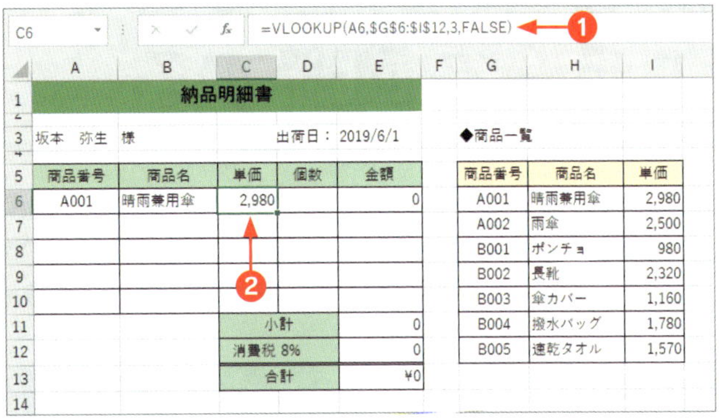

> **ここがポイント！**
> **数式の入力**
>
> ［関数の引数］ダイアログボックスを使わずに、セルB6に直接「=VLOOKUP(A6,$G$6:$I$12,3,FALSE)」または「=VLOOKUP(A6,$G$6:$I$12,3,0)」と入力してもセルA6の商品番号に対応する単価が表示されます。

7 個数を入力します。

❶ セルD6に「2」と入力する

❷ あらかじめ数式が入力されていたため、セルE6の金額、セルE11の小計、セルE12の消費税、セルE13の合計が自動的に計算される

完成例ファイル 教材6-7-1（完成）

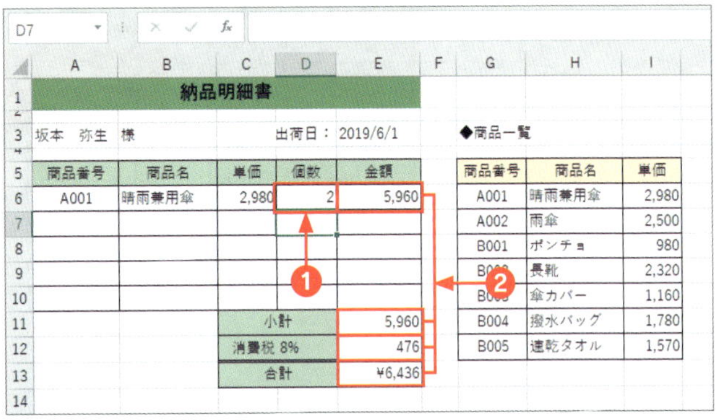

> **知っておくと便利！**
> **引数「検索方法」のTRUEとFALSEの違い**
>
> 引数「検索方法」にTRUEを指定した場合は、引数「範囲」の先頭列から引数「検索値」を超えない最も近い値が検索されます。なお、この場合、引数「範囲」の先頭列の値は昇順に並べ替えておく必要があります。FALSEを指定した場合は、引数「範囲」の先頭列から引数「検索値」に完全に一致する値が検索され、見つからない場合はエラー値「#N/A」が表示されます。

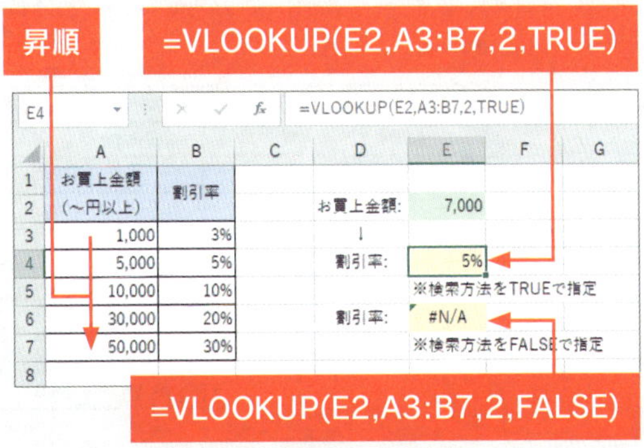

6-8

学習時間の目安 20 min　学習日・理解度チェック

関数を組み合わせてエラーを回避する

月　日　□
月　日　□
月　日　□

関数は他の関数と組み合わせて使用することができます。これを「ネスト」といいます。参照先が空白のためにエラーが表示されている数式に、IF関数を使用した数式の参照先が空白の場合は空白を表示するという数式を組み合わせれば、エラー表示を回避することができます。

ここでの学習内容

IF関数を組み合わせてエラー表示を回避する方法を学習します。ここでは、まずIF関数をVLOOKUP関数にネストして、商品番号が未入力のときには商品名と単価を空白にします。続いてIF関数を使用して、金額の計算に単価の空白文字が使われたときは金額を空白にします。

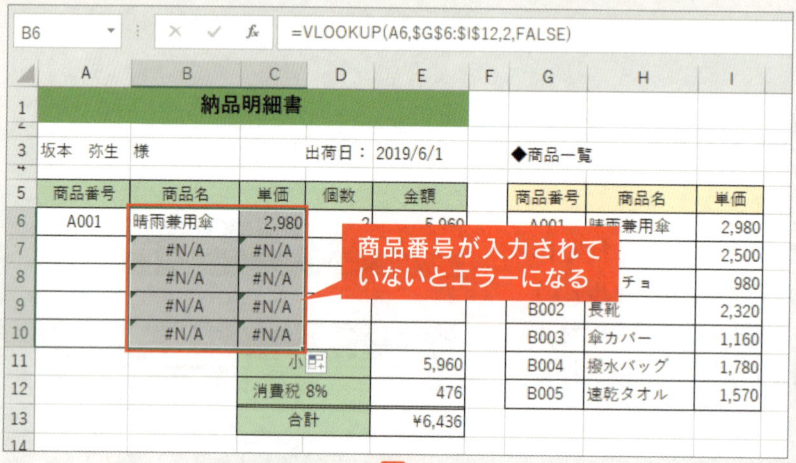

=VLOOKUP(A6,$G$6:$I$12,2,FALSE)
納品明細書
商品番号が入力されていないとエラーになる

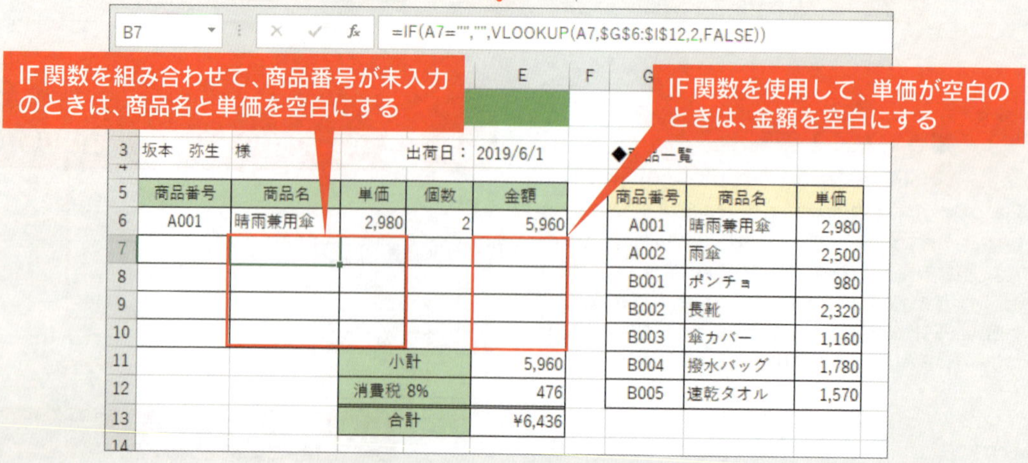

=IF(A7="","",VLOOKUP(A7,$G$6:$I$12,2,FALSE))
IF関数を組み合わせて、商品番号が未入力のときは、商品名と単価を空白にする
IF関数を使用して、単価が空白のときは、金額を空白にする

IF関数でのエラー回避

未入力のセルをVLOOKUP関数の引数「検索値」として参照したり、空白文字を計算に使用したりするとエラーが表示されます。IF関数を組み合わせて、未入力のセルや空白文字が参照された場合は空白を表示し、値が入力されている場合は計算式を実行するという数式を作成すれば、エラー表示を回避できます。

やってみよう―数式をコピーしてエラーを確認する

教材ファイル 教材6-8-1

教材ファイル「教材6-8-1.xlsx」を開き、セルB7～C7の数式をセルB8～C11にコピーして、エラーが表示されることを確認しましょう。

1 数式をコピーします。

❶ オートフィル機能を使って、セルB6～C6の数式をセルB7～C10にコピーする

❷ エラー値「#N/A」表示される

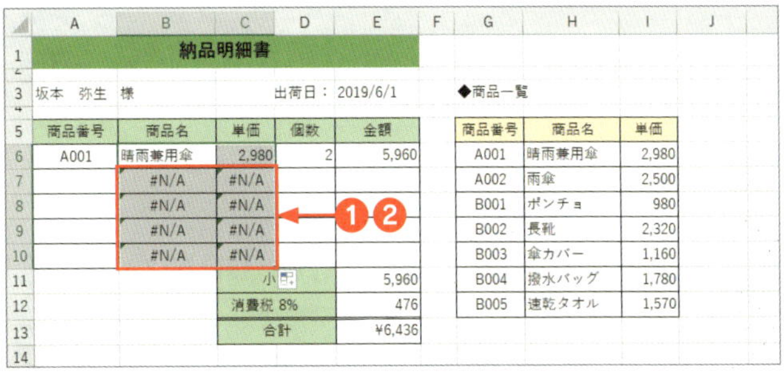

ここがポイント！

エラー値「#N/A」

計算に必要なデータが入力されていないときに表示されます。この例では、VLOOKUP関数の引数「検索値」にあたるA列の商品番号が未入力で引数「範囲」にあたる商品一覧の左端列に該当する値が見つからないためエラーになります。商品番号を入力するとエラー表示は消えます。

やってみよう―IF関数と組み合わせてエラーを回避する（［関数の引数］ダイアログボックスを使用）

セルB6の数式を削除し、IF関数とVLOOKUP関数を組み合わせて、A列の商品番号が入力されていなくても、商品名にエラーが表示されないようにします。

1 エラーを表示させないために、IF関数を挿入します。

❶ セルB6をクリックし、Deleteキーを押して、数式を削除する

❷ ［数式］タブをクリックする

❸ ［関数ライブラリ］グループの［論理］ボタンをクリックする

❹ ［IF］をクリックする

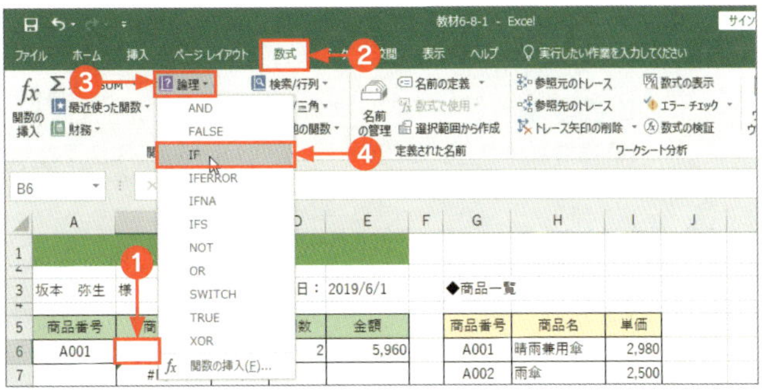

2 IF関数の引数を指定します。

❶ IF関数の［関数の引数］ダイアログボックスが表示される

❷［論理式］ボックスにカーソルがあることを確認し、セルA6をクリックして「A6」を指定する

❸ 続けて「=""」と入力する

❹［値が真の場合］ボックス（Excel 2013では［真の場合］ボックス）をクリックして「""」と入力する

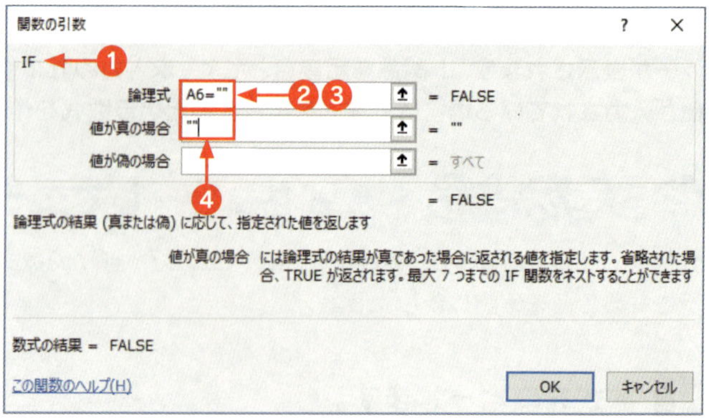

ここがポイント！

▶ 空白の表示

「""」（ダブルクォーテーション2つ）で空白を表します。ここではIF関数を使って、セルA6が空白の場合は空白を表示する指定をしています。

3 IF関数の引数としてVLOOKUP関数を指定します。

❶［値が偽の場合］ボックス（Excel 2013では［偽の場合］ボックス）をクリックしてカーソルを表示する

❷ 名前ボックスの▼をクリックする

❸［VLOOKUP］をクリックする

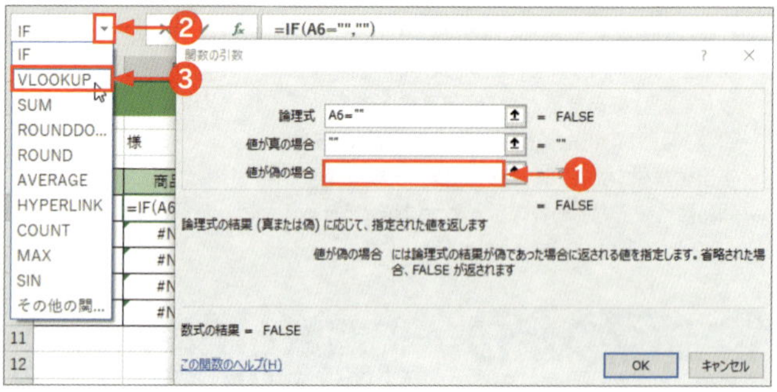

4 VLOOKUP関数の引数を指定します。

❶ 169ページの2の操作と同様に引数を指定する

❷［OK］ボタンをクリックする

ここがポイント！

▶ 名前ボックスに目的の関数がない場合

名前ボックスの▼をクリックして表示される一覧に目的の関数がない場合は、［その他の関数］をクリックします。［関数の挿入］ダイアログボックスが表示され、関数の分類や検索を利用して関数を選択することができます。

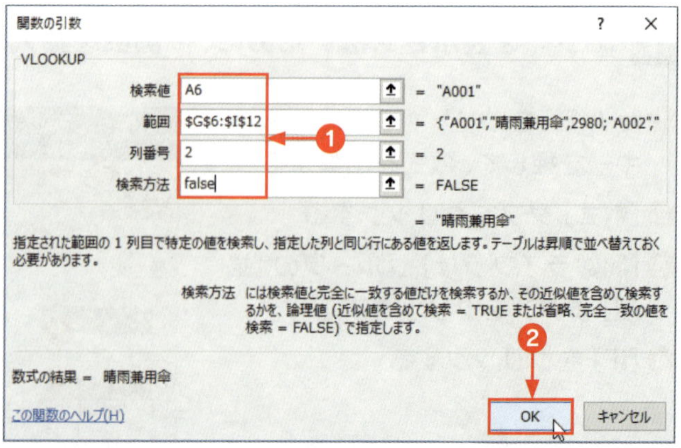

5 数式の結果が表示されます。

❶数式バーに「=IF(A6="","",VLOOKUP(A6,$G$6:$I$12,2,FALSE))」または「=IF(A6="","",VLOOKUP(A6,$G$6:$I$12,2,0))」と表示されたことを確認する

❷セルB6にセルA6の商品番号「A001」に対応する商品名「晴雨兼用傘」が表示される

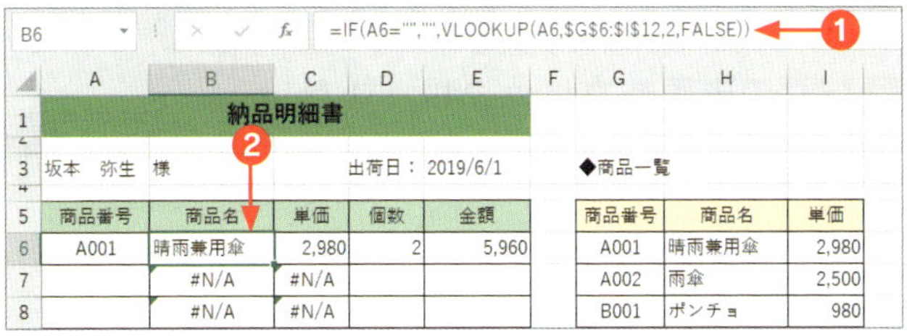

6 数式をコピーします。

❶オートフィル機能を使って、セルB6の数式をセルB7～B10にコピーする

❷セルB7～B10にエラーは表示されず、空白になる

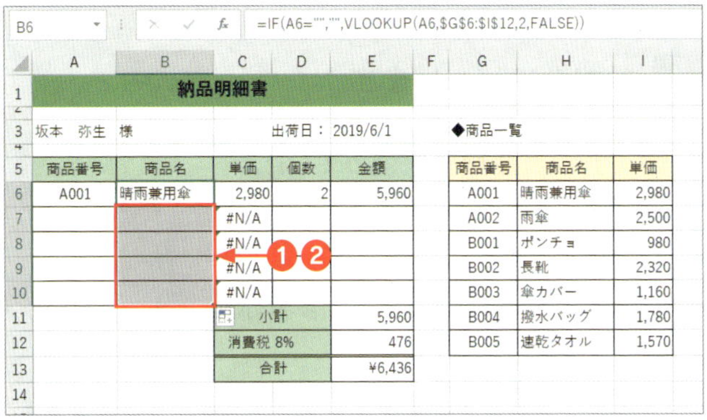

ここがポイント！
▶数式の入力

［関数の引数］ダイアログボックスを使わずに、セルB6に直接「=IF(A6="","",VLOOKUP(A6,$G$6:$I$12,2,FALSE))」または「=IF(A6="","",VLOOKUP(A6,$G$6:$I$12,2,0))」と入力してもセルA6の商品番号に対応する商品名が表示され、商品番号が未入力の場合は空白が表示されます。

やってみよう―IF関数と組み合わせてエラーを回避する（数式の編集）

セルC6の数式を編集してIF関数を追加し、A列の商品番号が入力されていなくても、単価にエラーが表示されないようにします。

1 数式を編集してIF関数を追加します。

❶セルC6をクリックする

❷数式バーの「=」の後ろをクリックする

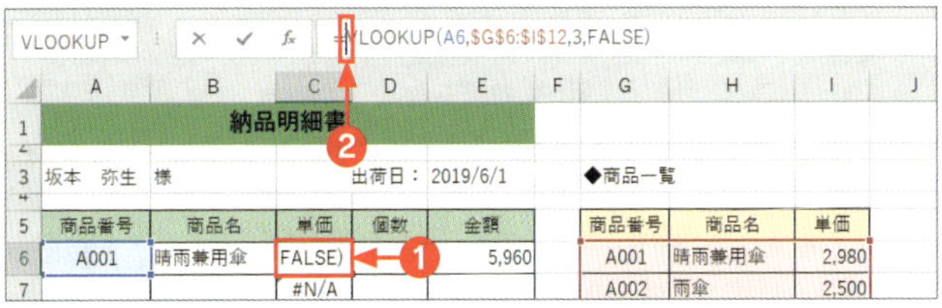

2 IF関数を入力します。

❶「IF(A6="","",」と入力する
❷数式の末尾をクリックし、「)」を入力する
❸ Enter キーを押す

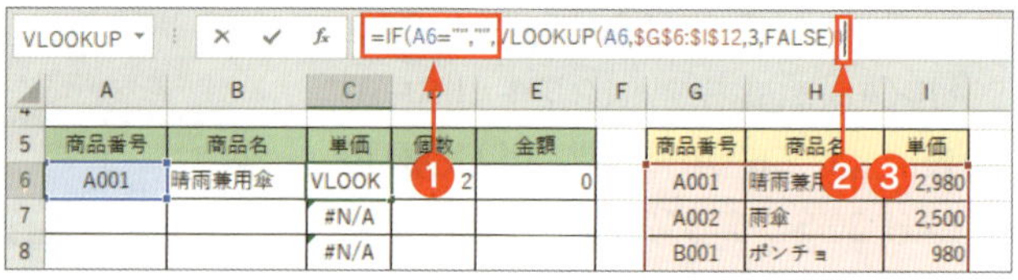

3 数式の結果が表示されます。

❶セルC6にセルA6の商品番号「A001」に対応する単価「2,980」が表示される

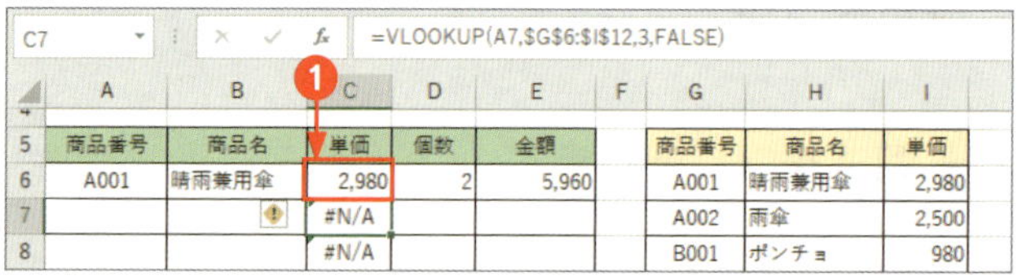

4 数式をコピーします。

❶オートフィル機能を使って、セルC6の数式をセルC7～C10にコピーする
❷セルC7～C10にエラーは表示されず、空白になる

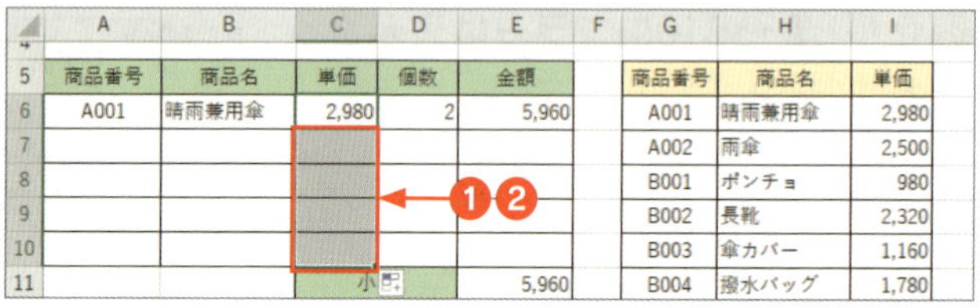

やってみよう―数式をコピーしてエラーを確認する

セルE7の数式をセルE8～E11にコピーして、エラーが表示されることを確認しましょう。

1 数式をコピーします。

❶オートフィル機能を使って、セルE6の数式をセルE7～E10にコピーする
❷セルE7～E10にエラー値「#VALUE！」が表示される

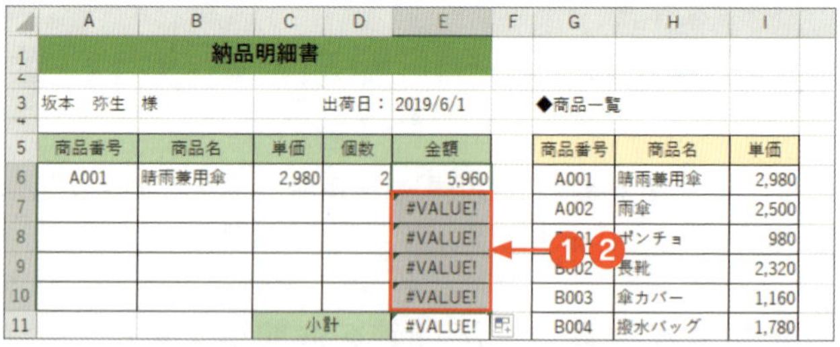

ここがポイント！

▶ エラー値「#VALUE!」

計算で使用する値の種類が間違っている場合に表示されます。金額は単価×個数の計算で求めています。この例では、商品番号が未入力の場合、単価のセルにはIF関数によって空白が表示されています。「""」は厳密には文字数が0の文字列です。文字列を計算に使用することになるため、エラーになります。小計、消費税、合計はエラー値をもとに計算するので、同様にエラーになります。

やってみよう—IF関数の引数として計算式を設定してエラーを回避する（数式の編集）

セルE6の数式を編集してIF関数を追加し、単価が空白でも、エラーが表示されないようにします。

1 数式を編集してIF関数を追加します。

❶ セルE6をクリックする
❷ 数式バーの「=」の後ろをクリックする
❸「IF(C6="","",」と入力する
❹ 数式の末尾をクリックし、「)」を入力する
❺ Enter キーを押す

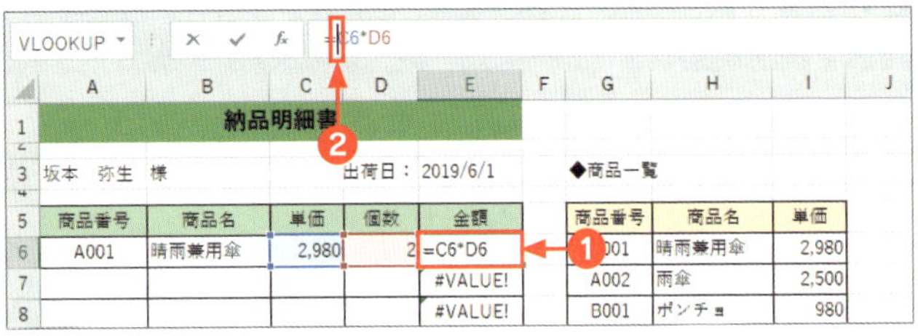

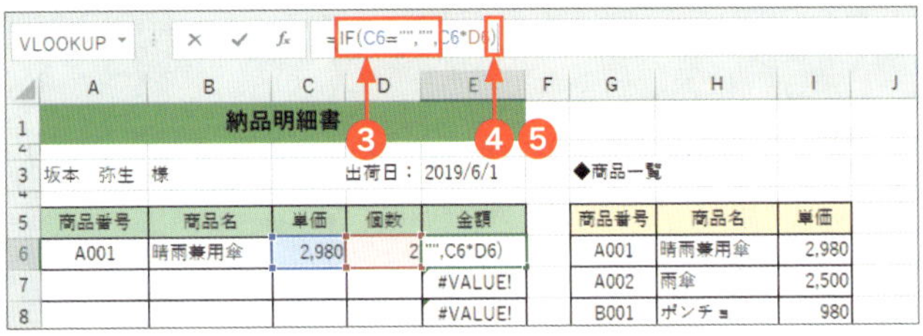

2 数式の結果が表示されます。

❶ セルE6に金額「5,960」が表示される

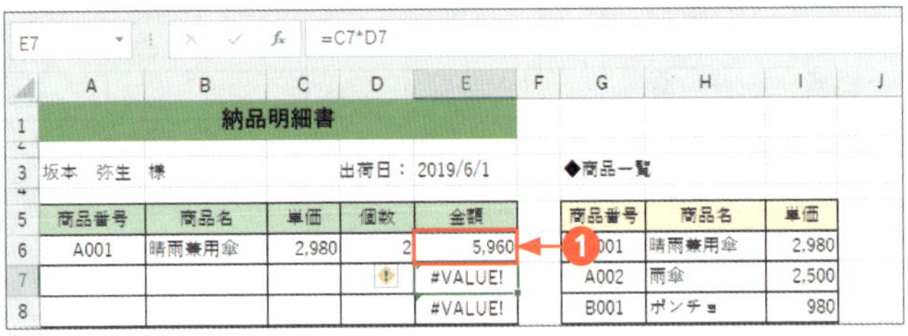

3 数式をコピーします。

❶ オートフィル機能を使って、セルE6の数式をセルE7～E10にコピーする
❷ セルE7～E10にエラーは表示されず、空白になる

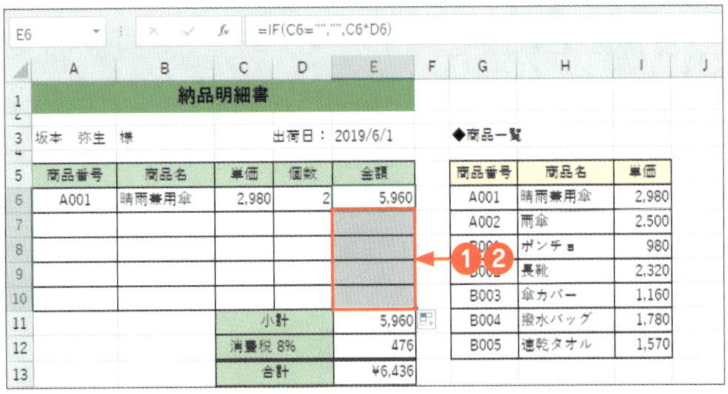

完成例ファイル 教材6-8-1（完成）

Chapter 6

学習日・理解度チェック

月	日	□
月	日	□
月	日	□

練習問題

練習6-1

練習問題ファイル → 練習6-1

❶ 練習問題ファイル「練習6-1.xlsx」を開き、セルF5～F9に商品別の合計数量を求める数式を入力し、セルC5～F10に桁区切りスタイルを設定しましょう。

❷ セルG5～G9に商品別の売上金額を求める数式を入力し、セルG5～G10に通貨表示形式を設定しましょう。

❸ セルC10～H10に総計を求める数式を入力し、数値がすべて見えるように列幅を調整しましょう。

❹ セルH5～H9に売上金額の構成比を求める数式を入力し、セルH5～H10を小数点第1位までのパーセントスタイルにしましょう。

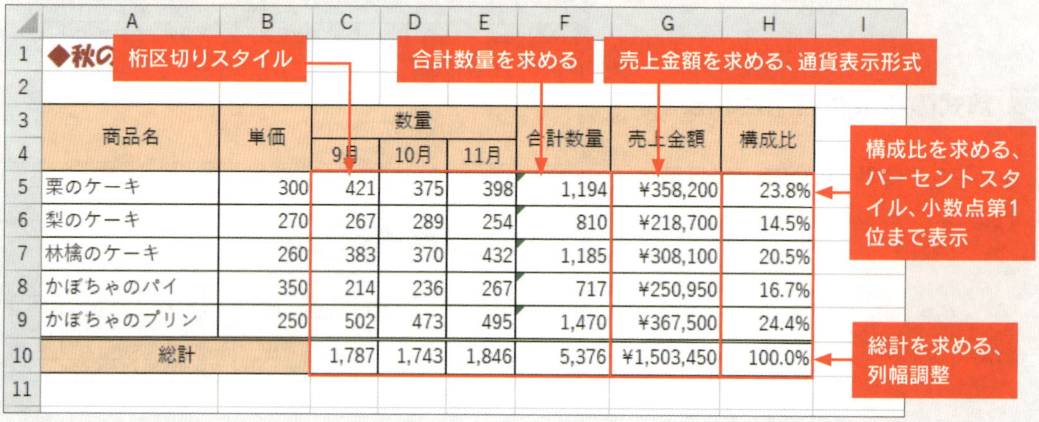

	A	B	C	D	E	F	G	H
1	◆秋の							
2								
3	商品名	単価	数量			合計数量	売上金額	構成比
4			9月	10月	11月			
5	栗のケーキ	300	421	375	398	1,194	¥358,200	23.8%
6	梨のケーキ	270	267	289	254	810	¥218,700	14.5%
7	林檎のケーキ	260	383	370	432	1,185	¥308,100	20.5%
8	かぼちゃのパイ	350	214	236	267	717	¥250,950	16.7%
9	かぼちゃのプリン	250	502	473	495	1,470	¥367,500	24.4%
10	総計		1,787	1,743	1,846	5,376	¥1,503,450	100.0%
11								

完成例ファイル → 練習6-1（完成）

練習6-2

練習問題ファイル → 練習6-2

❶ 練習問題ファイル「練習6-2.xlsx」を開き、セルF4～G9に受験者別の合計点、平均点を求める数式を入力しましょう。

❷ セルB10～G12に科目別および受験者別の平均点の平均点、最高点、最低点を求める数式を入力しましょう。

❸ 平均点は小数点以下第1位まで表示しましょう。

❹ セルG2に合計点欄をもとに受験者数を求める数式を入力しましょう。

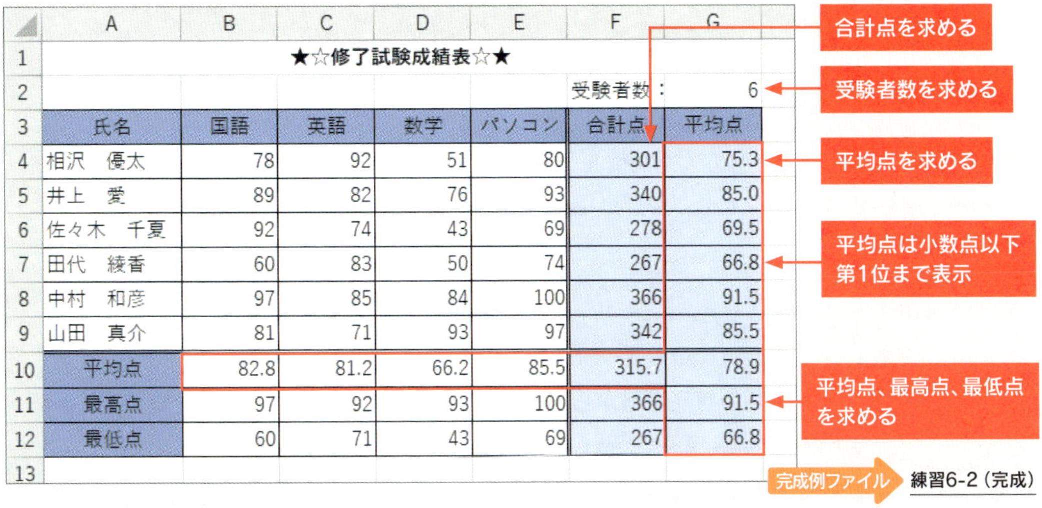

	A	B	C	D	E	F	G
1	★☆修了試験成績表☆★						
2						受験者数：	6
3	氏名	国語	英語	数学	パソコン	合計点	平均点
4	相沢　優太	78	92	51	80	301	75.3
5	井上　愛	89	82	76	93	340	85.0
6	佐々木　千夏	92	74	43	69	278	69.5
7	田代　綾香	60	83	50	74	267	66.8
8	中村　和彦	97	85	84	100	366	91.5
9	山田　真介	81	71	93	97	342	85.5
10	平均点	82.8	81.2	66.2	85.5	315.7	78.9
11	最高点	97	92	93	100	366	91.5
12	最低点	60	71	43	69	267	66.8
13							

完成例ファイル　練習6-2（完成）

練習6-3

練習問題ファイル　練習6-3

1. 練習問題ファイル「練習6-3.xlsx」を開き、セルE4～E8に商品別の金額を求める数式を入力しましょう。
2. セルE9に合計を求める数式を入力しましょう。
3. セルE11に消費税を求める数式を入力し、関数を使用して小数点以下の端数を切り捨てましょう。
4. セルE13に合計が5000円以上の場合は0、5000円未満の場合は800を表示する数式を入力しましょう。
5. セルE15に合計、消費税、送料の合計を求める数式を入力しましょう。
6. セルE4～E9、E11に桁区切りスタイル、セルE15に通貨表示形式を設定しましょう。

ここがポイント！

離れたセルの合計

SUM関数で離れたセルを引数として指定する場合は、セル参照を「,」（カンマ）で区切り、「=SUM(E9,E11,E13)」と入力します。セル参照をマウス操作で指定するときは、1つ目の範囲を選択し、2つ目の範囲を Ctrl キーを押しながら選択すると、「,」が自動的に入ります。

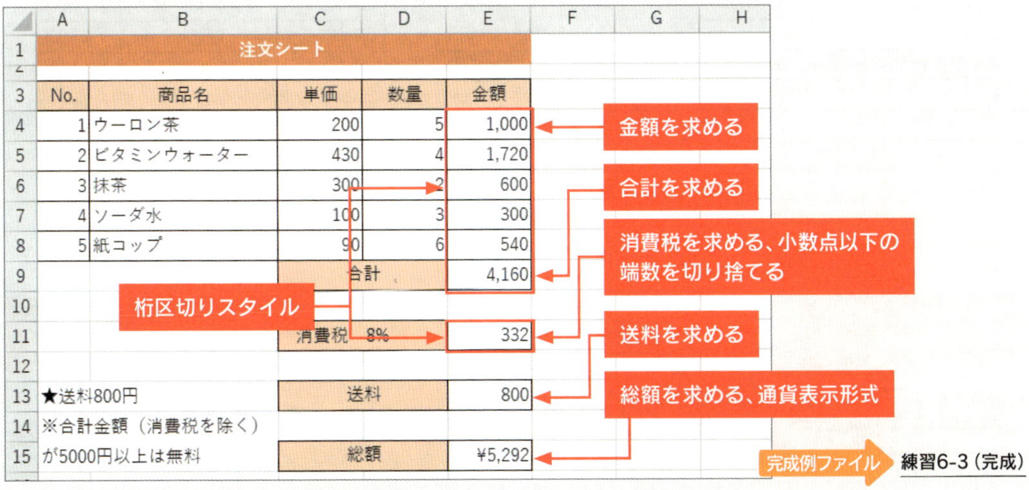

	A	B	C	D	E
1	注文シート				
3	No.	商品名	単価	数量	金額
4	1	ウーロン茶	200	5	1,000
5	2	ビタミンウォーター	430	4	1,720
6	3	抹茶	300	2	600
7	4	ソーダ水	100	3	300
8	5	紙コップ	90	6	540
9			合計		4,160
10					
11			消費税	8%	332
12					
13	★送料800円		送料		800
14	※合計金額（消費税を除く）				
15	が5000円以上は無料		総額		¥5,292

完成例ファイル　練習6-3（完成）

練習6-4

練習問題ファイル ▶ 練習6-4

❶ 練練習問題ファイル「練習6-4.xlsx」を開き、関数を使用して、セルE1に現在の日付を表示しましょう。

❷ セルA9 ～ A14にデータの入力規則を設定して、セルG5 ～ G12の商品番号をリストから選択して入力できるようにしましょう。

❸ セルB9 ～ B14に、A列の商品番号から、商品一覧表の商品名を表示する数式を入力しましょう。ただし、商品番号が入力されていない場合は、空白を表示します。

❹ セルC9 ～ C14に、A列の商品番号から、商品一覧表の単価を表示する数式を入力しましょう。ただし、商品番号が入力されていない場合は、空白を表示します。

知っておくと便利！
▶ TODAY関数

TODAY関数は現在の日付のシリアル値（Excelで日付や時刻の計算に使用するコード）を返します。

書式　TODAY()
引数　なし

❺ セルE9 ～ E14に金額を求める数式を入力しましょう。ただし、単価が空白の場合でも、エラーが表示されないようにします。

❻ セルE15に小計を求める数式を入力しましょう。

❼ セルE16に消費税を求める数式を入力し、関数を使用して小数点以下の端数を切り捨てます。

❽ セルE17に合計を求める数式を入力しましょう。

❾ セルC9～C14、セルE9～E16に桁区切りスタイル、セルE17に通貨表示形式を設定しましょう。

❿ セルB6にセルE17の合計額を表示する数式を入力し、通貨表示形式、太字に設定しましょう。

⓫ 下の例を参考に、商品番号と数量を入力し、計算が正しく行われることを確認しましょう。

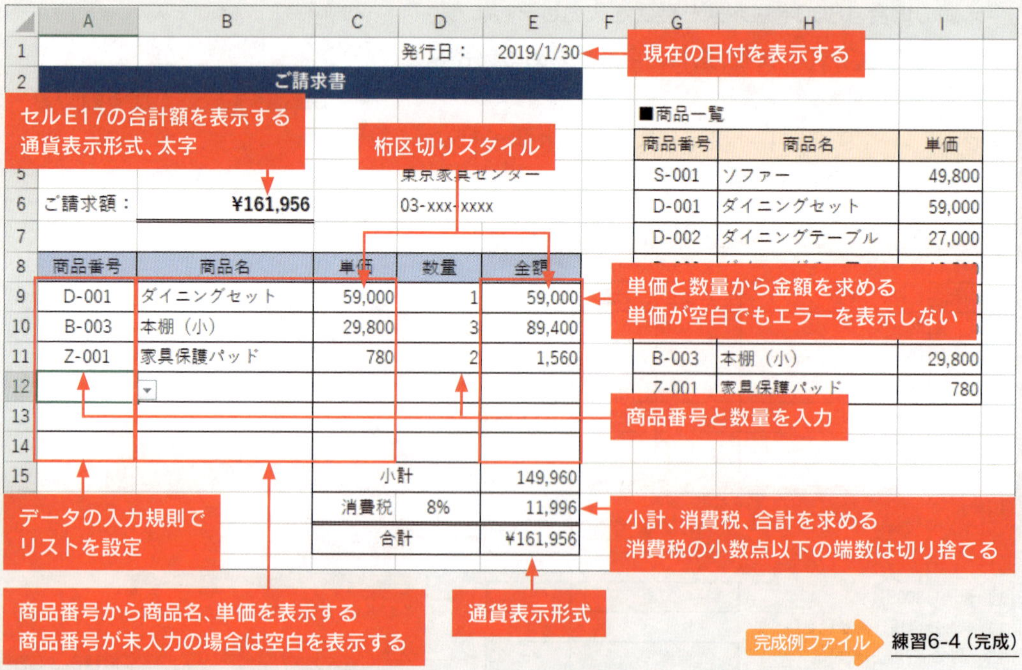

完成例ファイル ▶ 練習6-4（完成）

Chapter 7

グラフの作成

表のデータをもとに棒グラフや円グラフ、棒グラフと折れ線グラフを組み合わせた複合グラフなどを作成して見栄え良く仕上げる方法、およびスパークラインという1つのセル内に小さなグラフを作成する方法について学習します。

7-1 グラフを作成する →182ページ

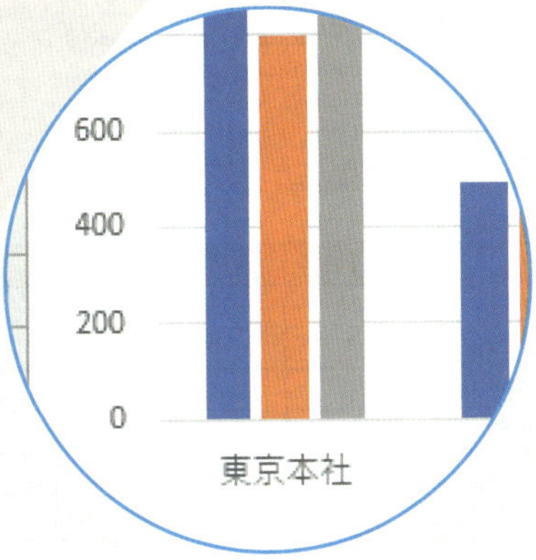

7-2 グラフを編集する →189ページ

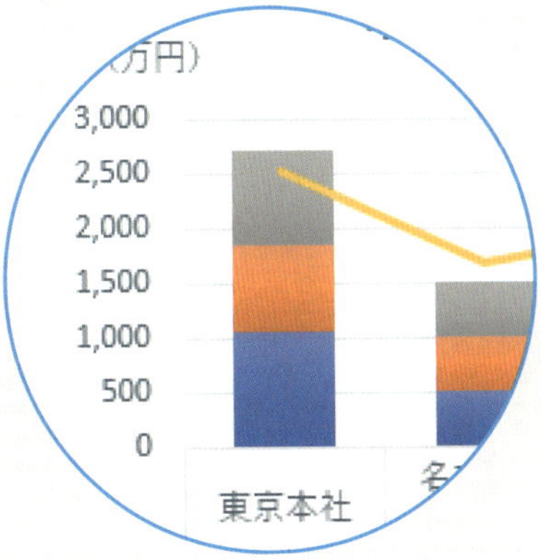

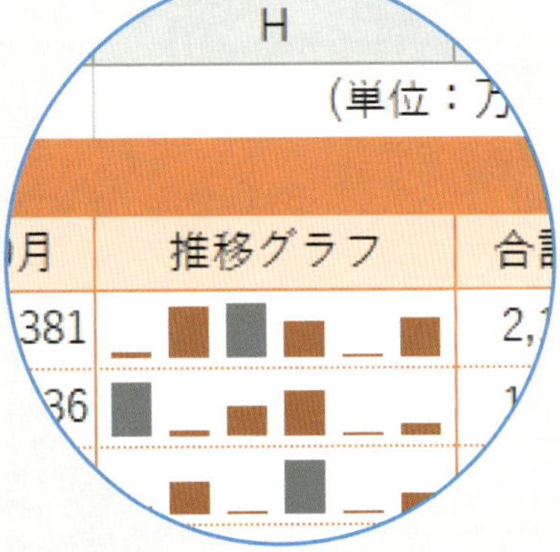

7-3 スパークラインを作成する →197ページ

7-1　学習時間の目安 20 min　学習日・理解度チェック

月　日　□
月　日　□
月　日　□

グラフを作成する

Excelでは入力されたデータをもとにグラフを簡単に作成できます。グラフで表すことによって、数値の大小や推移などがひと目でわかるようになります。

ここでの学習内容

表のデータをもとに、縦棒グラフと円グラフを作成する操作を学習します。さらに作成したグラフのサイズや位置を調整します。

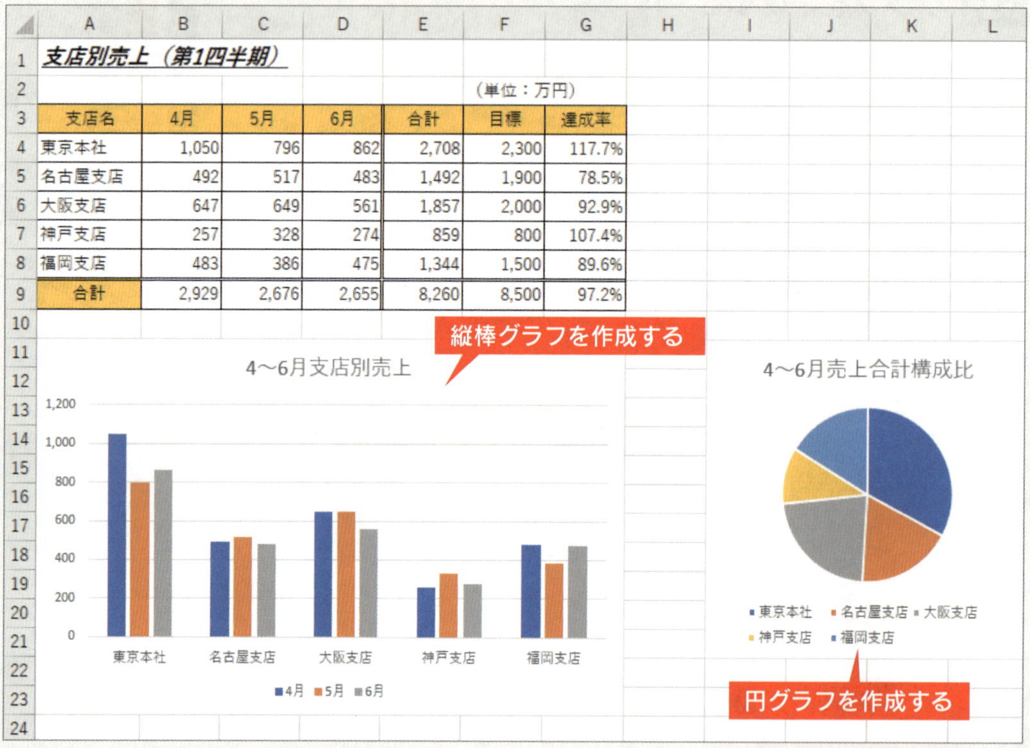
支店別売上（第1四半期）

（単位：万円）

支店名	4月	5月	6月	合計	目標	達成率
東京本社	1,050	796	862	2,708	2,300	117.7%
名古屋支店	492	517	483	1,492	1,900	78.5%
大阪支店	647	649	561	1,857	2,000	92.9%
神戸支店	257	328	274	859	800	107.4%
福岡支店	483	386	475	1,344	1,500	89.6%
合計	2,929	2,676	2,655	8,260	8,500	97.2%

グラフの種類

Excelで作成できるグラフには、縦棒、横棒、折れ線、円、散布図、レーダーチャートなどがあります。グラフで表したい目的に応じてグラフの種類を選択します。

縦棒グラフ/横棒グラフ

項目の数値を比較する

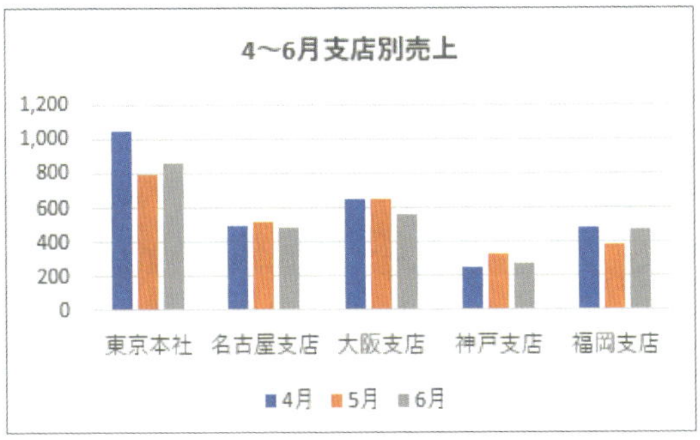

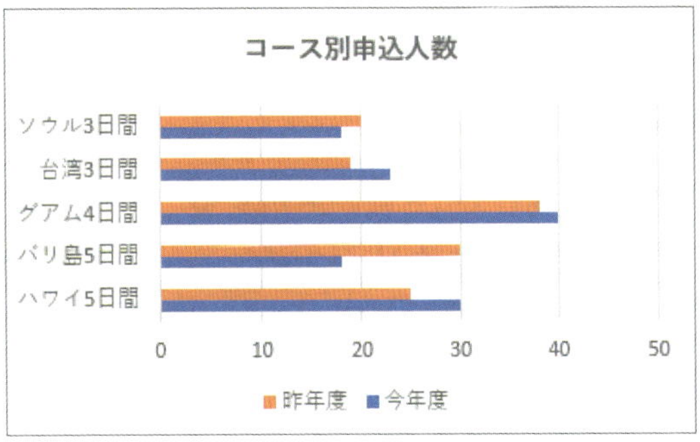

折れ線グラフ

時間の経過に伴う変化を表す

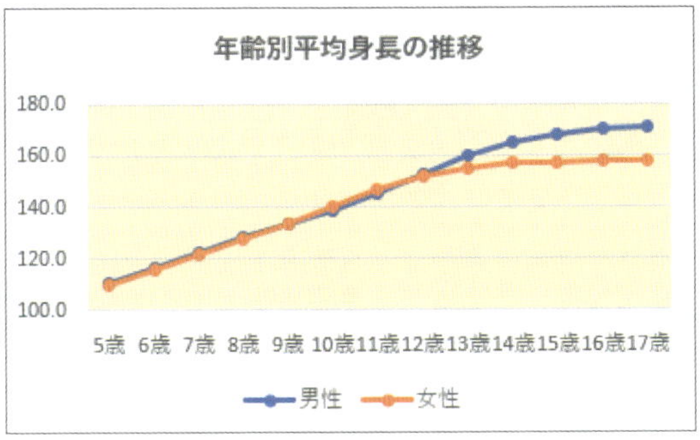

円グラフ

項目の値の合計に占める割合を表す

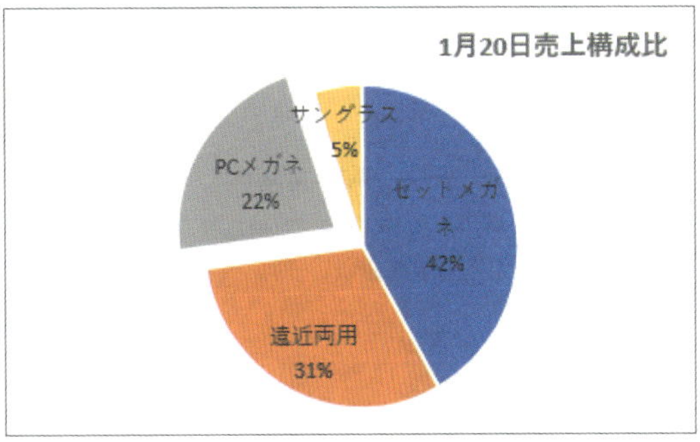

散布図

2つの項目の相関関係を表す

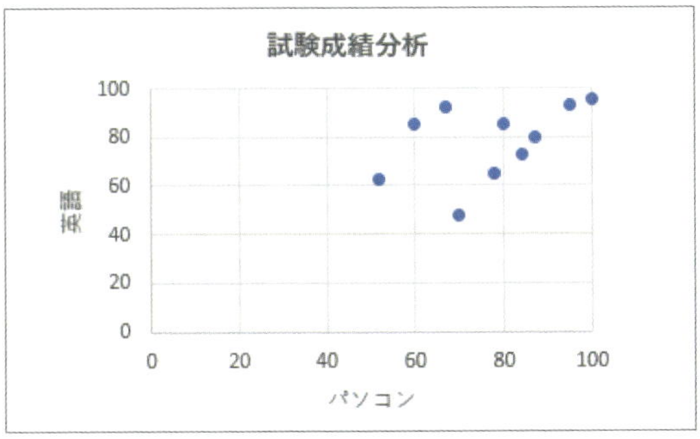

レーダーチャート

複数の項目の大きさの比較を表す

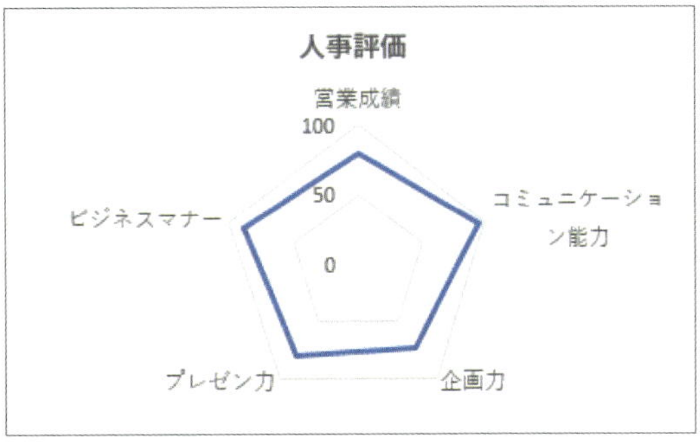

グラフの作成

グラフを作成するには、[挿入] タブの [グラフ] グループにあるグラフの種類のボタンを使います。

やってみよう―集合縦棒グラフを作成する

教材ファイル 教材7-1-1

教材ファイル「教材7-1-1.xlsx」を開き、支店別の4～6月の売上金額を比較する集合縦棒グラフを作成しましょう。グラフタイトルは「4～6月支店別売上」とします。

1 集合縦棒グラフを作成します。

❶セルA3～D8を範囲選択する
❷[挿入] タブをクリックする
❸[グラフ] グループの [縦棒/横棒グラフの挿入] ボタンをクリックする
❹[2-D縦棒]の[集合縦棒]をクリックする
❺支店名が横軸、売上金額が縦軸になった縦棒グラフが作成される

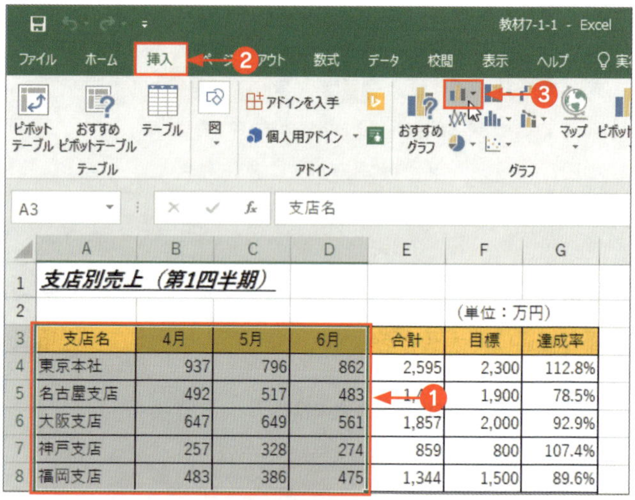

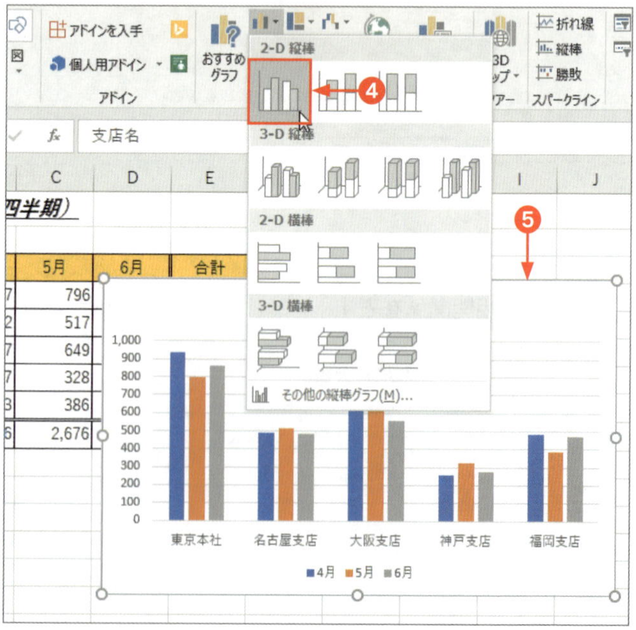

ここがポイント！
▶グラフの作成元の範囲

グラフの作成元になる範囲は項目と数値データのセルを見出しを含めて選択します。

知っておくと便利！
▶横軸と縦軸の入れ替え

グラフの横軸と縦軸のデータを入れ替えて表示したい場合は、[グラフツール] の [デザイン] タブの [データ] グループの [行/列の切り替え] ボタンをクリックします。

知っておくと便利！
▶グラフの削除

グラフが選択された状態で、Delete キーを押します。

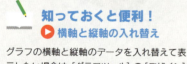

2 グラフタイトルを選択します。

❶［グラフタイトル］をマウスポインターの形が✥でクリックして選択する

❷「グラフタイトル」の文字列上をマウスポインターの形がⅠでドラッグする

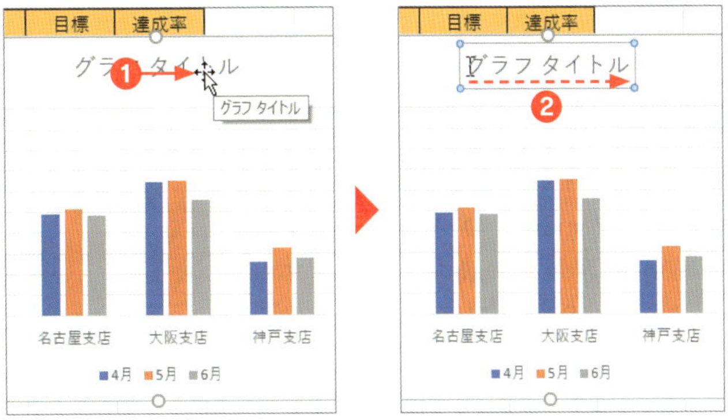

3 グラフタイトルを入力します。

❶「グラフタイトル」が選択される

❷「4～6月支店別売上」と入力する

❸グラフタイトル以外の場所をクリックして選択を解除する

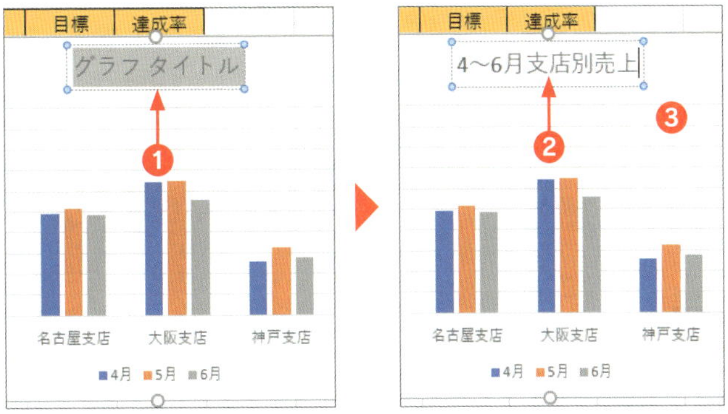

ここがポイント！

▶ 上書き入力

文字列を選択してから入力すると、上書き入力できます。

知っておくと便利！

▶［おすすめグラフ］ボタン

［挿入］タブの［グラフ］グループの［おすすめグラフ］ボタンをクリックすると［グラフの挿入］ダイアログボックスの［おすすめグラフ］タブが表示されます。データを効率的に見せるグラフの一覧が表示されるので、選択すると右側にグラフのプレビューと説明が表示されます。これを確認してグラフを作成することができます。

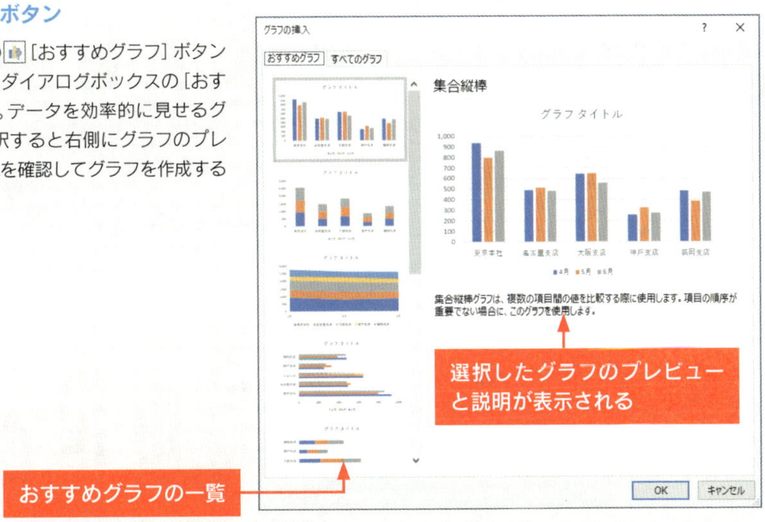

やってみよう―グラフを移動する/サイズを変更する

グラフがセルA11～G23に配置されるように移動し、サイズを変更しましょう。

1 グラフを移動します。

❶ グラフ内の余白部分にマウスポインターを合わせ「グラフエリア」と表示されたら、マウスポインターの形が⇱で、グラフの左上がセルA11になる位置までドラッグする（グラフの移動中はマウスポインターの形は✥になる）

❷ グラフが移動する

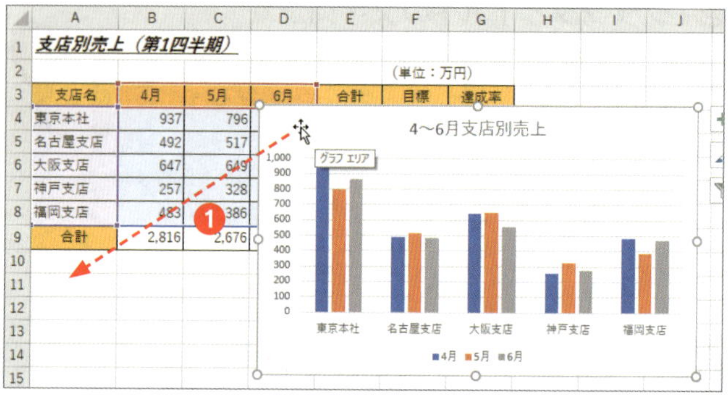

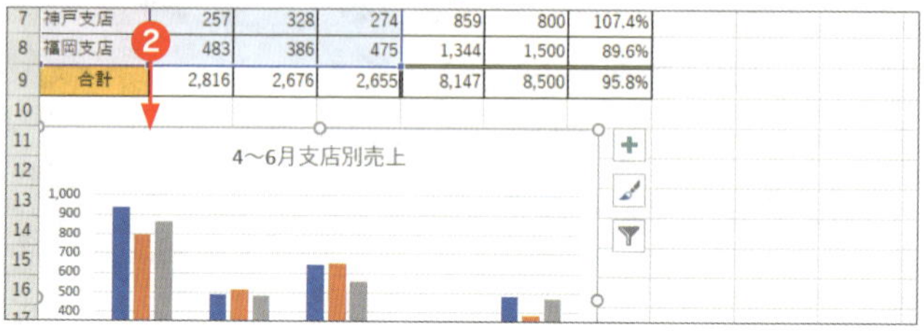

> **知っておくと便利！**
> **▶ セルの枠線に合わせて移動**
>
> Alt キーを押しながらドラッグすると、グラフをセルの枠線に合わせて移動することができます。

2 グラフを拡大します。

❶ グラフの右下隅のサイズ移動ハンドル（○）にマウスポインターを合わせ、マウスポインターの形が⤡になったら、セルG23までドラッグする

❷ グラフが拡大される

❸ グラフ以外の場所をクリックしてグラフの選択を解除する

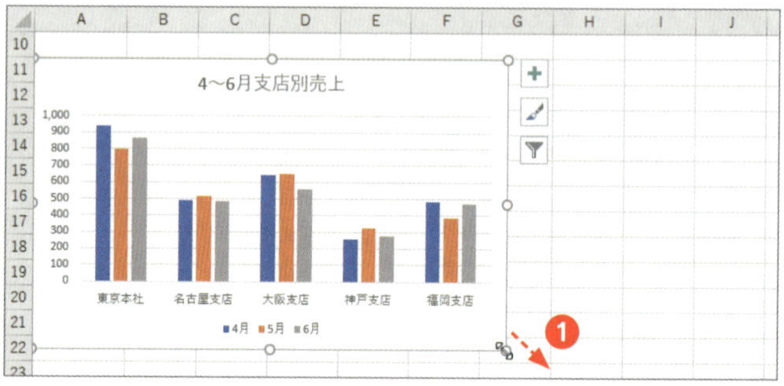

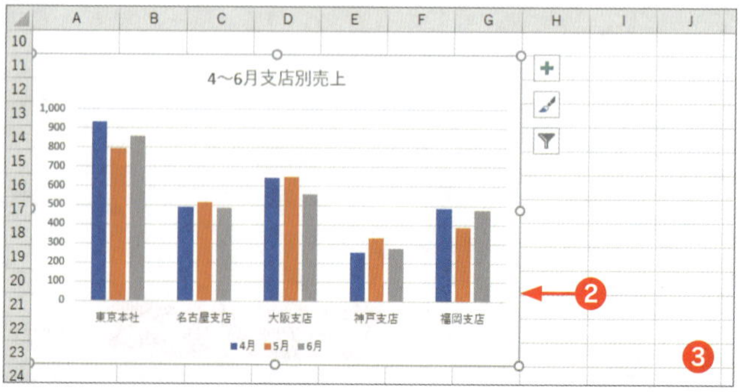

> **知っておくと便利！**
> **▶ セルの枠線に合わせてサイズ変更**
>
> Alt キーを押しながらドラッグすると、グラフのサイズをセルの枠線に合わせて変更することができます。

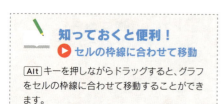

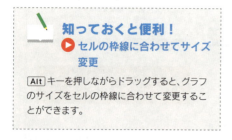

やってみよう―円グラフを作成する

売上合計金額の支店別の構成比を表す円グラフを作成しましょう。グラフのタイトルを「4～6月売上合計構成比」とし、セルI11～L21に配置します。

1 円グラフを作成します。

❶セルA3～A8を範囲選択する
❷ Ctrl キーを押しながらセルE3～E8を範囲選択する
❸［挿入］タブをクリックする
❹［グラフ］グループの［円またはドーナツグラフの挿入］ボタンをクリックする
❺［2-D円］の［円］（左端）をクリックする
❻円グラフが作成される

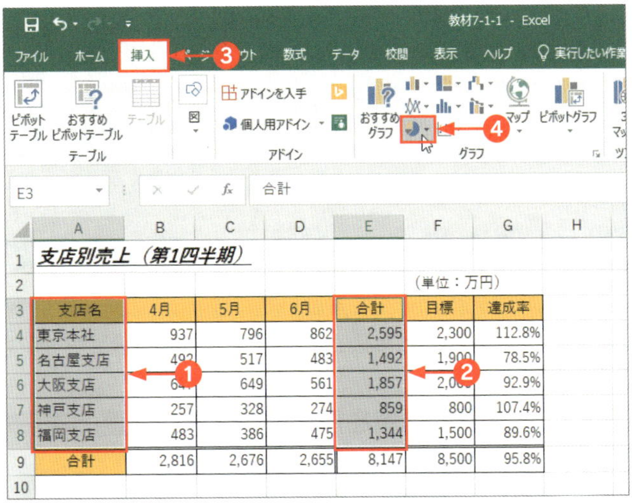

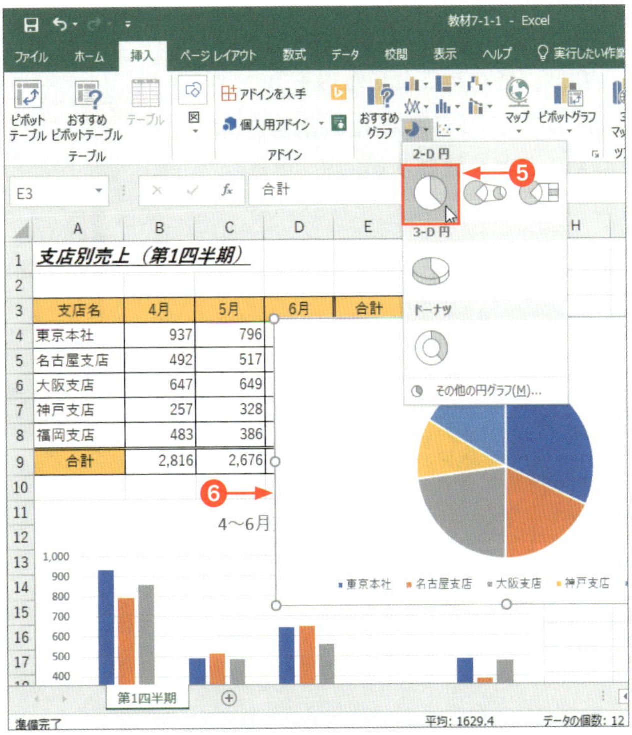

ここがポイント！
グラフの作成元の範囲

グラフの作成元になるデータの範囲が離れている場合は、1箇所目をドラッグして選択し、2箇所目を Ctrl キーを押しながらドラッグして選択します。なお、円グラフの場合は項目と数値データのセルを見出しを含めず選択してもかまいません。

2 タイトルを入力し、位置とサイズを変更します。

❶ 185ページの2、3と同様の操作でグラフタイトルに「4～6月売上合計構成比」と入力する

❷ 186ページの1、2と同様の操作でグラフがセルI11～L21に配置されるように移動し、サイズを変更する

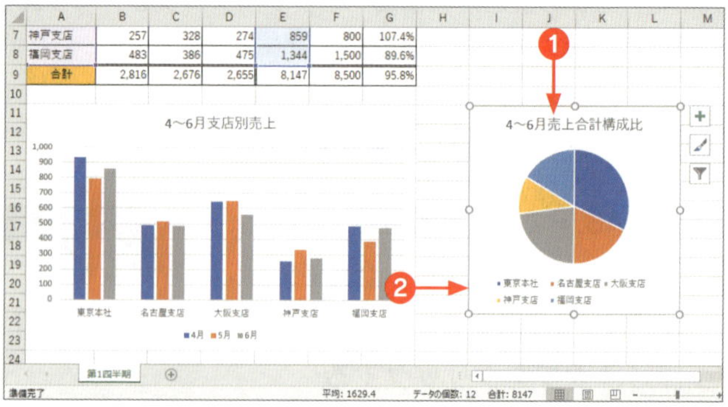

やってみよう—グラフの元の値を変更する

グラフは作成元のデータと連動しています。元のデータを変更するとグラフも自動的に更新されます。セルB4の東京本社の4月の売上を「1050」に変更してグラフが更新されることを確認しましょう。

1 グラフの元の値を変更し、グラフの更新を確認します。

❶ セルB4に「1050」と入力する

❷ 縦棒グラフの数値軸の目盛が変更され、東京本社の系列（棒）の長さが変更されたことを確認する

❸ 円グラフの東京本社の割合が増えたことを確認する

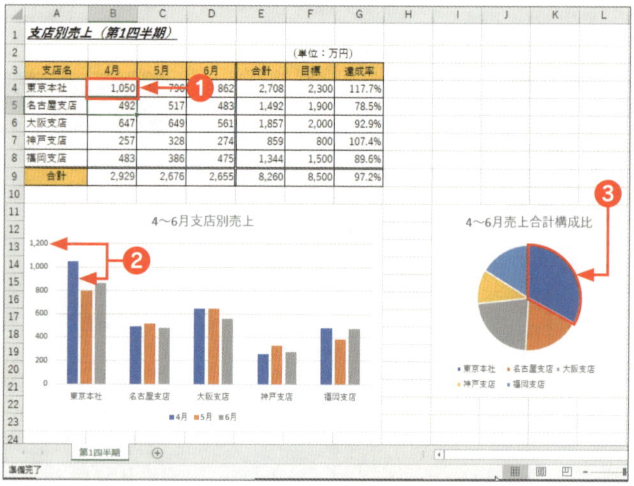

完成例ファイル 教材7-1-1（完成）

7-2

学習時間の目安 20 min

学習日・理解度チェック

月　日　□

月　日　□

月　日　□

グラフを編集する

作成したグラフはスタイルを変更したり、後からデータを追加したりすることができます。また、一部のデータのみを折れ線グラフなど別の種類のグラフに変更することも可能です。

ここでの学習内容

グラフのスタイルや要素を変更する操作を学習します。さらにグラフにデータを追加し、元のグラフを積み上げグラフ、追加したデータを折れ線グラフに変更し、専用の縦（値）軸（第2軸）を表示します。

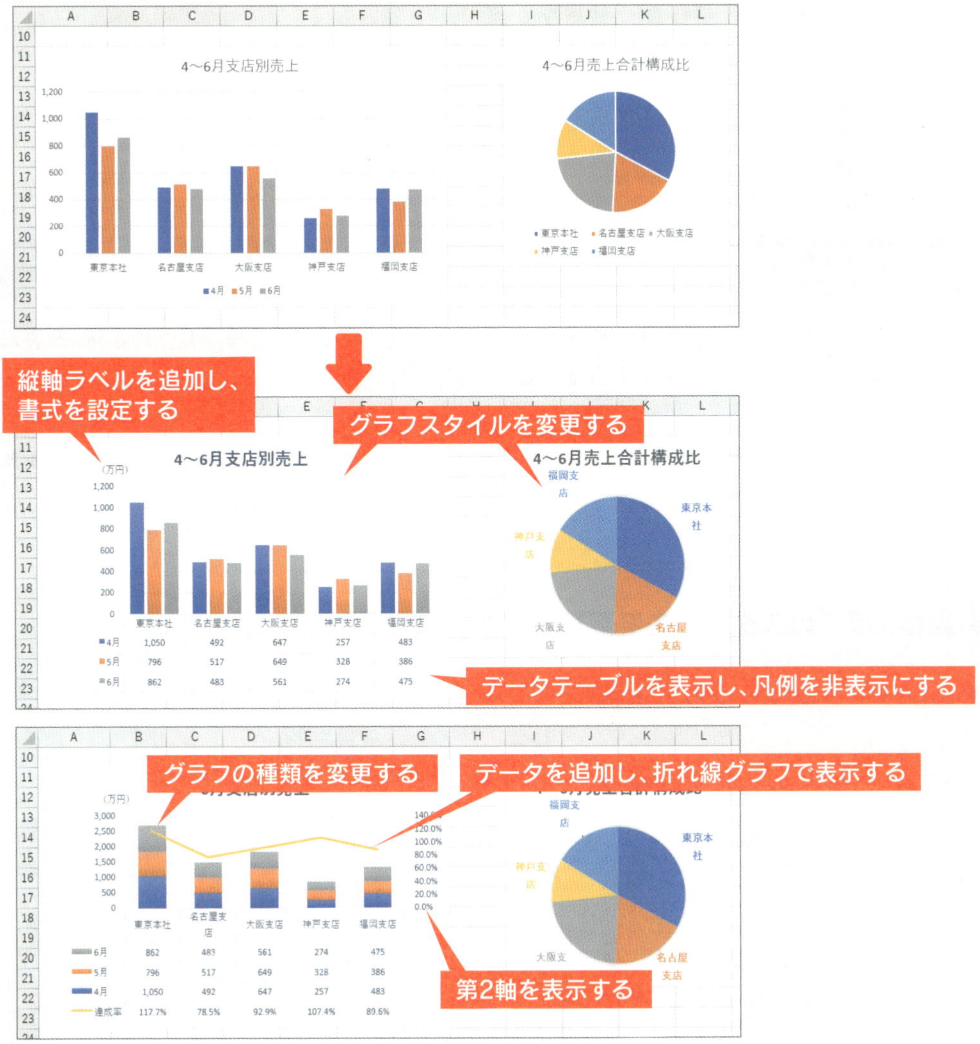
4～6月支店別売上
4～6月売上合計構成比
縦軸ラベルを追加し、書式を設定する
グラフスタイルを変更する
データテーブルを表示し、凡例を非表示にする
グラフの種類を変更する
データを追加し、折れ線グラフで表示する
第2軸を表示する

グラフの構成要素

グラフの各要素には名前が付いていて、マウスポインターを合わせるとポップアップ表示で確認できます。書式を設定するなどの編集をする場合は、必ず目的の要素を選択してから操作します。

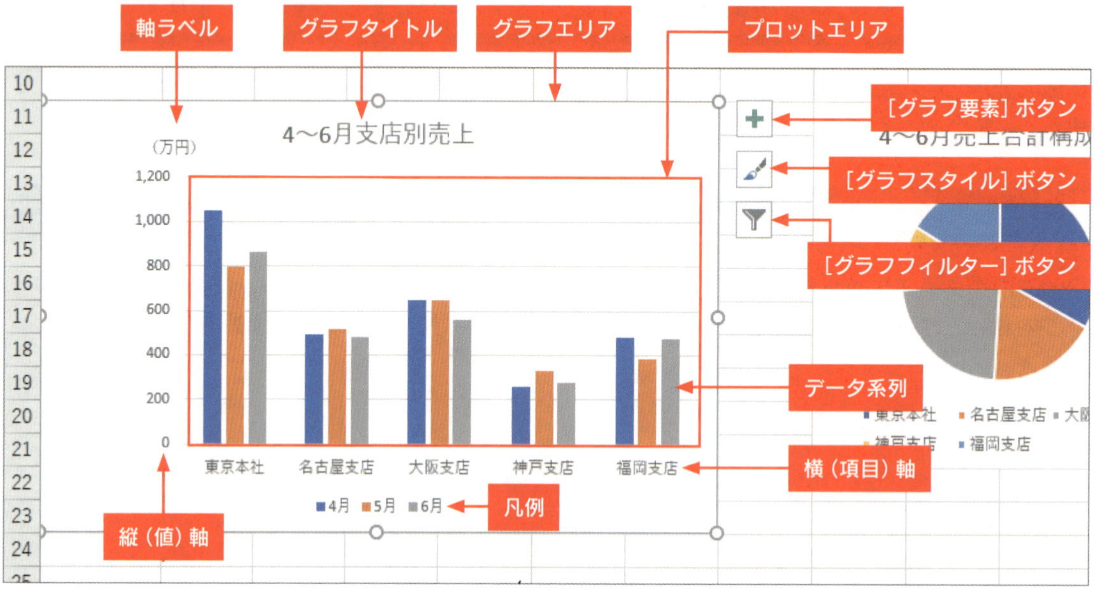

グラフの編集

グラフのデザインはスタイルを適用して一括で変更することができます。また要素の表示、非表示を切り替えたり、要素ごとに書式を設定したりすることも可能です。

やってみよう―グラフのスタイルを変更する

教材ファイル 教材7-2-1

教材ファイル「教材7-2-1.xlsx」を開き、縦棒グラフのスタイルを［スタイル6］、円グラフのスタイルを［スタイル9］に変更しましょう。

1 縦棒グラフのスタイルを変更します。

1. 縦棒グラフをクリックして選択する
2. ［グラフスタイル］ボタンをクリックする
3. ［スタイル］の［スタイル6］をクリックする
4. グラフのスタイルが変更され、タイトルの色や系列の太さなどが変わる

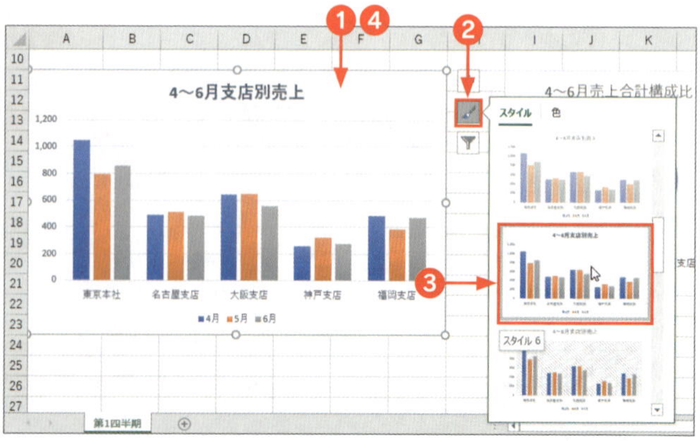

2 円グラフのスタイルを変更します。

❶円グラフをクリックして選択する
❷[グラフスタイル] ボタンをクリックする
❸[スタイル] の [スタイル9] をクリックする
❹グラフのスタイルが変更され、タイトルの色などが変わり、データラベル (支店名) が表示される

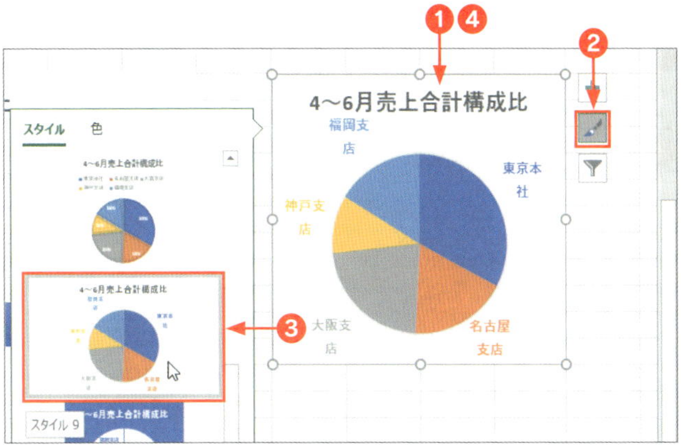

知っておくと便利！
スタイルの変更

グラフスタイルには、グラフの要素の色や3-D効果などの書式、どの要素を配置するかなどのレイアウトが登録されています。グラフのスタイルは [グラフ] ツールの [デザイン] タブの [グラフのスタイル] グループの [その他] ボタンをクリックして表示される一覧から選択しても変更できます。

やってみよう―グラフの要素の表示や書式を設定する

縦棒グラフにデータテーブルを表示し、凡例を非表示にしましょう。さらに縦軸ラベルを表示して横書きにし、「(万円)」と入力して太字を解除、縦 (値) 軸の上に移動しましょう。

1 データテーブルを表示します。

❶縦棒グラフをクリックして選択する
❷[グラフ要素] ボタンをクリックする
❸[グラフ要素] の [データテーブル] チェックボックスをオンにする
❹データテーブルが表示される

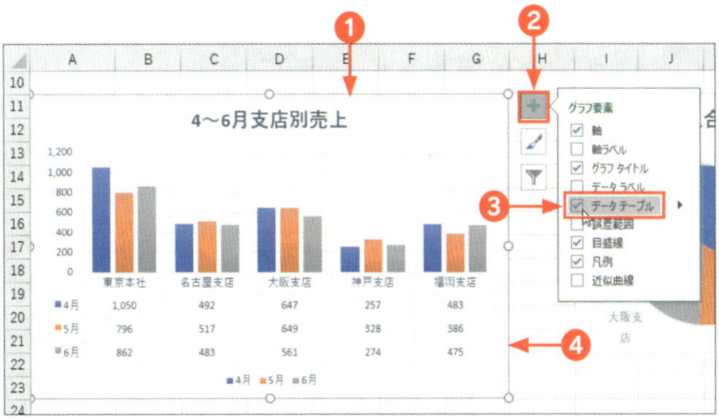

ここがポイント！
データテーブル

グラフの元になっているデータをグラフ内に表の形で表示したものを「データテーブル」といいます。元の表の一部のみを使ってグラフを作成している場合は、データテーブルを表示しておくと使用しているデータのみを確認できるので便利です。

2 凡例を非表示にします。

❶［グラフ要素］の［凡例］チェックボックスをオフにする

❷凡例が非表示になる

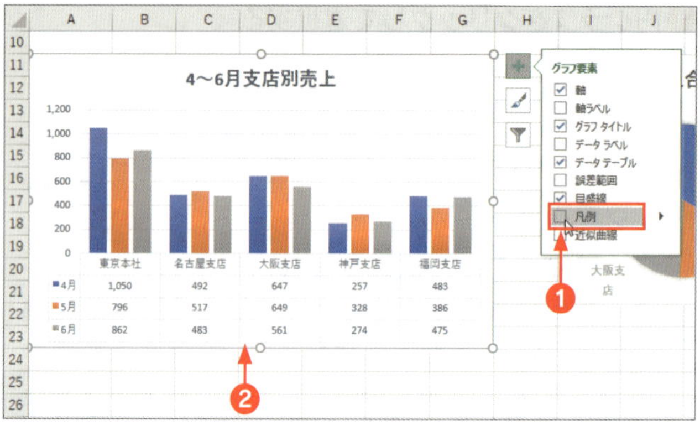

3 縦軸に軸ラベルを表示します。

❶［グラフ要素］の［軸ラベル］をポイントし、右側に表示される▶をクリックする

❷［第1縦軸］チェックボックスをオンにする

❸縦軸に軸ラベルが表示される

❹横書きにするために［その他のオプション］をクリックする

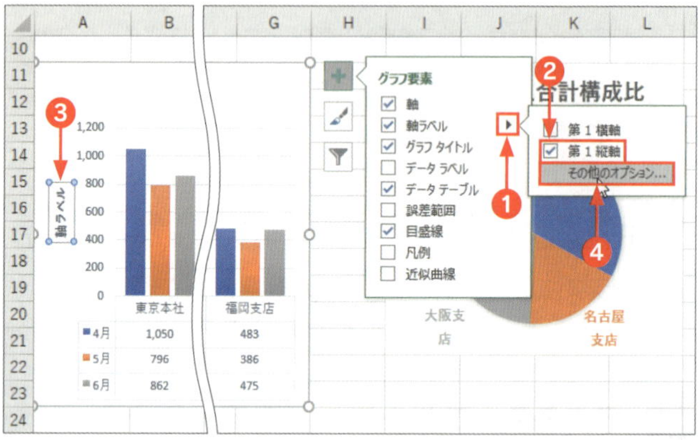

4 軸ラベルを横書きにします。

❶［軸ラベルの書式設定］作業ウィンドウが表示される

❷［タイトルのオプション］の［サイズとプロパティ］ボタンをクリックする

❸［配置］の［文字列の方向］ボックスの▼をクリックする

❹［横書き］をクリックする

❺軸ラベルが横書きになる

❻［閉じる］ボタンをクリックして［軸ラベルの書式設定］作業ウィンドウを閉じる

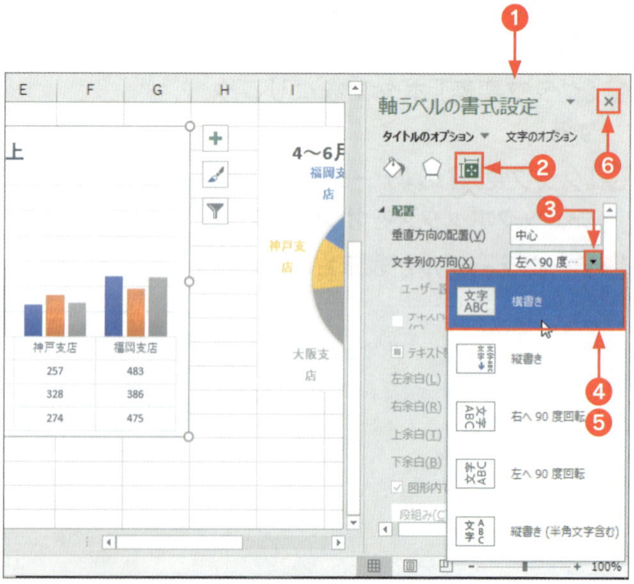

5 軸ラベルに文字を入力して太字を解除し、移動します。

❶「軸ラベル」の文字列をドラッグし、「(万円)」と入力する
❷軸ラベルの枠線上をマウスポインターの形が✥でクリックして、軸ラベル全体を選択する
❸[ホーム]タブの[フォント]グループの[太字]ボタンをオフにする
❹軸ラベルの太字が解除される
❺軸ラベルの枠線上をポイントしてマウスポインターの形が✥になったら、縦(値)軸の上にドラッグする
❻軸ラベルが移動する

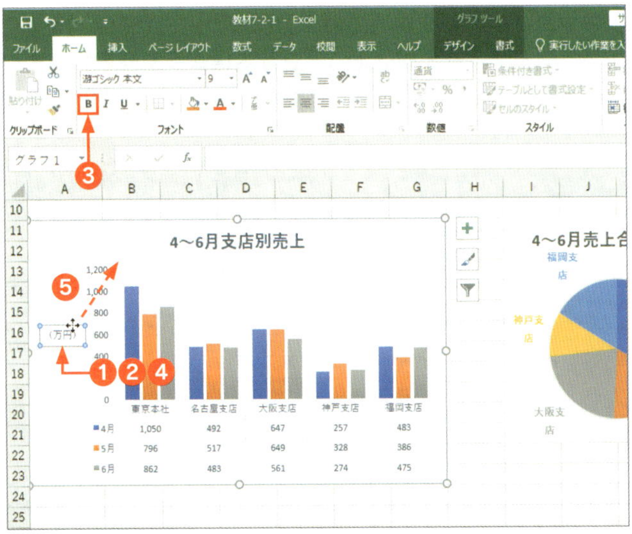

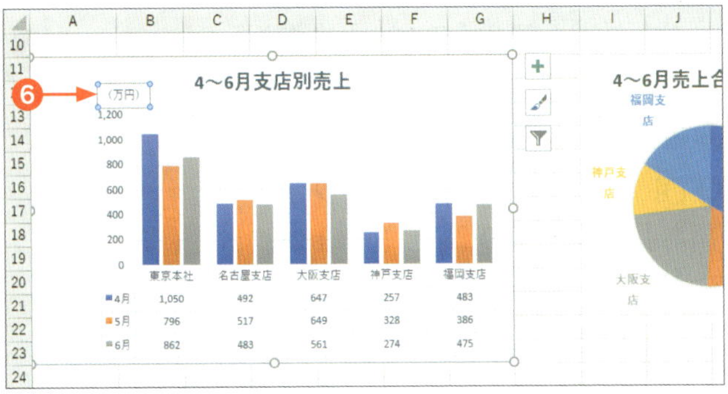

完成例ファイル 教材7-2-1 (完成)

ここがポイント!

▶軸ラベル全体の選択

軸ラベルのすべての文字の書式を設定するは、軸ラベルの枠線上をクリックし軸ラベル全体を選択します。カーソルがなくなり、枠線が点線から実線に変わっていれば軸ラベル全体が選択されている状態です。

知っておくと便利!

▶グラフの要素の書式設定

グラフの要素の塗りつぶしと線、効果、配置やサイズなどの詳細な設定は、各要素の[書式設定]作業ウィンドウで行います。表示するには、目的の要素を選択して[グラフツール]の[書式]タブの[選択対象の書式設定][選択対象の書式設定]ボタンをクリックするか、要素をダブルクリックします。

ステップアップ!

▶クイックレイアウト

グラフを選択し、[グラフ]ツールの[デザイン]タブの[グラフのレイアウト]グループの[クイックレイアウト]ボタンをクリックすると、レイアウトの一覧が表示され、選択してグラフのレイアウトを一括で変更できます。

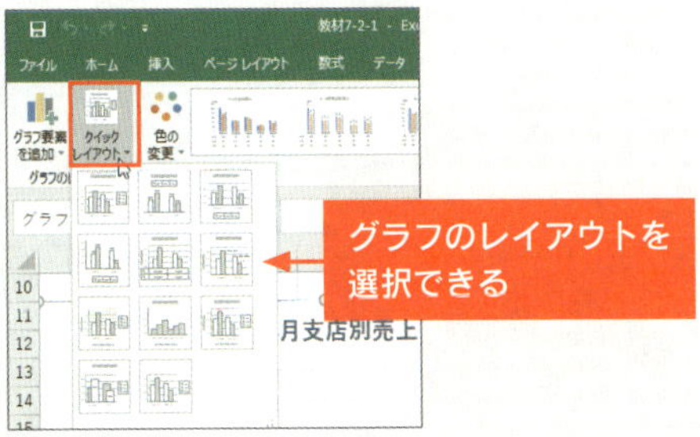

複合グラフの作成

グラフの一部の系列を他の種類のグラフにして組み合わせることを「複合グラフ」といいます。グラフの値の範囲がデータ系列によって異なる場合や異なる種類のデータが使用されている場合は、グラフの右側に別の縦（値）軸を第2軸として表示し、その目盛に指定したデータ系列の値を対応させることが可能です。

やってみよう―グラフの種類を変更し複合グラフを作成する

教材ファイル 教材7-2-2

教材ファイル「教材7-2-2.xlsx」を開き、縦棒グラフに達成率のデータを追加します。さらに、各支店の売上金額を積み上げ縦棒グラフに変更し、達成率を折れ線グラフにして、達成率用の縦（値）軸（第2軸）を表示しましょう。第2軸の最小値を70%にします。

1 グラフにデータを追加します。

❶ セルG3 ～ G8を範囲選択する

❷［ホーム］タブの［クリップボード］グループの［コピー］ボタンをクリックする

❸ 縦棒グラフをクリックする

❹［ホーム］タブの［クリップボード］グループの［貼り付け］ボタンをクリックする

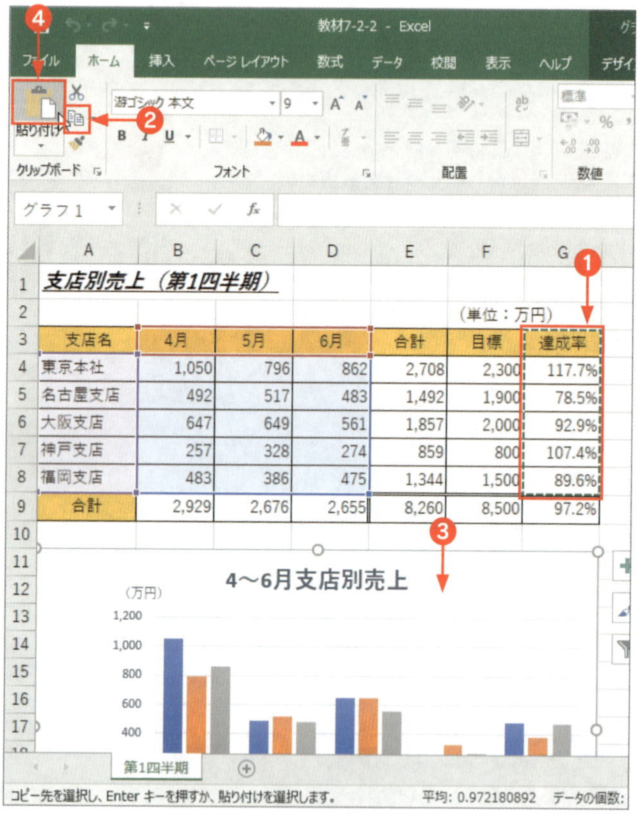

> **ここがポイント！**
> **▶ グラフのデータの追加**
> グラフにデータを追加するには、追加するデータ範囲を見出しを含んで選択してコピーし、グラフに貼り付けます。既存のグラフのデータに隣接しているデータ範囲を追加する場合は、グラフを選択して表内に表示されるデータ元を示す範囲のサイズ変更ハンドル（■）をドラッグしても変更できます。

2 グラフの種類を変更します。

❶ グラフに達成率の系列が追加される

❷ グラフが選択された状態のまま、[グラフツール] の [デザイン] タブをクリックする

❸ [種類] グループの [グラフの種類の変更] ボタンをクリックする

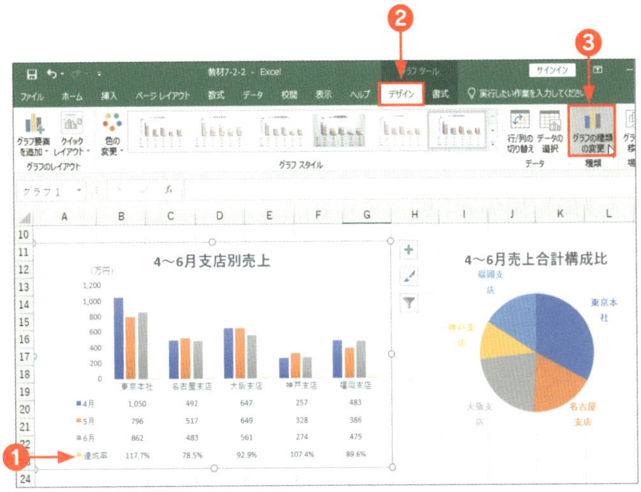

> **ここがポイント！**
> **[グラフツール]**
> グラフが選択された状態のとき、リボンに [グラフツール] の [デザイン] タブと [書式] タブが表示されます。

3 系列ごとにグラフの種類を指定し、達成率用の第2軸を表示します。

❶ [グラフの種類の変更] ダイアログボックスの [すべてのグラフ] タブが表示される

❷ 左側の一覧の [組み合わせ] をクリックする

❸ [データ系列に使用するグラフの種類と軸を選択してください] の [4月] の [グラフの種類] ボックスの▼をクリックする

❹ [積み上げ縦棒] をクリックする

❺ [5月] の [グラフの種類] が自動的に [積み上げ縦棒] に変わる

❻ [6月] の [グラフの種類] を [積み上げ縦棒] に変更する

❼ [達成率] の [グラフの種類] が [折れ線] になっていることを確認する

❽ [達成率] の [第2軸] チェックボックスをオンにする

❾ [OK] ボタンをクリックする

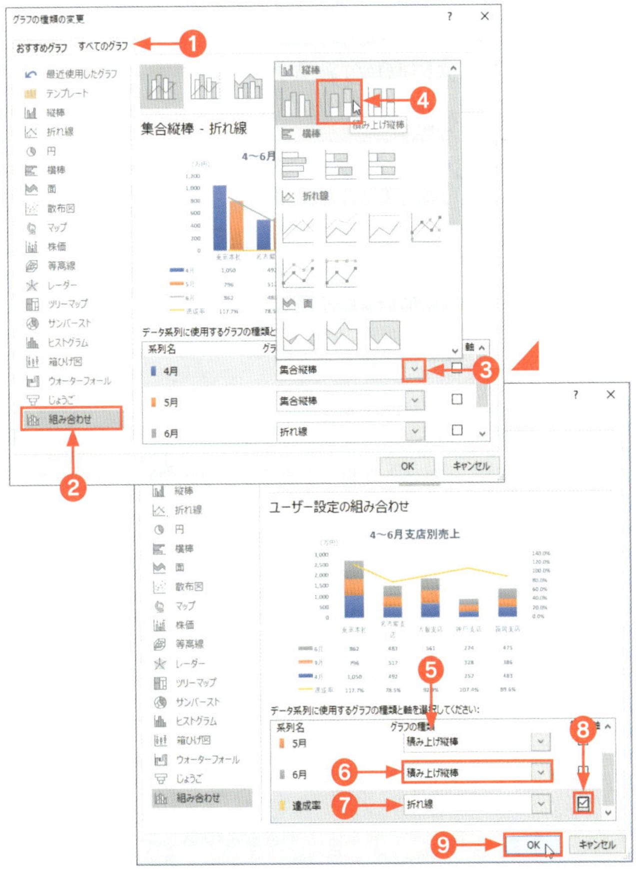

4 複合グラフに変更されます。

❶各支店の売上金額が積み上げグラフになる
❷達成率が折れ線グラフになる
❸達成率用の第2軸が表示される

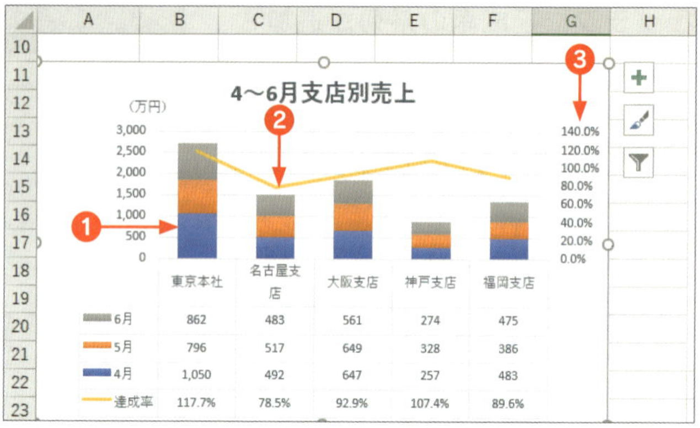

5 第2軸の最小値を変更します。

❶［第2軸縦（値）軸］をダブルクリックする
❷［軸の書式設定］作業ウィンドウが表示される
❸［軸のオプション］の［境界値］の［最小値］ボックスに「0.7」と入力する
❹ Enter キーを押す
❺第2軸の最小値が70％に変更される
❻閉じるボタンをクリックして、［軸の書式設定］作業ウィンドウを閉じる

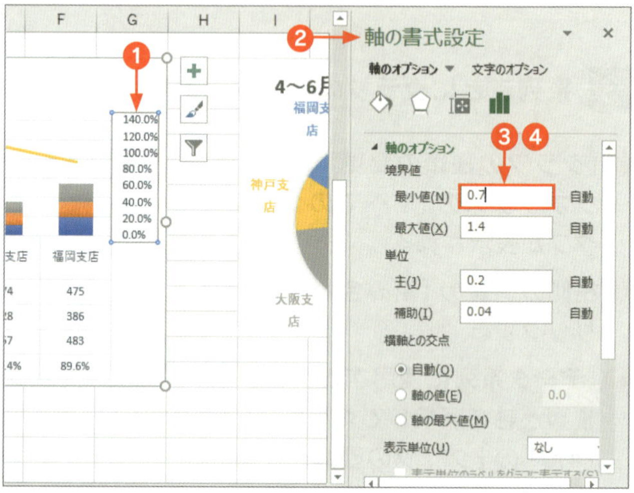

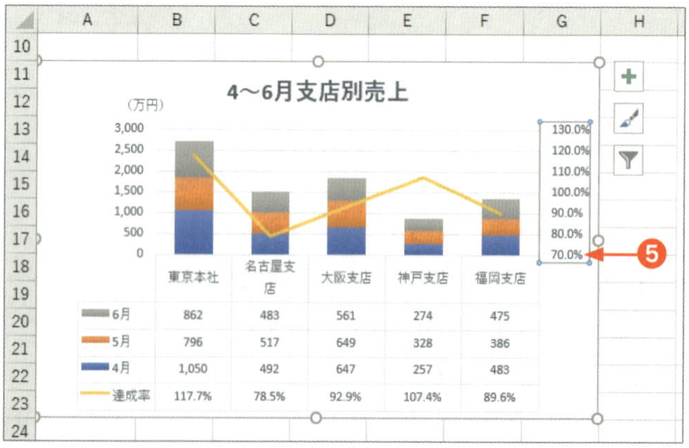

知っておくと便利！
▶ 最大値の自動変更

最小値を変更すると、目盛線に合うように、最大値も自動的に変更されます。

知っておくと便利！
▶ グラフシートに移動

グラフをグラフ専用のシートに移動するには、グラフを選択し、［グラフツール］の［デザイン］タブの［場所］グループの［グラフの移動］ボタンをクリックします。［グラフの移動］ダイアログボックスが表示されるので、［グラフの配置先］の［新しいシート］を選択し、［OK］ボタンをクリックします。

完成例ファイル 教材7-2-2（完成）

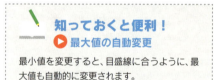

7-3

学習時間の目安 15 min

学習日・理解度チェック

月　日　□

月　日　□

月　日　□

スパークラインを作成する

スパークラインは、1行に並んでいる数値データを1つのセル内にグラフとして表示する機能です。縦棒、折れ線、勝敗の3種類のグラフを作成できます。

ここでの学習内容

スパークラインについて学習します。ここでは、売上高の推移を表す縦棒スパークラインを作成し、最高売上の系列（頂点）の色とスタイルを変更します。

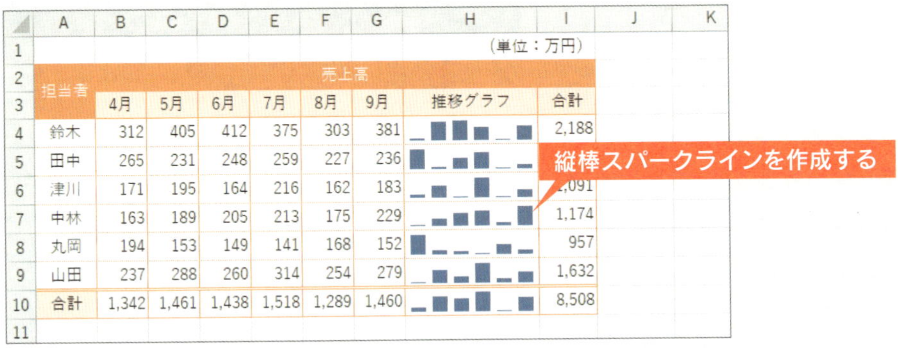

(単位：万円)

担当者	4月	5月	6月	7月	8月	9月	推移グラフ	合計
鈴木	312	405	412	375	303	381		2,188
田中	265	231	248	259	227	236		
津川	171	195	164	216	162	183		,091
中林	163	189	205	213	175	229		1,174
丸岡	194	153	149	141	168	152		957
山田	237	288	260	314	254	279		1,632
合計	1,342	1,461	1,438	1,518	1,289	1,460		8,508

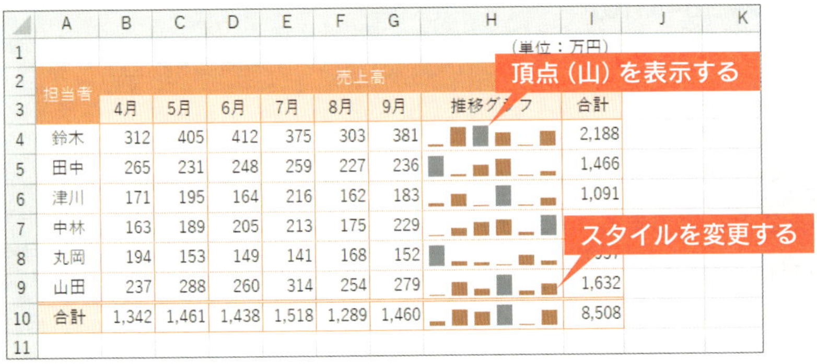

(単位：万円)

担当者	4月	5月	6月	7月	8月	9月	推移グラフ	合計
鈴木	312	405	412	375	303	381		2,188
田中	265	231	248	259	227	236		1,466
津川	171	195	164	216	162	183		1,091
中林	163	189	205	213	175	229		
丸岡	194	153	149	141	168	152		
山田	237	288	260	314	254	279		1,632
合計	1,342	1,461	1,438	1,518	1,289	1,460		8,508

スパークラインの作成

スパークラインを作成するには、作成する場所を選択し、[挿入] タブの [スパークライン] グループの [縦棒]、[折れ線]、[勝敗] のいずれかのボタンをクリックします。[スパークラインの作成] ダイアログボックス] でデータ範囲を指定すると、スーパークラインが作成されます。スパークラインは最高点 (頂点 (山)) や最低点 (頂点 (谷)) を強調したり、色の組み合わせなどのスタイルを変更することができます。

やってみよう―スパークラインを作成する

教材ファイル 教材7-3-1

教材ファイル「教材7-3-1.xlsx」を開き、セルH4 ～ H10に、担当者別と合計の4 ～ 9月の売上高推移を表す縦棒スパークラインを作成しましょう。

1 スパークラインを作成します。

1. セルH4 ～ H10を範囲選択する
2. [挿入] タブをクリックする
3. [スパークライン] グループの [縦棒] ボタンをクリックする
4. [スパークラインの作成] ダイアログボックスが表示される
5. [データ選択してください] の [データ範囲] ボックスにカーソルが表示されていることを確認し、セルB4 ～ G10をドラッグする
6. [データ範囲] ボックスに「B4:G10」と表示される
7. [スパークラインを配置する場所を選択してください] の [場所の範囲] ボックスに「$H$4:$H$10」と表示されていることを確認する
8. [OK] ボタンをクリックする

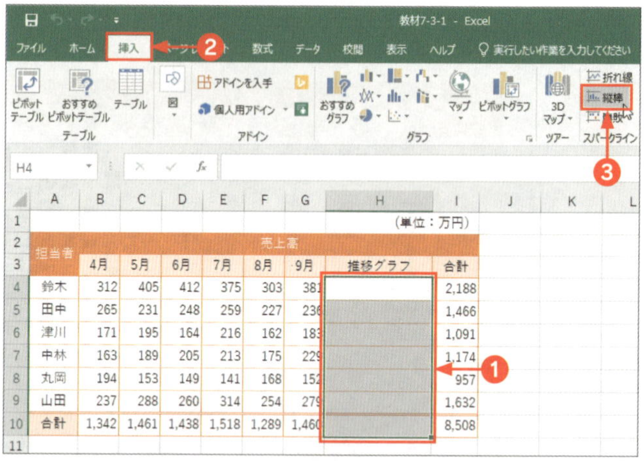

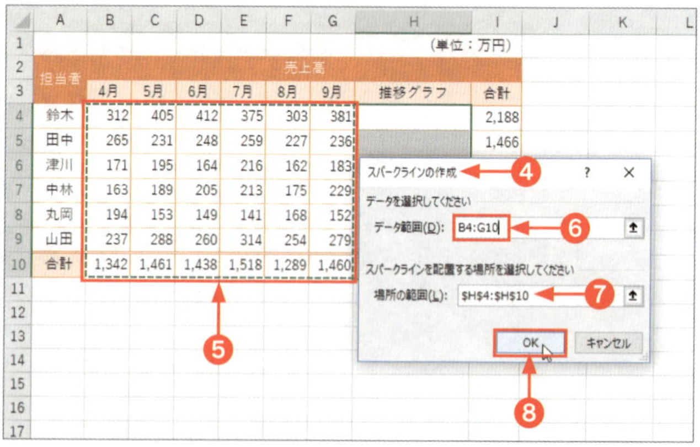

2 スパークラインが作成されます。

❶縦棒スパークラインが作成される

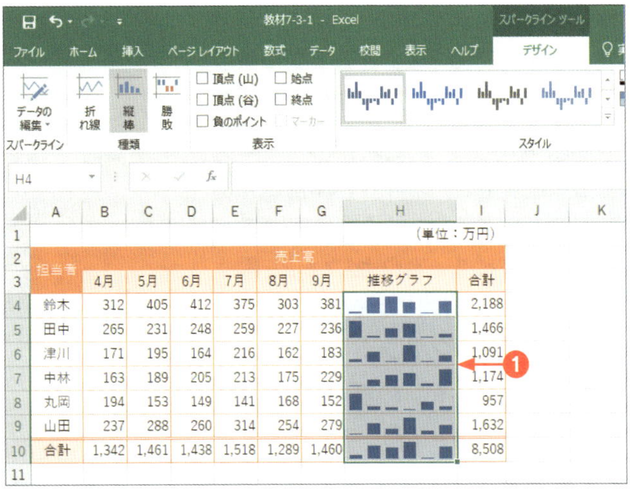

やってみよう―スパークラインの書式を変更する

スパークラインに頂点(山)を表示し、スタイルを[茶, スパークライン スタイル アクセント2、黒+基本色25%]にしましょう。

1 頂点を表示します。

❶スパークラインの任意のセルをクリックする

❷[スパークラインツール]の[デザイン]タブの[表示]グループの[頂点(山)]チェックボックスをオンにする

❸スパークラインの各行の一番大きい値の要素(棒)の色が変わる

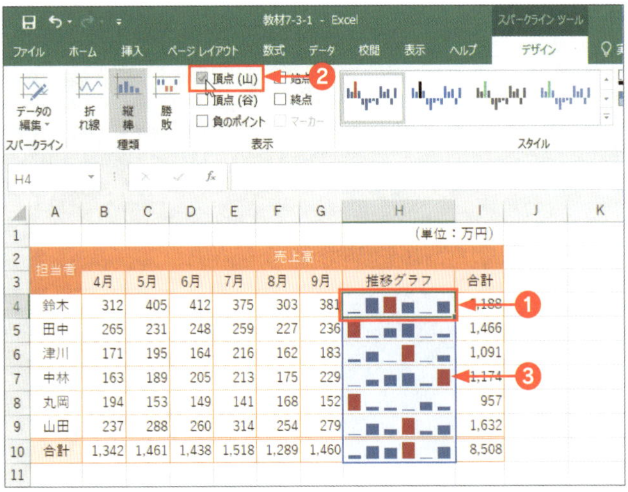

ここがポイント!
[スパークラインツール]

スパークラインが選択された状態のとき、リボンに[スパークラインツール]の[デザイン]タブが表示されます。

ここがポイント!
スパークラインの選択

複数のセル範囲に一度に作成されたスパークラインは、グループ化されています。いずれか1つのセルを選択して書式を設定すると、グループの他のスパークラインにも反映されます。

2 スタイルを変更します。

❶［スパークラインツール］の［デザイン］タブの［スタイル］グループの［その他］ボタンをクリックする

❷［茶, スパークライン スタイル アクセント2、黒＋基本色25%］（Excel 2013では［スパークライン スタイル アクセント2、黒＋基本色25%］（上から2番目、左から2番目）をクリックする

❸スパークラインの要素の色が変わる

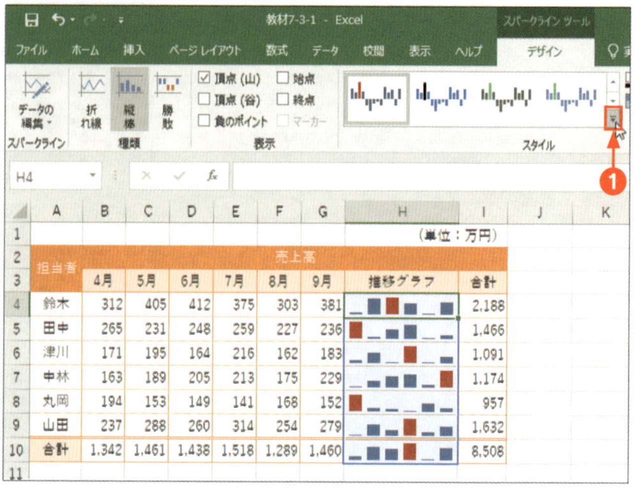

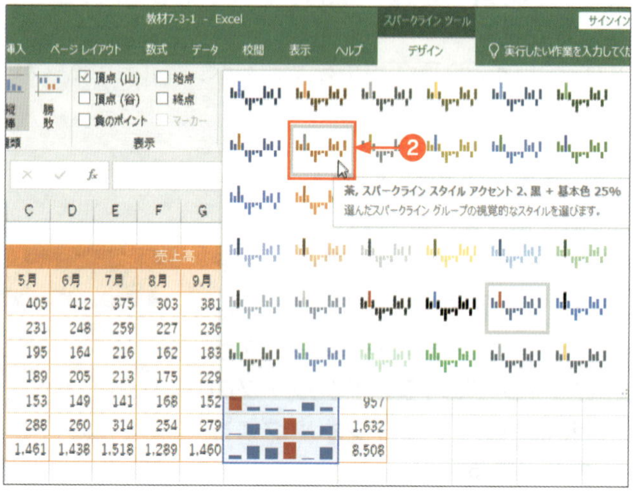

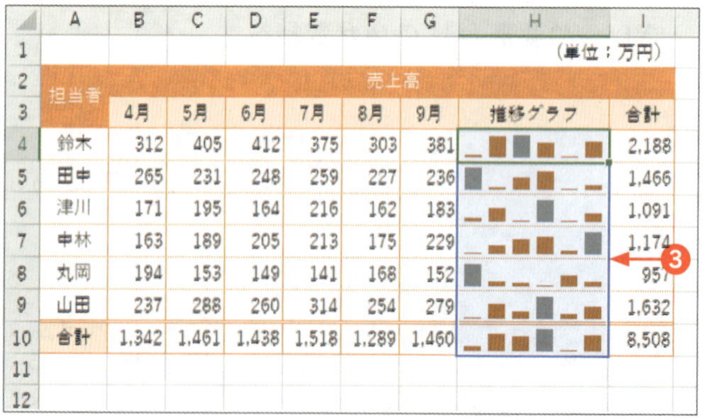

知っておくと便利！
スパークラインの削除

スパークラインの挿入されているセルを選択し、［スパークライン］ツールの［デザイン］タブの［グループ］グループの［クリア］ボタンをクリックします。

完成例ファイル 教材7-3-1（完成）

学習日・理解度チェック

月	日	□
月	日	□
月	日	□

練習問題

練習7-1

練習問題ファイル 練習7-1

1. 練習問題ファイル「練習7-1.xlsx」を開き、1月20日の商品別の売上金額の構成比を表す円グラフをセルF2 ～ K17に作成しましょう。
2. グラフタイトルを「1月20日売上構成比」にしましょう。
3. グラフのスタイルを［スタイル10］に変更し、さらに［スタイル1］に変更しましょう。
4. グラフの凡例を非表示にしましょう。
5. グラフの商品名のフォントサイズを11にしましょう。
6. 「メガネケース」の系列のラベルを円の外側に移動しましょう。
7. PC メガネの系列を切り出しましょう。

ここがポイント！
円グラフの系列の切り出し
切り出したい系列を2度クリックし、その系列だけが選択された状態（●が表示された状態）になったら外側にドラッグします。

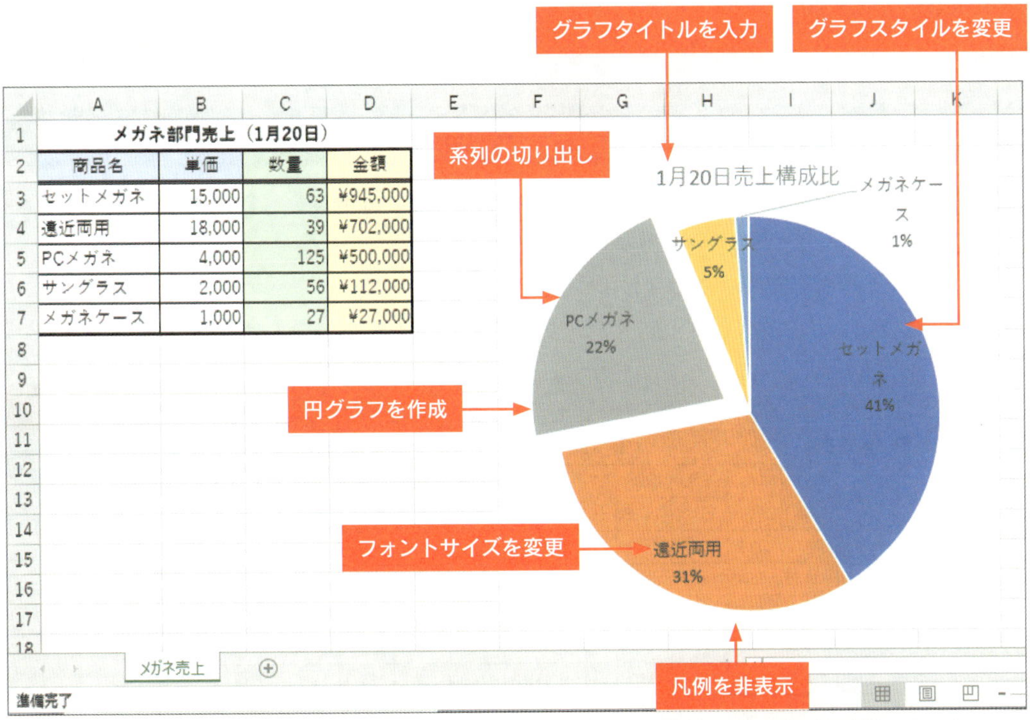

完成例ファイル 練習7-1（完成）

練習7-2

❶ 練習問題ファイル「練習7-2.xlsx」を開き、コース別の合計金額を表す集合縦棒グラフをセルH3～L14に作成しましょう。 練習問題ファイル → 練習7-2

❷ グラフタイトルを「予約状況（4月30日出発）」にしましょう。

❸ 申込率のデータをグラフに追加して折れ線グラフにし、第2軸を表示しましょう。

❹ 第2軸の最大値が100.0%、最小値が50.0%になるように設定を変更しましょう。

❺ ハワイ5日間の申込人数を30に変更し、グラフが変更されることを確認しましょう。

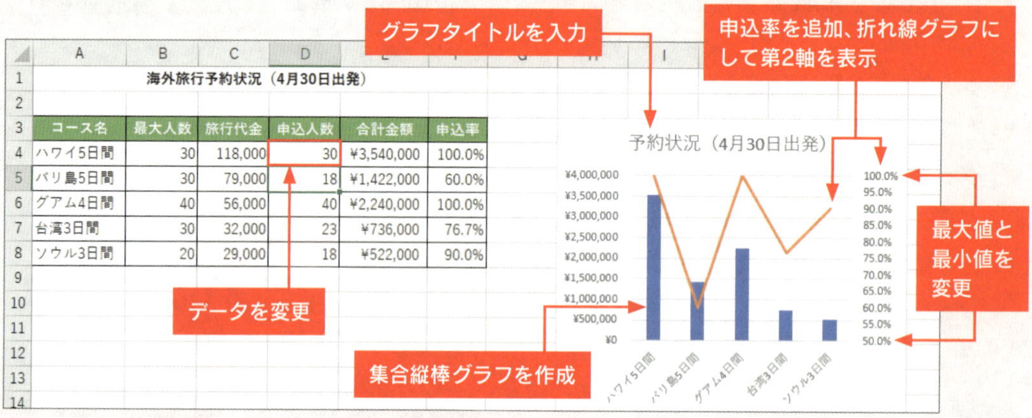

コース名	最大人数	旅行代金	申込人数	合計金額	申込率
ハワイ5日間	30	118,000	30	¥3,540,000	100.0%
バリ島5日間	30	79,000	18	¥1,422,000	60.0%
グアム4日間	40	56,000	40	¥2,240,000	100.0%
台湾3日間	30	32,000	23	¥736,000	76.7%
ソウル3日間	20	29,000	18	¥522,000	90.0%

完成例ファイル → 練習7-2（完成）

練習7-3

❶ 練習問題ファイル「練習7-3.xlsx」を開き、セルL3～L8に年間変動を表す折れ線スパークラインを表示しましょう。 練習問題ファイル → 練習7-3

❷ 頂点（山）と頂点（谷）を表示しましょう。

❸ スパークラインのスタイルを［赤, スパークライン スタイル カラフル #4］にしましょう。

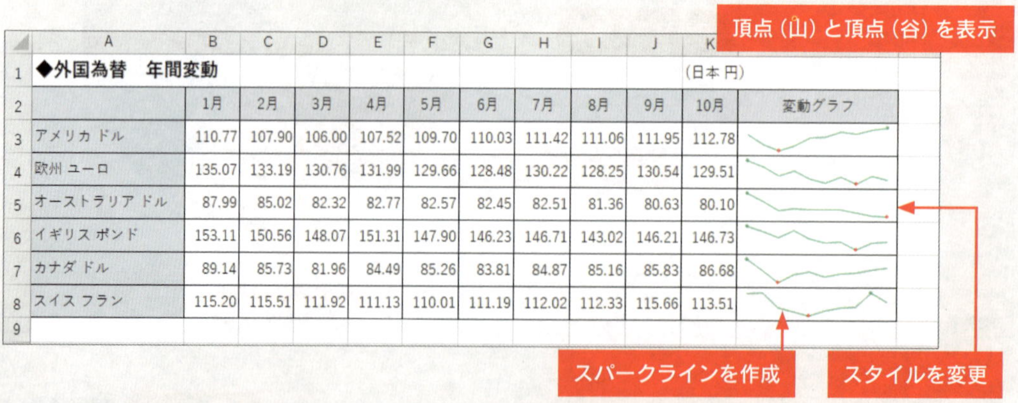

	1月	2月	3月	4月	5月	6月	7月	8月	9月	10月	変動グラフ
アメリカ ドル	110.77	107.90	106.00	107.52	109.70	110.03	111.42	111.06	111.95	112.78	
欧州 ユーロ	135.07	133.19	130.76	131.99	129.66	128.48	130.22	128.25	130.54	129.51	
オーストラリア ドル	87.99	85.02	82.32	82.77	82.57	82.45	82.51	81.36	80.63	80.10	
イギリス ポンド	153.11	150.56	148.07	151.31	147.90	146.23	146.71	143.02	146.21	146.73	
カナダ ドル	89.14	85.73	81.96	84.49	85.26	83.81	84.87	85.16	85.83	86.68	
スイス フラン	115.20	115.51	111.92	111.13	110.01	111.19	112.02	112.33	115.66	113.51	

完成例ファイル → 練習7-3（完成）

Chapter 8

複数ワークシートの管理

Excelでは、一度の操作で複数のワークシートのセルに書式を設定したり、必要に応じて他のワークシートに入力されているデータを利用したりすることができます。ここでは複数のワークシートを作業グループにして同時に書式を設定する方法、複数のワークシートの値を集計する方法について学習します。

8-1 複数のワークシートに同時に書式を設定する →204ページ

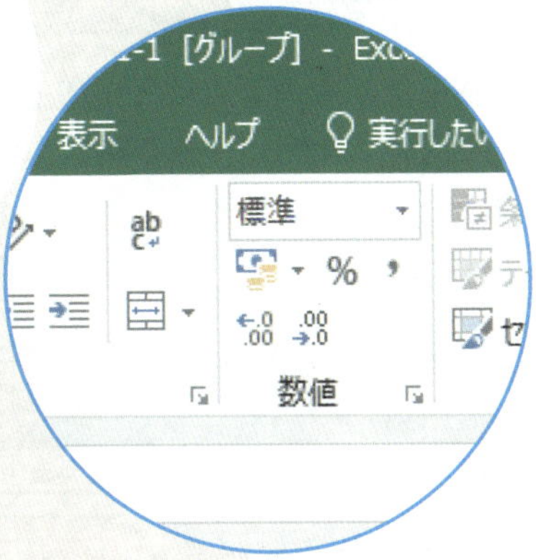

8-2 複数のワークシートを集計する →207ページ

8-1

学習時間の目安 15 min　学習日・理解度チェック

月　日 □
月　日 □
月　日 □

複数のワークシートに同時に書式を設定する

Excelでは、たとえば月別や支店別など、同じような形式のワークシートを複数作成して管理することがよくあります。それらのワークシートの共通するセルに同じ書式を設定したりデータを入力したりする場合には、同時に編集できると便利です。対象のワークシートを「作業グループ」にすることで、それが可能になります。

ここでの学習内容

作業グループについて学習します。同じ形式の表が同じ位置に入力されている4枚のワークシートを同時に編集して、表の見出しのセルに塗りつぶしの色を設定します。

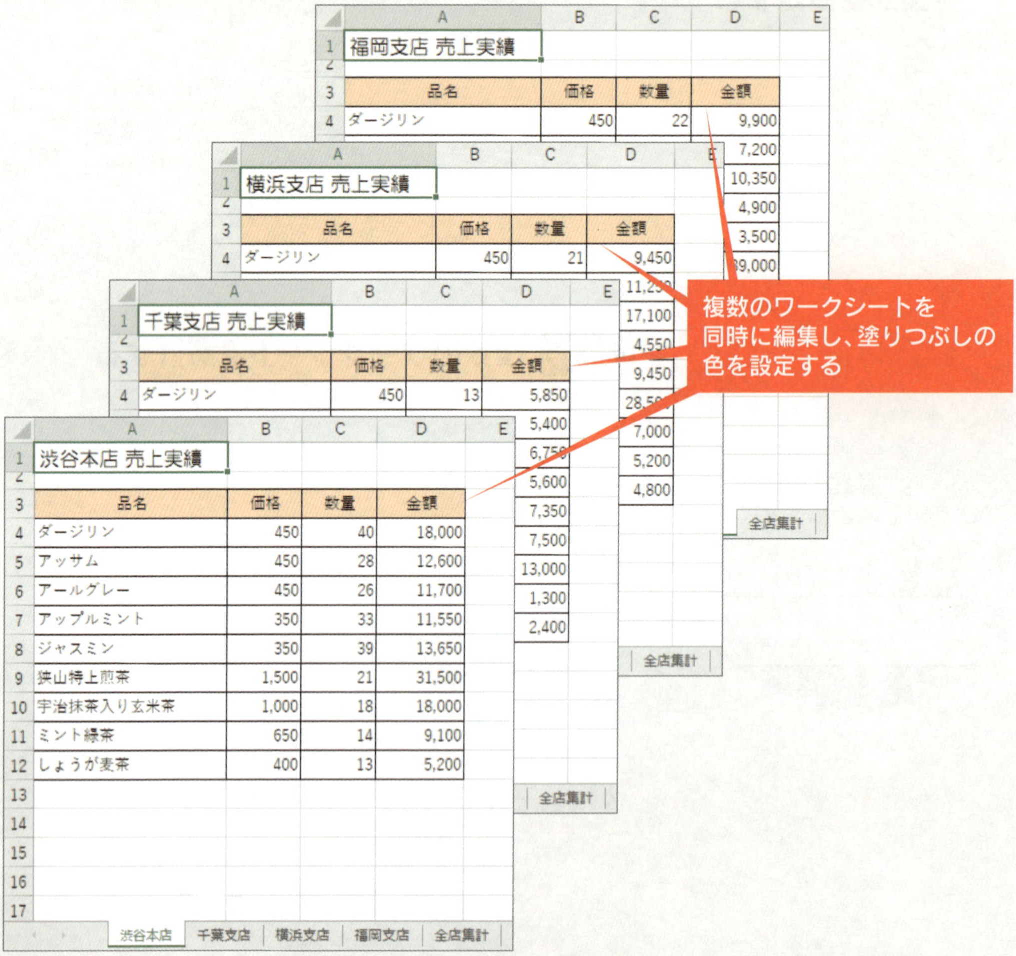

作業グループの設定

複数のワークシートで同じ操作を行うには、ワークシートを「作業グループ」にします。
連続する複数のワークシートを作業グループにするには、先頭のシート見出しをクリックし、Shift キーを押しながら最後のシート見出しをクリックします。ワークシートを作業グループにすると、グループ化されているシートのシート見出しは選択された状態（下線表示）になり、タイトルバーに［グループ］（Excel 2013では［作業グループ］）と表示されます。

やってみよう—複数ワークシートを作業グループにして書式を設定する

教材ファイル 教材8-1-1

教材ファイル「教材8-1-1.xlsx」を開き、ワークシート「渋谷本店」、「千葉支店」、「横浜支店」、「福岡支店」を作業グループにします。作業グループの状態でセルB3～E3に［テーマの色］－［オレンジ、アクセント2、白＋基本色60%］の塗りつぶしの色を設定します。

1 ワークシートを作業グループにします。

❶5枚のワークシートを切り替えて、同じ形式の表が同じ位置に入力されていることを確認する
❷ワークシート「渋谷本店」のシート見出しをクリックする
❸ Shift キーを押しながら、ワークシート「福岡支店」のシート見出しをクリックする
❹ワークシート「渋谷本店」、「千葉支店」、「横浜支店」、「福岡支店」のシート見出しに下線が表示される
❺タイトルバーに［グループ］（Excel 2013では［作業グループ］）と表示される

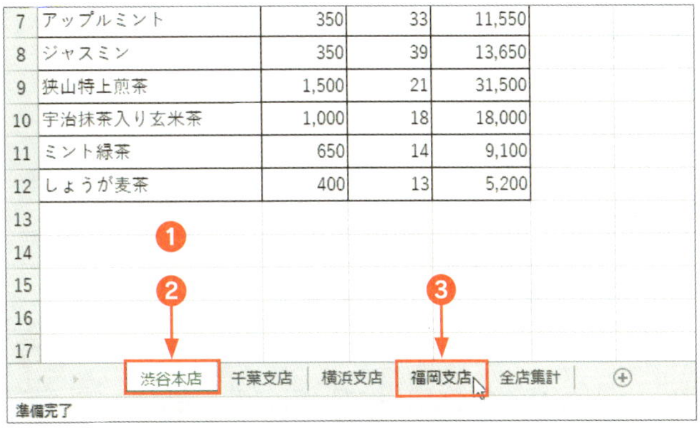

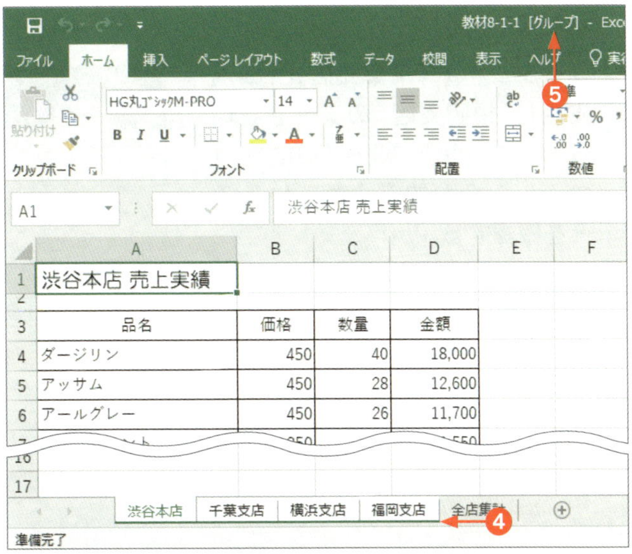

ここがポイント！
シートの選択の考え方

シート見出しは、セルのようにドラッグして連続した範囲を選択することはできません。そのため、始点をクリックして、終点で Shift キーを押しながらクリックするというキーを組み合わせで連続したシートを同時に選択します。同様に、Ctrl キーを押しながらクリックすると、離れたシートを同時に選択できます。

2 塗りつぶしの色を設定します。

❶ セルA3～D3を範囲選択する
❷［ホーム］タブの［塗りつぶしの色］ボタンの▼をクリックする
❸［テーマの色］の一覧から［オレンジ、アクセント2、白＋基本色60%］をクリックする
❹ セルA3～D3に塗りつぶしの色が設定される

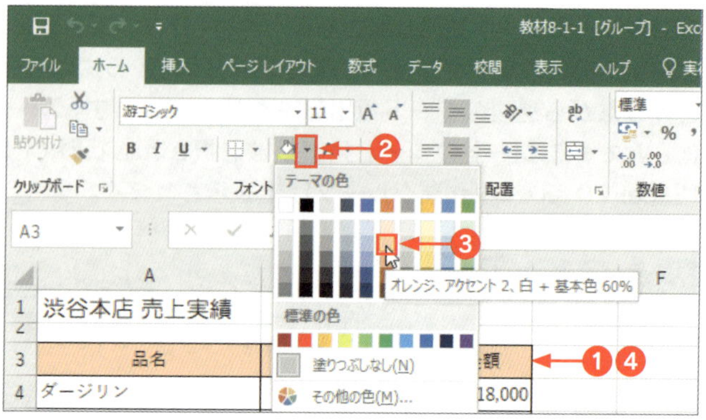

やってみよう—作業グループを解除する

ワークシートの作業グループを解除して、ワークシートを切り替えて書式が設定されていることを確認しましょう。

1 作業グループを解除します。

❶ ワークシート「渋谷本店」のシート見出しを右クリックする
❷ ショートカットメニューの［シートのグループ解除］（Excel 2013では［作業グループ解除］）をクリックする
❸ タイトルバーの［グループ］（Excel 2013では［作業グループ］）の表示がなくなる
❹ ワークシート「千葉支店」、「横浜支店」、「福岡支店」のシートを切り替えて、セルA3～D3に塗りつぶしの色が設定されていることを確認する

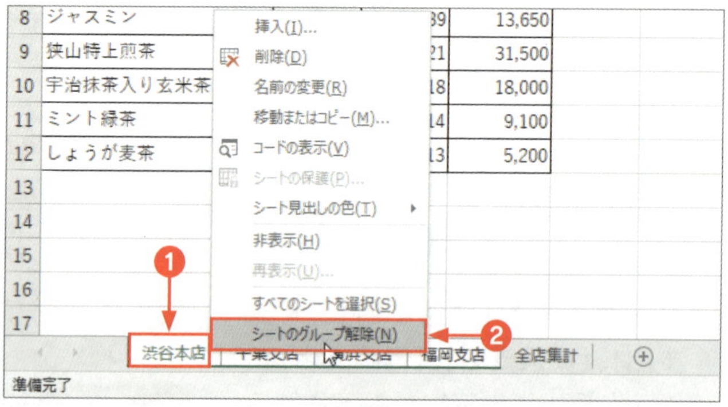

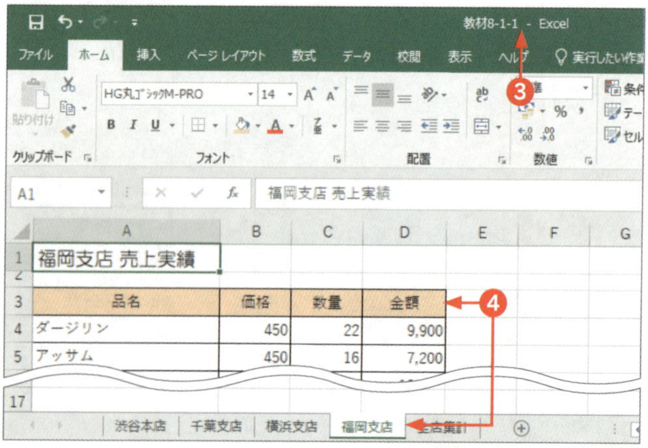

完成例ファイル 教材8-1-1（完成）

知っておくと便利！
▶ 作業グループの解除

作業グループ以外のシート見出しをクリックしても作業グループを解除できます。すべてのワークシートが作業グループになっている場合は、現在表示されているワークシート以外のシート見出しをクリックすると解除できます。

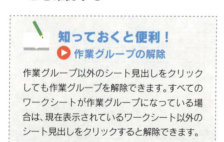

8-2

学習時間の目安 15 min

学習日・理解度チェック

月　日　□

月　日　□

月　日　□

複数のワークシートを集計する

複数のワークシートの同じセル範囲に同じ形式の表が作成されている場合、それらの表のデータをまとめて集計することができます。複数のワークシートにまたがる集計を行う機能を「3D集計」（または「串刺し演算」）といいます。

ここでの学習内容

3D集計機能を学習します。ワークシート「全店集計」に、ワークシート「渋谷本店」、「千葉支店」、「横浜支店」、「福岡支店」の数量と金額の合計を求めます。

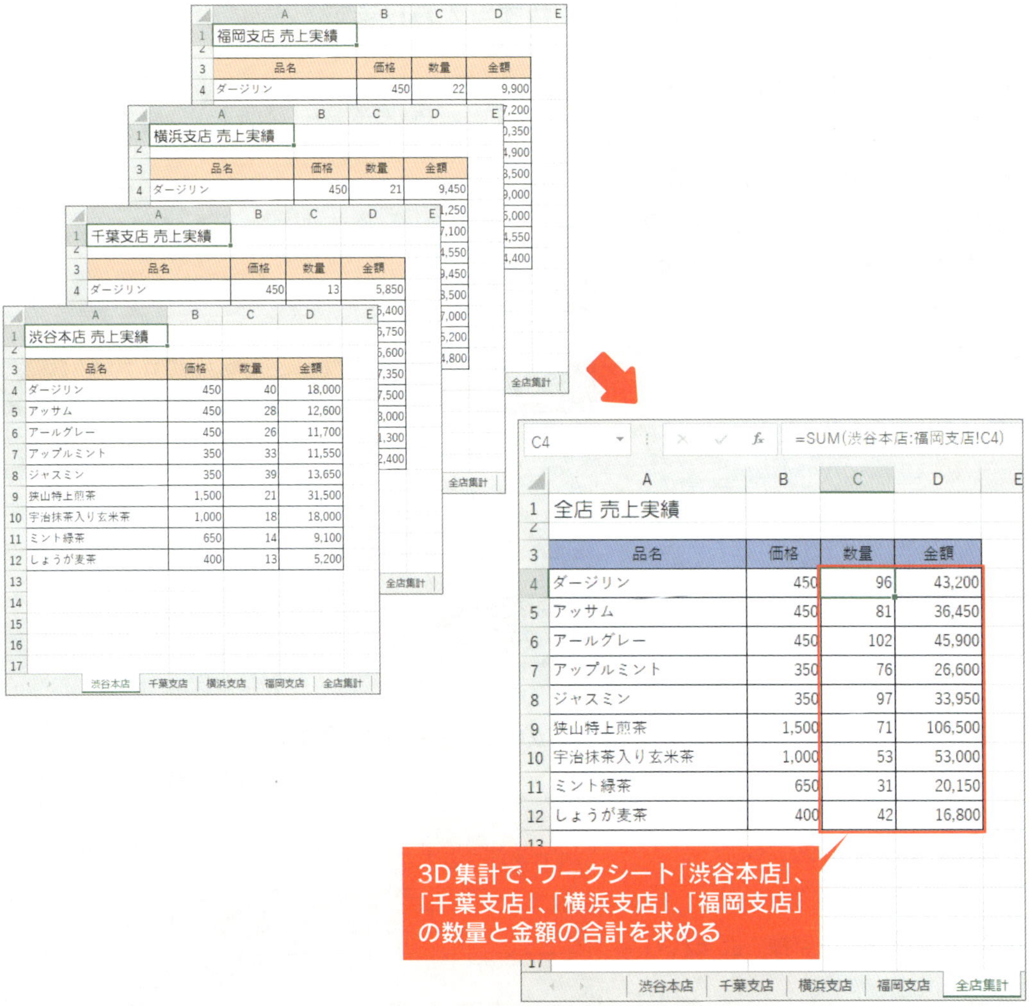

3D集計

3D集計は、ブック内の複数のワークシートの同じセルまたは同じセル範囲のデータを集計する機能です。たとえば「シート『渋谷本店』のセルC4」と「シート『千葉支店』のセルC4」というように、同じ位置関係にあるセルのデータを集計することができます。表全体を対象に集計を行う場合は、表のレイアウトや項目の構成が同一である必要があります。
3D集計を行うには、数式でワークシート名を指定した後にセルまたはセル範囲を指定します。たとえば「=SUM(Sheet1:Sheet3!A1)」という数式を入力した場合は、「Sheet1からSheet3までのすべてのワークシートのセルA1の値が合計」されます。

やってみよう—3D集計を行う

教材ファイル 教材8-2-1

教材ファイル「教材8-2-1.xlsx」を開き、3D集計機能を使用して、ワークシート「全店集計」に、ワークシート「渋谷本店」、「千葉支店」、「横浜支店」、「福岡支店」の数量と金額の合計を集計します。

1 集計を表示するセル範囲を選択し、数式を入力します。

❶ワークシート「全店集計」のシート見出しをクリックする
❷セルC4～D12を範囲選択する
❸[ホーム]タブの[編集]グループの[合計]ボタンをクリックする
❹セルC4に「=SUM(B4)」と表示される

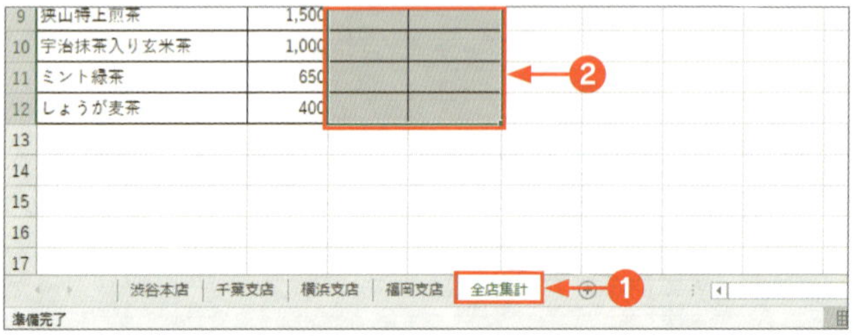

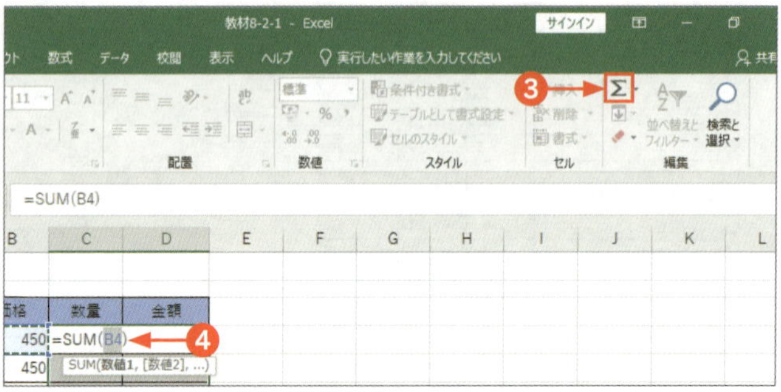

知っておくと便利！
▶3D集計の計算の種類
3D集計では、SUM(合計)の他、AVERAGE(平均)、COUNT(数値の個数)、MAX(最大値)、MIN(最小値)などの関数を使うことができます。[Σ][合計]ボタンの▼をクリックして、一覧から選択します。

2 集計対象の先頭となるワークシートのセルを指定します。

❶ワークシート「渋谷本店」のシート見出しをクリックする
❷セルC4をクリックする
❸セルC4が点滅する点線で囲まれる

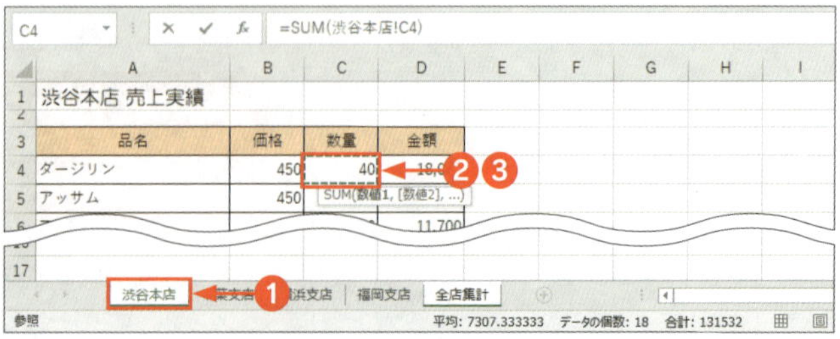

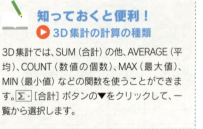

3 集計対象の末尾となるワークシートを選択します。

❶ Shift キーを押しながら、ワークシート「福岡支店」のシート見出しをクリックする

❷ 数式バーに「=SUM('渋谷本店:福岡支店'!C4)」と表示される

❸［合計］ボタンをクリックする

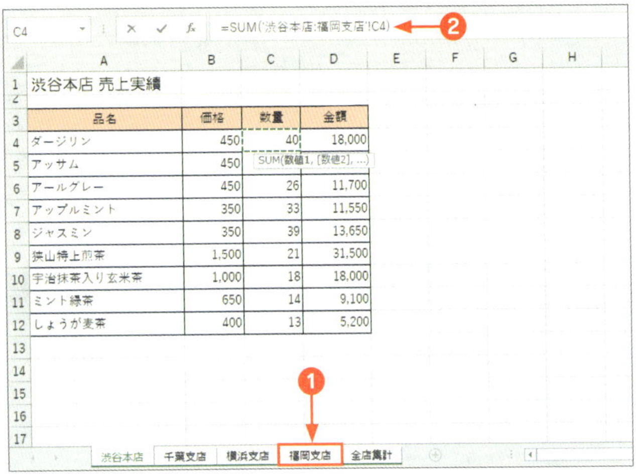

品名	価格	数量	金額
ダージリン	450	40	18,000
アッサム	450		
アールグレー	450	26	11,700
アップルミント	350	33	11,550
ジャスミン	350	39	13,650
狭山特上煎茶	1,500	21	31,500
宇治抹茶入り玄米茶	1,000	18	18,000
ミント緑茶	650	14	9,100
しょうが麦茶	400	13	5,200

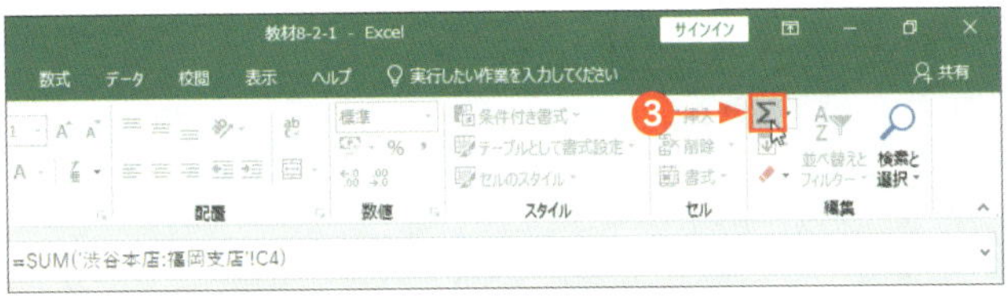

ここがポイント！

［合計］ボタンのクリック

数式の作成後に Σ［合計］ボタンをクリックせずに Enter キーを押した場合、集計結果を表示するセル範囲のアクティブセル（この例の場合はセルC4）のみに集計が表示されます。その場合は、数式を他のセルにコピーして全体の集計結果を求めます。

4 3D集計の集計結果を確認します。

❶ ワークシート「全店集計」が表示される

❷ セルC4～D12に集計結果が表示されていることを確認する

❸ セルC4～D12の任意のセルをクリックし、数式バーで数式を確認する

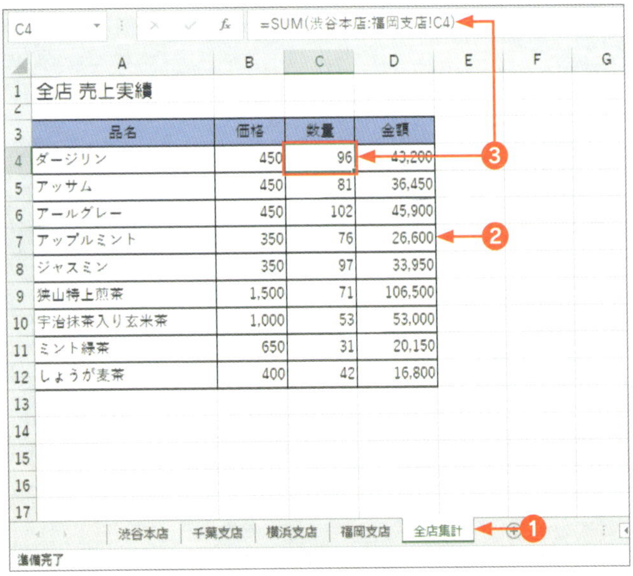

品名	価格	数量	金額
ダージリン	450	96	43,200
アッサム	450	81	36,450
アールグレー	450	102	45,900
アップルミント	350	76	26,600
ジャスミン	350	97	33,950
狭山特上煎茶	1,500	71	106,500
宇治抹茶入り玄米茶	1,000	53	53,000
ミント緑茶	650	31	20,150
しょうが麦茶	400	42	16,800

ここがポイント！

金額の集計

この例の場合は、ワークシート「全店集計」の金額のセルに、他のシートの金額の合計を3D集計で求めています。ワークシート「全店集計」の金額のセルに「価格×数量」の数式が設定されている場合は、他のシートの数量の合計を3D集計で求めれば、金額が自動的に計算されます。

完成例ファイル 教材8-2-1（完成）

知っておくと便利！

ハイパーリンク

特定のセルから、別のワークシートやファイルに素早く移動するには、ハイパーリンクを設定しておくと便利です。ハイパーリンクを設定するには、[挿入] タブの [リンク] グループの[リンク] (Excel 2016、2013では [ハイパーリンク]) ボタンをクリックします。[ハイパーリンクの挿入] ダイアログボックスが表示されるので、リンク先を指定します。リンク先にはファイルやWebページ、同じブック内のセルやセル範囲、電子メールアドレスなどが指定できます。なお、既定では、URLやメールアドレスを入力すると自動的にハイパーリンクが設定されます。

ハイパーリンクを設定したセルをクリックすると、リンク先のファイルやWebページが開いたり、セル範囲にアクティブセルが移動（ジャンプ）したり、リンク先として指定したメールアドレスなどが入力された電子メールの作成画面が表示されたりします。

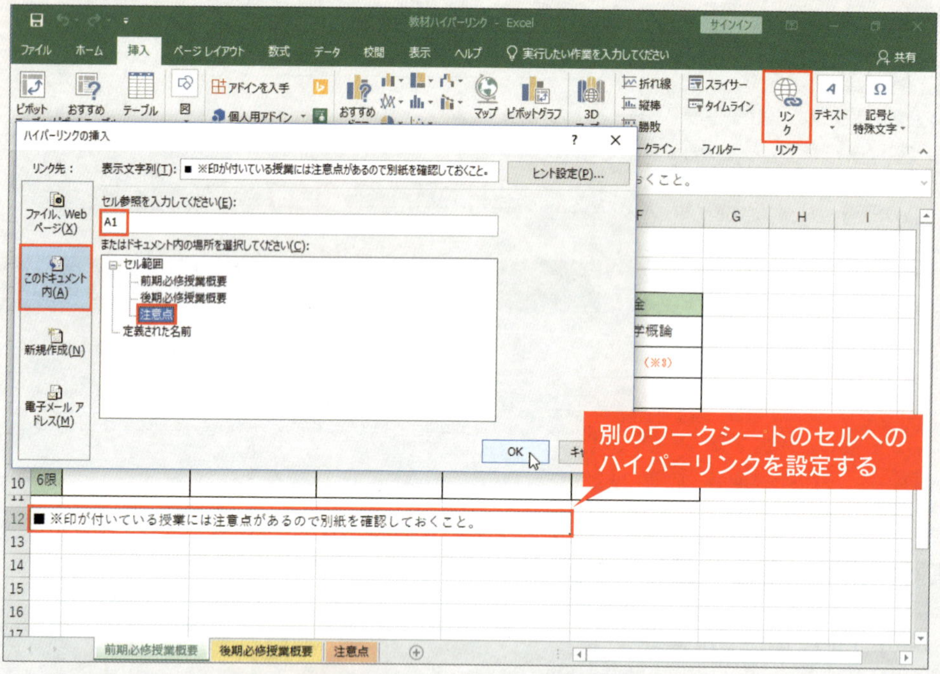

別のワークシートのセルへのハイパーリンクを設定する

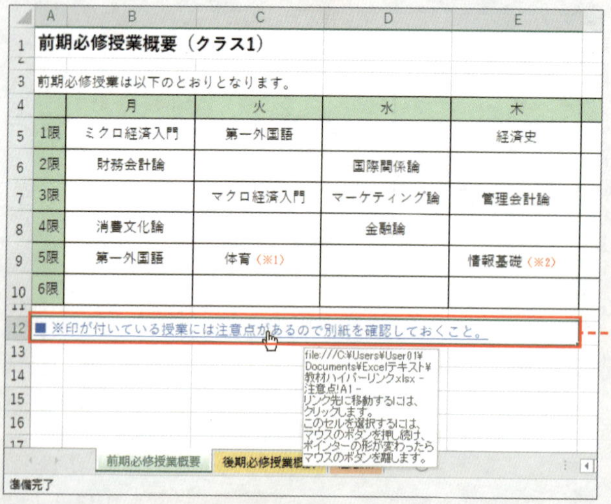

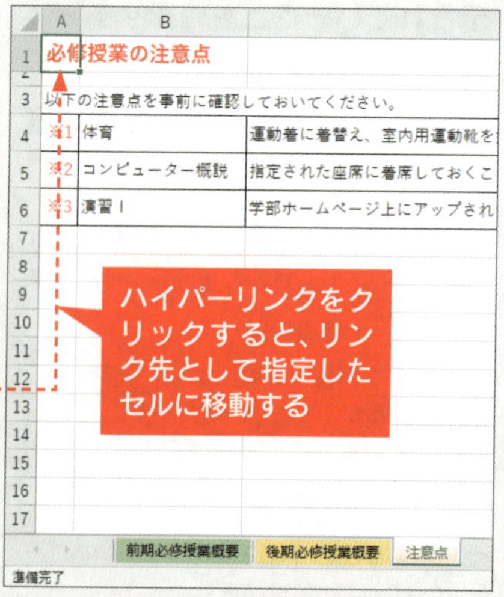

ハイパーリンクをクリックすると、リンク先として指定したセルに移動する

学習日・理解度チェック

月	日	□
月	日	□
月	日	□

練習問題

練習8-1

1. 練習問題ファイル「練習8-1.xlsx」を開き、ワークシート「4月15日」と「4月16日」を作業グループにしましょう。　練習問題ファイル　練習8-1
2. 完成例の吹き出しを参考に、書式を設定しましょう。
3. セルE4～E8に合計金額を求めましょう。
4. ワークシートの作業グループを解除しましょう。

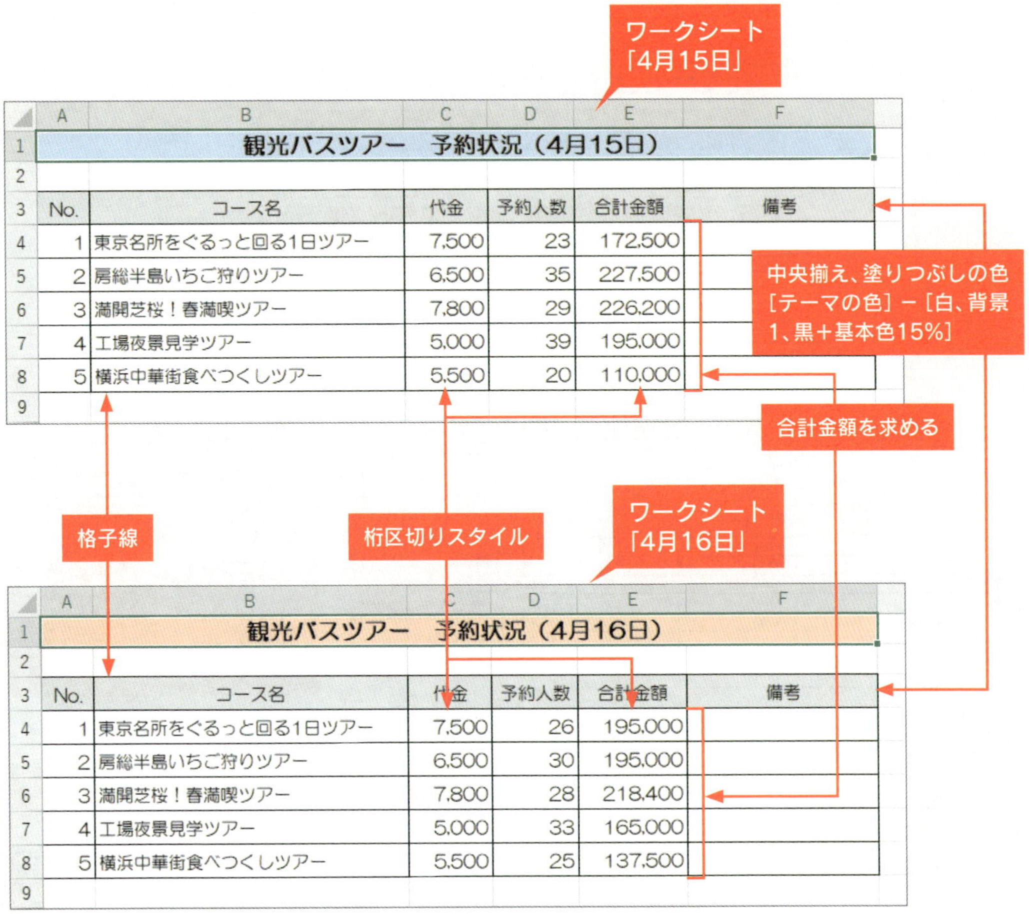

観光バスツアー　予約状況（4月15日）

No.	コース名	代金	予約人数	合計金額	備考
1	東京名所をぐるっと回る1日ツアー	7,500	23	172,500	
2	房総半島いちご狩りツアー	6,500	35	227,500	
3	満開芝桜！春満喫ツアー	7,800	29	226,200	
4	工場夜景見学ツアー	5,000	39	195,000	
5	横浜中華街食べつくしツアー	5,500	20	110,000	

観光バスツアー　予約状況（4月16日）

No.	コース名	代金	予約人数	合計金額	備考
1	東京名所をぐるっと回る1日ツアー	7,500	26	195,000	
2	房総半島いちご狩りツアー	6,500	30	195,000	
3	満開芝桜！春満喫ツアー	7,800	28	218,400	
4	工場夜景見学ツアー	5,000	33	165,000	
5	横浜中華街食べつくしツアー	5,500	25	137,500	

完成例ファイル　練習8-1（完成）

練習8-2

❶ 練習問題ファイル「練習8-2.xlsx」を開き、ワークシート「0706元町店」から「7月平均」を作業グループにしましょう。　練習問題ファイル ▶ 練習8-2

❷ 完成例の吹き出しを参考に、書式を設定しましょう。

❸ セルB3を「価格」に修正しましょう。

❹ ワークシート「0706元町店」から「7月平均」の作業グループを解除しましょう。

❺ ワークシート「0706元町店」から「0715桜木町店」を作業グループにしましょう。

❻ セルE4～E11に販売金額を求める数式を入力しましょう。

❼ ワークシート「0706元町店」から「0715桜木町店」の作業グループを解除しましょう。

❽ 3D集計機能を使用して、ワークシート「7月平均」に、ワークシート「0706元町店」から「0715桜木町店」の試飲提供本数、販売本数、販売金額の平均を求めましょう。

ポイント！

▶ 平均を求めるには

3D集計で平均を求めるには、[Σ▾][合計]ボタンの▼をクリックして、一覧から[平均]をクリックします。

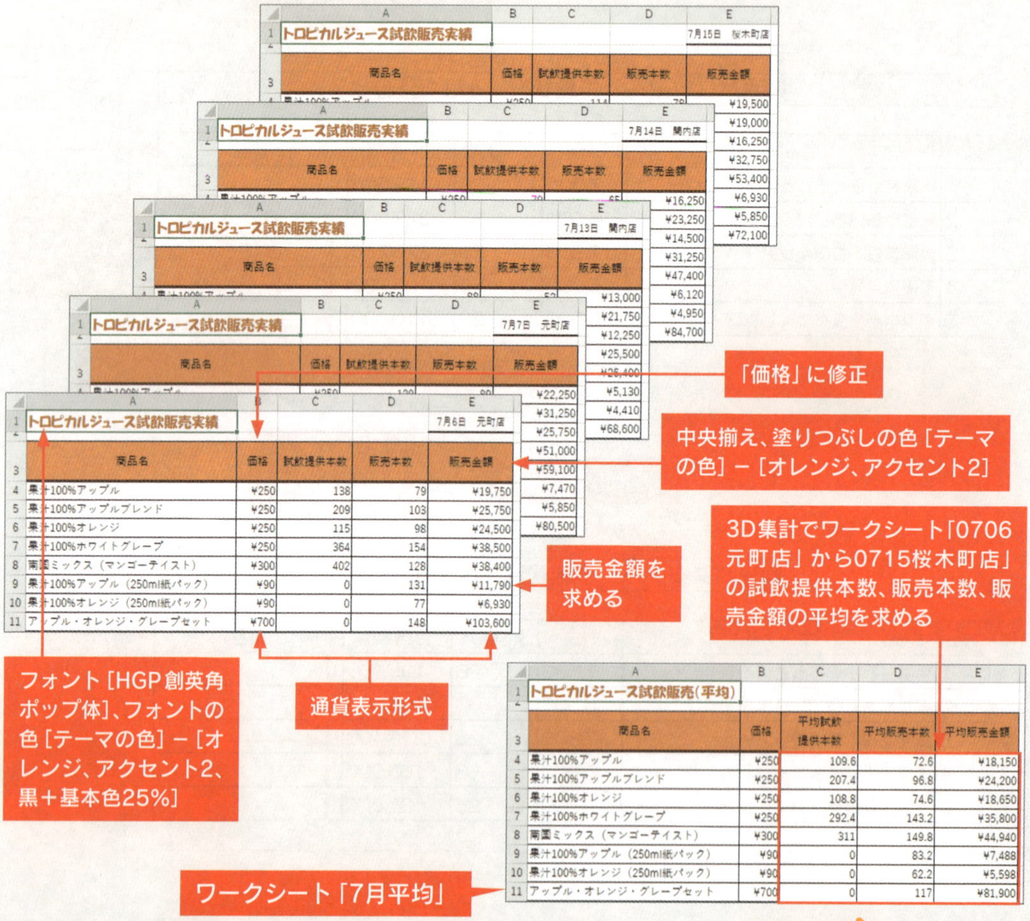

完成例ファイル ▶ 練習8-2（完成）

Chapter 9

データベースの活用

データベースの形式で作成された表をテーブルに変換し、指定した順序でデータを並べ替えたり、必要なデータだけを抽出したりする方法を学習します。さらに、ピボットテーブルやピボットグラフを作成し、集計結果を分析する方法を学習します。

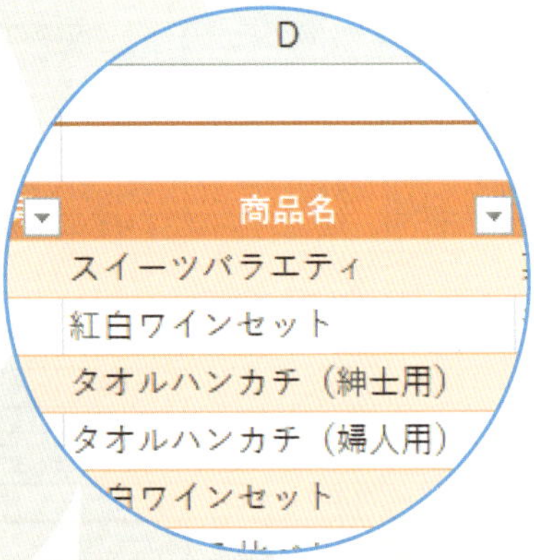

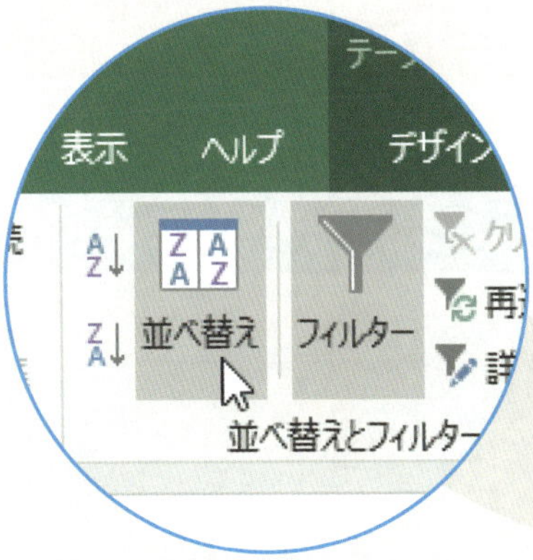

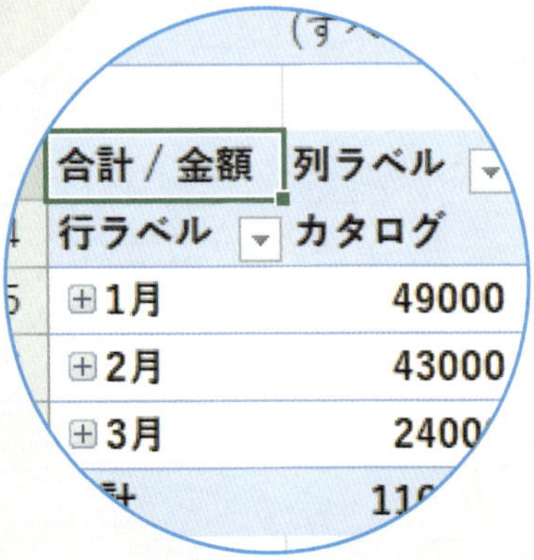

9-1

学習時間の目安 5 min　学習日・理解度チェック

月	日	□
月	日	□
月	日	□

データベースを作成する

関連のあるデータを一定のルールに従ってまとめたものを「データベース」といいます。データベースの形式で表を作成しておくと、並べ替えや抽出などの機能が利用できます。

データベースの形式

データベースについて学習します。データベースは下記の形式で作成します。

	A	B	C	D	E	F	G	H	I	J	K
1	ギフト商品売上リスト										
2											
3	売上No.	日付	商品番号	商品名	分類	単価	個数	金額	用途	購入者年代	性別
4	1	1月4日	S001	スイーツバラエティ	菓子	2,500	4	10,000	手土産	40代	男性
5	2	1月4日	W001	紅白ワインセット	酒	6,000	2	12,			
6	3	1月4日	T002	タオルハンカチ（紳士用）	タオル	500	4	2,			
7	4	1月4日	T003	タオルハンカチ（婦人用）	タオル	500	6	3,			
8	5	1月4日	W001	紅白ワインセット	酒	6,000	1	6,000	お祝い	30代	
9	6	1月4日	J001	日本酒飲み比べセット	酒	7,800	2	15,600	お祝い	40代	
10	7	1月5日	C001	ポピーセレクションG	カタログ	5,000	1	5,000	お祝い	50代	
11	8	1月6日	J001	日本酒飲み比べセット	酒	7,800	2	15,600	お祝い	30代	
12	9	1月6日	W001	紅白ワインセット	酒	6,000	1	6,000	手土産	40代	女性
13	10	1月7日	S001	スイーツバラエティ	菓子	2,500	4	10,000	手土産	30代	男性
14	11	1月7日	S001	スイーツバラエティ	菓子	2,500	2	5,000	お返し	50代	男性
15	12	1月7日	S002	プチクッキー詰め合わせ	菓子	700	10	7,000	手土産	20代	男性
16	13	1月7日	S003	プチチョコ詰め合わせ	菓子	600	10	6,000			
17	14	1月9日	S005	鯛まんじゅう	菓子	200	12	2,400			
18	15	1月10日	W001	紅白ワインセット	酒	6,000	2	12,000			

列見出し（フィールド名）
リストの先頭行に項目名を入力する

フィールド
1列に同じ種類のデータを入力する

レコード
1行に1件分のデータを入力する

データベース作成時のルール

データベースを作成するときのルールは次のとおりです。

列見出し（フィールド名）	先頭行に列見出し（フィールド名）を入力する フィールド名には2行目以降のデータとは異なる書式を設定する
フィールド	同じ列には、同じ種類のデータを入力する 同じ列には、同じ書式を設定する
レコード	1行に1件分のデータを入力する
データベースとして扱う表	空白行または空白列を含まないようにする 抽出機能を使用した場合、条件に一致しない行が折りたたまれるため、表の左右にデータを入力しないようにする 表のタイトルのすぐ下にデータベースを作成すると、タイトルもデータベースの一部とみなされて並べ替えや抽出が正しく行えなくなるため、タイトルとデータベースとの間は空白行を空ける

9-2

学習時間の目安 20 min　学習日・理解度チェック

月　日　☐
月　日　☐
月　日　☐

テーブルを作成する

データベースの形式で作成された表を「テーブル」に変換すると、データの並べ替え、抽出などが簡単に行えるようになり便利です。

ここでの学習内容

テーブルの作成について学習します。データベースの表にテーブルスタイルを適用してテーブルに変換し、集計列、データ、集計行を追加します。また、テーブルを解除する方法についても学習します。

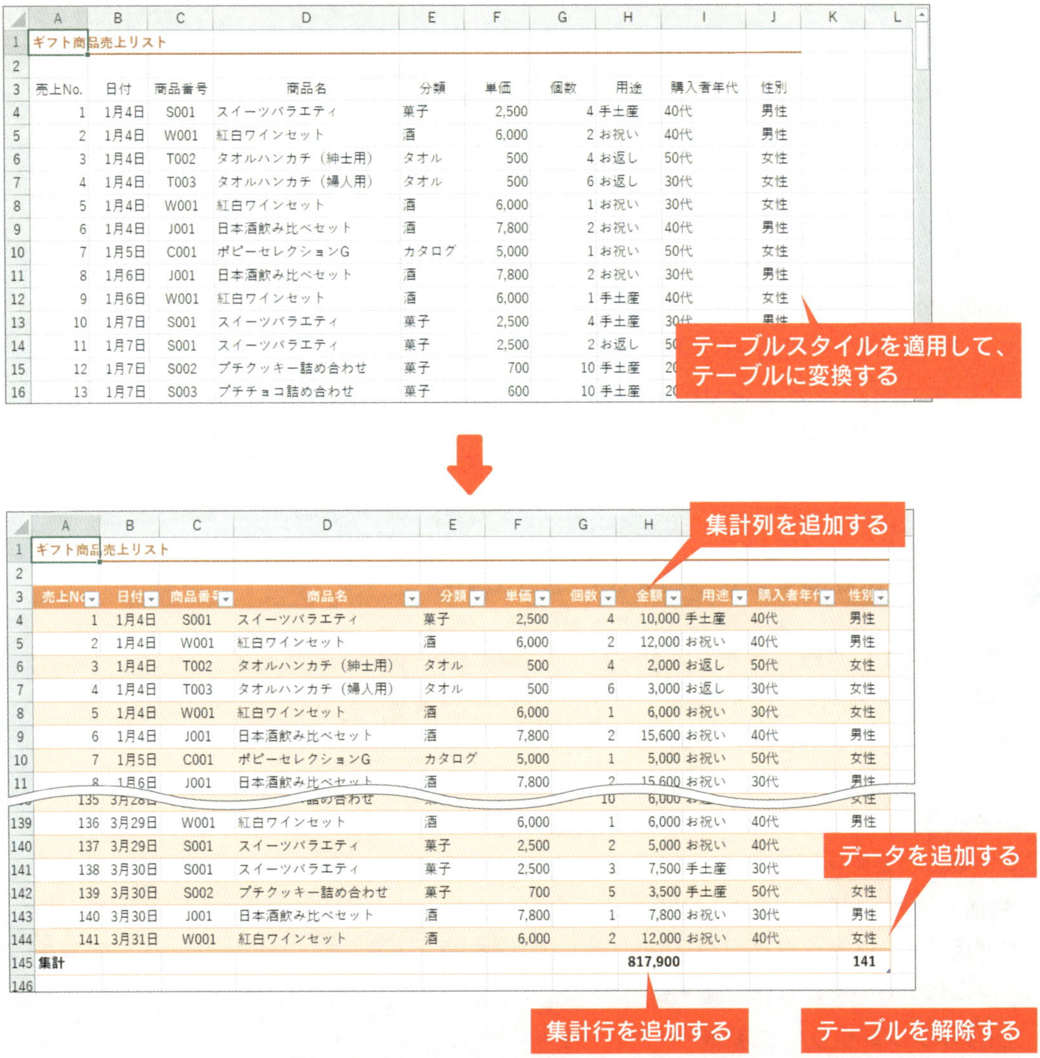

ギフト商品売上リスト

売上No.	日付	商品番号	商品名	分類	単価	個数	用途	購入者年代	性別
1	1月4日	S001	スイーツバラエティ	菓子	2,500	4	手土産	40代	男性
2	1月4日	W001	紅白ワインセット	酒	6,000	2	お祝い	40代	男性
3	1月4日	T002	タオルハンカチ（紳士用）	タオル	500	4	お返し	50代	女性
4	1月4日	T003	タオルハンカチ（婦人用）	タオル	500	6	お返し	30代	女性
5	1月4日	W001	紅白ワインセット	酒	6,000	1	お祝い	30代	女性
6	1月4日	J001	日本酒飲み比べセット	酒	7,800	2	お祝い	40代	男性
7	1月5日	C001	ポピーセレクションG	カタログ	5,000	1	お祝い	50代	女性
8	1月6日	J001	日本酒飲み比べセット	酒	7,800	2	お祝い	30代	男性
9	1月6日	W001	紅白ワインセット	酒	6,000	1	手土産	40代	女性
10	1月7日	S001	スイーツバラエティ	菓子	2,500	4	手土産	30代	男性
11	1月7日	S001	スイーツバラエティ	菓子	2,500	2	お返し	50	
12	1月7日	S002	プチクッキー詰め合わせ	菓子	700	10	手土産	20	
13	1月7日	S003	プチチョコ詰め合わせ	菓子	600	10	手土産	20	

ギフト商品売上リスト

売上No.	日付	商品番号	商品名	分類	単価	個数	金額	用途	購入者年代	性別
1	1月4日	S001	スイーツバラエティ	菓子	2,500	4	10,000	手土産	40代	男性
2	1月4日	W001	紅白ワインセット	酒	6,000	2	12,000	お祝い	40代	男性
3	1月4日	T002	タオルハンカチ（紳士用）	タオル	500	4	2,000	お返し	50代	女性
4	1月4日	T003	タオルハンカチ（婦人用）	タオル	500	6	3,000	お返し	30代	女性
5	1月4日	W001	紅白ワインセット	酒	6,000	1	6,000	お祝い	30代	女性
6	1月4日	J001	日本酒飲み比べセット	酒	7,800	2	15,600	お祝い	40代	男性
7	1月5日	C001	ポピーセレクションG	カタログ	5,000	1	5,000	お祝い	50代	女性
8	1月6日	J001	日本酒飲み比べセット	酒	7,800	2	15,600	お祝い	30代	男性
136	3月29日	W001	紅白ワインセット	酒	6,000	1	6,000	お祝い	40代	男性
137	3月29日	S001	スイーツバラエティ	菓子	2,500	2	5,000	お祝い	40代	
138	3月30日	S001	スイーツバラエティ	菓子	2,500	3	7,500	手土産	30代	
139	3月30日	S002	プチクッキー詰め合わせ	菓子	700	5	3,500	手土産	50代	女性
140	3月30日	J001	日本酒飲み比べセット	酒	7,800	1	7,800	お祝い	30代	男性
141	3月31日	W001	紅白ワインセット	酒	6,000	2	12,000	お祝い	40代	女性
集計							817,900			141

テーブルに変換

データベースの表にテーブルスタイルを適用してテーブルに変換するには、表内の任意のセルをクリックし、[ホーム] タブの [スタイル] グループの テーブルとして書式設定 [テーブルとして書式設定] ボタンをクリックし、表示される一覧からスタイルを選択します。

やってみよう―スタイルを選択してテーブルに変換する

教材ファイル 教材9-2-1

教材ファイル「教材9-2-1.xlsx」を開き、ワークシート「売上表」のセルA3～J143にテーブルスタイル[中間]-[オレンジ,テーブルスタイル（中間）3]（Excel 2013では[テーブルスタイル（中間）3]）を適用し、テーブルに変換しましょう。

1 テーブルスタイルを選択します。

❶ ワークシート「売上表」のセルA3～J143の表内の任意のセルをクリックする

❷ [ホーム] タブの [スタイル] グループの [テーブルとして書式設定] ボタンをクリックする

❸ [中間] の [オレンジ,テーブルスタイル（中間）3]（Excel 2013では [テーブルスタイル（中間）3]）をクリックする

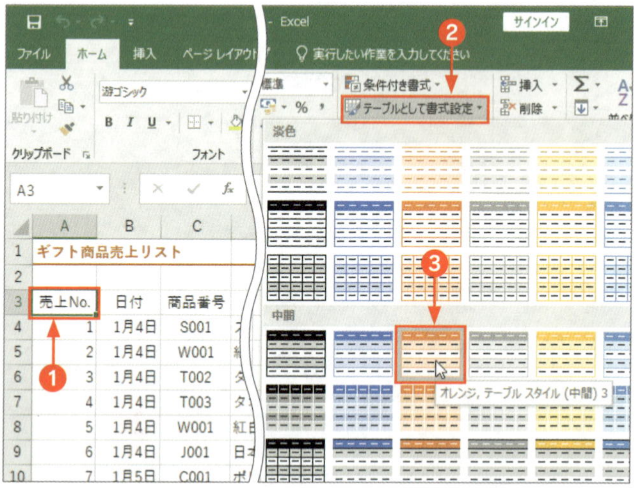

2 テーブルに変換するセル範囲を指定します。

❶ [テーブルとして書式設定] ダイアログボックスが表示される

❷ [テーブルに変換するデータ範囲を指定してください] ボックスに [=$A$3:$J$143] と表示されていることを確認する

❸ [先頭行をテーブルの見出しとして使用する] チェックボックスがオンになっていることを確認する

❹ [OK] ボタンをクリックする

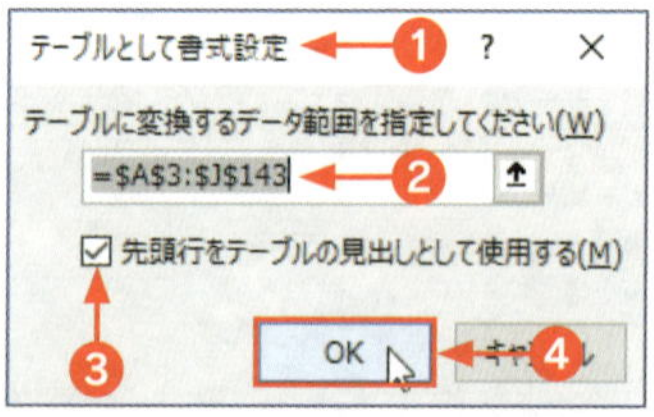

ここがポイント！

▶ 範囲の自動認識

テーブルに変換、並べ替え、抽出などのデータベース機能を行う際は、データベース内の任意のセルをクリックしてアクティブにしておきます。データベース全体のセル範囲が自動認識されます。

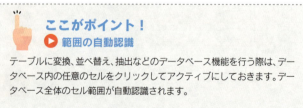

3 セル範囲がテーブルに変換されます。

❶ セル範囲がテーブルに変換され、スタイルが設定される

❷ 列見出しに▼（フィルターボタン）が表示される

完成例ファイル 教材9-2-1（完成）

知っておくと便利！

▶ 既定のスタイルのテーブルに変換

スタイルを選択せずに、既定のスタイルのテーブルに変換する場合は、［挿入］タブの［テーブル］グループの［テーブル］ボタンをクリックします。［テーブルとして書式設定］ダイアログボックスが表示されるので、テーブルに変換する範囲を指定します。

知っておくと便利！

▶ テーブルスタイルの変更

テーブルスタイルは後から変更することができます。テーブル内の任意のセルをクリックし、［テーブルツール］の［デザイン］タブの［テーブルスタイル］グループの［クイックスタイル］ボタンをクリックして、表示される一覧から選択します。

テーブルの編集

テーブルにすると、列や行の追加、書式設定、数式の入力を簡単に行うことができます。また、オプション設定で集計行を追加して、フィールドごとの合計、平均、個数などを、数式を入力せずに求めることができます。

やってみよう―集計列を追加する

教材ファイル 教材9-2-2

テーブルのセルに数式を入力すると「集計列」となり、列内のすべてのセルに数式が自動的に適用されます。コピーする必要はありません。教材ファイル「教材9-2-2.xlsx」を開き、「個数」の列の右側に1列挿入して「金額」の列を作成し、単価×個数の数式を入力しましょう。

1 テーブルに列を追加します。

❶ H列の列番号を右クリックする

❷ ショートカットメニューの［挿入］をクリックする

❸ テーブルに列が追加され、セルH3に「列1」と表示される

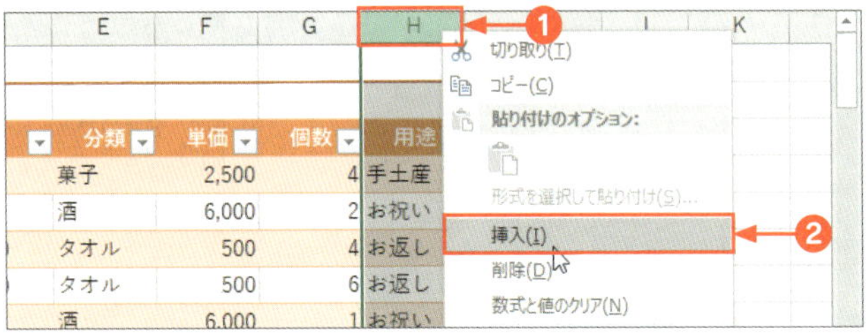

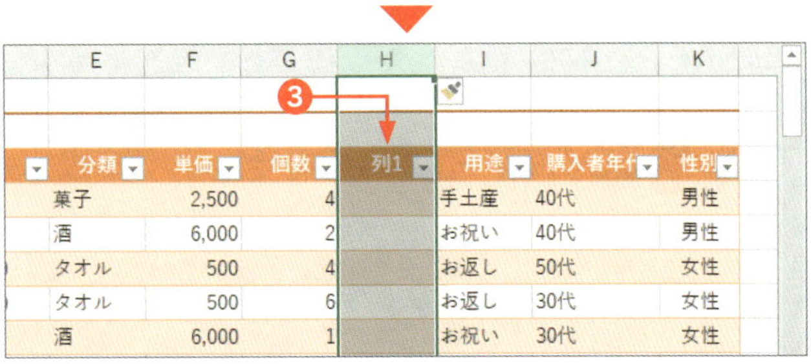

2 列見出し（フィールド名）に「金額」を入力します。

❶ セルH3をクリックする
❷ 「金額」と入力する
❸ Enter キーを押す

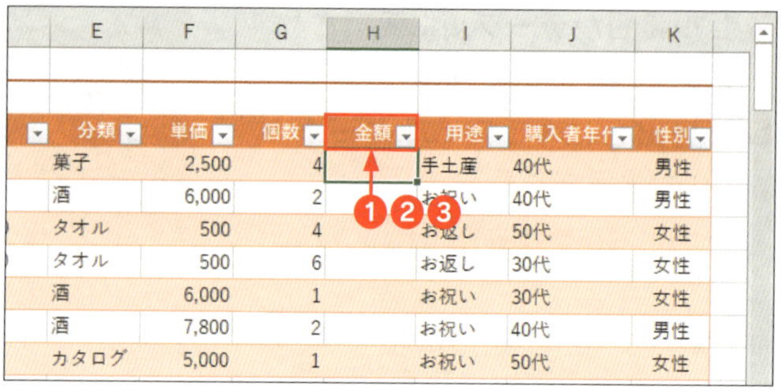

3 金額を計算する数式を入力します。

❶ セルH4に「=」を入力する
❷ セルF4をクリックする
❸ 「[@単価]」と表示される
❹ 続けて「*」と入力する
❺ セルG4をクリックする
❻ 「[@個数]」と表示される
❼ Enter キーを押す
❽ セルH4に計算結果「10000」が表示される
❾ 「金額」の列に数式が自動的に適用され、各行の単価×個数の計算結果が表示される

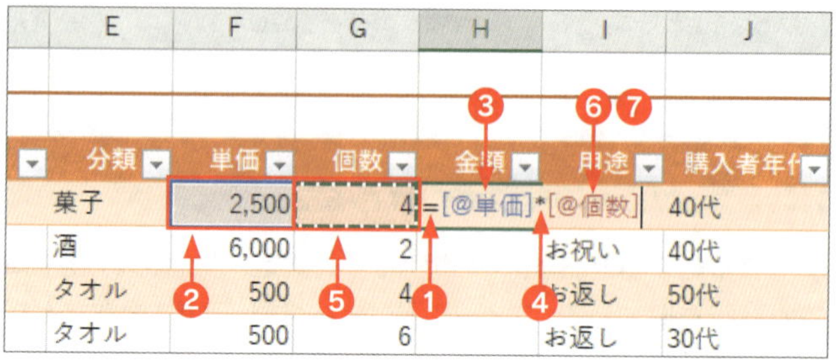

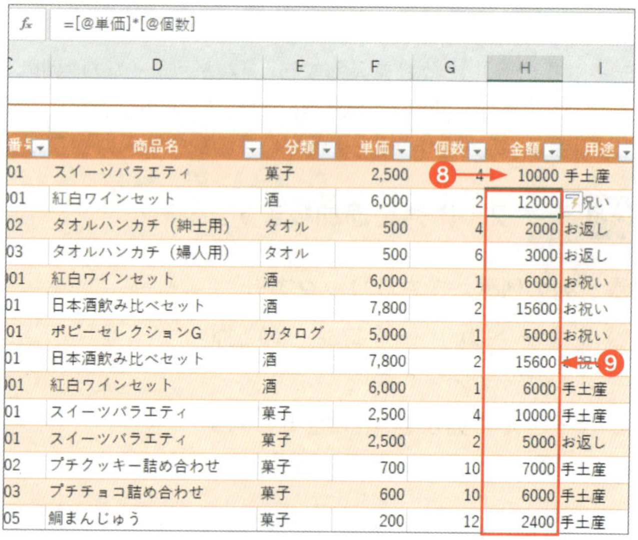

ここがポイント！

▶ 構造化参照

テーブル内で数式を入力すると、他のセルを参照するときに、テーブル名や列名を使用した「構造化参照」という参照方法が設定されます。この例では、セルF4をクリックすると、「F4」のセル参照の代わりに「[@単価]」と入力されます。列名を「[@～]」で囲むことで、「数式入力セルと同じ行の～列のセル」を表し、ここでは数式入力セルと同じ行の「単価」の列のセルを参照します。

4 金額に桁区切りスタイルを設定します。

❶ セルH4～H143を範囲選択する

❷ ［ホーム］タブの［数値］グループの［桁区切りスタイル］ボタンをクリックする

❸ セルH4～H143の数値に3桁区切りの「,」（カンマ）が表示される

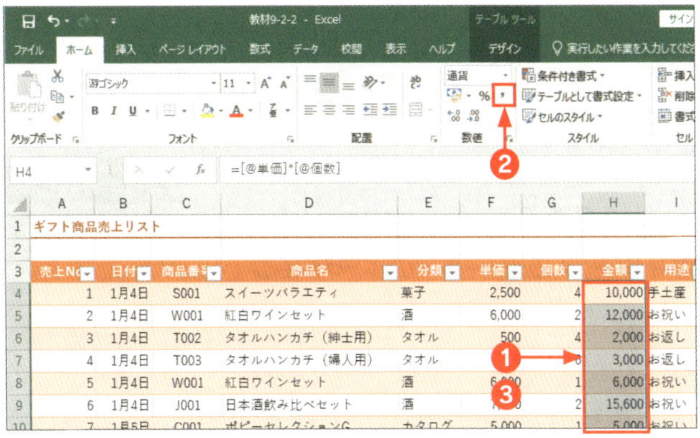

やってみよう―テーブルにデータを追加する

テーブルの最終行や最終列に隣接するセルにデータを入力すると、自動的にテーブルが拡張されます。テーブルの最終行にデータを追加しましょう。

1 テーブルの最終行にデータを追加します。

❶ セルA144に「141」と入力し、Tab キーか → キーを押す

❷ テーブルに新しい行が追加される

❸ 以下のデータを入力する

日付	2019/3/31
商品番号	W001
個数	2
用途	お祝い
購入者年代	40代
性別	女性

※商品番号、用途、購入者年代、性別は、あらかじめ設定されているリストを使用して入力する

※商品番号を入力すると、あらかじめ設定されている数式によって、商品名、分類、単価は自動的に表示される

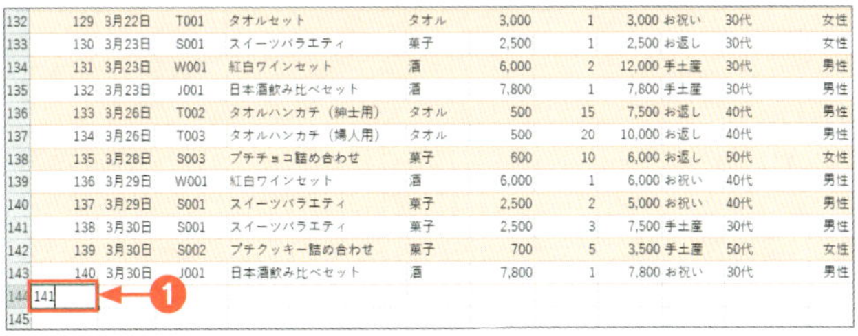

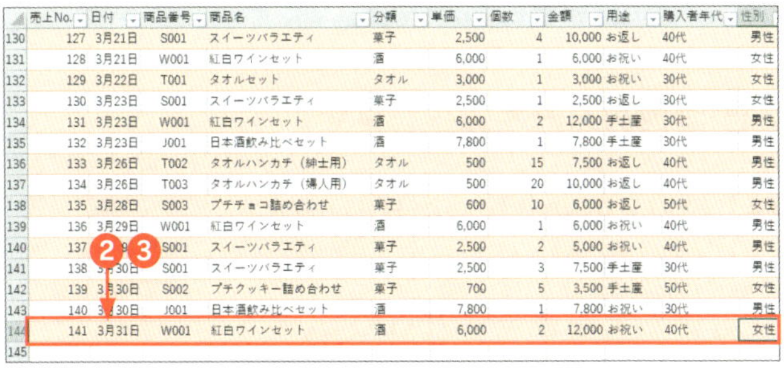

ここがポイント！

テーブルの列見出し

テーブル内の任意のセルをアクティブにした状態で下方向にスクロールすると、列見出しと▼（フィルターボタン）が列番号の位置に表示されます。常に列見出しを確認することができ、フィルターの操作ができるので便利です。なお、アクティブセルの位置は数式バーの左側の名前ボックスで確認できます。

ここがポイント！

テーブルに追加された行の書式

テーブルに追加された行には、テーブルに設定されている書式や数式が引き継がれます。この例では、縞模様、単価、金額の列に桁区切りスタイル、商品名、分類、金額の列に数式が自動的に設定されます。

やってみよう―テーブルに集計行を追加する

テーブルに集計行を追加し、金額の合計を求めましょう。

1 テーブルに集計行を追加します。

❶ テーブル内の任意のセルをクリックする

❷ [テーブルツール]の[デザイン]タブをクリックする

❸ [テーブルスタイルのオプション]グループの[集計行]チェックボックスをオンにする

❹ テーブルに集計行が追加され、「性別」の列のデータの個数「141」が表示される

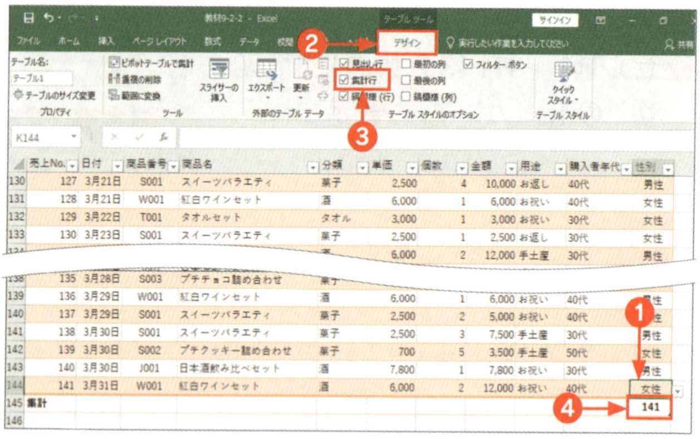

ここがポイント！

▶[テーブルツール]

テーブル内のセルがアクティブなとき、リボンに[テーブルツール]の[デザイン]タブが表示されます。

知っておくと便利！

▶集計行の既定の集計

集計行を追加すると、最後の列（右端の列）のデータの集計が自動的に表示されます。データが数値の場合は合計、文字列の場合はデータの個数が集計されます。

ここがポイント！

▶テーブルスタイルのオプション

[テーブルツール]の[デザイン]タブの[テーブルスタイルのオプション]グループのチェックボックスのオン/オフを切り替えると、集計行や、行や列の縞模様の表示/非表示、最初の列や最後の列の太字での強調/解除などができます。

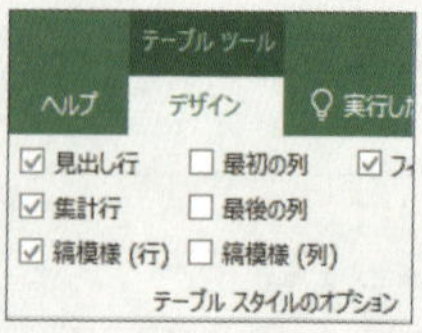

2 金額の合計を表示します。

❶ 「金額」の列の集計行のセル（セルH145）をクリックする

❷ 右側に▼が表示されるので、クリックする

❸ [合計]をクリックする

❹ 金額の合計「817,900」が表示される

完成例ファイル 教材9-2-2（完成）

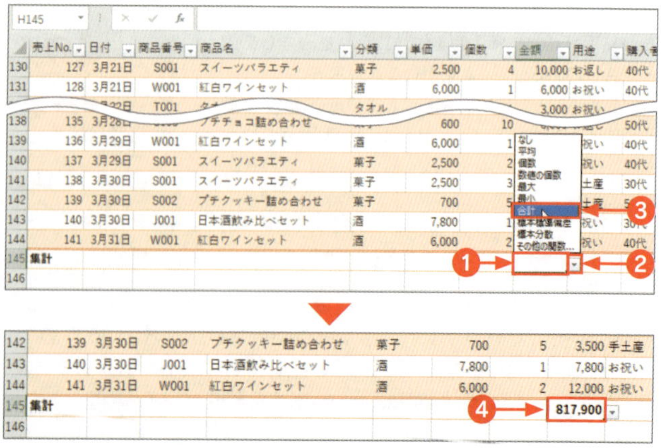

テーブルの解除

テーブルは解除して通常のセル範囲に戻すことができます。テーブルを解除してもテーブルスタイルは設定されたままの状態です。美しい表を手早く作りたいときなどに、表にテーブルスタイルを設定し、その後解除すると効率的です。

やってみよう―テーブルを解除する

教材ファイル 教材9-2-3

教材ファイル「教材9-2-3.xlsx」を開き、テーブルを解除して通常のセル範囲にしましょう。

1 テーブルを解除します。

❶ テーブル内の任意のセルをクリックする
❷ [テーブルツール] の [デザイン] タブをクリックする
❸ [ツール] グループの [範囲に変換] ボタンをクリックする
❹「テーブルを標準の範囲に変換しますか？」というメッセージが表示されるので、[はい] ボタンをクリックする
❺ テーブルが解除され、列見出しの▼（フィルターボタン）とリボンの[テーブルツール] がなくなる

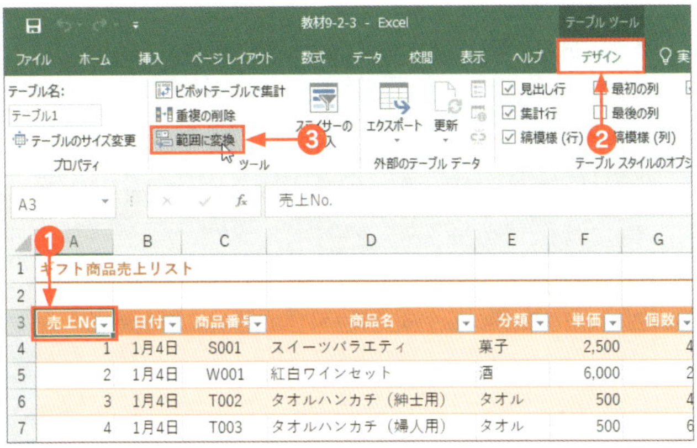

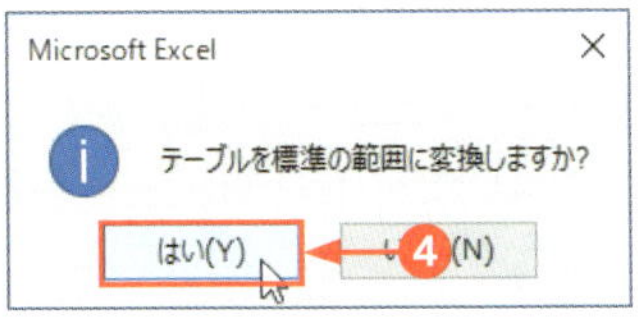

完成例ファイル 教材9-2-3（完成）

> **知っておくと便利！**
> **▶ テーブルスタイルの解除**
>
> テーブルを解除しても、テーブルスタイルは設定されたままの状態です。テーブルスタイルを解除するには、セルを範囲選択した状態で［ホーム］タブの［スタイル］グループの［セルのスタイル］ボタンをクリックして一覧から［標準］をクリックするか、［ホーム］タブの［編集］グループの［クリア］ボタンをクリックして［書式のクリア］をクリックします。この例の場合、日付が標準の数値になるので、セルの書式設定で日付の表示形式にします（147ページ参照）。

> **知っておくと便利！**
> **▶ フィルターボタンの非表示**
>
> テーブルのまま、列見出しの▼（フィルターボタン）だけ非表示にする場合は、テーブル内の任意のセルをクリックし、［データ］タブの［並べ替えとフィルター］グループのボタンをクリックしてオフにします。

9-3

学習時間の目安 15 min

学習日・理解度チェック

月 日 □
月 日 □
月 日 □

データを並べ替える

データベースのデータは、たとえば名前順など、指定した基準に基づいて並べ替えることができます。

ここでの学習内容

並べ替えの機能を学習します。テーブルのデータを金額が高い順に並べ替えます。また、分類で並べ替えて分類が同じ場合は商品番号順、商品番号が同じ場合は金額が高い順に並べ替えます。

金額が高い順に並べ替える

	A	B	C	D	E	F	G	H	I	J	K
1	ギフト商品売上リスト										
2											
3	売上No	日付	商品番号	商品名	分類	単価	個数	金額	用途	購入者年代	性別
4	39	1月29日	C002	ポピーセレクションR	カタログ	3,000	8	24,000	お返し	30代	女性
5	25	1月17日	J001	日本酒飲み比べセット	酒	7,800	3	23,400	お祝い	60代以上	男性
6	108	3月12日	J001	日本酒飲み比べセット	酒	7,800	3	23,400	お返し	50代	男性
7	6	1月4日	J001	日本酒飲み比べセット	酒	7,800	2	15,600	お祝い	40代	男性
8	8	1月6日	J001	日本酒飲み比べセット	酒	7,800	2	15,600	お祝い	30代	男性
9	2	1月4日	W001	紅白ワインセット	酒	6,000	2	12,000	お祝い		
10	15	1月10日	W001	紅白ワインセット	酒	6,000	2	12,000	手土産		
11	38	1月28日	W001	紅白ワインセット	酒	6,000	2	12,000	お祝い		
12	53	2月6日	C002	ポピーセレクションR	カタログ	3,000	4	12,000	お返し	30代	女性
13	64	2月13日	S003	プチチョコ詰め合わせ	菓子	600	20	12,000	手土産	40代	女性
14	73	2月19日	C002	ポピーセレクションR	カタログ	3,000	4	12,000	お返し	30代	女性
15	118	3月16日	T001	タオルセット	タオル	3,000	4	12,000	お返し	30代	男性
16	131	3月23日	W001	紅白ワインセット	酒	6,000	2	12,000	手土産	30代	男性
17	141	3月31日	W001	紅白ワインセット	酒	6,000	2	12,000	お祝い	40代	女性
18	1	1月4日	S001	スイーツバラエティ	菓子	2,500	4	10,000	手土産	40代	男性

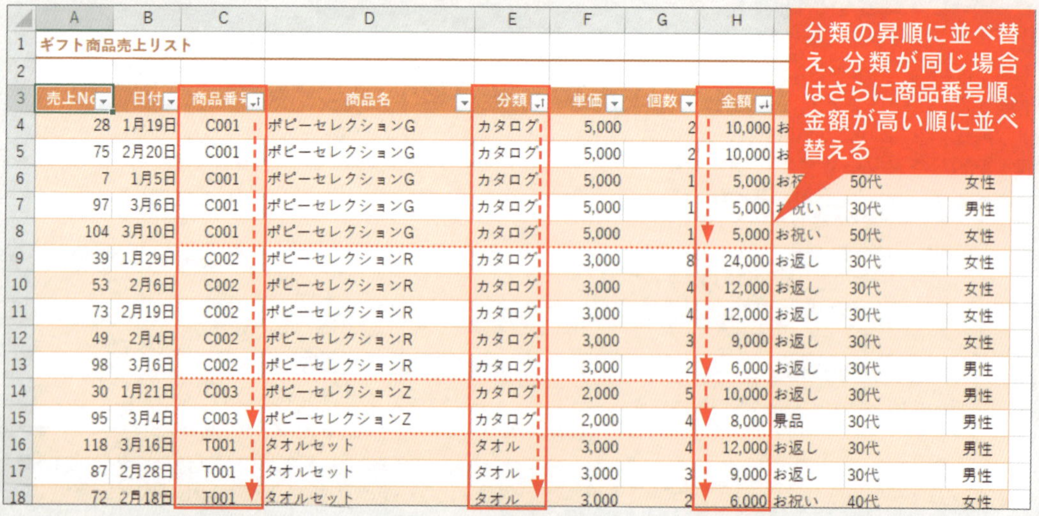

分類の昇順に並べ替え、分類が同じ場合はさらに商品番号順、金額が高い順に並べ替える

	A	B	C	D	E	F	G	H	I	J	K
1	ギフト商品売上リスト										
2											
3	売上No	日付	商品番号	商品名	分類	単価	個数	金額			
4	28	1月19日	C001	ポピーセレクションG	カタログ	5,000	2	10,000			
5	75	2月20日	C001	ポピーセレクションG	カタログ	5,000	2	10,000			
6	7	1月5日	C001	ポピーセレクションG	カタログ	5,000	1	5,000		50代	女性
7	97	3月6日	C001	ポピーセレクションG	カタログ	5,000	1	5,000		30代	男性
8	104	3月10日	C001	ポピーセレクションG	カタログ	5,000	1	5,000	お祝い	50代	女性
9	39	1月29日	C002	ポピーセレクションR	カタログ	3,000	8	24,000	お返し	30代	女性
10	53	2月6日	C002	ポピーセレクションR	カタログ	3,000	4	12,000	お返し	30代	女性
11	73	2月19日	C002	ポピーセレクションR	カタログ	3,000	4	12,000	お返し	30代	女性
12	49	2月4日	C002	ポピーセレクションR	カタログ	3,000	3	9,000	お返し	30代	女性
13	98	3月6日	C002	ポピーセレクションR	カタログ	3,000	2	6,000	お返し	30代	男性
14	30	1月21日	C003	ポピーセレクションZ	カタログ	2,000	5	10,000	お返し	30代	男性
15	95	3月4日	C003	ポピーセレクションZ	カタログ	2,000	4	8,000	景品	30代	男性
16	118	3月16日	T001	タオルセット	タオル	3,000	4	12,000	お返し	30代	男性
17	87	2月28日	T001	タオルセット	タオル	3,000	3	9,000	お返し	30代	男性
18	72	2月18日	T001	タオルセット	タオル	3,000	2	6,000	お祝い	40代	女性

並べ替え

並べ替えの順序には「昇順」と「降順」があり、昇順はデータの種類によって次のようなルールで並べ替えられます。降順はその逆に並べ替えられます。

英数字…アルファベット順（A→Z）、数値の小さい順（0→9）
ひらがな・カタカナ…五十音順（あ→ん）
日付…古い順（1月→12月）

テーブルのデータを1つの基準で並べ替えるときは、基準となる項目の列見出しの▼（フィルターボタン）をクリックして、［昇順］または［降順］を指定します。複数の基準で並べ替えるときは、［データ］タブの［並べ替え］ボタンを使用します。

やってみよう—1つの基準で並べ替える

教材ファイル　教材9-3-1

教材ファイル「教材9-3-1.xlsx」を開き、テーブルのデータを金額が高い順（降順）に並べ替えましょう。

1 フィルターボタンを使用して並べ替えます。

❶「金額」の列見出し（セルH3）の▼をクリックする
❷［降順］をクリックする
❸ 金額が高い順に並べ替わる

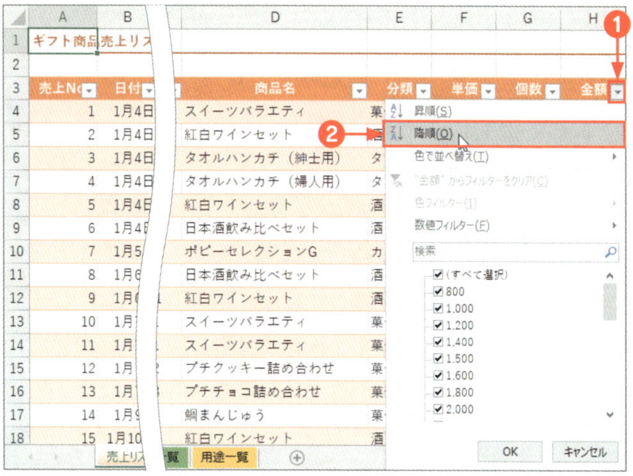

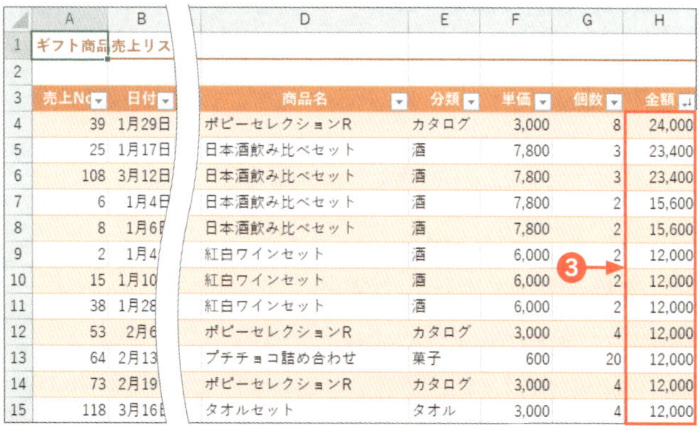

完成例ファイル　教材9-3-1（完成）

知っておくと便利！
▶ その他の並べ替え方法

並べ替えの基準となる項目の列内の任意のセルをクリックし、昇順で並べ替える場合は、［データ］タブの［並べ替えとフィルター］グループの［昇順］ボタンをクリックします。降順で並べ替える場合は、［降順］ボタンをクリックします。
この方法は、データベースがテーブルなっていなくても利用できます。

知っておくと便利！
▶ 並べ替えを元に戻す

このテーブルには「売上No.」の列に連番が入力されています。並べ替えを元に戻すには「売上No.」の列見出しの▼をクリックし、［昇順］をクリックします。この例のように、元の順に並べ替えるために、テーブルには連番のフィールドを作成しておくとよいでしょう。

やってみよう―複数の基準で並べ替える

教材ファイル 教材9-3-2

教材ファイル「教材9-3-2.xlsx」を開き、テーブルのデータを分類の昇順に並べ替え、さらに分類が同じ場合は商品番号順（昇順）、商品番号が同じ場合は金額が高い順（降順）に並べ替えましょう。

1 [並べ替え] ボタンを使用して並べ替えます。

❶ テーブル内の任意のセルをクリックする

❷ [データ] タブをクリックする

❸ [並べ替えとフィルター] グループの [並べ替え] ボタンをクリックする

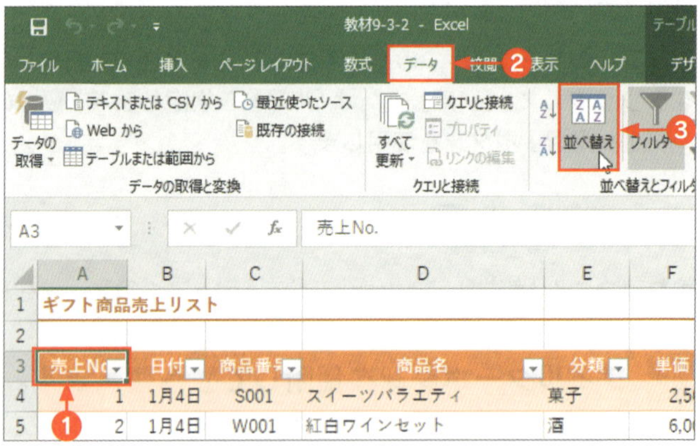

2 並べ替えの条件を指定します。

❶ [並べ替え] ダイアログボックスが表示される

❷ [最優先されるキー] の [列] ボックスの▼をクリックし、[分類] をクリックする

❸ [並べ替えのキー] が [セルの値] (Excel 2013では [値]) になっていること確認する

❹ [順序] ボックスの▼をクリックし、[昇順] を選択する

❺ [レベルの追加] ボタンをクリックする

❻ [次に優先されるキー] が追加される

❼ [列] ボックスの▼をクリックし、[商品番号] をクリックする

❽ [並べ替えのキー] が [セルの値] (Excel 2013では [値])、[順序] が [昇順] になっていることを確認する

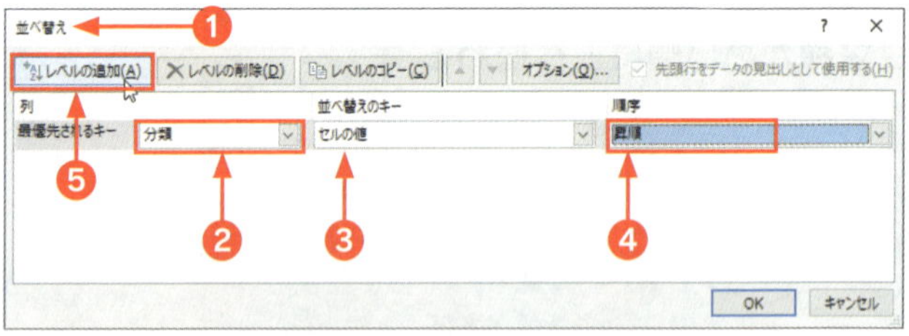

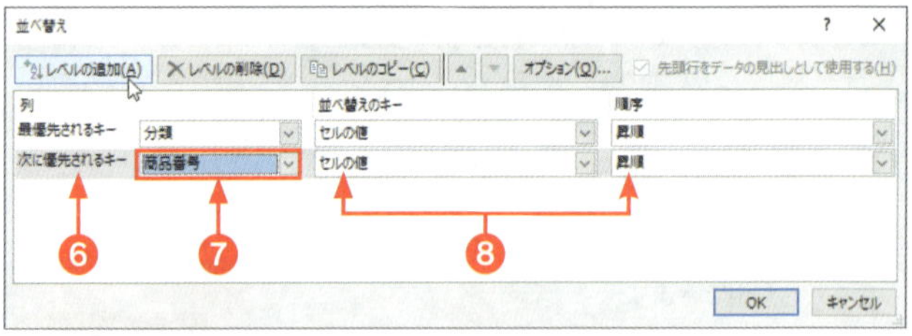

知っておくと便利！

並べ替えのキー

[並べ替えのキー] ボックスには [セルの値] (Excel 2013では [値]) の他、[セルの色]、[フォントの色]、[条件付き書式のアイコン] (Excel 2013では [セルのアイコン]) があり、セルやフォントの色、条件付き書式のアイコンを基準に並べ替えることができます。

3 並べ替えの条件を指定します。

❶［レベルの追加］ボタンをクリックする
❷［次に優先されるキー］が追加される
❸［列］ボックスを▼クリックし、［金額］をクリックする
❹［並べ替えのキー］が［セルの値］（Excel 2013では［値］）になっていることを確認する
❺［順序］ボックスの▼クリックし、［大きい順］をクリックする
❻［OK］ボタンをクリックする

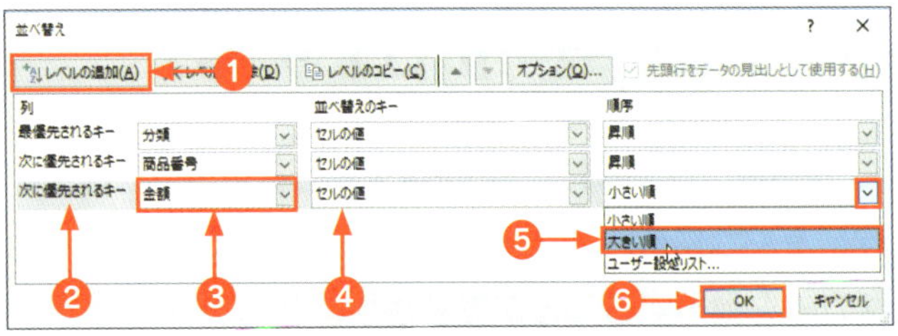

4 複数の基準で並べ替えられます。

❶ 分類の昇順に並べ替えられ、分類が同じ場合は商品番号順、商品番号が同じ場合は金額が高い順に並べ替えられる

商品番号	商品名	分類	単価	個数	金額	用途
C001	ポピーセレクションG	カタログ	5,000	2	10,000	お返し
C001	ポピーセレクションG	カタログ	5,000	2	10,000	お祝い
C001	ポピーセレクションG	カタログ	5,000	1	5,000	お祝い
C001	ポピーセレクションG	カタログ	5,000	1	5,000	お祝い
C001	ポピーセレクションG	カタログ	5,000	1	5,000	お祝い
C002	ポピーセレクションR	カタログ	3,000	8	24,000	お返し
C002	ポピーセレクションR	カタログ	3,000	4	12,000	お返し
C002	ポピーセレクションR	カタログ	3,000	4	12,000	お返し
C002	ポピーセレクションR	カタログ	3,000	3	9,000	お返し
C002	ポピーセレクションR	カタログ	3,000	2	6,000	お返し
C003	ポピーセレクションZ	カタログ	2,000	5	10,000	お返し
C003	ポピーセレクションZ	カタログ	2,000	4	8,000	景品
T001	タオルセット	タオル	3,000	4	12,000	お返し

完成例ファイル 教材9-3-2（完成）

ここがポイント！
▶ データをまとめる

並べ替えの機能はデータをまとめる際にも利用できます。分類のフィールドで昇順または降順の並べ替えると分類ごとにデータをまとめることができます。

知っておくと便利！
▶ フィルターの設定

列見出しの▼（フィルターボタン）は、テーブルでない表でも設定できます。表内の任意のセルをクリックし、［データ］タブの［並べ替えとフィルター］グループの［フィルター］ボタンをクリックします。列見出しに▼が表示され、クリックすると並べ替えや抽出などの機能が利用できます。解除するには、［フィルター］ボタンをオフにします。

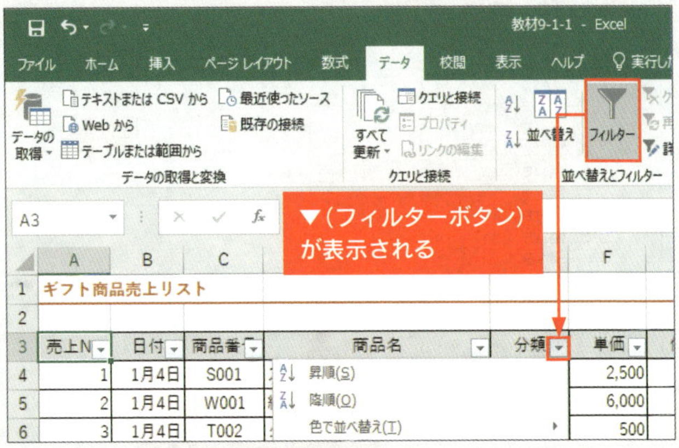

9-4

学習時間の目安 20 min

学習日・理解度チェック

月　日　□

月　日　□

月　日　□

データを抽出する

データベースでは、たとえば購入者年代が30代のデータを取り出すなど、条件に一致するデータのみを抽出することができます。

ここでの学習内容

オートフィルター機能を学習します。テーブルのオートフィルターを使って購入者年代が「30代」、「男性」のデータを抽出します。さらにオートフィルターオプションを使って、単価が1000円以上3000円以下のデータを抽出します。

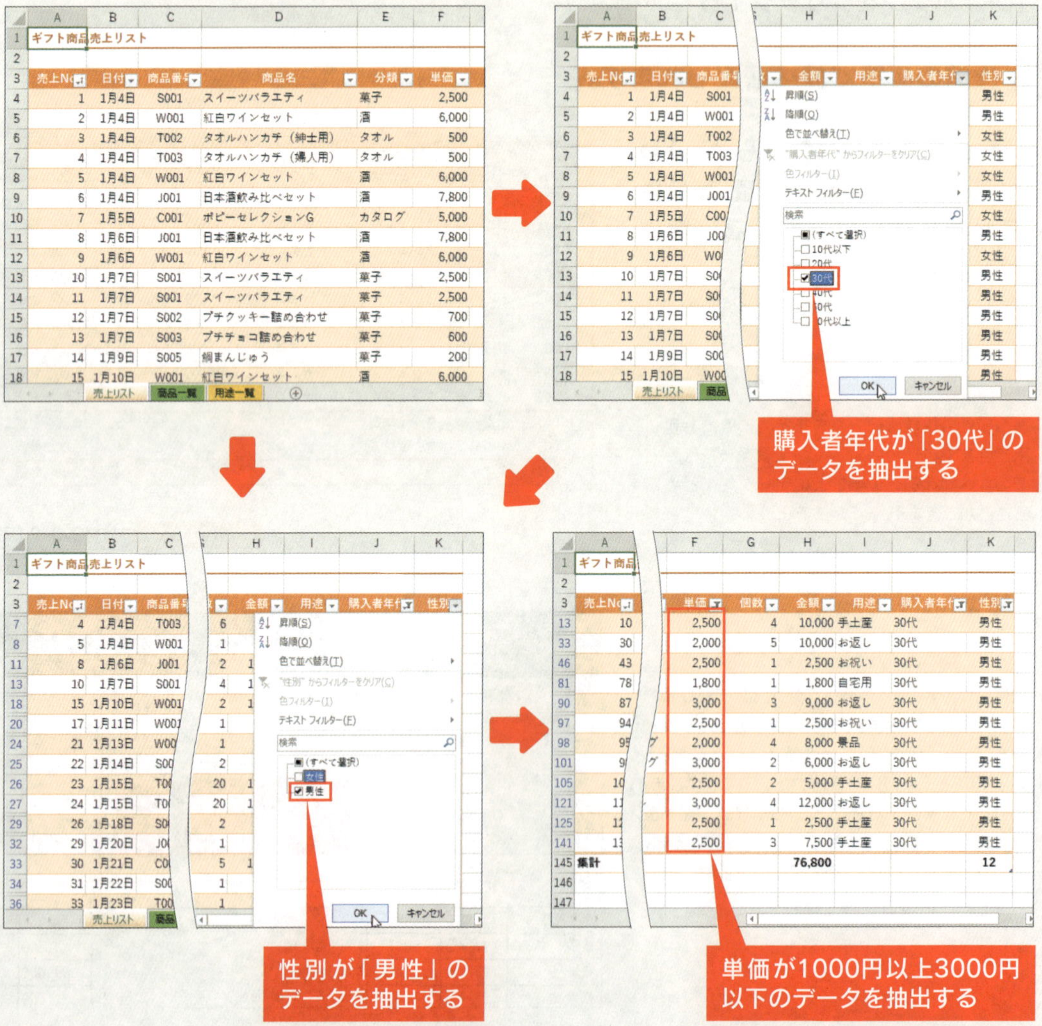
購入者年代が「30代」のデータを抽出する
性別が「男性」のデータを抽出する
単価が1000円以上3000円以下のデータを抽出する

データの抽出

テーブルには列見出しに▼（フィルターボタン）が表示され、ここをクリックして条件を指定し、一致するデータのみを抽出することができます。これを「オートフィルター機能」といいます。

やってみよう―オートフィルターを使用して抽出する

教材ファイル 教材9-4-1

教材ファイル「教材9-4-1.xlsx」を開き、テーブルの、購入者年代が「30代」、性別が「男性」のデータを抽出しましょう。

1 オートフィルターで購入者年代が「30代」のデータを抽出します。

❶「購入者年代」の列見出し（セルJ3）の▼をクリックする
❷[（すべて選択）]チェックボックスをオフにする
❸[30代]チェックボックスをオンにする
❹[OK]ボタンをクリックする
❺購入者年代が「30代」のデータのみが抽出される
❻ステータスバーに「141レコード中61個が見つかりました」と表示される

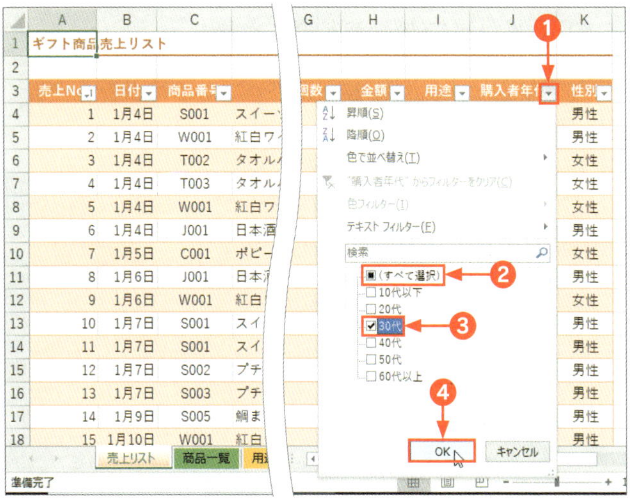

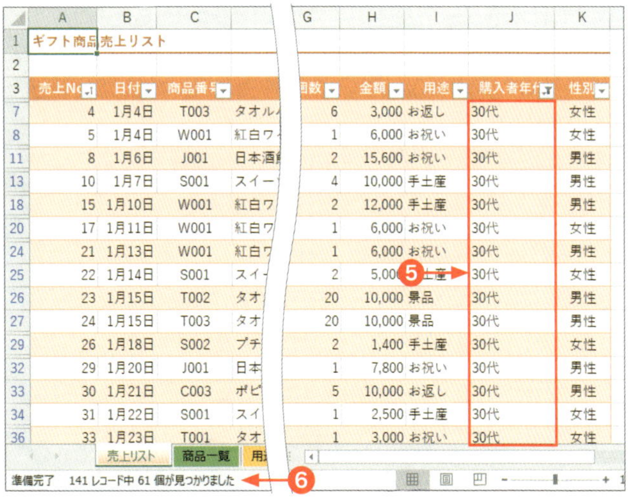

ここがポイント！
チェックボックスの操作

初期状態ではすべてのチェックボックスがオンになっています。1つのチェックボックスだけをオンで残し、他のすべてのチェックボックスをオフにするのは手間がかかります。ここでは[（すべて選択）]チェックボックスをオフにして、いったんすべてのチェックボックスをオフにし、改めてオンにしたいチェックボックス（ここでは[30代]チェックボックス）をオンにします。

ここがポイント！
データの抽出

データの抽出を行うと、該当するデータの行だけが表示され、他の行は非表示になります。行が折りたたまれていることを示すため、行番号が青色になります。

2 オートフィルターで男性のデータを抽出します。

❶「性別」の列見出し（セルK3）の▼をクリックする

❷［女性］のチェックボックスをオフにし、［男性］のチェックボックスだけがオンの状態にする

❸［OK］ボタンをクリックする

❹購入者年代が「30代」で、さらに「男性」のデータのみが抽出される

❺ステータスバーに「141レコード中30個が見つかりました」と表示される

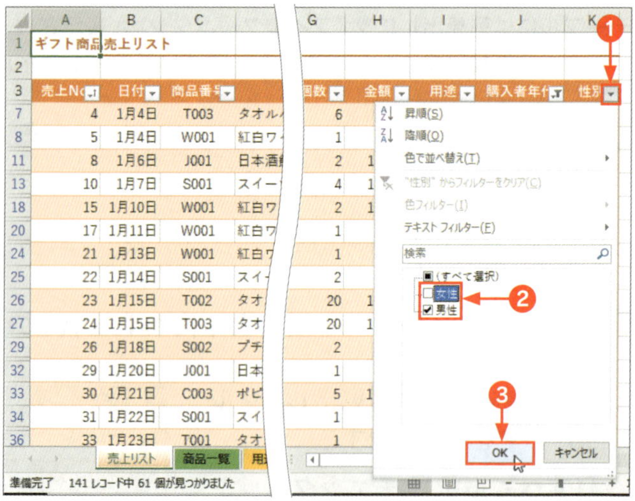

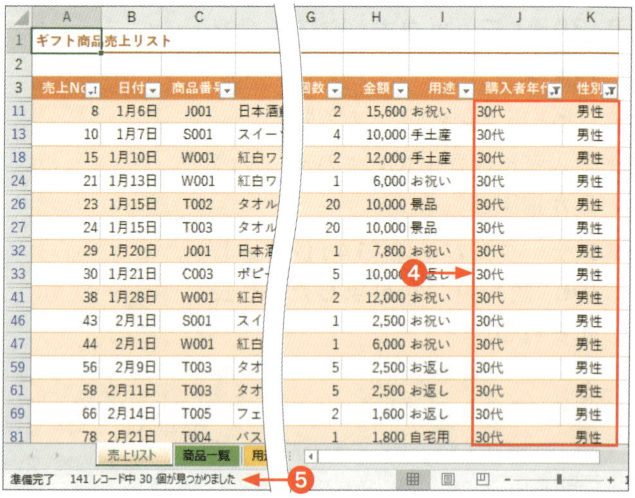

ここがポイント！
チェックボックスの操作

性別の項目は「男性」か「女性」の2つなので、［女性］チェックボックスをオフにすると、［男性］チェックボックスのみがオンの状態になります。

やってみよう―数値フィルターを使用して抽出する

さらに、テーブルの、単価が1000円以上3000円以下のデータを抽出しましょう。

1 数値フィルターを指定します。

❶「単価」の列見出し（セルF3）の▼をクリックする

❷［数値フィルター］をポイントする

❸［指定の範囲内］をクリックする

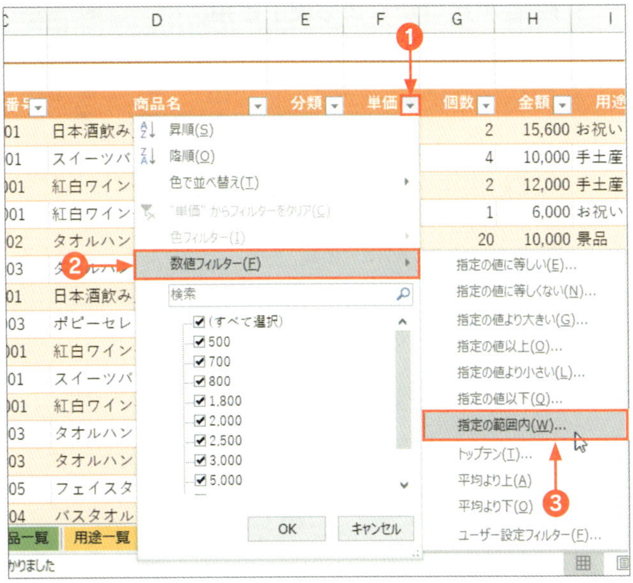

知っておくと便利！
▶フィルターの種類

［数値フィルター］は抽出対象の列が数値の場合に表示されます。文字列の場合は［テキストフィルター］、日付の場合は［日付フィルター］が表示されます。また、セルやフォントに色が設定されている場合は、［色フィルター］が使用できるようになります。

2 抽出条件を設定します。

❶［オートフィルターオプション］ダイアログボックスが表示される

❷［抽出条件の指定］の［単価］の上のボックスに「1000」と入力する

❸［以上］が表示されていることを確認する

❹［AND］が選択されていることを確認する

❺下のボックスに「3000」と入力する

❻［以下］が表示されていることを確認する

❼［OK］ボタンをクリックする

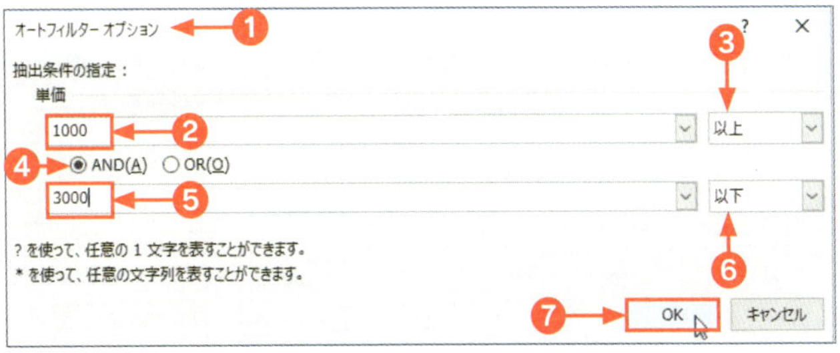

ここがポイント！
▶複数条件の指定

2つの条件を指定するとき、［AND］を選択すると指定した条件の両方を満たすデータが抽出され、［OR］を選択すると指定した条件のいずれかを満たすデータが抽出されます。

3 指定した条件で抽出されます。

❶ 単価が1000以上で3000以下のデータが抽出される

❷ ステータスバーに「141レコード中12個が見つかりました」と抽出の結果が表示される

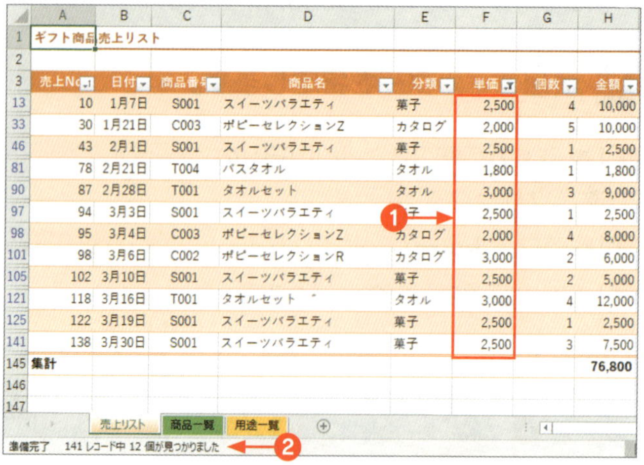

完成例ファイル 教材9-4-1（完成）

知っておくと便利！

▶ 抽出後の集計

集計行が表示されている場合、抽出されたデータの集計結果に自動的に変更されます。

知っておくと便利！

▶ トップテンフィルター

数値フィルターの［トップテン］をクリックすると、［トップテンオートフィルター］ダイアログボックスが表示され、「上位～項目」、「下位～項目」という抽出が可能です。抽出結果を降順で並べ替えれば、簡単にトップテンのリストを作成することができます。

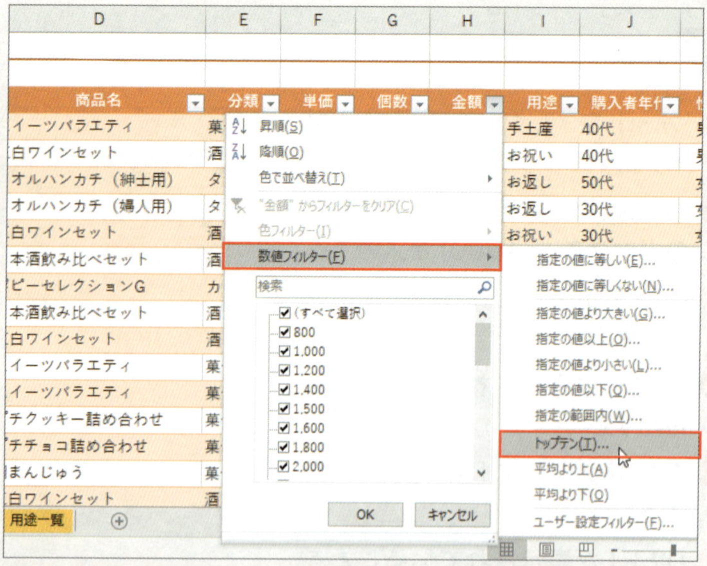

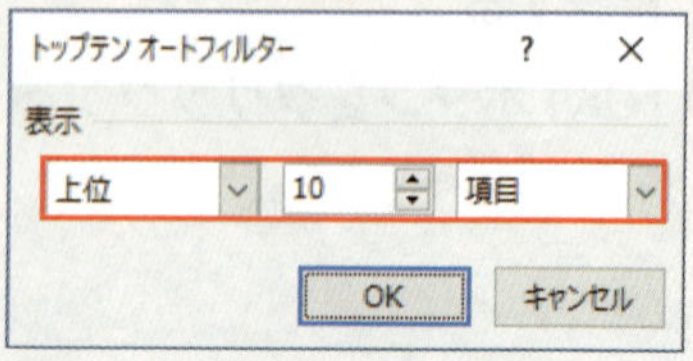

データの抽出の解除

オートフィルターを使用した抽出を解除するには、テーブルの抽出をすべて解除する方法と、抽出の行われているフィールドで個別に解除していく方法の2つがあります。

やってみよう―すべての抽出を解除する

教材ファイル　教材9-4-2

教材ファイル「9-4-2.xlsx」を開き、テーブルのすべての抽出を解除しましょう。

1 すべての抽出を解除します。

❶「単価」、「購入者年代」、「性別」の列見出しに▼が表示されている、非表示になっている行があるなど、抽出が行われていることを確認する

❷ テーブル内の任意のセルをクリックする

❸［データ］タブの［並べ替えとフィルター］グループの［クリア］ボタンをクリックする

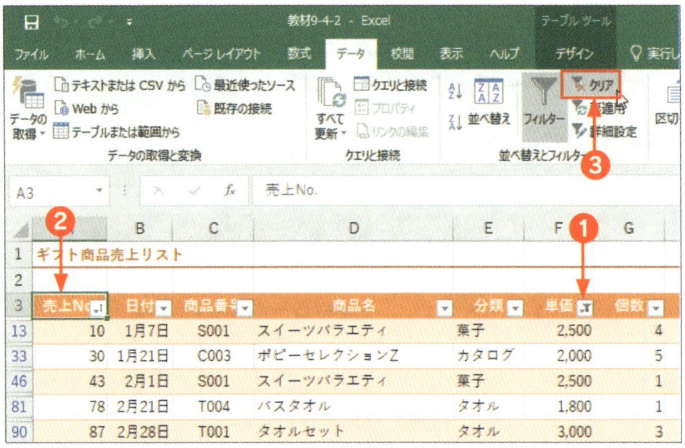

> **知っておくと便利！**
> **▶ フィルターが適用されている列**
>
> フィルターが適用されて抽出が行われている列の列見出しの▼（フィルターボタン）は▼になります。ポイントすると「購入者年代："30代"に等しい」というような設定されている条件がポップアップ表示されます。

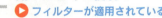

2 すべての抽出が解除されます。

❶ 抽出が解除され、すべてのデータが表示される

> **知っておくと便利！**
> **▶ フィールドで個別に解除する**
>
> 抽出を個別に解除するには、抽出が適用されている列の列見出しの▼をクリックし、［"（フィールド名）"からフィルターをクリア］をクリックします。

完成例ファイル　教材9-4-2（完成）

9-5

学習時間の目安 20 min

学習日・理解度チェック

月　日　□
月　日　□
月　日　□

ピボットテーブルを作成する

「ピボットテーブル」とは、データベースの表の項目を自由に配置することによって作成される項目別の集計表のことです。項目を変えたり絞り込んだりして集計結果を分析できます。

ここでの学習内容

ピボットテーブルの作成方法と分析方法を学習します。ワークシート「売上リスト」のテーブルから、ピボットテーブルを作成し、月ごと分類別の売上金額を集計して、さまざまな角度から分析します。

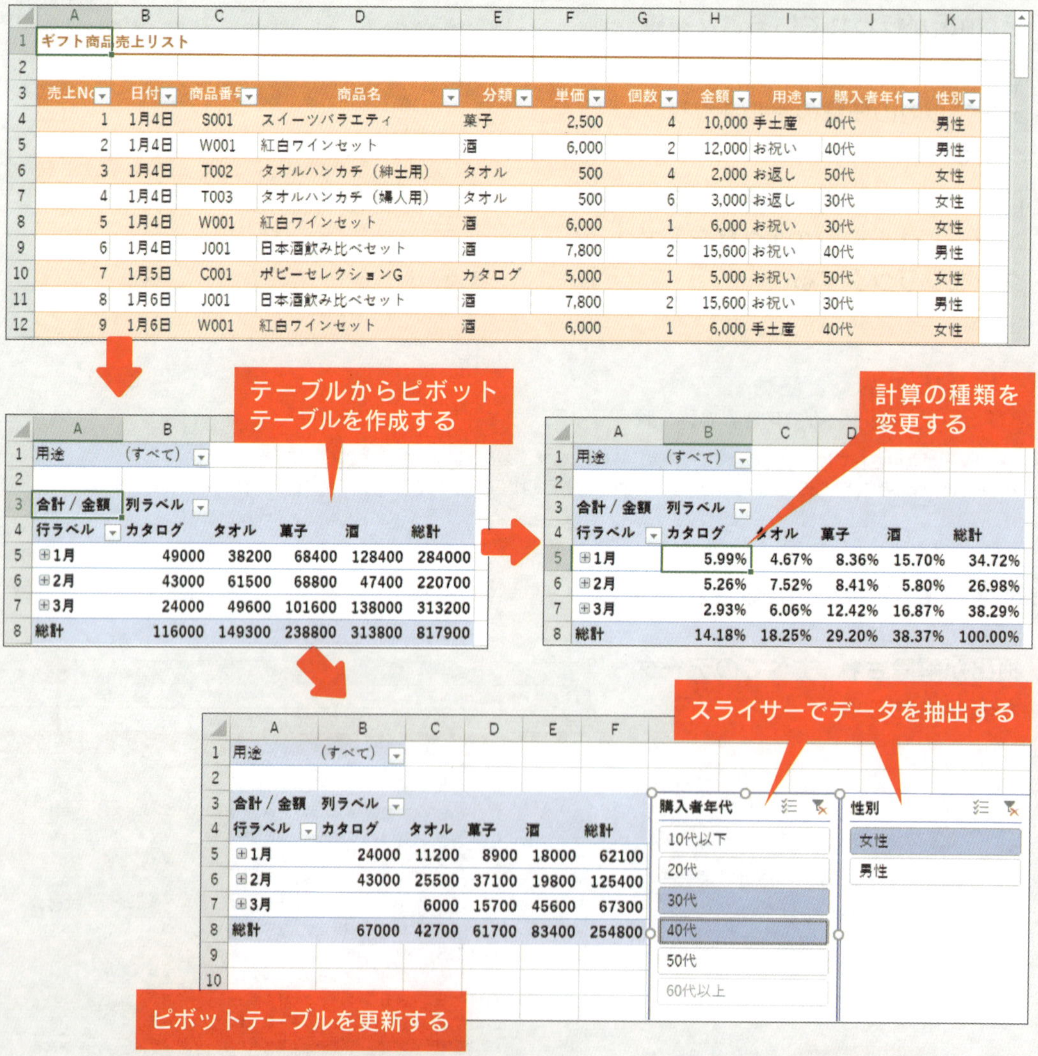

テーブルからピボットテーブルを作成する
計算の種類を変更する
スライサーでデータを抽出する
ピボットテーブルを更新する

ピボットテーブルの構成要素

ピボットテーブルの構成要素は次のとおりです。

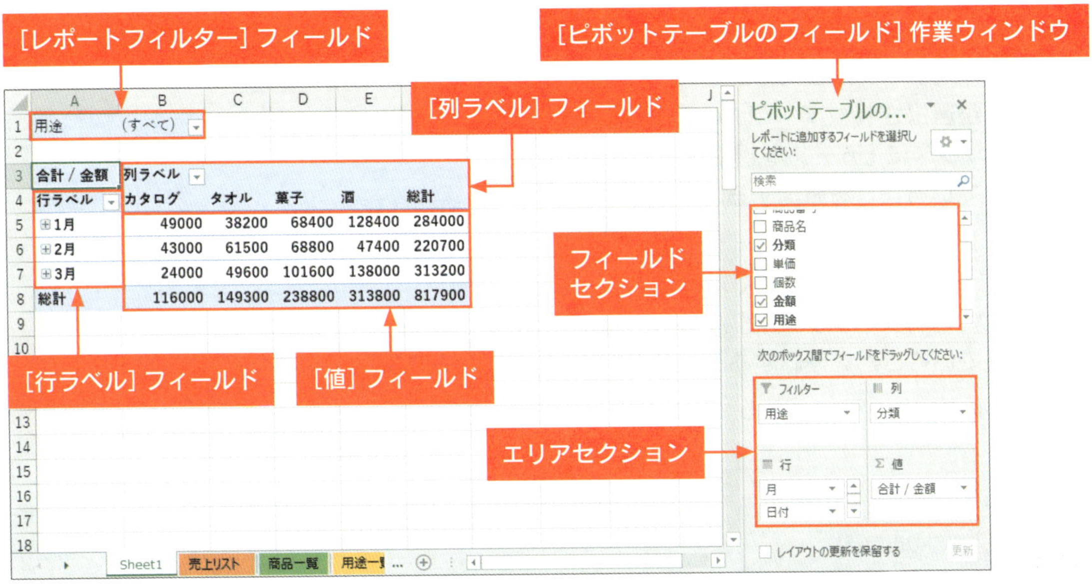

ピボットテーブルの作成

データベースの表をもとに、ピボットテーブル作成すると、[ピボットテーブルのフィールド] 作業ウィンドウのフィールドセクションに表のフィールド名 (列見出し) が表示されます。エリアセクションにある[フィルター]、[列]、[行]、[値] の各ボックスにフィールド名を指定して、ピボットテーブルを完成させます。

やってみよう—ピボットテーブルを作成する

教材ファイル 教材9-5-1

教材ファイル「教材9-5-1.xlsx」を開き、ワークシート「売上リスト」のテーブルを、月ごと分類別に集計するピボットテーブルを新規ワークシートに作成しましょう。行ラベルに「日付」、列ラベルに「分類」、値に「金額」、フィルターに「用途」を指定します。

1 ピボットテーブルを作成します。

❶ ワークシート「売上リスト」が表示されていることを確認する

❷ テーブル内の任意のセルをクリックする

❸ [挿入] タブをクリックする

❹ [テーブル] グループの [ピボットテーブル] ボタンをクリックする

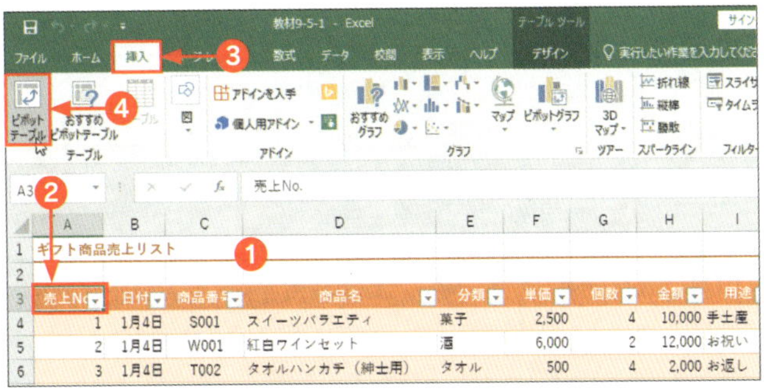

2 ピボットテーブルを作成します。

❶［ピボットテーブルの作成］ダイアログボックスが表示される

❷［分析するデータを選択してください。］の［テーブルまたは範囲を選択］が選択され、［テーブル/範囲］ボックスに［テーブル1］と表示されていることを確認する

❸［ピボットテーブルレポートを配置する場所を選択してください。］の［新規ワークシート］が選択されていることを確認する

❹［OK］ボタンをクリックする

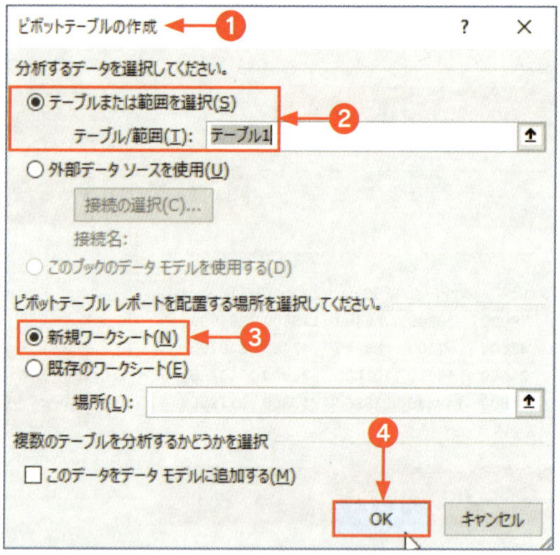

ここがポイント！
範囲の自動認識

ピボットテーブルを作成する際は、データベース内の任意のセルをクリックしてアクティブにしておきます。この例ではテーブルが自動認識されテーブル名「テーブル1」が表示されます。テーブルでないデータベースの場合はデータベース全体のセル範囲が自動認識されます。

ここがポイント！
ピボットテーブルを配置する場所

［新規ワークシート］を選択すると新しいワークシートが作成され、そこにピボットテーブルが作成されます。［既存のワークシート］を選択すると、指定したワークシートに作成できます。

3 新規ワークシートに空のピボットテーブルが作成されます。

❶新規ワークシートが挿入される

❷空のピボットテーブルが作成されている

❸［ピボットテーブルのフィールド］作業ウィンドウが表示される

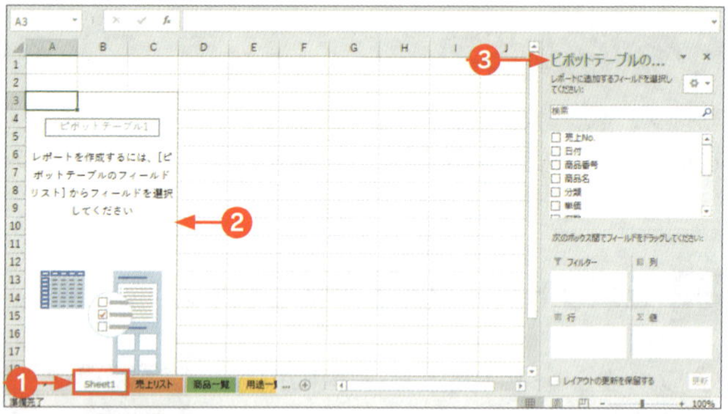

知っておくと便利！
おすすめピボットテーブル

データベース内のセルを選択し、［挿入］タブの［ピボットテーブル］グループの［おすすめピボットテーブル］ボタンをクリックすると、［おすすめピボットテーブル］ダイアログボックスに、各エリアにフィールドが配置された状態のテーブル例が表示され、選択するだけで簡単に作成できます。

4 行ラベルに「日付」を指定します。

❶［ピボットテーブルのフィールド］作業ウィンドウの［レポートに追加するフィールドを選択してください］の一覧の［日付］を［行］ボックスにドラッグする

❷［行］ボックスに［月］と［日付］が表示される

❸ピボットテーブルの［行ラベル］に月が表示される

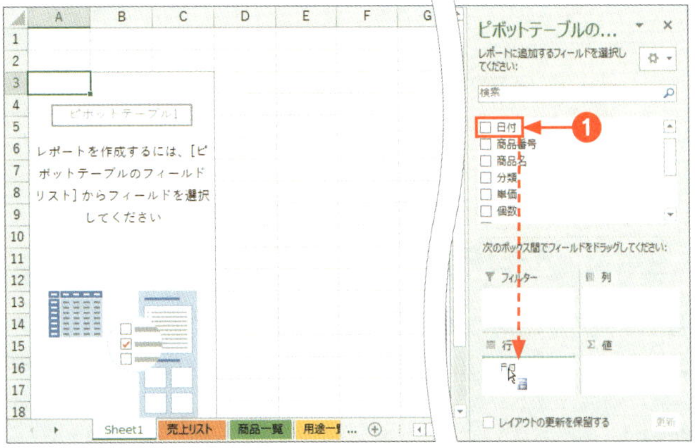

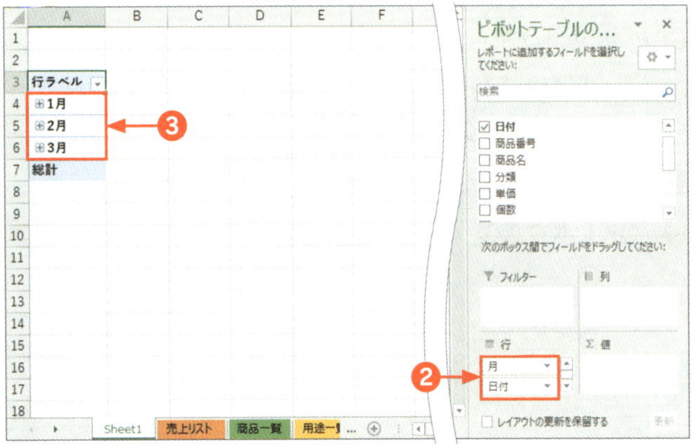

ここがポイント！

日付のグループ化

Excel 2019ではデータベースの日付のフィールドが自動的にグループ化され、月のフィールドができます。Excel 2016、2013では、月単位にするには、日付をグループ化する操作が必要になります。日付のフィールドの任意のセルをクリックし、［ピボットテーブルツール］の［分析］タブの［グループ］ボタンをクリックし、［グループ］グループの［グループの選択］ボタンをクリックします。［グループ化］ダイアログボックスが表示されるので、［単位］ボックスの［月］が選択されていることを確認し、［OK］ボタンをクリックします。

5 列ラベルに「分類」、値に「金額」、フィルターに「用途」を指定します。

❶同様に［ピボットテーブルのフィールド］作業ウィンドウの［レポートに追加するフィールドを選択してください］の一覧の［分類］を［列］ボックスにドラッグする

❷［金額］を［値］ボックスにドラッグする

❸［金額］ボックスに［合計/金額］と表示される

❹［用途］を［フィルター］ボックスにドラッグする

❺月ごとの分類別の売上金額を集計したピボットテーブルが作成される

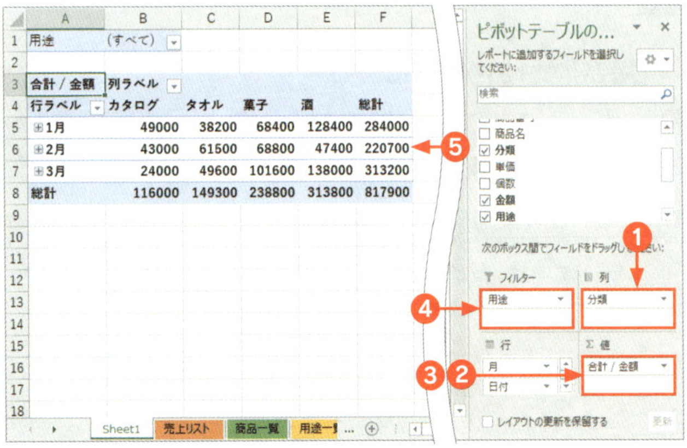

知っておくと便利！

▶ レイアウトの変更

ピボットテーブルのレイアウトを変更するには、[ピボットテーブルのフィールド] 作業ウィンドウのレイアウトセクションのフィールド名を他のボックスにドラッグします。フィールドを削除する場合は、フィールド名を作業ウィンドウの外にドラッグするか、フィールドセクションのチェックボックスをオフにします。

やってみよう―フィルターボタンを使ってデータを抽出する

各フィールドにある▼（フィルターボタン）をクリックすると、データを指定して抽出、集計することができます。レポートフィルターのフィルターボタンを使用して、用途が「お祝い」の売上金額を集計しましょう。

1 用途が「お祝い」の金額を集計する

❶ ピボットテーブルの［レポートフィルターフィールド］の［用途］の▼をクリックする
❷［お祝い］をクリックする
❸［OK］ボタンをクリックする

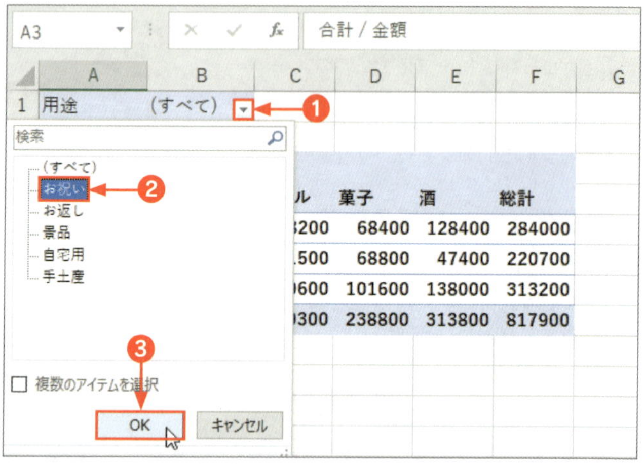

2 用途が「お祝い」の金額が集計される

❶［用途］が「お祝い」になる
❷ ピボットテーブルに用途が「お祝い」の金額が集計される

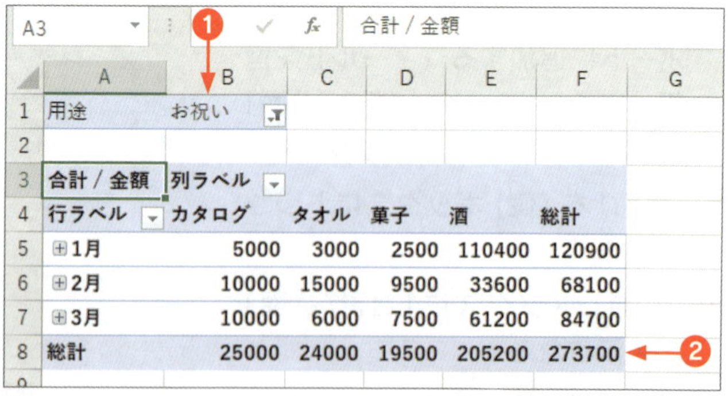

完成例ファイル 教材9-5-1（完成）

知っておくと便利！

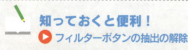

▶ フィルターボタンの抽出の解除

フィルターが適用された状態ではフィルターボタンの▼が⊡に変わります。解除するには、フィルターボタン⊡をクリックし、一覧から[(すべて)]をクリックし、[OK]ボタンをクリックします。

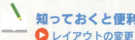

計算の種類の変更

ピボットテーブルの[値] フィールドは、[値フィールドの設定] ダイアログボックスを使用して、総計に対する比率を求めるなど計算の種類を変更したり、合計だけでなく、データの個数、平均、最大値、最小値を求めるなど集計方法を変更したりできます。

やってみよう―計算の種類を変更する

教材ファイル 教材9-5-2

教材ファイル「教材9-5-2.xlsx」を開き、ピボットテーブルの計算の種類を「総計に対する比率」に変更しましょう。

1 [値フィールドの設定] ダイアログボックスを表示します。

❶ ピボットテーブルの[値] フィールドの任意のセルをクリックする
❷ [ピボットテーブルツール] の[分析] タブをクリックする
❸ [アクティブなフィールド] グループの[アクティブなフィールド] ボックスに「合計/金額」と表示されていることを確認する
❹ [フィールドの設定] ボタンをクリックする

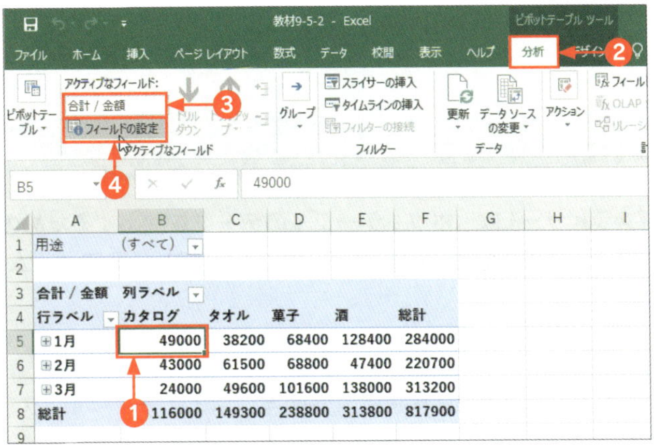

ここがポイント！
[ピボットテーブルツール]
ピボットテーブル内のセルがアクティブなときに、リボンに[ピボットテーブルツール] の[分析] タブと[デザイン] タブが表示されます。

2 計算の種類を変更します。

❶ [値フィールドの設定] ダイアログボックスが表示される
❷ [計算の種類] タブをクリックする
❸ [計算の種類] ボックスの▼をクリックする
❹ 一覧から[総計に対する比率] をクリックする
❺ [OK] ボタンをクリックする

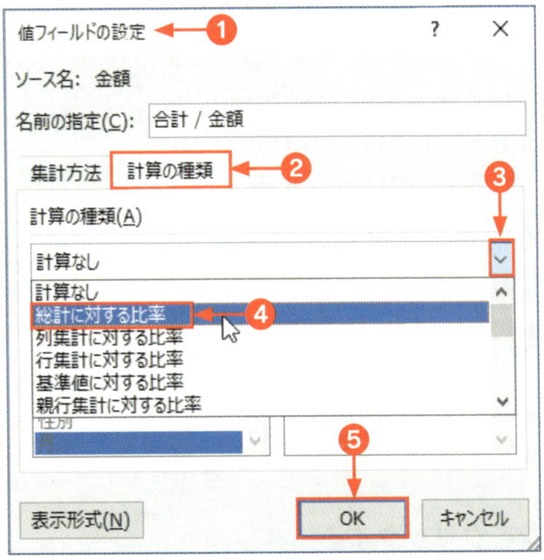

3 計算の種類が変更されます。

❶ 金額の総計に対する比率が計算され、パーセントで表示される

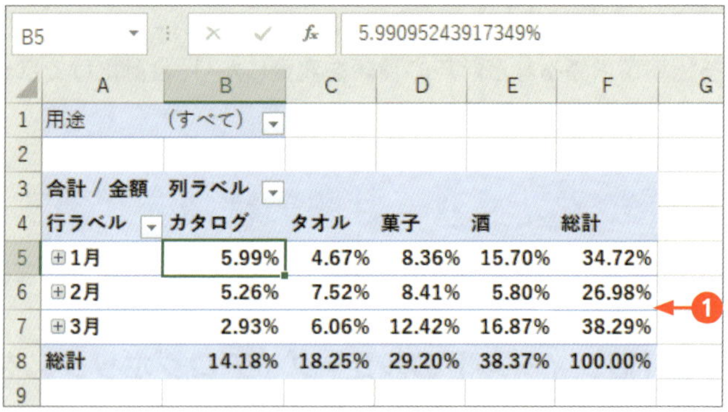

知っておくと便利！
集計方法の変更

[値フィールドの設定] ダイアログボックスの[集計方法] タブでは、合計、個数、最大、最小など集計方法を変更できます。

完成例ファイル 教材9-5-2（完成）

スライサーを使ったデータの抽出

「スライサー」はピボットテーブルのデータを抽出するためのツールです。フィールド名のフィルターを表示し、アイテムのボタンをクリックするだけで、そのアイテムのデータのみが抽出、集計されます。

やってみよう―スライサーでデータを絞り込む

教材ファイル 教材9-5-3

教材ファイル「教材9-5-3.xlsx」を開き、ピボットテーブルにスライサーを使用して、購入年代が「30代」と「40代」、性別が「女性」のデータを集計しましょう。

1 スライサーを表示します。

❶ ピボットテーブル内の任意のセルをクリックする
❷ [ピボットテーブルツール] の [分析] タブをクリックする
❸ [フィルター] グループの [スライサーの挿入] (Excel 2013では[スライサー]) ボタンをクリックする
❹ [スライサーの挿入] ダイアログボックスが表示される
❺ [購入者年代] チェックボックスをオンにする
❻ [性別] チェックボックスをオンにする
❼ [OK] ボタンをクリックする

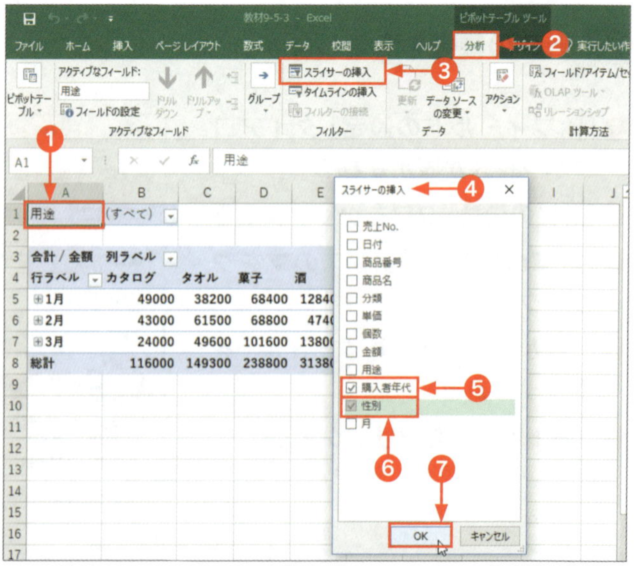

2 スライサーで購入者年代が「30代」、「40代」の金額を集計します。

❶ ［購入者年代］スライサーと［性別］スライサーが表示される

❷ ［購入者年代］スライサーの［30代］をクリックする

❸ Ctrl キーを押しながら［40代］をクリックする

❹ 購入者年代が「30代」と「40代」の金額が集計される

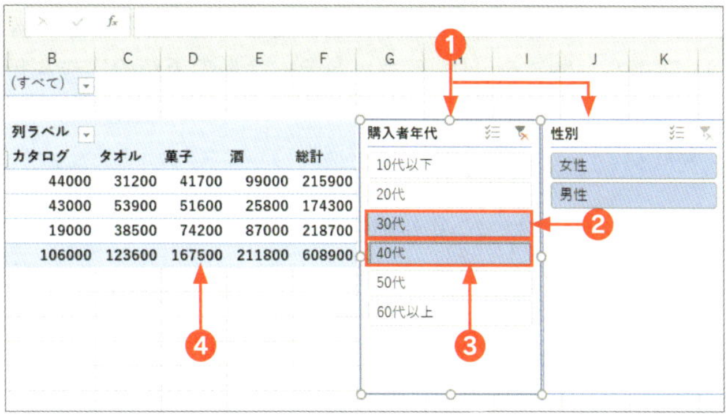

知っておくと便利！
▶ スライサーの移動

スライサーのタイトル部分をドラッグすると、スライサーを移動できます。

ここがポイント！
▶ 複数アイテムの選択

スライサーで複数のアイテムを選択するときは最初のアイテムをクリックし、2つ目以降のアイテムを Ctrl キーを押しながらクリックします。

3 スライサーで女性の金額を集計します。

❶ ［性別］スライサーの［女性］をクリックする

❷ 購入者年代が「30代」、「40代」の、「女性」の金額が集計される

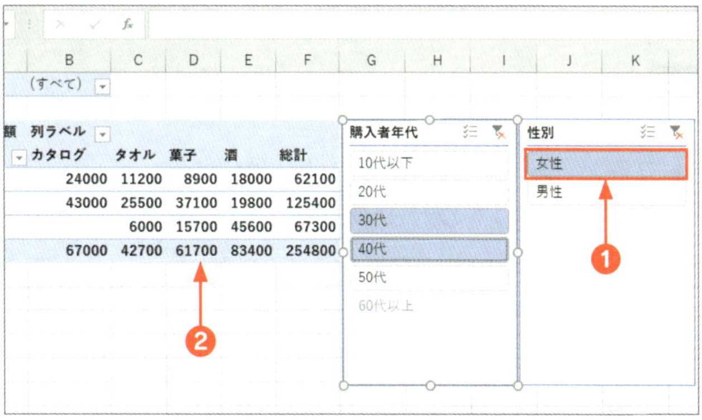

知っておくと便利！
▶ スライサーの抽出の解除

スライサーの抽出を解除するには、［フィルタークリア］ボタンをクリックします。スライサーを削除するには、スライサーをクリックして選択し、Delete キーを押します。

完成例ファイル 教材9-5-3（完成）

知っておくと便利！
▶ タイムラインの挿入

日付で抽出、集計する場合は「タイムライン」を使用します。ピボットテーブル内の任意のセルをクリックし、［ピボットテーブルツール］の［分析］タブの タイムラインの挿入 ［タイムラインの挿入］ボタンをクリックします。［タイムラインの挿入］ダイアログボックスが表示されるので、日付のフィールドのチェックボックスをオンにして［OK］をクリックします。タイムラインが表示され、バーをクリックまたはドラッグするだけで年、四半期、月、日の単位で抽出することができます。

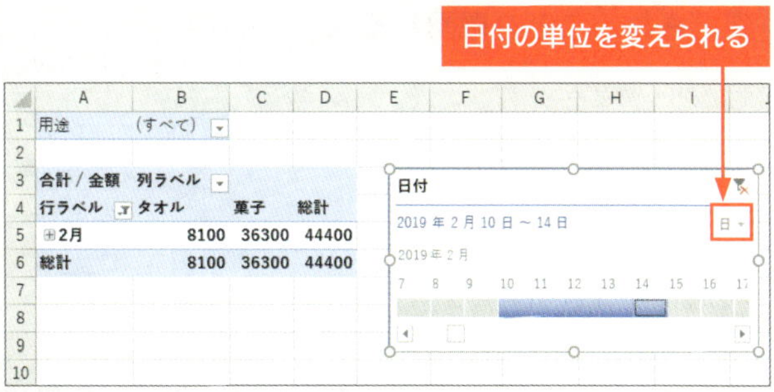

ピボットテーブルの更新

ピボットテーブルの元のデータを変更しても、変更した内容はピボットテーブルに自動的に反映されません。変更を反映するには、ピボットテーブルの更新の操作を行います。

やってみよう―ピボットテーブルを更新する

教材ファイル 教材9-5-4

教材ファイル「教材9-5-4.xlsx」を開き、ピボットテーブルの元データであるワークシート「売上リスト」のセルG10の個数を「2」に変更して、ピボットテーブルのデータを更新しましょう。

1 変更前のデータを確認します。

❶ ピボットテーブルの「1月」の「カタログ」の金額（セルB5の値）が「49000」であることを確認する

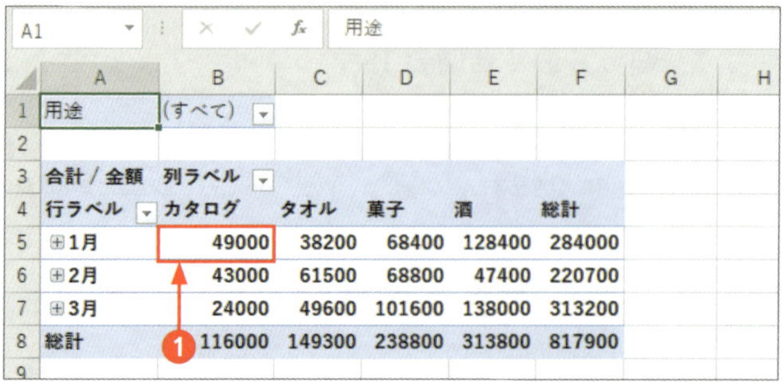

A1 用途

	A	B	C	D	E	F
1	用途	(すべて)				
2						
3	合計 / 金額	列ラベル				
4	行ラベル	カタログ	タオル	菓子	酒	総計
5	⊞1月	49000	38200	68400	128400	284000
6	⊞2月	43000	61500	68800	47400	220700
7	⊞3月	24000	49600	101600	138000	313200
8	総計	116000	149300	238800	313800	817900

2 元データを変更します。

❶ ワークシート「売上リスト」のシート見出しをクリックする

❷ 10行目の売上No.「7」、「1月5日」の「ポピーセレクションG」の分類が「カタログ」、単価が「5,000」、個数が「1」、金額が「5,000」であることを確認する

❸ セルG10の個数を「2」に変更する

❹ セルF10の金額が「10,000」に変更されたことを確認する

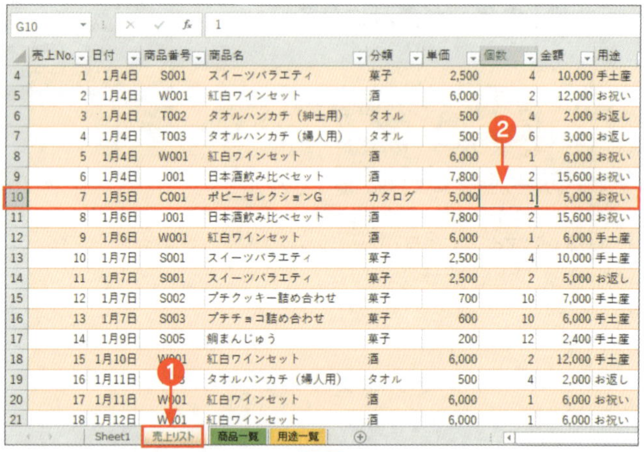

G10 1

	売上No.	日付	商品番号	商品名	分類	単価	個数	金額	用途
4	1	1月4日	S001	スイーツバラエティ	菓子	2,500	4	10,000	手土産
5	2	1月4日	W001	紅白ワインセット	酒	6,000	2	12,000	お祝い
6	3	1月4日	T002	タオルハンカチ（紳士用）	タオル	500	4	2,000	お返し
7	4	1月4日	T003	タオルハンカチ（婦人用）	タオル	500	6	3,000	お返し
8	5	1月4日	W001	紅白ワインセット	酒	6,000	1	6,000	お祝い
9	6	1月4日	J001	日本酒飲み比べセット	酒	7,800	2	15,600	お祝い
10	7	1月5日	C001	ポピーセレクションG	カタログ	5,000	1	5,000	お祝い
11	8	1月6日	J001	日本酒飲み比べセット	酒	7,800	2	15,600	お祝い
12	9	1月6日	W001	紅白ワインセット	酒	6,000	1	6,000	手土産
13	10	1月7日	S001	スイーツバラエティ	菓子	2,500	4	10,000	手土産
14	11	1月7日	S001	スイーツバラエティ	菓子	2,500	2	5,000	お返し
15	12	1月7日	S002	プチクッキー詰め合わせ	菓子	700	10	7,000	手土産
16	13	1月7日	S003	プチチョコ詰め合わせ	菓子	600	10	6,000	手土産
17	14	1月9日	S005	鯛まんじゅう	菓子	200	12	2,400	手土産
18	15	1月10日	W001	紅白ワインセット	酒	6,000	2	12,000	手土産
19	16	1月11日	[illegible]	タオルハンカチ（婦人用）	タオル	500	4	2,000	お返し
20	17	1月11日	W001	紅白ワインセット	酒	6,000	1	6,000	お祝い
21	18	1月12日	W001	紅白ワインセット	酒	6,000	1	6,000	お祝い

Sheet1 売上リスト 商品一覧 用途一覧

G11 2

	売上No.	日付	商品番号	商品名	分類	単価	個数	金額	用途
4	1	1月4日	S001	スイーツバラエティ	菓子	2,500	4	10,000	手土産
5	2	1月4日	W001	紅白ワインセット	酒	6,000	2	12,000	お祝い
6	3	1月4日	T002	タオルハンカチ（紳士用）	タオル	500	4	[illegible]	お返し
7	4	1月4日	T003	タオルハンカチ（婦人用）	タオル	500	6	[illegible]	お返し
8	5	1月4日	W001	紅白ワインセット	酒	6,000	1	[illegible]	お祝い
9	6	1月4日	J001	日本酒飲み比べセット	酒	7,800	2	[illegible]	お祝い
10	7	1月5日	C001	ポピーセレクションG	カタログ	5,000	2	10,000	お祝い
11	8	1月6日	J001	日本酒飲み比べセット	酒	7,800	2	15,600	お祝い
12	9	1月6日	W001	紅白ワインセット	酒	6,000	1	6,000	手土産
13	10	1月7日	S001	スイーツバラエティ	菓子	2,500	4	10,000	手土産

3 ピボットテーブルを更新します。

❶ ワークシート［Sheet1］のシート見出しをクリックする

❷ ピボットテーブルの「1月」の「カタログ」の金額（セルB5の値）が「49000」のままであることを確認する

❸ ピボットテーブル内の任意のセルが選択されている状態で、［ピボットテーブルツール］の［分析］タブをクリックする

❹ ［データ］グループの［更新］ボタンをクリックする

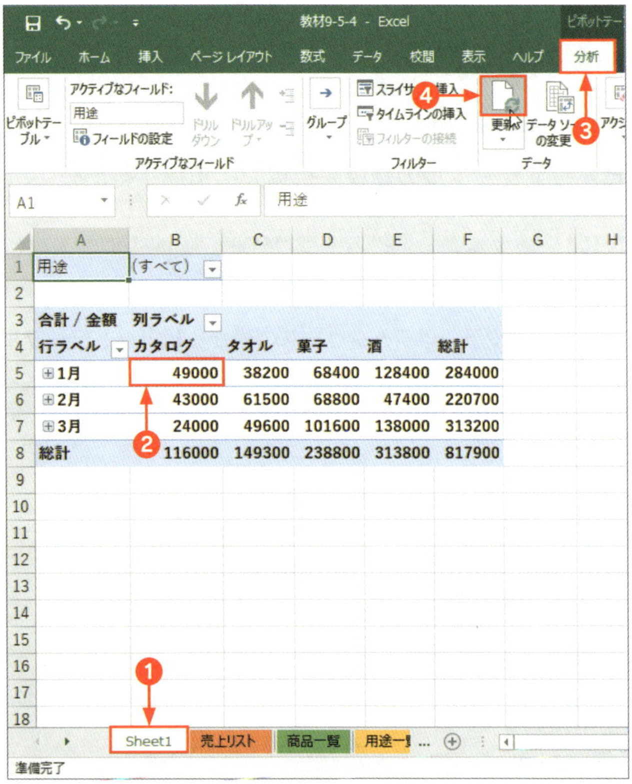

4 ピボットテーブルが更新されます。

❶ ピボットテーブル内のデータが更新され、「1月」の「カタログ」の値（セルB5の値）が「54000」に変更され、それに伴い、総計も変更される

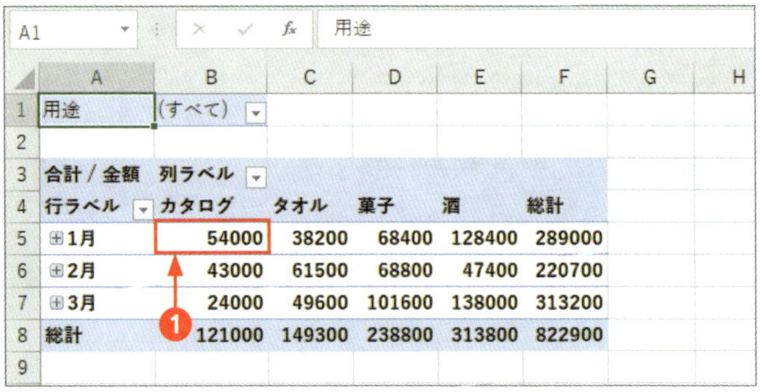

完成例ファイル 教材9-5-4（完成）

9-6 ピボットグラフを作成する

学習時間の目安 15 min

学習日・理解度チェック

月	日	□
月	日	□
月	日	□

ピボットテーブルの結果を視覚的に把握するために、ピボットグラフを作成します。

ここでの学習内容

ピボットグラフはデータベースの表からピボットテーブルと同時に作成することも、既存のピボットテーブルから作成することも可能です。ここでは、ワークシート「売上リスト」のテーブルから、ピボットテーブルとピボットグラフを作成し、購入者年代ごと、男女別の売上金額を集計し、分析します。

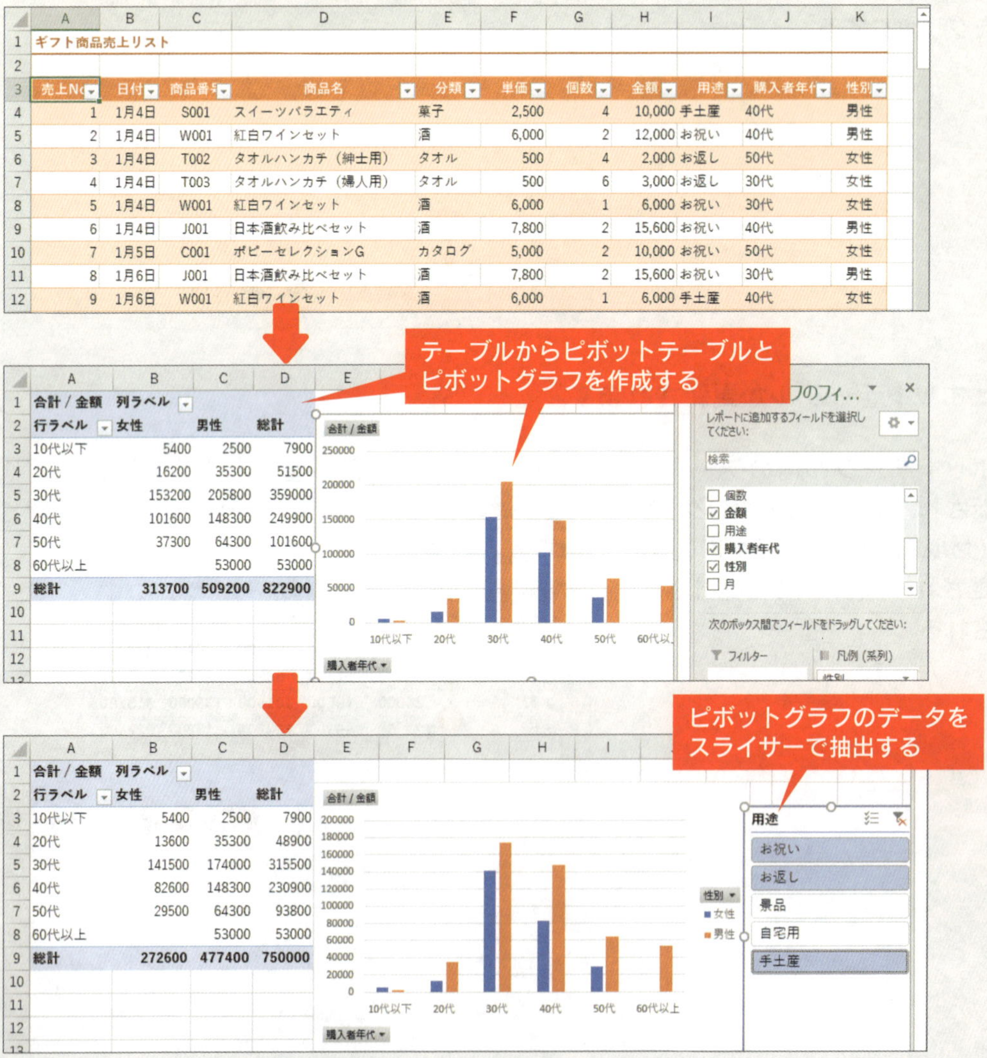
ギフト商品売上リスト

売上No	日付	商品番号	商品名	分類	単価	個数	金額	用途	購入者年代	性別
1	1月4日	S001	スイーツバラエティ	菓子	2,500	4	10,000	手土産	40代	男性
2	1月4日	W001	紅白ワインセット	酒	6,000	2	12,000	お祝い	40代	男性
3	1月4日	T002	タオルハンカチ（紳士用）	タオル	500	4	2,000	お返し	50代	女性
4	1月4日	T003	タオルハンカチ（婦人用）	タオル	500	6	3,000	お返し	30代	女性
5	1月4日	W001	紅白ワインセット	酒	6,000	1	6,000	お祝い	30代	女性
6	1月4日	J001	日本酒飲み比べセット	酒	7,800	2	15,600	お祝い	40代	男性
7	1月5日	C001	ポピーセレクションG	カタログ	5,000	2	10,000	お祝い	50代	女性
8	1月6日	J001	日本酒飲み比べセット	酒	7,800	2	15,600	お祝い	30代	男性
9	1月6日	W001	紅白ワインセット	酒	6,000	1	6,000	手土産	40代	女性

合計 / 金額	列ラベル		
行ラベル	女性	男性	総計
10代以下	5400	2500	7900
20代	16200	35300	51500
30代	153200	205800	359000
40代	101600	148300	249900
50代	37300	64300	101600
60代以上		53000	53000
総計	313700	509200	822900

合計 / 金額	列ラベル		
行ラベル	女性	男性	総計
10代以下	5400	2500	7900
20代	13600	35300	48900
30代	141500	174000	315500
40代	82600	148300	230900
50代	29500	64300	93800
60代以上		53000	53000
総計	272600	477400	750000

ピボットグラフの作成

「ピボットグラフ」はピボットテーブルをグラフにしたもので、データベースの表をもとにピボットテーブルとピボットグラフを同時に作成することも、ピボットテーブルからピボットグラフを作成することもできます。ピボットテーブルとピボットグラフは連動しているので、片方を変更するともう一方も変更されます。

やってみよう―ピボットテーブルとピボットグラフを同時に作成する

教材ファイル 教材9-6-1

教材ファイル「教材9-6-1.xlsx」を開き、ワークシート「売上リスト」のテーブルをもとに、ピボットテーブルとピボットグラフを作成しましょう。

1 ピボットテーブルとピボットグラフを作成します。

❶ ワークシート「売上リスト」のシート見出しをクリックする
❷ テーブル内の任意のセルをクリックする
❸ [挿入] タブをクリックする
❹ [グラフ] グループの [ピボットグラフ] ボタンをクリックする

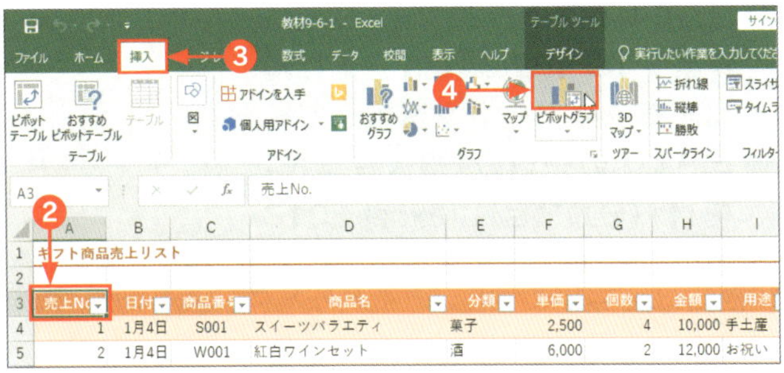

2 ピボットテーブルとピボットグラフを作成します。

❶ [ピボットグラフの作成] ダイアログボックスが表示される
❷ [分析するデータを選択してください。] の [テーブルまたは範囲を選択] が選択され、[テーブル/範囲] ボックスに [テーブル1] と表示されていることを確認する
❸ [ピボットグラフの配置先を選択してください] の [新規ワークシート] が選択されていることを確認する
❹ [OK] ボタンをクリックする

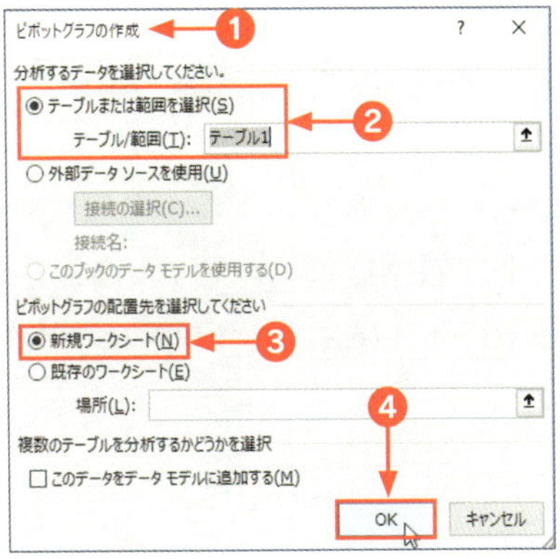

知っておくと便利！

既存のピボットテーブルからピボットグラフを作成する

既存のピボットテーブルをもとに、ピボットグラフを作成するには、ピボットテーブル内の任意のセルをクリックし、[挿入] タブの [グラフ] グループの [ピボットグラフ] ボタンをクリックします。[グラフの挿入] ダイアログボックスが表示されるので、目的のグラフを選択し、[OK] ボタンをクリックします。

3 新規ワークシートに空のピボットテーブルとピボットグラフが作成されます。

❶ 新規ワークシートが挿入される
❷ 空のピボットテーブルが作成される
❸ 空のピボットグラフが作成される
❹ [ピボットグラフのフィールド]作業ウィンドウが表示される

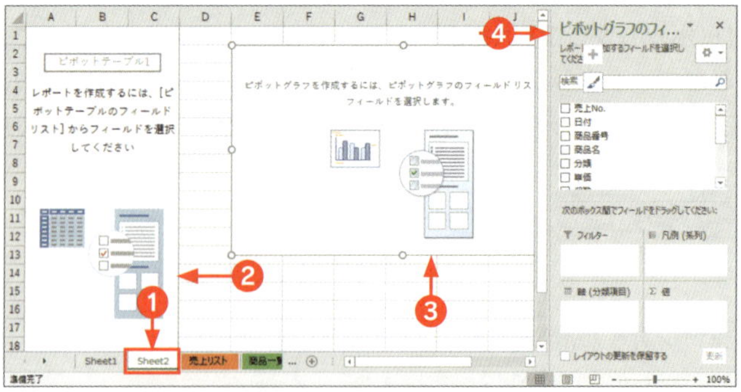

4 軸（分類項目）に「購入者年代」、凡例に「性別」、値に「金額」を指定します。

❶ [ピボットグラフのフィールド]作業ウィンドウの[レポートに追加するフィールドを選択してください]の一覧の[購入者年代]を[軸（分類項目）]（Excel 2013では[軸（項目）]）ボックスにドラッグする
❷ [性別]を[凡例（系列）]ボックスにドラッグする
❸ [金額]を[値]ボックスにドラッグする
❹ ピボットグラフに指定したフィールドが表示される
❺ ピボットテーブルにもピボットグラフと同じフィールドが表示される

完成例ファイル 教材9-6-1（完成）

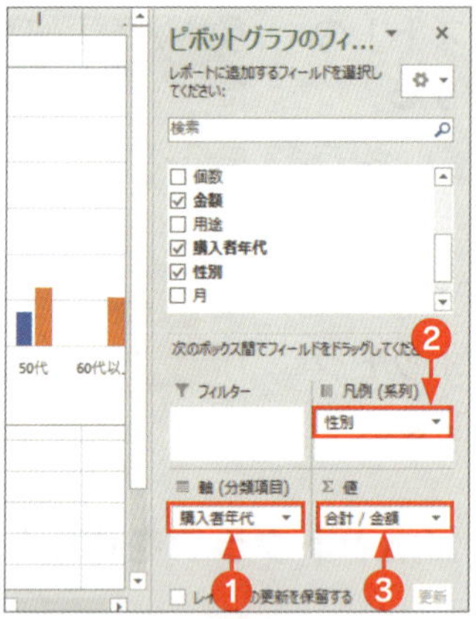

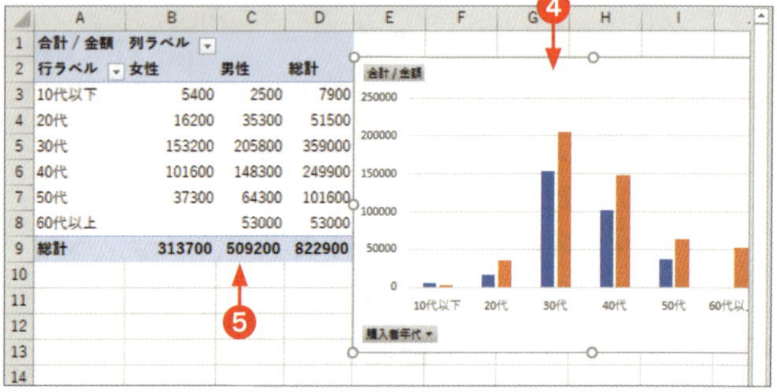

ここがポイント！
ピボットグラフのエリアセクション

ピボットテーブルが選択されている状態では、作業ウィンドウが「ピボットグラフのフィールド」になり、エリアセクションのボックス名もグラフの要素名になります。また、リボンに[ピボットグラフツール]の[分析]タブ、[デザイン]タブ、[書式]タブが表示されます。

知っておくと便利！
グラフの種類の変更

ピボットテーブルとピボットグラフを同時に作成する方法では、縦棒グラフが作成されます。グラフの種類を変更するには、ピボットグラフが選択された状態で[ピボットグラフツール]の[デザイン]タブの[種類]グループの[グラフの種類の変更]ボタンをクリックします。[グラフの種類の変更]ダイアログボックスが表示されるので、目的のグラフを選択し、[OK]ボタンをクリックします。

スライサーを使ったデータの抽出

ピボットグラフでも、ピボットテーブルと同様にスライサーを使用して、データを抽出し、集計することができます。

やってみよう―スライサーでデータを絞り込む

教材ファイル 教材9-6-2

教材ファイル「教材9-6-2.xlsx」を開き、ピボットグラフにスライサーを使用して、用途が「お祝い」、「お返し」、「手土産」のデータを集計しましょう。

1 スライサーを表示します。

❶ ピボットグラフをクリックする
❷ [ピボットグラフツール]の[分析]タブをクリックする
❸ [フィルター]グループの[スライサーの挿入](Excel 2013では[スライサー])ボタンをクリックする
❹ [スライサーの挿入]ダイアログボックスが表示される
❺ [用途]チェックボックスをオンにする
❻ [OK]ボタンをクリックする

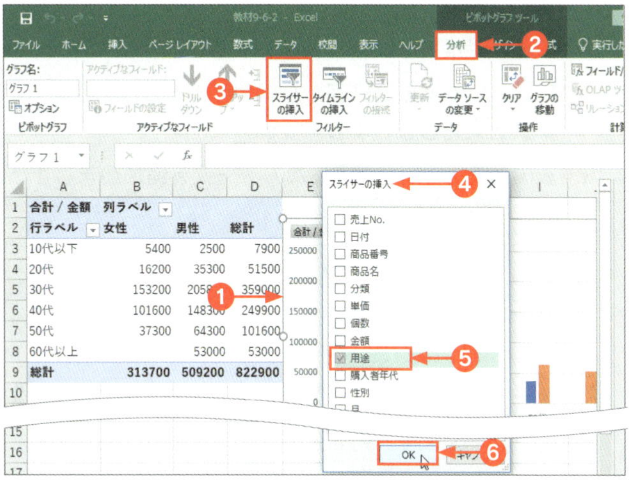

2 スライサーで、用途が「お祝い」、「お返し」、「手土産」の金額を集計します。

❶ [用途]スライサーが表示される
❷ [用途]スライサーの[お祝い]をクリックする
❸ Ctrl キーを押しながら[お返し]、[手土産]をクリックする
❹ ピボットグラフに用途が「お祝い」、「お返し」、「手土産」の金額が集計され表示される
❺ ピボットテーブルにもピボットグラフと同様の抽出が行われ集計結果が表示される

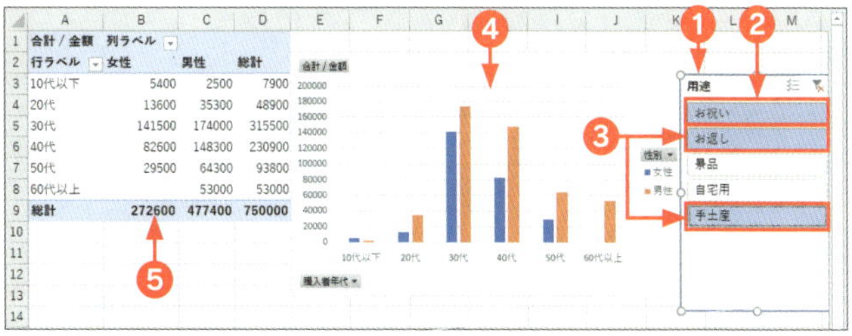

完成例ファイル 教材9-6-2(完成)

知っておくと便利！

ピボットグラフでのデータの抽出

グラフの軸(分類項目)(Excel 2013では軸(項目))や凡例(系列)の▼(フィルターボタン)をクリックして一覧から条件を指定しても、データの抽出、集計をすることができます。

学習日・理解度チェック

月	日	□
月	日	□
月	日	□

練習問題

練習9-1

練習問題ファイル 練習9-1

❶ 練習問題ファイル「練習9-1.xlsx」を開き、セルA3～E16にテーブルスタイル［中間］－［緑, テーブルスタイル（中間）21］（Excel 2013では［テーブルスタイル（中間）21］）を適用し、テーブルに変換しましょう。

❷ F列に「合計点」の列を追加しましょう。

❸「合計点」の列に第1回から第3回までの合計点を求める数式を入力しましょう。

❹ 表の最終行（17行目）に次のデータを追加しましょう。

氏名	田中真奈美
第1回	90
第2回	72
第3回	84

知っておくと便利！

▶ フリガナと合計点の表示

テーブルに行を追加すると、テーブルに設定されている計算式が引き継がれます。セルB17にはフリガナを表示する関数が自動的に入力され、セルA17の氏名のフリガナが表示されます。セルF17には合計を求める数式が自動的に入力され、第1回～第3回までの点数を入力すると計算結果が表示されます。

❺ テーブルの行ごとの縞模様を削除して、列ごとの縞模様を設定しましょう。

❻ テーブルの最後の列を強調しましょう。

❼ テーブルに集計行を追加し、合計点の集計方法を平均に変更しましょう。

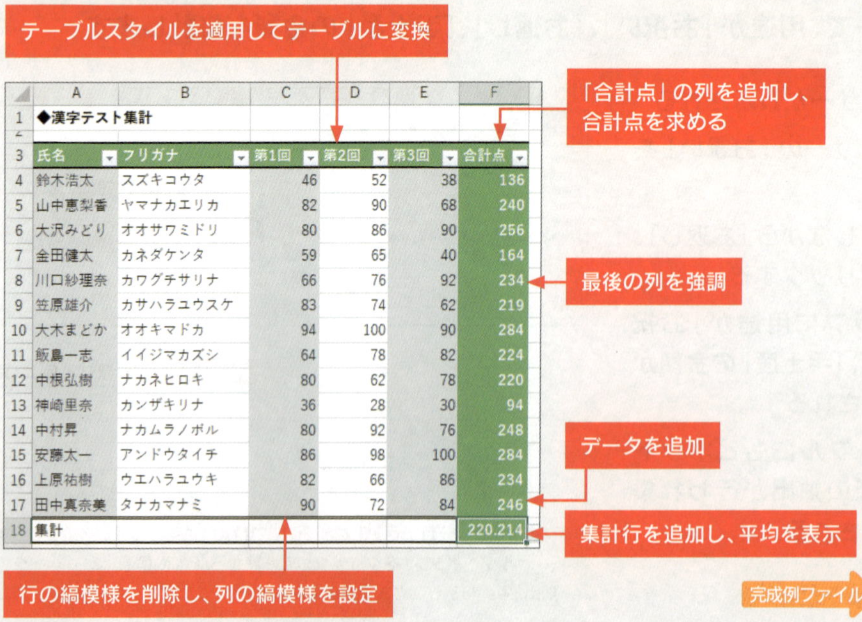

	A	B	C	D	E	F
1	◆漢字テスト集計					
3	氏名	フリガナ	第1回	第2回	第3回	合計点
4	鈴木浩太	スズキコウタ	46	52	38	136
5	山中恵梨香	ヤマナカエリカ	82	90	68	240
6	大沢みどり	オオサワミドリ	80	86	90	256
7	金田健太	カネダケンタ	59	65	40	164
8	川口紗理奈	カワグチサリナ	66	76	92	234
9	笠原雄介	カサハラユウスケ	83	74	62	219
10	大木まどか	オオキマドカ	94	100	90	284
11	飯島一志	イイジマカズシ	64	78	82	224
12	中根弘樹	ナカネヒロキ	80	62	78	220
13	神崎里奈	カンザキリナ	36	28	30	94
14	中村昇	ナカムラノボル	80	92	76	248
15	安藤太一	アンドウタイチ	86	98	100	284
16	上原祐樹	ウエハラユウキ	82	66	86	234
17	田中真奈美	タナカマナミ	90	72	84	246
18	集計					220.214

完成例ファイル 練習9-1（完成）

練習9-2

練習問題ファイル　練習9-2

1. 練習問題ファイル「練習9-2.xlsx」を開き、セルA3～H40にテーブルスタイル［淡色］－［青、テーブルスタイル（淡色）9］（Excel 2013では［テーブルスタイル（淡色）9］）を適用し、テーブルに変換しましょう。
2. 会員種別が「マスター」のデータを抽出しましょう。
3. 日付フィルターを使用して入会日が「2019/1/20」より前のデータを抽出しましょう。
4. さらに、並べ替え機能を使用して性別でデータをまとめましょう。男女の順序は問いません。

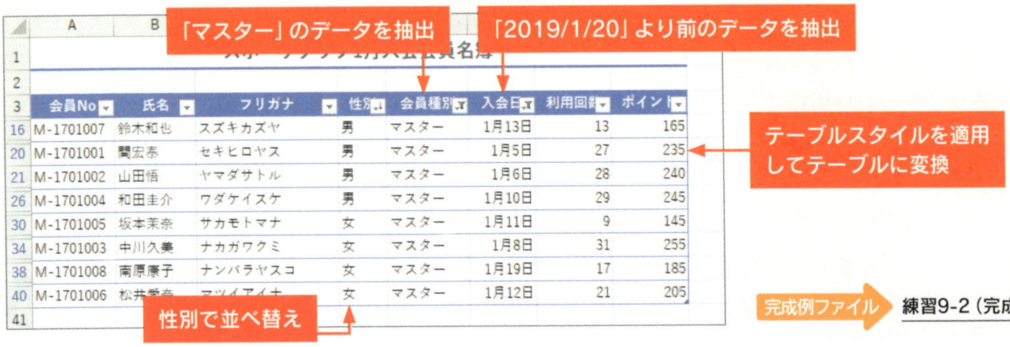

完成例ファイル　練習9-2（完成）

練習9-3

練習問題ファイル　練習9-3

1. 練習問題ファイル「練習9-3.xlsx」を開き、テーブルスタイルを［中間］－［ゴールド，テーブルスタイル（中間）12］（Excel 2013では［テーブルスタイル（中間）12］）に変更しましょう。
2. 会員種別と入会日のフィルターを解除しましょう。
3. ポイントの上位10位を抽出しましょう。
4. ポイントが高い順、ポイントが同じ場合は利用回数が多い順に並べ替えましょう。
5. テーブルの最後の列を強調しましょう。

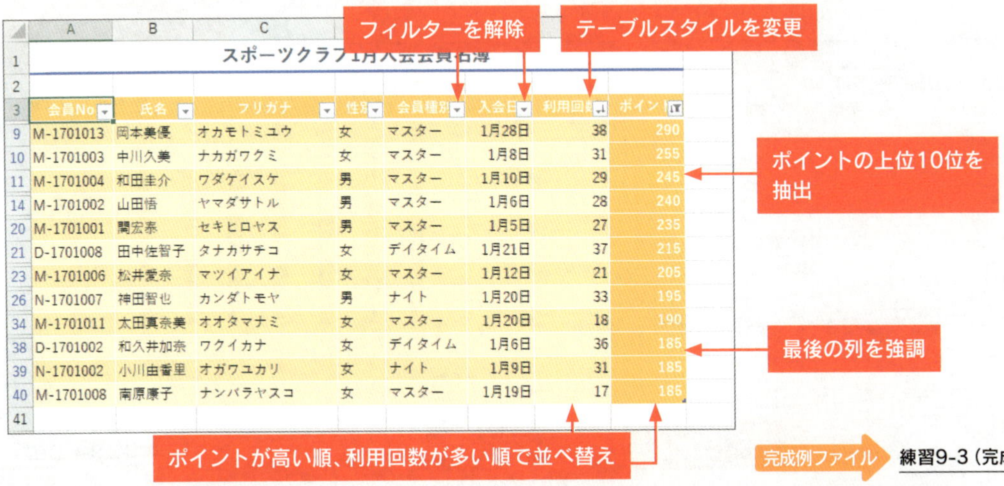

完成例ファイル　練習9-3（完成）

練習9-4

練習問題ファイル 練習9-4

❶ 練習問題ファイル「練習9-4.xlsx」を開き、ワークシート「シフト表」のテーブルをもとに新規ワークシートにピボットテーブルを作成しましょう。行ラベルに「日付」、列ラベルに「担当者名」、値に「支払金額」、フィルターに「時間帯」を指定します。

❷ ピボットテーブルの集計方法を個数（Excel 2013ではデータの個数）に変更し、出勤日数を求めましょう。

❸ ワークシート「シフト表」のセルC4の担当者IDを「E01」に変更してセルD4の担当者名を「遠藤」にし、ピボットテーブルのデータを更新しましょう。

❹ フィルターを使用して、時間帯が「午前」のデータを抽出、集計しましょう。

❺ スライサーを使用して、時給が1000円以上の担当者のデータを抽出、集計しましょう。

❻ ワークシート「シフト表」のテーブルをもとに新規ワークシートに、ピボットテーブルとピボットグラフを作成しましょう。軸（分類項目）（Excel 2013では軸（項目））に「担当者名」、凡例（系列）に「時間帯」、値に「支払金額」を指定します。

❼ ピボットグラフの種類を「100%積み上げ縦棒」に変更し、セルG1 ～ L10に配置されるようにピボットテーブルを移動し、サイズを変更しましょう。

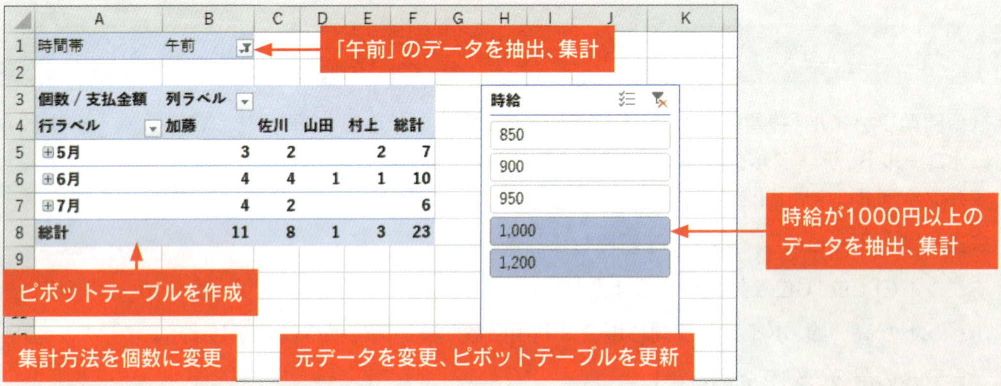

時間帯	午前				
個数 / 支払金額	列ラベル				
行ラベル	加藤	佐川	山田	村上	総計
⊞5月	3	2		2	7
⊞6月	4	4	1	1	10
⊞7月	4	2			6
総計	11	8	1	3	23

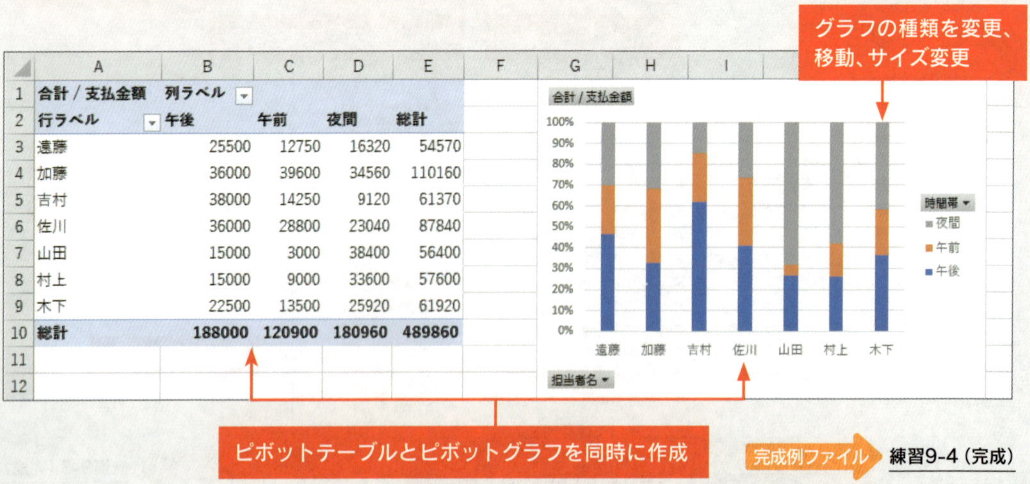

合計 / 支払金額	列ラベル			
行ラベル	午後	午前	夜間	総計
遠藤	25500	12750	16320	54570
加藤	36000	39600	34560	110160
吉村	38000	14250	9120	61370
佐川	36000	28800	23040	87840
山田	15000	3000	38400	56400
村上	15000	9000	33600	57600
木下	22500	13500	25920	61920
総計	188000	120900	180960	489860

完成例ファイル 練習9-4（完成）

Chapter 10

コメントと保護

Excelには、ワークシートを他の人と共同で使用するときなどに便利な機能が用意されています。ここでは、セルに吹き出しで注意書きなどを記入するコメント機能や、勝手に変更されるのを防ぐためにワークシートやブックを保護する機能について学習します。

10-1 コメントを挿入する →250ページ

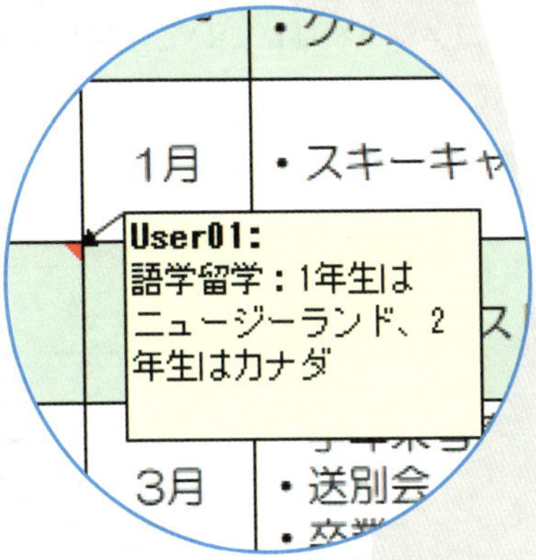

10-2 ワークシートやブックを保護する →254ページ

10-1　学習時間の目安 15 min　学習日・理解度チェック

月	日	□
月	日	□
月	日	□

コメントを挿入する

Excelには、セルにメモ書きや注意点などのコメントを追加する機能があります。個人でブックを編集している場合の覚え書きや、複数の人が見るブックに連絡事項を付けるなど、目的に合わせて便利に使える機能です。

ここでの学習内容

コメント機能について学習します。コメントを新たに挿入し、既存のコメントを編集、削除します。

コメントを編集する
コメントを削除する
高田北高等学校
年間行事カレンダー
前期
後期
佐藤:
高校2年生の修学旅行は、北海道か沖縄のどちらかを各自が選択
高橋:
ハイキングの場所は6月に下見
高橋:
日程ごとにA班からC班に分ける（予定）
コメントを挿入する
佐藤:
2年生の修学旅行は、北海道か沖縄のどちらかを各自が選択
User01:
語学留学：1年生はニュージーランド、2年生はカナダ

コメントの挿入

コメントを挿入するには、目的のセルをクリックし、[校閲] タブの [コメント] グループの [新しいコメント] (Excel 2013では[コメントの挿入]) ボタンをクリックします。コメントの吹き出しが表示され、文字が入力できます。コメントは編集することも削除することも可能です。

やってみよう―コメントを挿入する

教材ファイル 教材10-1-1

教材ファイル「教材10-1-1.xlsx」を開き、セルB8に「語学研修：1年生はニュージーランド、2年生はカナダ」というコメントを挿入しましょう。

1 コメントを挿入します。

❶ セルB8をクリックする
❷ [校閲] タブをクリックする
❸ [コメント] グループの [新しいコメント] (Excel 2013では [コメントの挿入]) ボタンをクリックする

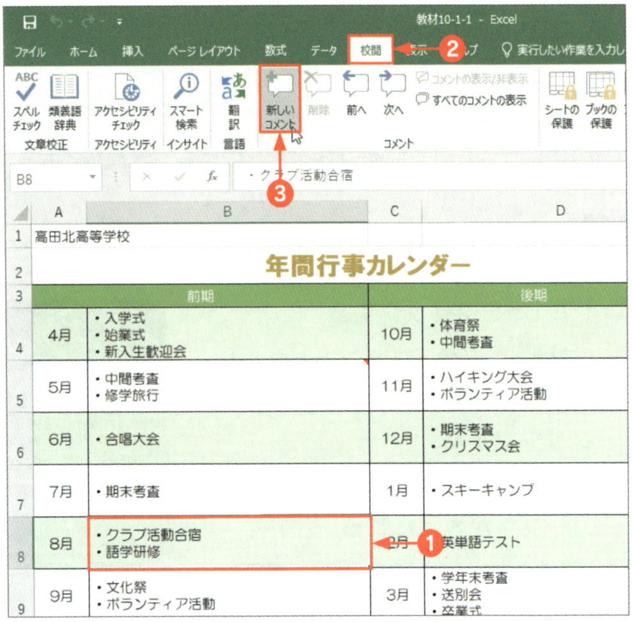

	A	B	C	D
1	高田北高等学校			
2	年間行事カレンダー			
3	前期		後期	
4	4月	・入学式 ・始業式 ・新入生歓迎会	10月	・体育祭 ・中間考査
5	5月	・中間考査 ・修学旅行	11月	・ハイキング大会 ・ボランティア活動
6	6月	・合唱大会	12月	・期末考査 ・クリスマス会
7	7月	・期末考査	1月	・スキーキャンプ
8	8月	・クラブ活動合宿 ・語学研修	2月	・英単語テスト
9	9月	・文化祭 ・ボランティア活動	3月	・学年末考査 ・送別会 ・卒業式

> **知っておくと便利！**
> ▶ コメントの挿入
> コメントを挿入するセルを右クリックし、ショートカットメニューの [コメントの挿入] をクリックしても、コメントを挿入できます。

2 コメントを入力します。

❶ コメントの吹き出しが表示される
❷「語学研修：1年生はニュージーランド、2年生はカナダ」と入力する

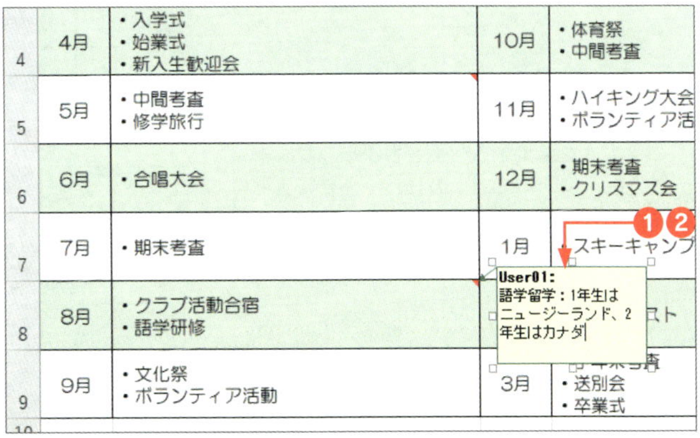

4	4月	・入学式 ・始業式 ・新入生歓迎会	10月	・体育祭 ・中間考査
5	5月	・中間考査 ・修学旅行	11月	・ハイキング大会 ・ボランティア活
6	6月	・合唱大会	12月	・期末考査 ・クリスマス会
7	7月	・期末考査	1月	・スキーキャンプ
8	8月	・クラブ活動合宿 ・語学研修		
9	9月	・文化祭 ・ボランティア活動	3月	・送別会 ・卒業式

> **知っておくと便利！**
> ▶ コメントの記入者名
> コメントの吹き出しはMicrosoft Officeのユーザー名が入力された状態で表示されます。この名前は編集して変更できます。

3 コメントを確定します。

❶ コメント以外のセルをクリックする

❷ コメントが確定し、セルB8の右上に赤い三角（◥）が表示される

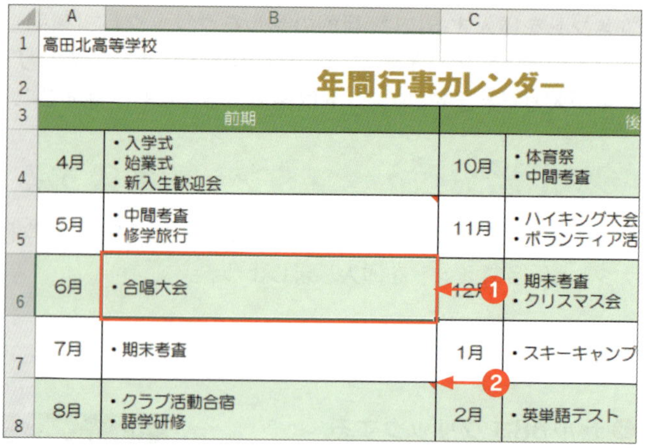

ここがポイント！
▶ コメントの表示

セルにコメントを挿入すると、セルの右上に赤い三角（◥）が表示されます。このセルをポイントするとコメントが吹き出しで表示され、内容を確認できます。

やってみよう―コメントを編集する

セルB5に挿入されているコメントを編集して、「高校2年生」を「2年生」に変更しましょう。

1 コメントを編集します。

❶ セルB5をクリックする

❷ ［校閲］タブの［コメント］グループの［コメントの編集］ボタンをクリックする

❸ コメントの吹き出しが表示され、カーソルが表示される

❹ 「高校2年生」を「2年生」に変更する

❺ コメント以外のセルをクリックしてコメントを確定します。

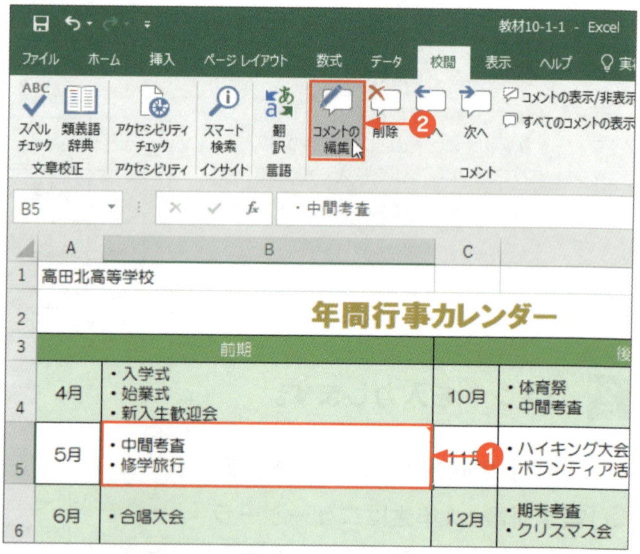

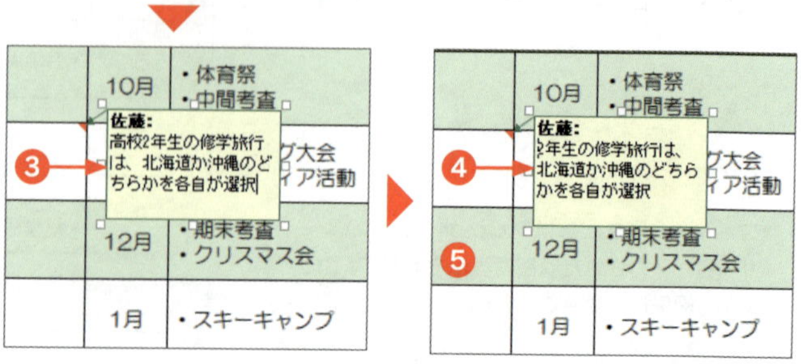

知っておくと便利！
▶ コメントの編集

コメントを編集するセルを右クリックし、ショートカットメニューの［コメントの編集］をクリックしても、コメントを編集できます。

やってみよう―コメントを削除する

セルD5に挿入されているコメントを削除しましょう。

1 コメントを削除します。

❶ セルD5をクリックする

❷ ［校閲］タブの［コメント］グループの［削除］ボタンをクリックする

❸ セルD5のコメントが削除され、セルの右上の赤い三角（◥）がなくなる

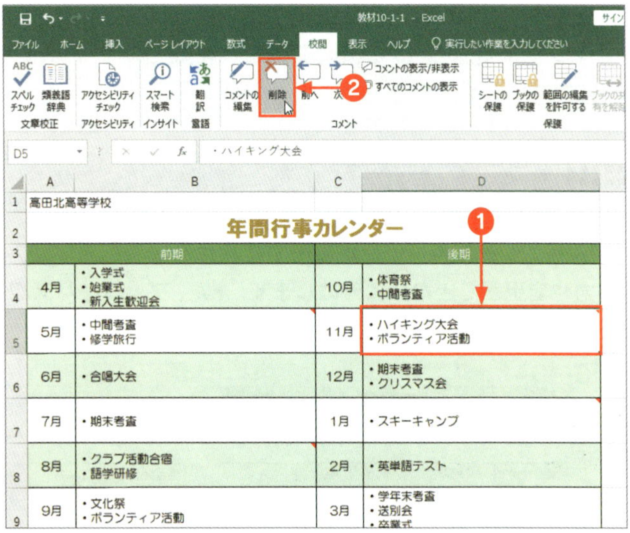

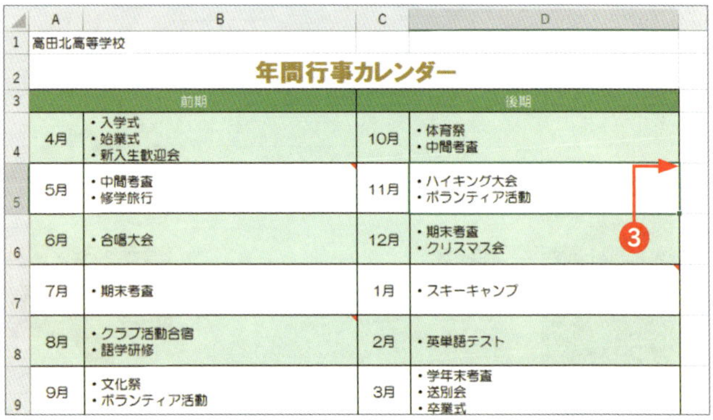

完成例ファイル 教材10-1-1（完成）

ステップアップ！

コメントを常に表示

コメントを常に表示した状態にするには、［校閲］タブの［コメント］グループの［コメントの表示/非表示］［コメントの表示/非表示］ボタンをクリックします。また、すべてのコメントを常に表示するには、［すべてのコメントの表示］［すべてのコメントの表示］ボタンをクリックします。

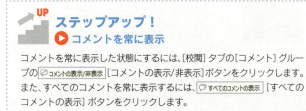

10-2

学習時間の目安 20 min　学習日・理解度チェック

月　日 □
月　日 □
月　日 □

ワークシートやブックを保護する

ワークシートやブックを保護して、勝手に変更されるのを防ぐことができます。また、ブックにパスワードを設定して、パスワードを知っている人しか開くことができないようにすることも可能です。

ここでの学習内容

ワークシートやブックを保護する操作を学習します。ワークシートを保護し、特定の箇所以外は入力や変更ができないようにします。また、ブックをパスワードで保護し、パスワードを入力しないと開けないようにします。

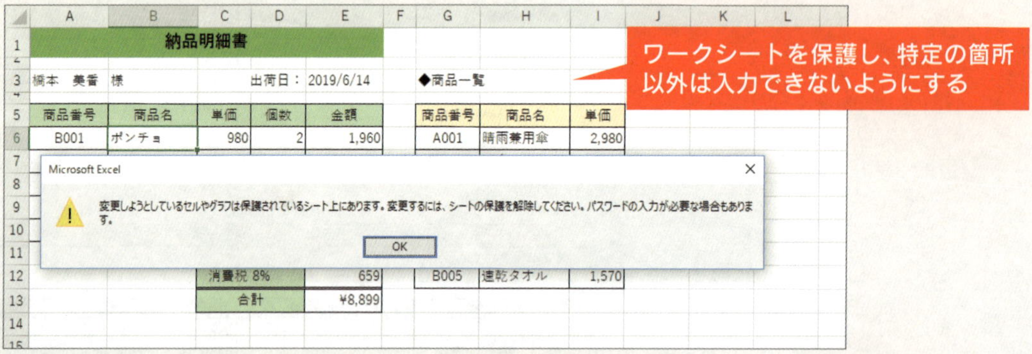

ワークシートを保護し、特定の箇所以外は入力できないようにする
納品明細書
Microsoft Excel
変更しようとしているセルやグラフは保護されているシート上にあります。変更するには、シートの保護を解除してください。パスワードの入力が必要な場合もあります。
OK

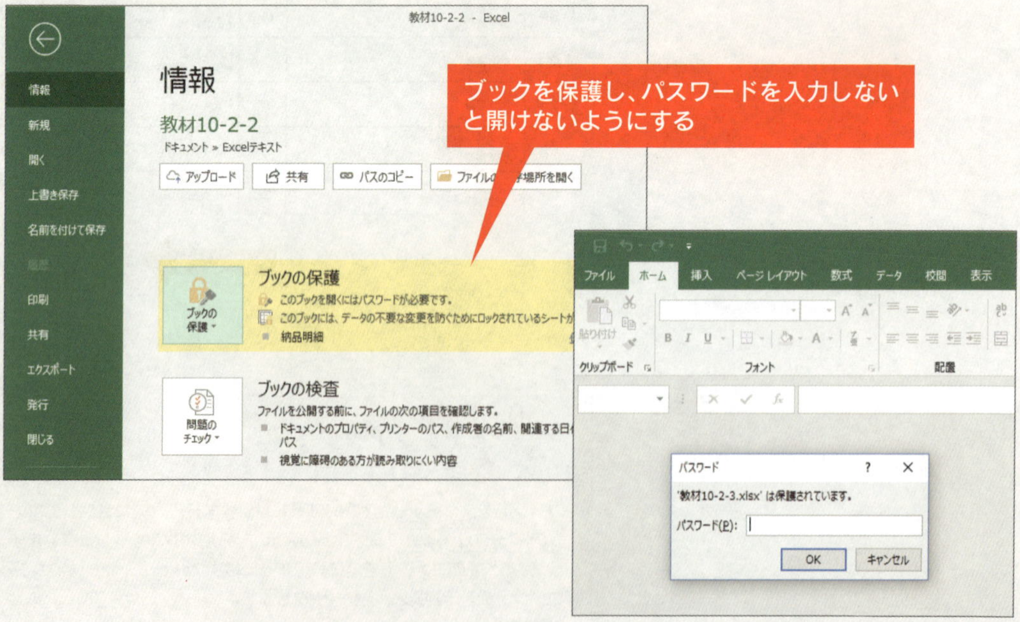

ブックを保護し、パスワードを入力しないと開けないようにする
情報
教材10-2-2
ブックの保護
このブックを開くにはパスワードが必要です。
ブックの検査
パスワード
'教材10-2-3.xlsx' は保護されています。
パスワード(P):
OK
キャンセル

ワークシートの保護

セルの編集を制限したい場合はワークシートを保護します。セルはもともとロックされていて、ワークシートの保護を実行すると、指定された編集しかできない状態になります。特定の範囲だけ編集可能な状態にするには、そのセルのロックをオフにしてからシートを保護します。ワークシートを既定の設定で保護すると、ロックされているセルは入力や変更ができず、入力しようとするとエラーが表示されます。

やってみよう―ワークシートを保護する

教材ファイル 教材10-2-1

教材ファイル「教材10-2-1.xlsx」を開き、セルA3の宛先、セルE3の出荷日、A6～A10の商品番号、D6～D10の個数のみ入力できるようにして、パスワードは設定せずにワークシートを保護しましょう。

1 編集できる状態にするセルのロックを解除します。

❶ セルA3をクリックし、Ctrl キーを押しながらセルE3をクリック、セルA6～A10、セルD6～D10をドラッグする

❷ ［ホーム］タブの［セル］グループの［書式］ボタンをクリックする

❸ ［保護］の一覧から［セルのロック］をクリックしてオフにする

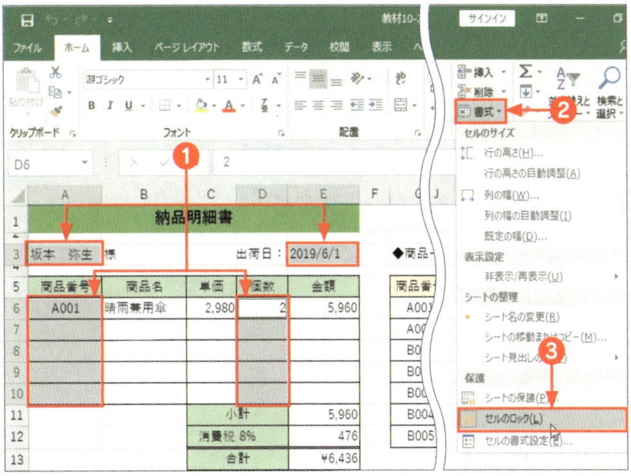

2 ワークシートを保護します。

❶ ［ホーム］タブの［セル］グループの［書式］ボタンをクリックする

❷ ［保護］の一覧から［シートの保護］をクリックする

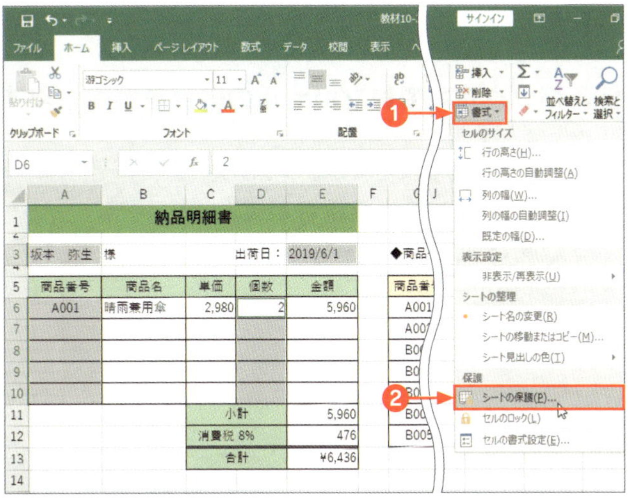

知っておくと便利！

▶ワークシートの保護

［校閲］タブをクリックし、［変更］グループの［シートの保護］ボタンをクリックしても、［シートの保護］ダイアログボックス（次ページの❸）が表示され、ワークシートの保護の詳細を設定できます。

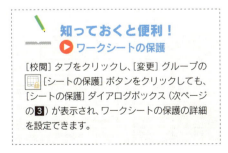

3 ワークシートの保護の詳細を設定します。

❶ ［シートの保護］ダイアログボックスが表示される
❷ ［シートの保護を解除するためのパスワード］ボックスには何も入力しない
❸ ［シートとロックされたセルの内容を保護する］チェックボックスがオンになっていることを確認する
❹ ［このシートのすべてのユーザーに許可する操作］の一覧の［ロックされたセル範囲の選択］と［ロックされていないセル範囲の選択］チェックボックスのみがオンになっていることを確認する
❺ ［OK］ボタンをクリックする

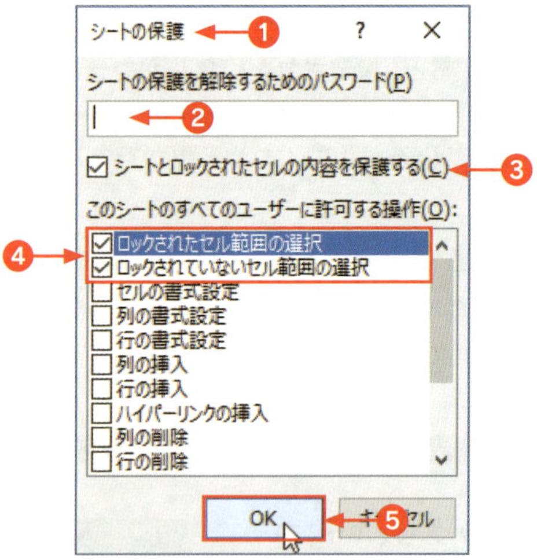

知っておくと便利！
▶ワークシートを保護しても行える操作

［シートの保護］ダイアログボックスの［このシートのすべてのユーザーに許可する操作］の一覧では初期値で［ロックされたセル範囲の選択］と［ロックされていないセル範囲の選択］チェックボックスのみがオンになっていて、ワークシートを保護してもセルの選択は可能です。また、この一覧の項目のチェックボックスをオンにすると、その操作はワークシートを保護しても行えるようになります。

やってみよう―ワークシートの保護を確認する

ワークシートを保護しても、ロックされていないセルは編集できます。セルの内容を削除し、以下のデータを入力しましょう。
宛先：橋本 美香　出荷日：2019/6/14　商品番号：B001　個数：2、商品番号：B005　個数：4
また、ロックされているセルB6に入力を試みて、エラーが表示されることを確認しましょう。

1 ロックされていないセルの内容を削除します。

❶ セルA3、セルE3、セルA6～A10、セルD6～D10が選択されている状態で、Delete キーを押す

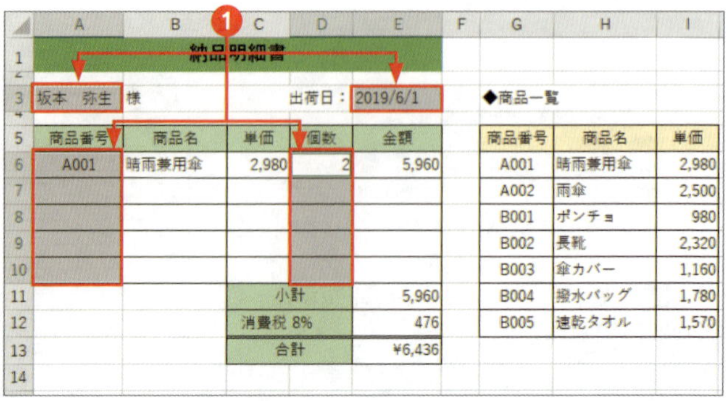

2 ロックされていないセルに入力します。

❶ セルA3に「橋本　美香」、セルE3に「2019/6/14」と入力する
❷ セルA6に「B001」と入力する
❸ セルB6に商品名「ポンチョ」、セルC6に単価「980」が表示される
❹ セルD6に「2」と入力する
❺ セルE6に金額「1,960」が計算され、表示される
❻ 同様にセルA7に「B005」、セルD7に「4」と入力し、商品名、単価、金額が表示されたことを確認する
❼ 小計、消費税、合計が計算され、表示される

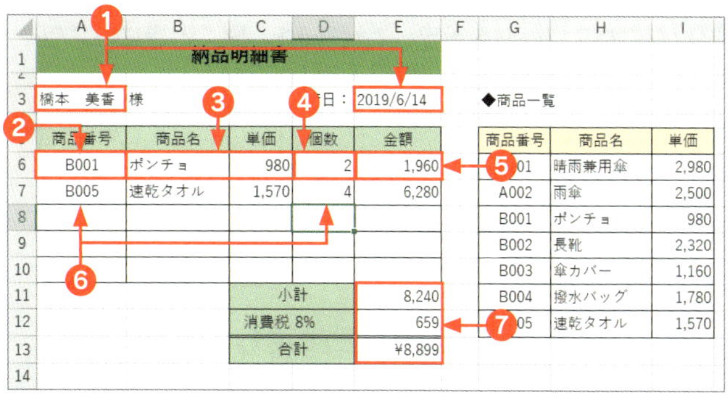

ここがポイント！
▶ 商品名、単価の表示

商品名と単価のセルには、商品番号から商品名と単価を表示する数式が入力されています。

ここがポイント！
▶ 金額等の計算

ワークシートが保護されていても、入力されている数式をもとに計算は行われます。ただしロックされているセルに入力されている数式は編集できません。

3 ロックされているセルには入力できないことを確認します。

❶ セルB6をクリックし、任意の文字キーを押す
❷「変更しようとしているセルやグラフは保護されているシート上にあります。…」というメッセージが表示される
❸ [OK] ボタンをクリックする

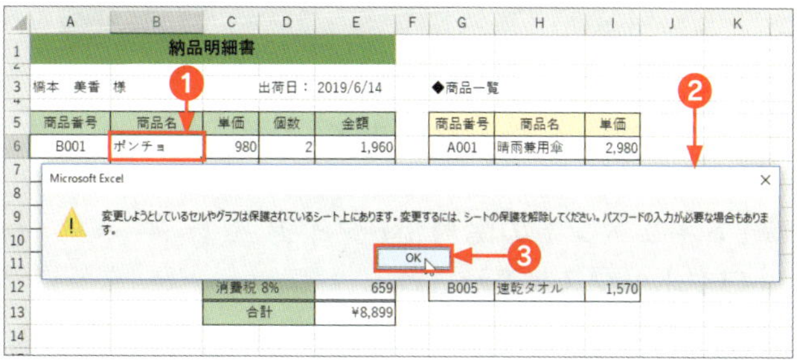

完成例ファイル　教材10-2-1（完成）

知っておくと便利！
▶ シート保護時のリボンのボタン

ワークシートが保護されている状態では、使用できないコマンドのリボンのボタンは淡色になります。

知っておくと便利！
▶ ワークシートの保護の解除

ワークシートが保護されているときは、[ホーム] タブの [セル] グループの [書式] ボタンをクリックした [保護] の一覧の [シートの保護]（または [校閲] タブの [保護] グループの [シートの保護] ボタン）が [シート保護の解除] に変わります。これをクリックしてオフにするとワークシートの保護が解除されます。なお、パスワードを設定している場合は、[シート保護の解除] ダイアログボックスが表示され、パスワードの入力が必要になります。

ブックの保護

ブックにパスワードを設定して暗号化し、開くときにパスワードの入力を求めるようにすることができます。

やってみよう ― ブックにパスワードを設定して保護する

教材ファイル 教材10-2-2

教材ファイル「教材10-2-2.xlsx」を開き、ブックにパスワード「nouhin」を設定して暗号化しましょう。

1 ブックにパスワードを設定して保護します。

❶ [ファイル] タブをクリックする
❷ [情報] 画面が表示される
❸ [ブックの保護] ボタンをクリックする
❹ [パスワードを使用して暗号化] をクリックする

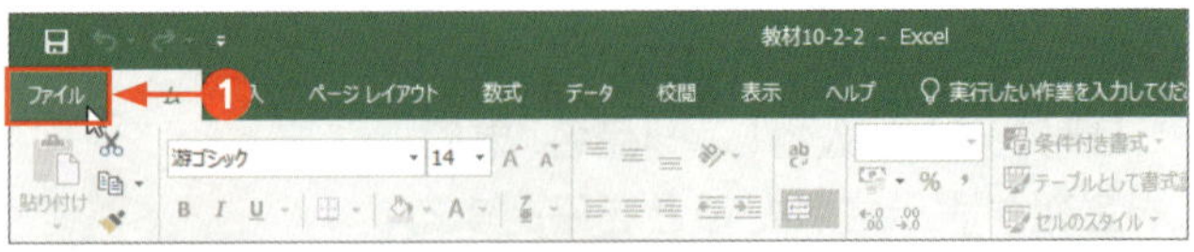

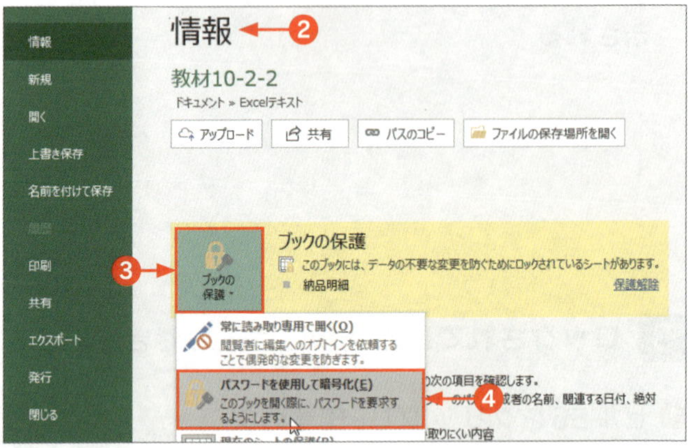

知っておくと便利！
▶ ブックの保護の表示

このブックのワークシート「納品明細」は保護されているため、[ブックの保護] の下に「このブックには、データの不要な変更を防ぐためにロックされているシートがあります。納品明細」と表示されています。

2 パスワードを入力します。

❶ [ドキュメントの暗号化] ダイアログボックスが表示される
❷ [パスワード] ボックスに設定するパスワード「nouhin」を入力する
❸ [OK] ボタンをクリックする
❹ [パスワードの確認] ダイアログボックスが表示される
❺ [パスワードの再入力] ボックスに同じパスワード「nouhin」を入力する
❻ [OK] ボタンをクリックする

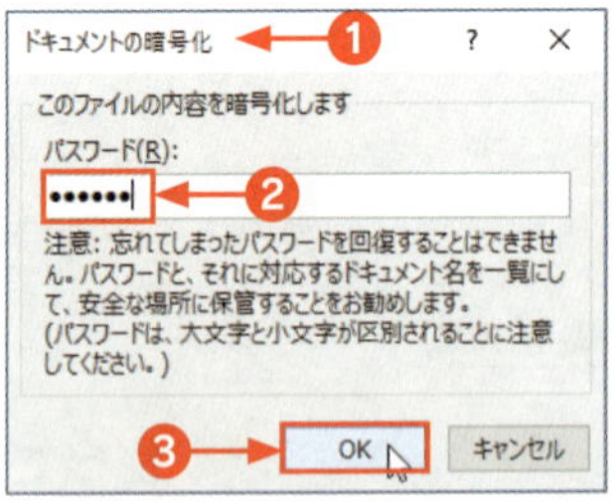

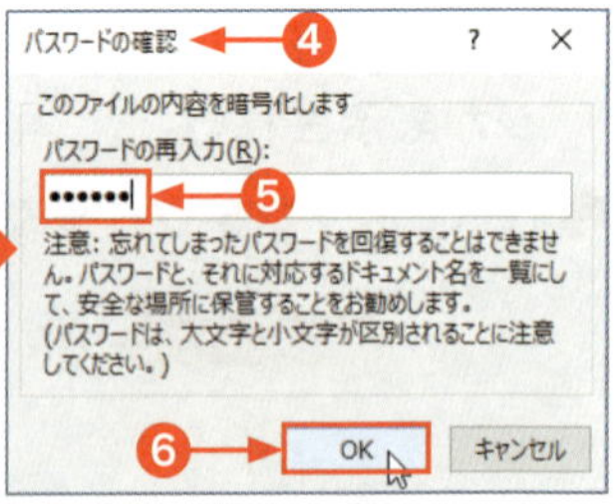

ここがポイント！
▶ パスワードの入力

[パスワード] ボックスに入力した文字は「●」で表示されます。なお、パスワードの大文字と小文字は区別されます。設定したパスワードを忘れるとブックを開けなくなるので注意しましょう。

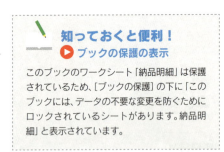

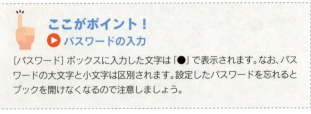

3 ブックが保護されます。

❶ [ブックの保護] の下に「このブックを開くにはパスワードが必要です。」と表示される

完成例ファイル 教材10-2-2（完成）

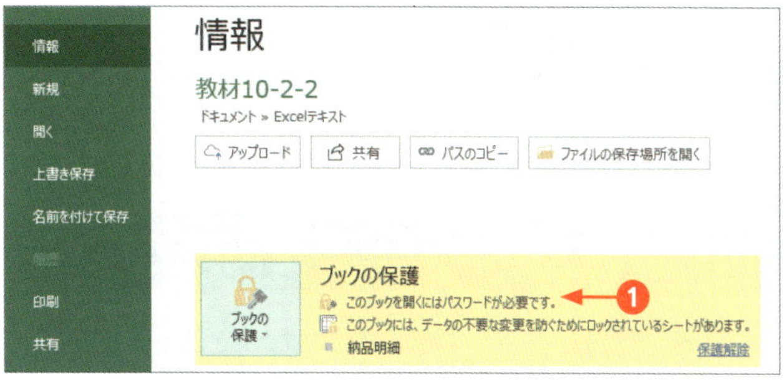

やってみよう—パスワードで保護されたブックを開く

教材ファイル 教材10-2-3

パスワードで保護された教材ファイル「教材10-2-3.xlsx」を開き、パスワード「nouhin」を入力して開きましょう。

1 パスワードを設定したブックを開きます。

❶ 教材ファイル「教材10-2-3.xlsx」を開く
❷ [パスワード] ダイアログボックスが表示される
❸ 「'教材10-2-3.xlsx' は保護されています。」と表示されていることを確認する
❹ [パスワード] ボックスにパスワード「nouhin」を入力する
❺ [OK] ボタンをクリックする
❻ ブックが開く

完成例ファイル 教材10-2-3（完成）

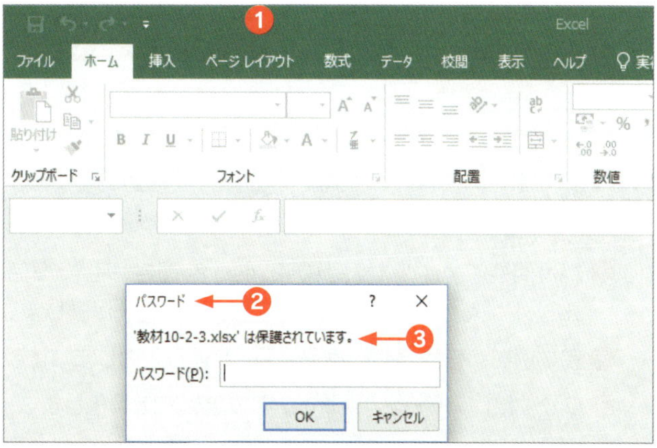

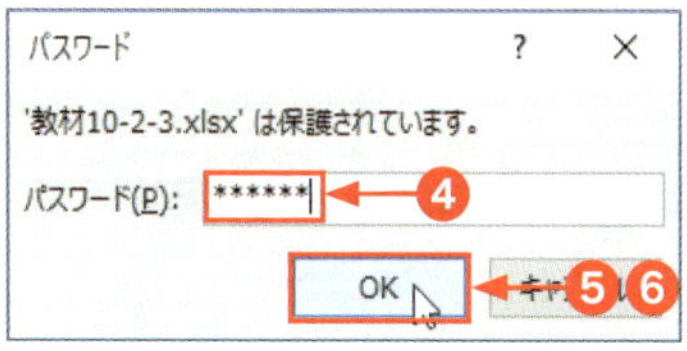

ここがポイント！
パスワードの入力

[パスワード] ダイアログボックスの [パスワード] ボックスに入力した文字は「*」で表示されます。

知っておくと便利！
ブックのパスワード保護の解除

パスワードを入力してブックを開いた後、前ページの1の操作を行って [ドキュメントの暗号化] ダイアログボックスを表示し、[パスワード] ボックスのパスワードを削除して [OK] ボタンをクリックします。

Chapter 10

学習日・理解度チェック

月	日	□
月	日	□
月	日	□

練習問題

練習10-1

練習問題ファイル → 練習10-1

❶ 練習問題ファイル「練習10-1.xlsx」を開き、セルA7とセルB3のコメントを削除しましょう。

❷ セルC3に「全エリア駐車場隣接」というコメントを挿入しましょう。記入者名は「事務局」とし、吹き出しのサイズを完成例を参考に調整しましょう。

❸ セルA8のコメントの「大会」を削除し、「前回人気No.1」に変更しましょう。

❹ すべてのコメントを表示しましょう。

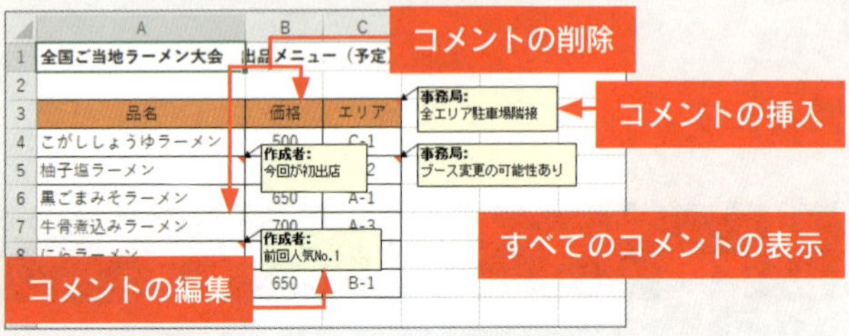

ここがポイント！

▶ 吹き出しのサイズの変更

コメントの吹き出しのサイズを変更するには、コメントを編集状態にし、サイズ変更ハンドル(□)をポイントして、マウスポインターの形が↖↘などの両側矢印になったらドラッグします。

完成例ファイル → 練習10-1（完成）

練習10-2

練習問題ファイル → 練習10-2

❶ 練習問題ファイル「練習10-2.xlsx」を開き、宛先、商品番号、数量のセル以外は入力できないようにワークシートを保護しましょう。

❷ 完成例を参考に、宛先、商品番号、数量を入力しましょう。

❸ ブックにパスワード「seikyu」を設定して暗号化しましょう。

❹ 同じファイル名で「保存用」フォルダーに保存しましょう。

❺ ❹で保存したブックを、パスワードを入力して開きましょう。

ここがポイント！

▶ 発行日、商品名、単価の表示

発行日のセルには現在の日付、商品名と単価のセルには、商品番号から商品名と単価を表示する数式が入力されています。

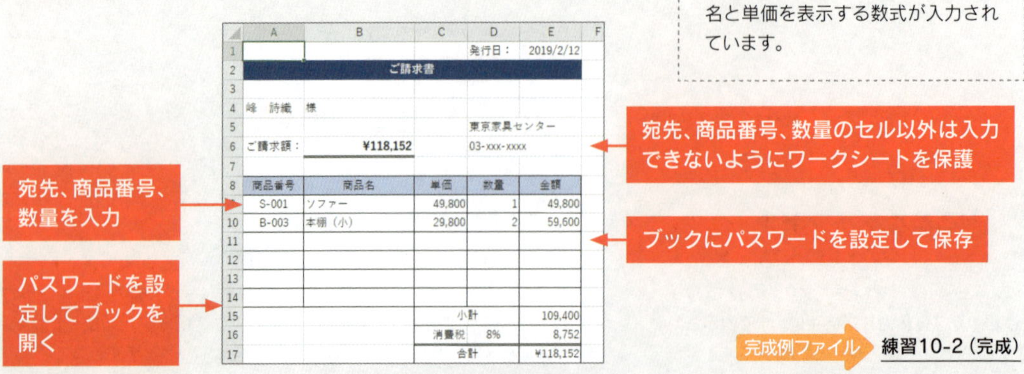

完成例ファイル → 練習10-2（完成）

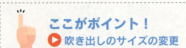

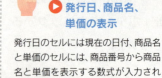

索引

英数字

あ行

か行

さ行

た行

な行

は行

ま行

や行

ら行

わ行

著者プロフィール

土岐 順子（とき じゅんこ）

専門学校講師を経て、出版社でパソコン関連書籍および雑誌の編集、記者として勤務。現在、株式会社ZUGA（https://zuga.jp/）で書籍の企画、執筆、編集を行うほか、パソコン研修の講師も務める。

主な著書に「30レッスンでしっかりマスター Excel 2013［基礎］/［応用］ラーニングテキスト」「ここがポイント！ Word 2007攻略ノート」（技術評論社）、「仕事にスグ役立つ関数ワザ！ Excel 2016/2013/2010/2007対応」「MOSを生かすExcelビジネス講座」「Windows 10 セミナーテキスト」「情報利活用 文書作成 Word 2019対応」（日経BP社）など。

カバー・本文デザイン
松崎 徹郎／谷山 愛（有限会社エレメネッツ）
イラスト　土谷 尚武
本文DTP　酒徳 葉子

ベテラン講師《こうし》がつくりました
世界一《せかいいち》わかりやすいExcel《エクセル》テキスト
Excel《エクセル》 2019/2016/2013対応版《たいおうばん》

2019年4月27日　初版　第1刷発行
2021年5月 4 日　初版　第4刷発行

著　者　土岐《とき》 順子《じゅんこ》
発行者　片岡 巌
発行所　株式会社技術評論社
東京都新宿区市谷左内町21-13
電話　03-3513-6150　販売促進部
03-3513-6166　書籍編集部
印刷／製本　株式会社加藤文明社

定価はカバーに表示してあります

造本には細心の注意を払っておりますが、万一、乱丁（ページの乱れ）や落丁（ページの抜け）がございましたら、小社販売促進部までお送りください。送料小社負担にてお取り替えいたします。

ISBN978-4-297-10275-3　C3055
Printed in Japan

お問い合わせに関しまして

本書に関するご質問については、本書に記載されている内容に関するもののみとさせていただきます。本書の内容を超えるものや、本書の内容と関係のないご質問につきましては、一切お答えできませんので、あらかじめご了承ください。また、電話でのご質問は受け付けておりませんので、ウェブの質問フォームにてお送りください。FAXまたは書面でも受け付けております。

お送りいただいたご質問には、できる限り迅速にお答えできるよう努力いたしておりますが、場合によってはお答えするまでに時間がかかることがあります。また、回答の期日をご指定なさっても、ご希望にお応えできるとは限りません。

ご質問の際に記載いただいた個人情報は質問の返答以外の目的には使用いたしません。また、質問の返答後は速やかに削除させていただきます。

● 質問フォームのURL

https://gihyo.jp/book/2019/978-4-297-10275-3
※本書内容の訂正・補足についても上記URLにて行います。

● FAXまたは書面の宛先

〒162-0846
東京都新宿区市谷左内町21-13
株式会社技術評論社　書籍編集部
「世界一わかりやすいExcelテキスト
2019対応版」係
FAX：03-3513-6183